可靠性技术丛书

工业和信息化部电子第五研究所　组编

电子装备防护涂层环境适应性数据手册

◎ 主　编　　汪凯蔚

◎ 副主编　　苏少燕　张洪彬　闫　杰　唐庆云

| 编写组成员 |

郑南飞　陈荻云　陈逢荣　张少锋　刘俊邦
黄　强　刘丽红　龚雨荷　王才菀　王荣祥
李坤兰　李长虹　吴樟智　于宏飞　邓俊豪
　　　　蔡亲能　游　曼

电子工业出版社
Publishing House of Electronics Industry
北京·BEIJING

内 容 简 介

本书为电子装备防护涂层体系优选提供参考。从工程应用出发，通过大量试验数据和失效案例分析展示电子装备防护涂层腐蚀老化特征及其环境适应性。本书收录了电子装备各类防护涂层体系自然与实验室环境试验数据68200余个，涵盖27种铝合金基材涂层防护体系、12种碳钢及不锈钢基材涂层防护体系、4种其他金属基材防护涂层体系、10种复合材料基材涂层防护体系和16种印制电路板基材防护涂层体系的环境适应性数据。

本书可供从事电子装备环境适应性设计的科研人员学习，也可供电子装备（产品）腐蚀防护设计、防护涂层选用及设计、防护涂层检验等工作的工程技术人员参考，还可供高校有关专业师生阅读。

未经许可，不得以任何方式复制或抄袭本书之部分或全部内容。
版权所有，侵权必究。

图书在版编目（CIP）数据

电子装备防护涂层环境适应性数据手册 / 工业和信息化部电子第五研究所组编；汪凯蔚主编. -- 北京：电子工业出版社，2025.6. --（可靠性技术丛书）.
ISBN 978-7-121-50654-3

Ⅰ.TN97-62

中国国家版本馆CIP数据核字第2025FN0935号

责任编辑：刘海艳
印　　刷：三河市鑫金马印装有限公司
装　　订：三河市鑫金马印装有限公司
出版发行：电子工业出版社
　　　　　北京市海淀区万寿路173信箱　邮编：100036
开　　本：720×1000　1/16　印张：27.5　字数：602.8千字
版　　次：2025年6月第1版
印　　次：2025年6月第1次印刷
定　　价：148.00元

凡所购买电子工业出版社图书有缺损问题，请向购买书店调换。若书店售缺，请与本社发行部联系，联系及邮购电话：(010) 88254888，88258888。

质量投诉请发邮件至 zlts@phei.com.cn，盗版侵权举报请发邮件至 dbqq@phei.com.cn。
本书咨询联系方式：lhy@phei.com.cn。

  防护涂层作为电子装备最主要的防护手段之一,是决定电子装备性能优劣的关键因素,也是加快电子装备升级换代,降低电子装备维修保障频率和全寿命周期总费用的关键保障。随着电子装备服役区域不断扩大,服役环境条件愈加复杂多变,防护涂层优劣对其防护影响更加突出,因此,全面掌握电子装备防护涂层在不同典型环境下的环境适应性底数并作为电子装备设计依据,是研制"好用、耐用、实用"电子装备的前提。过去由于缺少防护涂层的环境适应性数据,对防护涂层的环境损伤特征、腐蚀老化演变规律、失效机理等掌握不充分,导致电子装备防护设计不足,通过鉴定定型的装备在服役过程中仍然暴露出一系列的腐蚀与老化等环境适应性问题;当前由于缺乏较为全面的或系统的防护涂层环境适应性数据指导性手册,导致电子装备防护涂层环境适应性一体化设计依据不足,致使电子装备因环境适应性问题严重影响其功能的正常发挥,并大大增加装备使用阶段的维护与维修保障经费。

  开展电子装备防护涂层体系优选及设计是一项系统工程,这项工程以对涂料的充分了解以及充分掌握各种涂层体系的环境适应性数据为前提。为获得充足的防护涂层环境适应性数据,"十二五"以来,工业和信息化部电子第五研究所(以下简称"电子五所")在相关科研项目支持下,依托我国典型气候站网体系和电子五所齐全的实验室试验条件,持续系统地开展各种装备防护涂层的环境试验和环境适应性研究。通过统一制样、统一试验、统一标准测试和分析,力求数据采集的规范化、标准化,提高数据准确率,从多个维度积累电子装备防护涂层体系环境适应性数据,反映涂层体系随时间变化的规律,揭示防护涂层在不同环境条件下存在的缺陷,提升数据的科学价值和工程应用价值。

  本书收录了50种涂层材料、69种金属/非金属基材涂层体系等多项环境适应性数据,覆盖了航空、地面、船舶和岸基电子装备广泛应用的防护涂层体系,并纳入部分具有推广价值的新型涂料。本书的编写既反映了我国电子装备环境适应性研究评价的经验和最新成果,也反映了我国电子装备防护涂层体系的环境适应性水平。

本手册编纂过程得到国防科技行业多家研制和生产单位的鼎力支持,在此一并表示诚挚的谢意。

由于编者水平有限,若有疏漏之处,期望读者不吝指正。

编者
2024 年 12 月

目录

第1章　绪论 ………………………………………………………………（1）
　1.1　电子装备的腐蚀状况 ………………………………………………（1）
　1.2　影响防护涂层环境适应性的因素 …………………………………（3）
　1.3　我国大气自然环境类型及特点 ……………………………………（4）
　1.4　防护涂层的环境试验方法 …………………………………………（5）
　　　1.4.1　防护涂层的自然环境试验 ……………………………………（5）
　　　1.4.2　防护涂层的实验室环境试验 …………………………………（5）
　1.5　防护涂层的评价方法 ………………………………………………（6）
　　　1.5.1　外观评价 ………………………………………………………（6）
　　　1.5.2　性能评价 ………………………………………………………（7）
　　　1.5.3　微观分析 ………………………………………………………（7）
　1.6　防护涂层环境适应性评价工作 ……………………………………（8）
　　参考文献 …………………………………………………………………（9）

第2章　电子装备防护涂料的种类及选用 …………………………（10）
　2.1　常用防护涂料的种类及其特点 ……………………………………（10）
　　　2.1.1　环氧树脂涂料 …………………………………………………（12）
　　　2.1.2　丙烯酸树脂涂料 ………………………………………………（13）
　　　2.1.3　聚氨酯树脂涂料 ………………………………………………（14）
　　　2.1.4　氨基树脂涂料 …………………………………………………（15）
　　　2.1.5　氟碳树脂涂料 …………………………………………………（16）
　2.2　电子装备防护涂料的种类及其特性 ………………………………（16）
　　　2.2.1　环氧树脂涂料 …………………………………………………（16）
　　　2.2.2　丙烯酸树脂涂料 ………………………………………………（23）
　　　2.2.3　聚氨酯树脂涂料 ………………………………………………（31）
　　　2.2.4　氨基树脂涂料 …………………………………………………（42）

		2.2.5 氟碳涂料	(45)
		2.2.6 其他涂料	(46)
	2.3	电子装备防护涂层的选用原则	(50)
		2.3.1 底漆的选用原则	(50)
		2.3.2 中间漆的选用原则	(51)
		2.3.3 面漆的选用原则	(51)
		2.3.4 各类基材防护涂层体系的配套	(52)
		2.3.5 Ⅰ型/Ⅱ型电子装备常用防护涂层体系的配套	(55)
参考文献			(58)

第3章 电子装备结构件防护涂层环境适应性数据 (59)

3.1	铝合金基材防护涂层环境适应性数据	(59)
	3.1.1 5A06+TB06-9+TS96-71 防护涂层	(60)
	3.1.2 5A06+TH06-81+TS96-71 防护涂层	(64)
	3.1.3 5A06+TH13-81+TS13-62 防护涂层	(71)
	3.1.4 5A06+TH13-81+TS13-62+TS96-11 防护涂层	(76)
	3.1.5 5A06+H06-2+S04-60 防护涂层	(83)
	3.1.6 5A06+彩色导电氧化+TH06-81+TS96-71 防护涂层	(90)
	3.1.7 5A06+S31-11+H06-3+先利达防护涂层	(97)
	3.1.8 5A06+H31-3+TB06-10+先利达防护涂层	(104)
	3.1.9 6061+H06-2+S04-60 防护涂层	(110)
	3.1.10 6061+H06-2+A05-10 防护涂层	(115)
	3.1.11 6061+TB06-9+TB04-62 防护涂层	(119)
	3.1.12 6061+TB06-9+TS96-71 防护涂层	(126)
	3.1.13 6061+TB06-9+TS96-71（B03）防护涂层	(130)
	3.1.14 6061+TB06-9+SP-2 防护涂层	(135)
	3.1.15 6061+XF06-1+吸波涂料+TS96-71 防护涂层	(141)
	3.1.16 6061+环氧聚酯粉末防护涂层	(146)
	3.1.17 6061+环氧聚酯粉末（B03）防护涂层	(150)
	3.1.18 6061+纯聚酯粉末防护涂层	(155)
	3.1.19 2A12+S06-N-2+S04-80 防护涂层	(160)
	3.1.20 2A12+H06-2+H04-68 防护涂层	(164)
	3.1.21 2A12+H06-3+F04-80 防护涂层	(169)
	3.1.22 2A12+HFC-901 防护涂层	(173)

- 3.1.23 2A12+H06-1012+T.421.Ⅱ.Y 防护涂层 …………………………………（179）
- 3.1.24 3A21+H06-23+TS96-71 防护涂层 ………………………………………（184）
- 3.1.25 3A21+85-C+H06-23+TS70-11 防护涂层 ………………………………（188）
- 3.1.26 3A21+TB06-9+TS96-71 防护涂层 ………………………………………（191）
- 3.1.27 3A21+TB06-9+TB04-62 防护涂层 ………………………………………（195）

3.2 碳钢/不锈钢基材防护涂层环境适应性数据 …………………………………（198）
- 3.2.1 10#+Zn30.DC+TB06-9+TB04-62 防护涂层 ……………………………（198）
- 3.2.2 10#+Ct·ZnPh+TB06-9+TB04-62 防护涂层 ……………………………（204）
- 3.2.3 10#+达克罗+TB06-9+TB04-62 防护涂层 ………………………………（209）
- 3.2.4 20#+EP506+HFC-901 防护涂层 …………………………………………（214）
- 3.2.5 A3+H06-2+TB04-62 防护涂层 ……………………………………………（220）
- 3.2.6 A3+TB06-9+TB04-62 防护涂层 …………………………………………（225）
- 3.2.7 Q235+BZN9030-7200037+SD 防护涂层 …………………………………（229）
- 3.2.8 Q235+SD 防护涂层 …………………………………………………………（233）
- 3.2.9 Q235+BZN9030-7200037+UD 防护涂层 …………………………………（237）
- 3.2.10 Q235+TB06-9+TS04-81 防护涂层 ………………………………………（240）
- 3.2.11 SUS316+T.清漆.Ⅱ.E+H52-33 防护涂层 ………………………………（245）
- 3.2.12 316+TB06-9+TB04-62 防护涂层 …………………………………………（250）

3.3 其他金属基材防护涂层环境适应性数据 ………………………………………（255）
- 3.3.1 T2+TB06-9+TS96-71 防护涂层 …………………………………………（255）
- 3.3.2 H96+306 防护涂层 …………………………………………………………（259）
- 3.3.3 MB3+TB06-9+TS04-81 防护涂层 ………………………………………（261）
- 3.3.4 ZK61M+S06-N-2+S04-80 防护涂层 ……………………………………（267）

3.4 复合材料防护涂层环境适应性数据 ……………………………………………（268）
- 3.4.1 环氧玻璃布板+H01-101+TB04-62 防护涂层 …………………………（269）
- 3.4.2 环氧玻璃布板+H01-101+SBS04-33 防护涂层 …………………………（274）
- 3.4.3 环氧玻璃布板+H01-101+S04-13 防护涂层 ……………………………（279）
- 3.4.4 环氧玻璃布板+H01-101+TS96-71 防护涂层 …………………………（284）
- 3.4.5 玻璃钢+雷达罩底漆+T 脂肪族涂料防护涂层 …………………………（289）
- 3.4.6 玻璃钢+H01-101H+S04-9501H.Y+S04-A1 防护涂层 …………………（292）
- 3.4.7 玻璃钢+H01-89+SF55-49+SDT99-49 防护涂层 ………………………（296）
- 3.4.8 玻璃钢+H06-0371+耐雨蚀涂料+抗静电涂料防护涂层 ………………（300）
- 3.4.9 玻璃钢+H06-0371+新型耐雨蚀+新型抗静电涂料防护涂层 …………（303）

3.4.10 玻璃钢+S04-89+S55-49+S99-49 防护涂层 ……………………（307）
3.5 电子装备结构件防护涂层环境适应性优选结果 ……………………………（310）
3.5.1 铝合金基材防护涂层环境适应性优选结果 ……………………………（310）
3.5.2 碳钢/不锈钢基材防护涂层环境适应性优选结果 …………………（312）
3.5.3 其他金属基材防护涂层环境适应性优选结果 ……………………（313）
3.5.4 复合材料防护涂层环境适应性优选结果 ……………………………（313）
参考文献 ………………………………………………………………………………（314）

第4章 电子装备印制电路板防护涂层环境适应性数据 …………………………（316）
4.1 丙烯酸防护涂层环境适应性数据 ……………………………………………（316）
4.1.1 FR-4+AR 丙烯酸型 Humiseal1A33 防护涂层 ……………………（316）
4.1.2 FR-4+AR 丙烯酸型 Humiseal1B31 防护涂层 ……………………（319）
4.1.3 FR-4+有铅喷锡+丙烯酸三防清漆防护涂层 ………………………（322）
4.1.4 FR-4+1307 丙烯酸三防清漆防护涂层 ………………………………（325）
4.1.5 FR-4+1B73 丙烯酸三防清漆防护涂层 ……………………………（330）
4.2 聚氨酯防护涂层环境适应性数据 ……………………………………………（333）
4.2.1 FR-4+TS96-11 氟聚氨酯三防清漆防护涂层 ………………………（333）
4.2.2 FR-4+TS01-3 聚氨酯三防清漆防护涂层 …………………………（337）
4.2.3 FR-4+S01-20 聚氨酯三防清漆防护涂层 …………………………（341）
4.2.4 FR-4+DQ-20/S01-20 聚氨酯三防清漆防护涂层 …………………（345）
4.2.5 FR-4+DCALOURC 聚氨酯三防清漆防护涂层 ……………………（346）
4.2.6 FR-4+CJ-02 丙烯酸聚氨酯绝缘三防清漆防护涂层 ………………（349）
4.3 其他种类防护涂层环境适应性数据 …………………………………………（352）
4.3.1 FR-4+道康宁 1-2577 有机硅树脂清漆防护涂层 …………………（352）
4.3.2 FR-4+ParyleneN 防护涂层 …………………………………………（355）
4.3.3 FR-4+水清洗+ParyleneC 防护涂层 ………………………………（359）
4.3.4 FR-4+ParyleneC（SCS）防护涂层 …………………………………（364）
4.3.5 FR-4+ParyleneC 防护涂层 …………………………………………（365）
4.4 电子装备印制电路板防护涂层环境适应性优选结果 ……………………（369）
参考文献 ………………………………………………………………………………（371）

第5章 电子装备防护涂层环境试验失效案例分析 ………………………………（372）
5.1 防护涂层典型大气自然环境失效案例分析 ………………………………（372）
5.1.1 湿热海洋大气环境失效案例分析 …………………………………（373）

  5.1.2 亚湿热工业大气环境失效案例分析……………………………（386）
  5.1.3 干热沙漠大气环境失效案例分析………………………………（402）
  5.1.4 寒冷乡村大气环境失效案例分析………………………………（406）
5.2 防护涂层实验室试验失效案例分析……………………………………（409）
  5.2.1 高温环境失效案例分析…………………………………………（409）
  5.2.2 湿热环境失效案例分析…………………………………………（412）
  5.2.3 盐雾环境失效案例分析…………………………………………（414）
  5.2.4 光老化环境失效案例分析………………………………………（417）
  5.2.5 实验室循环试验失效案例分析…………………………………（420）
参考文献……………………………………………………………………………（429）

第 1 章

绪 论

1.1 电子装备的腐蚀状况

电子装备腐蚀防护工作起始于设计阶段，贯穿于电子装备的设计、加工、制造、装配、贮存、使用、维护全过程。在不同的应用环境中，电子装备部组件会受到强太阳辐射、高温、高湿、干湿交替以及高盐雾等的综合作用，表面防护涂层容易发生粉化、起泡、脱落等，失去对底层金属或器件的保护作用，导致腐蚀发生。

电子装备腐蚀的典型案例如下。

支撑架结构件长期暴露在户外恶劣环境中，由于其金属材料表面防护涂层存在缺陷及防护设计不当，大气中的湿气和腐蚀因子很容易渗入，进而引起涂层起泡、开裂和脱落，加速支撑架结构件的腐蚀。如图 1-1（a）所示，支撑架回转台表面涂层在高温、高湿、强辐射的环境作用下，户外暴露 1 年后，已完全起泡、开裂、脱落，基材严重腐蚀。如图 1-1（b）所示，支架因连接部位防护涂层设计不当，致使腐蚀因子凝结在缝隙部位，产生浓差电池反应，导致户外暴露 1 年后支座及固定螺丝严重腐蚀。

（a）支撑架回转台涂层起泡、开裂和脱落，基材严重腐蚀

（b）支架缝隙腐蚀

图 1-1 结构件的腐蚀情况

机箱中异种金属接触部位的涂层如果设计及防护措施不当，在高湿、高盐雾大气环境下，富含氯离子的电解液会导致金属连接部位涂层迅速起泡、开裂，从而加速电位较低的阳极金属材料发生腐蚀。如图1-2（a）所示，机箱在南海暴露18个月后，机箱散热口涂层严重起泡、开裂。如图1-2（b）所示，设备在南海暴露18个月后，其机箱垫片发生严重电偶腐蚀。如图1-2（c）所示，机箱在南海暴露6年后，其金属连接部位涂层起泡和电偶腐蚀。如图1-2（d）所示，机箱在南海暴露12个月后，其焊缝处发生腐蚀。

（a）机箱散热口涂层严重起泡、开裂

（b）机箱垫片电偶腐蚀

（c）机箱金属连接部位涂层起泡和电偶腐蚀

（d）机箱焊缝腐蚀

图1-2 机箱的腐蚀情况

印制板组装件在高温、高湿、高盐雾环境下，常常因机箱呼吸效应导致湿气或盐雾液体侵入产品内部后凝结，产生积水，加之电路板防护涂层存在缺陷，未能起到绝缘防护作用，导致内部设备印制板因元器件腐蚀而失效。如图1-3所示，某机箱在南海使用9个月后失效，拆开机箱发现产品内部印制板[见图1-3（a）]及壳体上均覆盖冷凝水；印制板组装件多处出现白色盐沉积物[见图1-3（b）]，印制板部分接插件管脚处漆层起泡。

（a）印制板组装件表面严重积水　　　　　（b）印制板组装件多处出现白色盐沉积物

图 1-3　印制板组装件的腐蚀情况

1.2 影响防护涂层环境适应性的因素

防护涂层是提升电子装备耐腐蚀性能的重要手段之一，影响防护涂层环境适应性的因素包括内因和外因。内因主要是涂层中主要成膜物质的分子结构，包括涂层的化学结构、物理形态、立体规整性、分子量和分子量分布、微量金属杂质和其他杂质等。防护涂层中组成高分子化学结构的弱键部位，容易受到外界不同因素的影响发生断裂成为自由基，这种自由基是引发分子反应的起始点。同时，防护涂层聚合物的物理形态往往不是均一的，它们是半结晶状态的，既有晶区，也有非晶区。非晶区往往是涂层老化的薄弱环节，加之聚合物在合成过程中，不可避免要和金属接触，有可能混入微量金属，或者在聚合时，也可能残留一些金属催化剂，都会加速聚合物的氧化，导致防护涂层老化[1-2]。

外因包括物理因素、化学因素、生物因素和气候环境因素等。物理因素包括热作用、光作用、机械作用等。化学因素包括氧化作用和化学介质（水、酸、碱、盐雾等）作用。生物因素包括微生物的作用、昆虫的作用和海洋生物的作用。气候环境因素包括太阳辐射、湿度、氧气、温度、盐雾、霉菌的综合作用。太阳光中的紫外光能够激发大分子中的化学键，使其发生断裂。电子装备在持续长时间的高温和高湿环境中，有机材料表面容易形成水膜，水分连同腐蚀因子能渗入有机材料内部，加速材料的老化。持续的高温和高湿环境特别适合霉菌的生长和繁殖，而有机高分子材料内的一些增塑剂及油脂类化合物等，特别是含脂肪酸结构的化合物容易被霉菌分解利用，霉菌的分泌物，如某些有机酸等，还可能与有机材料中的分子发生化学反应，从而导致有机材料性能的劣化[3-4]。

1.3 我国大气自然环境类型及特点

根据 GJB 8893.1—2017《军用装备自然环境试验方法 第 1 部分：通用要求》，我国大气自然环境类型可结合大气腐蚀性、地理特征和环境温度湿度极值三个方面进行综合划分。

按照大气腐蚀性分类，可将国内大气自然环境分为四种类型：海洋大气环境、工业大气环境、乡村大气环境、城市大气环境。

按照地理特征分类，可将国内内陆大气自然环境分为五种类型：高原大气环境、沙漠大气环境、丘陵大气环境、平原大气环境、雨林大气环境。

按照 GB/T 4797.1—2018 规定的环境温湿度极值分类，可将国内大气自然环境分为七种类型：寒冷、寒温Ⅰ、寒温Ⅱ、暖温、干热、亚湿热、湿热。

将上述环境类型组合，本书总结出代表我国所有地区的大气自然环境类型，如湿热海洋大气环境、暖温海洋大气环境、亚湿热工业大气环境、暖温高原大气环境、干热沙漠大气环境等，见表 1-1[5]。

表 1-1 我国大气自然环境类型及特点

序号	环境类型	环境特点
1	湿热海洋大气环境	位于西沙，具有高温、高湿、高盐和强太阳辐射的环境特点，年平均温度为 27℃，年平均相对湿度为 78%，盐雾沉降率为 3.25mg/(100cm^2·d)，年辐照总量约为 6800MJ/m^2，容易引起防护涂层粉化、起泡和基材腐蚀
2	暖温海洋大气环境	位于青岛市，夏季平均气温为 23.3℃，冬季最冷月平均气温为-0.5℃，年降水 pH 值为 6.5～6.6，年平均相对湿度为 73%，年平均降雨量为 661.5mm，年辐照总量为 4850MJ/m^2，容易引起材料起泡、腐蚀等现象
3	湿热乡村大气环境	位于海南省万宁市，具有高温、高湿、强太阳辐蚀的环境特点，年平均温度为 25.0℃，年平均相对湿度为 85%，年平均降雨量为 2102.5mm，年辐照总量为 5400MJ/m^2，容易引起防护涂层的起泡、粉化、长霉等现象
4	亚湿热工业大气环境	位于重庆市江津区城郊，年平均温度为 19.2℃，年平均相对湿度为 80%，年降雨总量为 900mm，降水 pH 值为 4.6，容易引起材料出现化学老化，产生起泡、腐蚀现象
5	暖温高原大气环境	位于拉萨市达孜区，年平均温度为 7.5℃，平均相对湿度为 46%，年辐照总量为 7600MJ/m^2，年降水量为 430mm，具有氧含量少、气压低、昼夜温差大、日照长的环境特点
6	湿热雨林大气环境	位于云南省西双版纳州大勐龙镇，年平均温度为 21.6℃，年最高温度为 34～38.3℃，年平均相对湿度为 83%，年平均日照时数为 1716h，容易引起涂层起泡、长霉
7	干热沙漠大气环境	位于甘肃省敦煌市，具有气温高、昼夜温差大、相对湿度低、太阳辐射强、降水少等特点，年平均相对温度为 10.8℃，高温极值为 45.6℃，年平均相对湿度为 38%，降水量为 39mm，年辐照总量（45°）为 4300MJ/m^2，年日照时数为 3300h，容易引起涂层粉化、开裂
8	寒冷乡村大气环境	位于黑龙江省漠河市，年平均气温为-1.7℃，年平均相对湿度为 64%，年日照时数为 2400h，历年低温极值为-52.4℃，昼夜温差大

1.4 防护涂层的环境试验方法

1.4.1 防护涂层的自然环境试验

自然环境试验是将装备（产品）长期暴露于自然环境中，确定自然环境对其影响的试验，包括大气自然环境试验、海水自然环境试验和土壤自然环境试验。大气自然环境试验是将装备（产品）放置在典型的大气自然环境中的自然环境试验，包括户外大气暴露试验、棚下大气暴露试验、库内大气暴露试验，户外大气贮存试验、棚下大气贮存试验、库内大气贮存试验等。与实验室环境试验相比，自然环境试验结果直观可靠，过程操作简单，适用于对装备（产品）各服役阶段的环境适应性进行评价。进行自然环境试验时，应根据装备寿命期的环境剖面，确定装备可能遇到的各种自然环境，并据此确定自然环境试验的条件，选择暴露试验、贮存试验、自然加速试验等试验方式。在开展自然环境试验时，通常需要进行试验策划、试验组织实施、试验工作总结等工作[6-9]。

1.4.2 防护涂层的实验室环境试验

1. 实验室单因素加速试验

实验室环境试验是在实验室内按规定的环境条件和负载条件进行的试验，按其目的可分为环境适应性研制试验、环境相应特性调查试验、飞行器安全性环境试验、环境鉴定试验、环境验收试验和环境例行试验等。相对于自然环境试验，实验室环境试验通常具备试验应力可控、试验结果获取快且重现性好的特点，在电子装备防护设计过程中常被用于防护涂层的优选及寿命预测。目前，国内外针对防护涂层的实验室环境试验的标准很多，其选取依据主要是环境因素。图 1-4 为模拟各环境因素影响的试验方法方框图。

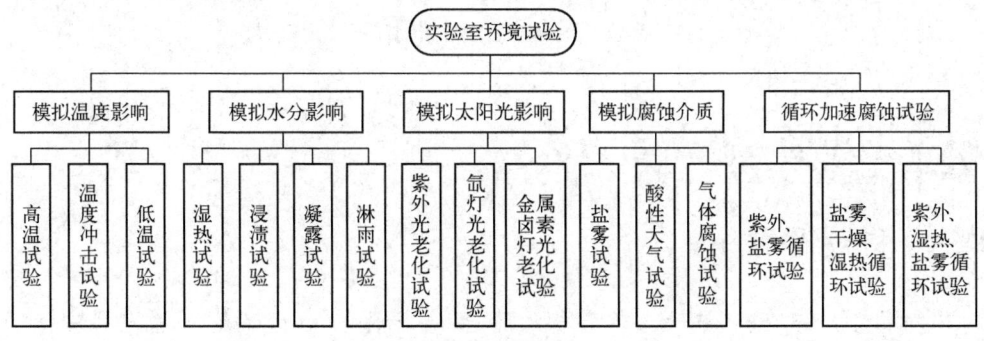

图 1-4 模拟各环境因素影响的试验方法方框图

2. 实验室循环加速试验

由于现阶段试验设备能力限制，在实验室内很难完全模拟自然中各环境因素的综合影响效应。若同时考虑实际服役过程中各种诱发环境的影响，实验室环境试验的模拟性将进一步降低。因此，如何提升实验室环境试验方案的模拟性、保证试验结果的有效性，是目前研究人员关注的重点，也是难点。

制定合理有效的实验室循环加速环境试验方案需从试验对象和应用环境条件、防护涂层失效机理着手，并综合考虑现有设备的试验能力，基础是确定及分析主要环境影响因素。在分析过程中，重点关注环境作用形式、作用过程、作用时间和环境量值（包括均值、极值等）等内容。实验室环境试验方案的制定过程分析图如图1-5所示。

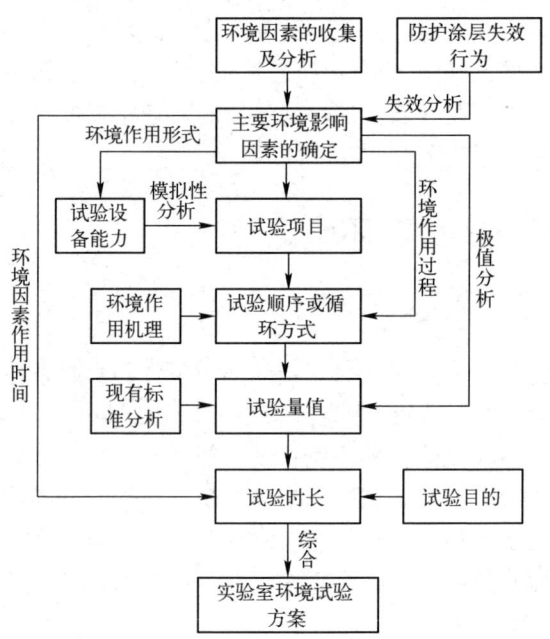

图1-5 实验室环境试验方案的制定过程分析图

1.5 防护涂层的评价方法

1.5.1 外观评价

按照GB/T 1766—2008《色漆和清漆 涂层老化的评级方法》，通过目视或低倍放大镜观察评定防护涂层的破坏程度、数量、大小。分级规则是以 0～5 的数字等级来评定破坏程度和数量，"0"表示无破坏，"5"表示严重破坏。可观察评定的单项参数包括失光、变色、粉化、开裂、起泡、生锈、剥落、长霉、斑点、泛金、沾污等 11 项单项。在涂层老化试验后，再对以上 11 项单项进行破坏等级评定，破坏等级评定的表示包括破坏类型和破坏大小。破坏类型即破坏的程度或破坏数量的等级。若要表示破坏大小等级，再在括号内注明，并在等级前加上字母"S"。例如，均匀破坏中，失光等级"2"表示失光为 2 级；分散破坏中，起泡等级"2(S3)"表示涂层起泡密度为 2 级，起泡大小为 3 级。然后再根据单项破坏等级评定涂层老化的综合等级，根据涂层用途可分为装饰性综合评定和保护性涂层综合评定，可分 0、1、2、3、4、5 六个等级，分别代表涂层耐老化性能的优、良、中、可、差、劣。

1.5.2 性能评价

结构件防护涂层性能评价的主要参数包括光泽度、颜色、附着力、柔韧性、耐冲击性、硬度、电化学性能评价等。印制板防护涂层性能评价的主要参数包括介质耐电压、绝缘电阻、品质因数（Q）、损耗角正切等。其中，光泽度是物体表面的一种特征，是物体表面因光滑程度不同，朝一定方向反射光的能力。颜色变化则是涂层或其他高分子材料的颜色因气候环境的影响，偏离初始颜色的老化现象。附着力是涂层与底材或底涂层之间结合的强度。涂层失效的重要标志之一就是涂层附着力下降导致与底材或底涂层之间的剥落、起皮等现象。与常规检测方法相比，电化学方法快速简便，提供的信息量相对丰富，可对涂层的防护性能进行定量与半定量评价[10]。目前，电化学性能评价主要采用电化学阻抗谱法（EIS），它是通过向被测体系施加一个小振幅正弦交变扰动信号并测量，得到阻抗谱或导纳谱，然后根据数学模型或等效电路模型进行分析、拟合，以获得体系电化学信息的方法。该方法不会对样品体系的性质造成不可逆的影响，也不会破坏涂层，已成为研究有机涂层金属体系最主要的方法之一。

1.5.3 微观分析

涂层在环境因素作用下，其宏微观形貌及成分均会发生变化，其物理性能及机械性能也会发生变化。为了分析上述变化，通常利用先进的分析仪器及测试设备开展相关分析工作。常用防护涂层失效分析的检测类别、检测项目和检测工具见表 1-2。

表 1-2　常用防护涂层失效分析的检测类别、检测项目和检测工具

序号	检测类别	检测项目	检测工具
1	外观检查	宏观形貌	相机
		光泽度	光泽度计
		色差	色差计
2	微观形貌	1~10 倍放大观察	光学显微镜
		50~2000 倍	金相显微镜
		2000~30000 倍	扫描电子显微镜
3	成分分析	XPS	X 射线光电子能谱分析仪
		EDS	能谱分析仪
		红外光谱	傅里叶变换红外光谱仪
4	热性能	DSC	差式扫描量热仪
5	电化学交流阻抗测试	Bode 图、Nyquist 图	电化学工作站

在外观形貌分析上，宏观形貌分析的手段主要为肉眼观察和相机拍照，测试光泽度和色差可以初步获知防护涂层表面状态的变化情况。为了从微观层面分析上述变化，可进一步选择放大倍数为 1~10 倍的光学显微镜、50~2000 倍的金相显微镜或放大倍数更大的扫描电子显微镜进行观察。

在成分分析方面，重点分析涂层元素及官能团含量的变化情况，其中涂层元素含量分析可采用 X 射线光电子能谱分析和能谱分析来实现；官能团的分析可采用傅里叶变换红外光谱分析来实现。

1.6　防护涂层环境适应性评价工作

环境适应性是装备承受环境作用能力的指标，是装备的重要质量特性之一。装备环境适应性评价是基于装备材料、构件、分系统及整机已开展的自然环境试验、实验室环境试验和使用环境试验基础数据，以及积累的大量环境因素数据和相似产品数据开展的环境适应性评价。因此，防护涂层环境适应性评价工作主要包括：
① 电子装备防护涂层应用环境条件分析；
② 电子装备防护涂料特性及配套性分析；
③ 电子装备防护涂层体系环境试验；
④ 电子装备防护涂层体系性能测试及试验结果评价；
⑤ 电子装备防护涂层体系典型环境下失效行为及机理分析。
以上各项工作的主要职责有所不同。例如，环境条件分析突出典型环境中的主

要影响因素，为设计合理的接近真实环境的实验室环境试验方法提供数据依据；环境试验包括自然环境试验、实验室环境试验和使用环境试验。自然环境试验利用真实的自然环境，突出各环境因素对装备或材料的综合作用效果；实验室环境试验是在实验室内按规定的环境条件和负载条件进行的试验，可突出某个或某几个环境因素的影响，同时可通过增加量值的方式提升环境试验效率；使用环境试验是在实际使用环境中利用整个平台进行的试验，可用于突出自然环境和诱发环境的综合影响；各类试验为积累涂层体系性能数据和评价提供依据；典型环境下失效行为及机理分析结合涂料特性分析为选择合适的涂料和涂料间的配套提供支撑。以上工作内容的有效配合，建立起防护涂层体系评价工作，实现提升电子装备环境适应性的目标。

参考文献

[1] 王光雍，王海江，李兴濂，等. 自然环境的腐蚀与防护 大气·海水·土壤[M]. 北京：化学工业出版社，1997.

[2] 吴护林，张伦武，苏艳，等. 轻质材料环境适应性数据手册：铝合金、钛合金及防护工艺[M]. 北京：国防工业出版社，2020.

[3] 全国电工电子产品环境条件与环境试验标准化技术委员会. GB/T 2424.10—2012 环境试验大气腐蚀加速试验的通用导则[S]. 北京：中国标准出版社，2012.

[4] 王春辉，汪凯蔚，李劲，等. 电子装备防护涂层体系环境试验技术[M]. 北京：电子工业出版社，2021.

[5] 全国电工电子产品环境条件与环境试验标准化技术委员会. GB/T 4797.1—2018 环境条件分类 自然环境条件 温度和湿度[S]. 北京：中国标准出版社，2018.

[6] 中国人民解放军总装备部电子信息基础部. GJB 6117—2007 装备环境工程术语[S]. 北京：中国标准出版社，2008.

[7] 段晓琴，杨睿，代力. 装备自然环境试验评价技术研究[J]. 科技与创新，2021,15:41.

[8] 康志萍. 环境试验特点及其发展方向[J]. 环境技术，2012,8:15-18.

[9] 赵朋飞，苏晓庆，张生鹏. 装备自然环境试验工作管理方法探讨[J]. 装备环境工程，2020,17.

[10] 杨光，葛志宏. 几种薄膜涂层硬度测试方法的比较[J]. 表面技术，2008,37(2):85-87.

第 2 章

电子装备防护涂料的种类及选用

防护涂层是涂料经过涂覆形成具有一定防护功能的连续膜层。涂料则是涂于物体表面能形成具有保护、装饰或特殊性能（如绝缘、防腐、标志等）的固态涂膜的一类液体或固体材料的总称。由同种或异种涂层组成的防护系统称为涂层体系。涂层体系通常是由底层涂层、中间涂层和面涂层组合而成的完整涂膜系统。涂层体系环境适应性的优劣不仅与涂料特性有密切关系，还与整个涂层体系的设计以及涂料的配套性有密切关系。涂层体系的设计不是单纯地选择某种涂料，也不是仅仅选择底漆和面漆，而是要对形成涂层体系的每一涂层进行选择，并通过涂装实施使之形成多种涂层组合。按涂层体系结构划分，可以分为二涂层体系、三涂层体系、四涂层体系、多涂层体系等。涂层体系通常由基材表面、前处理层、底漆层、中涂层、面漆层、后处理层等组成，每一个环节选择和处理的正确性直接影响涂层体系的环境适应性。涂料的配套性是指涂装基材和涂料以及各层涂料之间的适应性，是涂装体系设计的基础，只有根据基材的不同要求、涂料的性能等选择合适的涂料进行配套，才能最大限度地发挥涂膜性能，提高涂层体系的防护性。

本章针对现阶段电子装备常用防护涂层体系，从涂料种类、组成、基础性能及配套体系等多个方面着手分析，重点介绍电子装备防护涂料分类、防护涂料特性、涂层选用原则、电子装备部组件防护涂层种类等。

2.1 常用防护涂料的种类及其特点

涂料是由成膜物、颜填料、分散介质及各种助剂组成的复杂的多相分散体系，涂料的各种组分在形成涂层过程中发挥各自作用。

① 成膜物也称树脂、黏合剂或基料，是涂料的基础成分，它将所有涂料组分黏

结在一起形成整体均一的涂层或涂膜，同时对底材或底涂层发挥润湿、渗透和相互作用而产生必要的附着力，并基本满足涂层的性能要求。

② 颜填料是色漆的必要成分，它不但赋予涂层各种色彩和遮盖力，还具有提升耐介质性、耐光性、耐候性等功能。颜料可分为着色颜料、体质颜料或填料、功能性颜料等。功能性颜料除具备着色、填充等基本性能外，还赋予涂层特种功能，包括防腐、防锈、防污、导电、热敏、气敏等。其中，防腐、防锈颜料在电子装备防护涂料中应用较广，作为金属防锈底漆的必要成分，通过牺牲阳极、金属表面钝化、缓蚀、屏蔽等作用防止金属底材腐蚀。

③ 分散介质的作用主要是确保分散体系的稳定性、流变性。其中，用于调节产品黏度、流变特性及成膜速度的为稀释剂，用于将不溶性树脂分散至水中的溶剂为乳化剂。

④ 助剂为涂料辅助材料，虽然用量很少，但对保证涂料和涂装性能起到重要作用。助剂在涂料成膜后一般留在涂层中，成为涂层的组分之一，所以需注意其对最终成膜的负面影响[1]。

涂料分类方式很多，GB/T 2705—2003《涂料产品分类和命名》给出两种分类方法：第一种以产品用途为主线进行划分，主要分为建筑涂料、工业涂料、通用涂料及辅助材料；第二种以主要成膜物为主线进行划分，分为建筑涂料、其他涂料及辅助涂料。对于电子装备防护涂料而言，以成膜物种类进行分类。各类涂料的优缺点见表2-1[2]。

表2-1　各类涂料的优缺点

涂料种类	优点	缺点
环氧树脂漆类	① 附着力强； ② 耐碱、耐溶剂； ③ 具有较好的绝缘性能； ④ 漆膜坚韧	① 室外暴晒易粉化； ② 保光性差； ③ 色泽较深； ④ 漆膜外观较差
丙烯酸树脂漆类	① 透明性好； ② 耐热性、耐候性、耐腐蚀性好； ③ 耐酸性、耐碱性	① 透干性不好； ② 润湿性、研磨性不好； ③ 涂膜不丰满
聚氨酯树脂漆类	① 耐磨性强，附着力好； ② 耐水性、耐热性、耐溶剂性好； ③ 耐化学和石油腐蚀； ④ 具有良好的绝缘性； ⑤ 耐候性好	① 非脂肪族涂料的漆膜易粉化、泛黄； ② 涂料对酸、碱、盐、醇、水等物很敏感，因此施工要求高； ③ 有一定毒性
聚酯树脂漆类	① 固体成分高； ② 耐一定的温度； ③ 耐磨，能抛光； ④ 具有较好的绝缘性	① 干性不易掌握； ② 施工方法较复杂； ③ 对金属附着力差

续表

涂料种类	优点	缺点
氨基树脂漆类	① 漆膜坚硬，可打磨抛光； ② 光亮，丰满； ③ 色浅、不易泛黄； ④ 附着力较好； ⑤ 有一定的耐热性； ⑥ 耐候性好； ⑦ 耐水性较好	① 须高温烘烤才能固化； ② 烘烤过度，漆膜发脆
过氯乙烯树脂漆类	① 耐候性优良； ② 耐化学腐蚀性优良； ③ 耐水性、耐油性、防延燃性好； ④ 三防性能较好	① 附着力较差； ② 打磨抛光性能较差； ③ 不能在 70℃ 以上高温使用； ④ 固体成分低
醇酸树脂漆类	① 光泽较亮； ② 耐候性优良； ③ 施工性能好，可刷、可喷、可烘； ④ 附着力较好	① 漆膜较软； ② 耐水性、耐碱性差； ③ 与挥发性漆比，干燥慢； ④ 不能打磨
酚醛树脂漆类	① 漆膜坚硬； ② 耐水性良好； ③ 纯酚醛的耐化学腐蚀性良好； ④ 有一定的绝缘强度； ⑤ 附着力好	① 漆膜较脆； ② 颜色易变深； ③ 耐候性比醇酸漆差，易粉化； ④ 干燥后漆膜不爽滑
硝基漆类	① 干燥迅速； ② 漆膜耐油； ③ 漆膜坚韧，可打磨、抛光	① 易燃； ② 清漆不耐紫外光； ③ 不能在 60℃ 以上温度使用； ④ 固体成分低
纤维素（酯）漆类	① 耐大气性、保色性好； ② 可打磨抛光； ③ 个别品种有耐热、耐碱性，绝缘性也较好	① 附着力较差； ② 耐潮性差； ③ 价格高
有机硅漆类	① 耐高温； ② 耐候性极优； ③ 耐潮、耐水性好； ④ 具有良好的绝缘性	① 耐汽油性差； ② 漆膜坚硬，较脆； ③ 一般需要烘烤干燥； ④ 附着力较差
橡胶漆类	① 耐化学腐蚀性强； ② 耐水性好； ③ 耐磨	① 易变色； ② 清漆不耐紫外光； ③ 耐溶剂性差； ④ 个别品种施工复杂

2.1.1 环氧树脂涂料

环氧树脂涂料是以环氧树脂为主要成膜物质的涂料。环氧树脂至少含有两个环氧基团，环氧基团具有高度的活泼性，使环氧树脂能与多种类型的固化剂发生交联反应形成三维网状结构的高聚物。

环氧树脂本身是热塑性的半制品,是环氧树脂涂料的原料,其与固化剂或脂肪酸反应,交联成为网状结构的大分子。环氧树脂涂料具有以下优点:

① 由于环氧树脂涂料有许多羟基和醚键,能与极性底材吸引,而且环氧固化时,体积收缩率低(2%左右),因此,环氧树脂涂料对金属(钢、铝等)、陶瓷、玻璃等极性底材,具有优良的附着力。

② 抗化学品性能优良,因树脂中仅有羟基和醚键,所以耐碱性尤其突出。一般的油脂系或醇酸防锈底漆,在金属发生腐蚀时,金属表面的阴极部位呈碱性,会使底漆被皂化破坏。环氧树脂涂料耐碱而且附着力好,故大量用作防腐底漆。

③ 与热固性酚醛树脂涂料相比,环氧树脂涂料含芳环而坚硬,但有醚键便于分子链的旋转,具有一定的韧性,不像酚醛树脂很脆。

④ 环氧树脂对湿面有一定的润湿力。尤其在使用聚酰胺树脂作固化剂时,可制成水下施工涂料。

⑤ 环氧树脂本身的分子量不高,能与各种固化剂配合制造无溶剂、固体成分高的粉末涂料及水生涂料,符合近年来的环保要求,并能获得厚膜涂层。

⑥ 环氧树脂具有很多优点,但也存在不足,例如光老化性差,含有芳香醚键。这些不足,使漆膜经日光(紫外光)照射后易降解断链,所以户外耐候性较差,因此环氧树脂涂料常用作底漆。

2.1.2 丙烯酸树脂涂料

丙烯酸树脂涂料的主要成膜物为丙烯酸树脂。丙烯酸树脂由丙烯酸酯类或甲基丙烯酸酯类及其他烯属单体共聚而成。通过选用不同的丙烯酸树脂、不同的颜料、助剂、溶剂及交联剂,可合成类型多样、性能各异、广泛应用的丙烯酸树脂涂料。

丙烯酸类单体由于具有碳链双键和酯基的独特结构,共聚形成的丙烯酸树脂对光的主吸收峰处于太阳光谱范围之外,所以制得的丙烯酸树脂涂料具有优异的耐光性及耐候性。丙烯酸树脂涂料具有以下优点:

① 色浅、水白、透明性好。

② 耐候性:户外曝晒耐久性强,耐紫外光照射,不易分解或变黄,能长期保持原有的光泽及色泽。

③ 耐热性:在170℃下不分解、不变色,在230℃左右或更高的温度下仍不变色。

④ 耐化学品性:有较好的耐酸性、耐碱性,以及对油脂、洗涤剂等化学品的抗

沾污性和耐腐蚀性。

⑤ 优异的施工性能：由于酯基的存在，能防止丙烯酸树脂涂料结晶，多变的酯基还能改善涂料在不同介质中的溶解性以及各种树脂的混溶性。

丙烯酸树脂由于有优越的耐光性能与耐户外老化性能，广泛用作轿车漆。此外，还应用于家用电器、金属家具、仪器仪表、船舶设备等行业中。

2.1.3 聚氨酯树脂涂料

聚氨酯树脂涂料（聚氨基甲酸酯涂料）中含有大量的氨酯键，但并非由氨基甲酸酯单体聚合而成，而是由多异氰酸酯与多元醇结合而成，除了含氨酯键外，还含有许多酯键、醚键、脲键、脲基甲酸酯键等。

聚氨酯树脂涂料具有以下优点：

① 氨酯键的特点是在高聚物分子之间可以形成环形或非环形的氢键。在外力作用下，氢键可分离而吸收外来的能量（20～25kJ/mol），从而避免了应力的作用可能导致的分子共价键的断裂甚至聚合物的降解。除去应力后，氢键又重新形成。如此的氢键裂开又再形成可逆重复，使聚氨酯树脂涂料形成的涂膜具有高度机械耐磨性和韧性。与其他类涂料相比，在相同硬度条件下，由于氢键的作用，聚氨酯树脂涂料形成的涂膜的断裂伸长率最高，所以聚氨酯树脂涂料广泛用作舰船甲板漆，以及用于电子设备，等等。

② 相比其他类涂料，聚氨酯树脂涂料兼具保护性和装饰性，可用于大型客机等的涂装。

③ 附着力强。聚氨酯像环氧一样，可配成优良的黏合剂。对于金属表面而言，聚氨酯树脂涂料的附着力稍逊于环氧树脂涂料；但对于橡胶而言，聚氨酯树脂涂料的附着力强于环氧树脂涂料。

④ 通过调整成分配比，涂膜的弹性可根据需要从极坚硬调节到极柔韧。

⑤ 聚氨酯树脂涂料形成的涂膜具有优良的耐化学性、耐酸性、耐碱性、耐盐性、耐石油腐蚀性，因而聚氨酯树脂涂料可作钻井平台、船舶等的维护涂料。

⑥ 聚氨酯树脂涂料既能高温烘干，也能低温固化，在0℃也能正常固化，因此能施工的季节长。

⑦ 聚氨酯树脂涂料可与聚酯、聚醚、环氧、醇酸、聚丙烯酸酯、醋酸丁酸纤维素、氯乙烯醋酸乙烯共聚树脂、沥青、干性油等配合制漆，可根据不同的要求制成许多品种。

由于聚氨酯树脂具有许多优异性能，尤其是物理机械性能好、涂膜坚硬、柔韧、光亮、丰满、耐磨、附着力强，且耐腐蚀性能优异等，聚氨酯树脂涂料已广泛应用在汽车、飞机、机械、船舶等行业。

2.1.4 氨基树脂涂料

氨基化合物（含—NH_2 官能团）与醛类（主要为甲醛）经缩聚反应，得到含—CH_2OH 官能团的产物。该产物再与脂肪族一元醇部分醚化或全部醚化，最终得到能与多种类型树脂交联成膜、并有良好混溶性的树脂，涂料行业将其列为氨基树脂。

氨基树脂是一种多官能团的聚合物，然而，若单独使用氨基树脂作为成膜物质，得到的涂膜附着力差，硬度高，涂膜脆，没有应用价值。氨基树脂容易与带有羟基、羧基、酰氨基的聚合物反应，因此可作为醇酸树脂、丙烯酸树脂、饱和聚酯树脂、环氧树脂、环氧酯等涂料用基体树脂的交联剂。氨基树脂与基体树脂交联成膜后得到有韧性三维网状结构的涂膜。根据氨基树脂及基体树脂的不同，所得的涂膜也各有特点。

用氨基树脂涂料作交联剂的涂膜具有优良的光泽、保色性、硬度、耐化学性、耐水及耐候性等性能。氨基树脂作为交联剂，与基体树脂（醇酸树脂、饱和聚酯树脂、羟基丙烯酸树脂、环氧树脂等）配合，可应用于不同领域。

（1）氨基-醇酸

氨基树脂与醇酸树脂匹配生产的烤漆，是涂料行业应用最早、最普遍的烤漆，形成的涂膜有良好的硬度、光泽、耐酸碱性、耐水性和耐候性，应用于汽车、自行车、洗衣机等。

（2）氨基-聚酯

聚酯树脂是由多元醇与多元酸合成的线型结构高聚物，树脂结构中含有羟基与羧基，能与氨基树脂交联，得到性能优异的涂膜。这一烘漆体系，主要应用于发展迅速的卷材涂料行业，所生产的面漆、背面漆、底漆等，都有采用氨基-饱和聚酯烘漆体系的。

（3）氨基-丙烯酸树脂

丙烯酸树脂是由丙烯酸酯类、甲基丙烯酸酯类及其他烯类单体共聚组成的树脂，不同的单体组合可得到性能各异的树脂，满足各种需要。与氨基树脂匹配使用的丙烯酸树脂，树脂结构中含有羟基和羧基官能团，与氨基树脂交联成膜，主要应用于汽车、摩托车等。

（4）氨基-环氧树脂

环氧树脂是热塑性的，分子结构中的环氧基与氨基树脂中的羟甲基及烷氧基交联，形成性能优异的涂膜，有很好的应用价值。涂膜既有良好的耐水性，又有良好的附着力、硬度，但耐候性、耐黄变性较差，因此氨基-环氧烘漆体系适用于生产底漆。

2.1.5 氟碳树脂涂料

氟烯烃聚合物或氟烯烃与其他单体的共聚物称为氟碳树脂。氟碳树脂涂料是以氟碳树脂为主要成膜物的涂料。氟碳树脂可以加工成塑料制品（通用塑料和工程塑料）、增强塑料（玻璃钢等）、合成橡胶和涂料（粉末、乳液、溶液）等产品。

目前，常见的氟碳树脂及由其制成的氟碳涂料按成膜物的化学组成大致分为聚四氟乙烯（PTFE）氟碳树脂与氟碳涂料，聚偏二氟乙烯（PVDF）氟碳树脂与氟碳涂料，聚氟乙烯（PVF）氟碳树脂与氟碳涂料，三氟氯乙烯-乙烯基醚与四氟乙烯-乙烯基醚共聚物（PEVE）氟碳树脂与氟碳涂料四类；按物质的性状可分为溶剂型氟碳树脂与氟碳涂料，水性氟碳树脂与氟碳涂料，粉末氟碳树脂与氟碳涂料。

在氟碳树脂中，聚四氟乙烯树脂虽然占据主导地位，但是聚四氟乙烯树脂本身也存在某些缺点，如黏度差、熔融流动性差，从而限制了其应用范围。我国相关科研人员以三氟氯乙烯和四氟乙烯为原料合成常温固化涂料用树脂，并成功研制出一系列不同用途的氟碳涂料。氟碳树脂具有以下化学特性：

① C—F 键的高键能是氟碳树脂用于高耐候性涂料的基础，由于 C—F 键能（485kJ/mol）大于 Si—O 键能（318kJ/mol）。阳光中的紫外光波长为 220~400nm，波长为 220nm 的光子的能量为 544kJ/mol，只有波长小于 220nm 的光子才能破坏氟碳树脂的 C—F 键。在阳光中，波长小于 220nm 的光子比例很小，阳光几乎对氟碳树脂没有老化影响，显示了氟碳树脂强的耐候性。

② 氟碳树脂具有极高的化学稳定性，氟原子具有最高的电负性和较小的原子半径，C—F 键能大，碳链上的氟原子排斥力大，碳链呈现螺旋状结构且被氟原子包围（屏蔽效应），从而决定了氟碳树脂极高的化学稳定性。

2.2 电子装备防护涂料的种类及其特性

2.2.1 环氧树脂涂料

1. H01-101H 环氧聚酰胺漆

（1）特性

H01-101H 环氧聚酰胺漆与 H06-1012H 环氧底漆、S04-9501H.Y 抗雨蚀涂料及聚氨酯磁漆具有很好的相容性。

（2）应用

H01-101H 环氧聚酰胺漆可广泛用于各种复合材料的表面防护。其已在飞机复合材料的表面制件上使用多年，效果良好。

(3) 基础性能

H01-101H 环氧聚酰胺漆的基础性能见表 2-2。

表 2-2　H01-101H 环氧聚酰胺漆的基础性能

性能		指标	检测标准
颜色及外观		微黄色	—
干燥时间	常温	≤24h	GB/T 1728—2020
	60~80℃	≤1h	
耐冲击性		50cm	GB/T 1732—2020
柔韧性		1mm	GB/T 1731—2020

2．H04-68 各色环氧聚酰胺磁漆

（1）特性

H04-68 各色环氧聚酰胺磁漆漆膜坚硬，柔韧性好，附着力好，耐冲击、耐有机溶剂和耐化学药品性能优良，而且还具有突出的耐湿热性和耐蚀变性。

（2）应用

H04-68 各色环氧聚酰胺磁漆主要用于铝材料和钢材料表面的装饰性保护。

（3）基础性能

H04-68 各色环氧聚酰胺磁漆的基础性能见表 2-3。

表 2-3　H04-68 各色环氧聚酰胺磁漆的基础性能

性能	指标	检测标准
颜色及外观	各色，漆膜平整	—
耐冲击性	50cm	GB/T 1732—2020
柔韧性	2mm	GB/T 1731—2020
耐水性（72h）	不起泡，不脱落，允许轻微变色	GB/T 1733—1993
耐湿热性（72h）	1级	GB/T 1740—2007
耐盐水性（3% NaCl 溶液，72h）	不起泡，不生锈，允许轻微变色	GB/T 9274—1988

（4）施工要求

配套底漆：H06-28 锶黄环氧聚酰胺底漆、锌黄环氧聚酰胺底漆等。

3．H04-140 环氧磁漆

（1）特性

H04-140 环氧磁漆可常温干燥或烘干；漆膜具有良好的力学性能和耐介质性；与

底漆配套使用，具有良好的三防性能；可单独使用或与底漆配套使用。

（2）应用

H04-140环氧磁漆可用于磁罗盘的刻度盘、信号器焊接处、保护头盔、机轮前主轮壳及刹车附件、起落架等部件的保护。

（3）基础性能

H04-140环氧磁漆的基础性能见表2-4。

表2-4 H04-140环氧磁漆的基础性能

性能	指标	检测标准
颜色及外观	各色	—
耐冲击性	50cm	GB/T 1732—2020
柔韧性	1mm	GB/T 1731—2020
铅笔硬度	≥2H	GB/T 6739—2006
耐热性（150℃±2℃，48h）	无脱落，无起皱，无鼓泡，无开裂，允许变色	GB/T 1735—2009
耐水性（23℃±2℃，72h）	不起泡，无剥落，不起皱，允许变色	GB/T 1733—1993

4．H06-1012H环氧底漆

（1）特性

H06-1012H环氧底漆具有良好的力学性能，漆膜坚韧，耐冲击性良好，耐湿热性能优秀，防护性能优异。

（2）应用

H06-1012H环氧底漆主要用于钢、铝合金、钛合金及复合材料的表面防护。其已在多种飞机蒙皮、复合材料表面及零部件使用多年，涂层使用情况良好。

（3）基础性能

H06-1012H环氧底漆的基础性能见表2-5。

表2-5 H06-1012H环氧底漆的基础性能

性能	指标	检测标准
颜色及外观	浅绿色，色调不定，漆膜平整	—
耐冲击性	50cm	GB/T 1732—2020
硬度	≥3H	GB/T 6739—2006
柔韧性	1mm	GB/T 1731—2020
耐水性（23℃±2℃，72h）	不起泡，无剥落，不起皱	GB/T 1733—1993
耐热性（150℃±2℃，48h）	无脱落，无皱皮，无鼓泡，无开裂	GB/T 1735—2009

（4）施工要求

① 可喷涂或刷涂。

② 与丙烯酸类磁漆、丙烯酸聚氨酯磁漆配套使用。

5．H06-076 环氧底漆

（1）特性

H06-076 环氧底漆具有良好的力学性能，漆膜坚韧，耐冲击性良好，耐湿热性能优秀，防护性能优异。

（2）应用

H06-076 环氧底漆主要用于高强度钢、铝合金、钛合金、镁合金等材料的表面防护。其已在飞机的相关部位使用多年，涂层使用情况良好。

（3）基础性能

H06-076 环氧底漆的基础性能见表 2-6。

表 2-6　H06-076 环氧底漆的基础性能

性能		指标	检测标准
颜色及外观		近白色，漆膜均匀	—
耐冲击性	正冲	50cm	GB/T 1732—2020
	反冲	50cm	
柔韧性		1mm	GB/T 1731—2020
耐热性（200℃，24h）		涂层无变化，允许变色	GB/T 1735—2007
耐盐雾性（1000h）		涂层无变化	GB/T 1771—2007
耐湿热性（1000h）		涂层无变化，附着力允许下降1级	GB/T 1740—2007

（4）施工要求

① 可喷涂或刷涂。

② 与环氧类磁漆、丙烯酸类磁漆、丙烯酸聚氨酯磁漆配套使用。

6．H06-0104 环氧底漆

（1）特性

H06-0104 环氧底漆与氟塑料磁漆、氟橡胶磁漆有很好的配套性能。

（2）应用

H06-0104 环氧底漆广泛用于天线罩及玻璃钢等制件的表面防护，使用效果良好。

（3）基础性能

H06-0104 环氧底漆的基础性能见表 2-7。

表 2-7　H06-0104 环氧底漆的基础性能

性能	指标	检测标准
颜色及外观	白色、绿色，颜色深浅程度不限	GB/T 9761—2008
柔韧性	1mm	GB/T 1731—2020
耐热性（200℃±2℃，3h）	不鼓泡，不开裂，允许变色	GB/T 1735—2009

（4）施工要求

铝合金经阳极氧化、化学氧化或涂覆磷化底漆处理；钛合金经除油清洗处理；复合材料经打磨或吹砂、除尘工艺，材料表面有明显布纹、麻坑的，需刮涂配套的环氧腻子。

7．H06-1030H 非铬酸盐防腐底漆

（1）特性

H06-1030H 非铬酸盐防腐底漆与底材的附着力优异，耐盐雾、耐水、耐油、耐热，具有良好的防腐蚀性能和配套使用性能。

（2）应用

H06-1030H 非铬酸盐防腐底漆适用于铝合金、钛合金、钢铁及复合材料的表面防护。其作为防护底漆，已用于飞机起落架，使用情况良好。

（3）基础性能

H06-1030H 非铬酸盐防腐底漆的基础性能见表 2-8。

表 2-8　H06-1030H 非铬酸盐防腐底漆的基础性能

性能	指标	检测标准
颜色及外观	灰白色，色调不定，漆膜平整	—
耐冲击性	50cm	GB/T 1732—2020
柔韧性	1mm	GB/T 1731—2020
铅笔硬度	≥2H	GB/T 6739—2006
耐热性（150℃±2℃，48h）	不起泡，不起皱，无剥落，无开裂，允许变色	GB/T 1735—2009
耐盐雾性（3.5% NaCl 溶液，40℃±2℃，500h）	不起泡，无生锈、无剥落，允许变色	GB/T 1771—2007
耐水性（23℃±2℃，72h）	不起泡，不起皱，无剥落，允许变色	GB/T 1733—1993

（4）施工要求

H06-1030H 非铬酸盐防腐底漆常与环氧类磁漆、丙烯酸类磁漆、丙烯酸聚氨酯磁漆配套使用。

8．TH06-20 环氧底漆

（1）特性

TH06-20 环氧底漆具有良好的附着力、耐高温、耐高湿、耐海水等性能。

（2）应用

TH06-20 环氧底漆主要用于经阳极化处理后的铝合金表面，与环氧聚酰胺面漆配套使用，可用作波导组件底漆、机箱机柜底漆。

（3）基础性能

TH06-20 环氧底漆的基础性能见表 2-9。

表 2-9　TH06-20 环氧底漆的基础性能

性能	指标	检测标准
颜色及外观	黄绿色，色调不定，漆膜平整均匀	—
柔韧性	≤3mm	GB/T 1731—2020
耐盐水性（人造海水，23℃±2℃，72h）	不起泡，允许失光和变色	—
耐湿热性（72h）	不起泡，允许失光和变色	GB/T 1740—2007
耐高低温（-50～+80℃，各1h，3周期）	漆膜不龟裂	—
耐水性（23℃±2℃，72h）	不起泡，允许失光和变色	GB/T 1733—1993

（4）施工要求

TH06-20 环氧底漆可配套各色环氧聚酰胺磁漆等。

9．TH06-21 锌黄环氧酚醛底漆

（1）特性

TH06-21 锌黄环氧酚醛底漆在 180℃以下烘干后，具有较好的机械性能，漆膜坚韧耐久，附着力好，并具有耐水性、耐海水性、耐湿热性、耐腐蚀性等特点。

（2）应用

TH06-21 锌黄环氧酚醛底漆主要用于沿海或湿热地区及水上飞机黑色金属材料的打底防锈、波导组件底漆、机箱机柜底漆。

（3）基础性能

TH06-21 锌黄环氧酚醛底漆的基础性能见表 2-10。

表 2-10　TH06-21 锌黄环氧酚醛底漆的基础性能

性能	指标	检测标准
颜色及外观	黄绿色，色调不定，漆膜平整均匀	—
耐冲击性	50cm	GB/T 1732—2020
柔韧性	1mm	GB/T 1731—2020
耐水性（23℃±2℃，72h）	不起泡，允许失光和变色	GB/T 1733—1993
耐盐水性（23℃±2℃，72h）	无起泡，无破坏	—
耐湿热性（72h）	无起泡，无破坏	GB/T 1740—2007
耐盐雾性（72h）	无起泡，无破坏	GB/T 1771—2007

（4）施工要求

① 钢铁表面，推荐喷砂处理达到 Sa2.5 级以上，或手动处理达到 St3 级。

② TH06-21 锌黄环氧酚醛底漆须涂两道，第一道底漆需要在 150℃±2℃下烘 2h，再喷第二道需要在 180℃±2℃下烘 1h，然后喷面漆。

10．H30-12 环氧酯绝缘烘干清漆

（1）特性

H30-12 环氧酯绝缘烘干清漆具有优良的耐热性和附着力，耐油性和柔韧性、耐腐蚀性较好，属于 B 级绝缘材料。

（2）应用

H30-12 环氧酯绝缘烘干清漆用于湿热地区及化工防腐用的电机、电器绕组的浸渍，也可涂覆于电讯器材零件以及层压制品的表面，起到防腐、抗潮、绝缘的作用。

（3）基础性能

H30-12 环氧酯绝缘烘干清漆的基础性能见表 2-11。

表 2-11　H30-12 环氧酯绝缘烘干清漆的基础性能

性能		指标	检测标准
颜色及外观		黄褐色，无机械杂质	—
击穿强度	常态	70kV/mm	HG/T 3330—2012
	浸水后	50kV/mm	
耐热性（150℃±2℃，50h）		无脱落，无起皱，无鼓泡，无开裂，允许变色	GB/T 1735—2009

（4）施工要求

H30-12 环氧酯绝缘烘干清漆可真空浸渍、压力浸渍、沉浸渍和浇注浸渍等，其中尤其以真空加压浸渍效果最佳，亦可刷涂或喷涂覆于制件表面。

11．H31-3 环氧酯绝缘漆

（1）特性

H31-3 环氧酯绝缘漆具有优良的耐热性和附着力，耐油性和柔韧性也较好，并可耐腐蚀性气体，属于 B 级绝缘材料。

（2）应用

H31-3 环氧酯绝缘漆常用于电机、电器绕组的表面覆盖密封及其他电器元件、金属表面黏合，可低温焙烘干燥。

（3）基础性能

H31-3 环氧酯绝缘漆的基础性能见表 2-12。

表 2-12　H31-3 环氧酯绝缘漆的基础性能

性能		指标	检测标准
颜色及外观		黄褐色，无机械杂质	—
黏度（涂-4，25℃±1℃）		50～70s	GB/T 1723—1993
干燥时间	（23℃±2℃）	≤24h	GB/T 1728—2020
	（60℃±2℃）	≤2h	
击穿强度	常态	≥30kV/mm	HG/T 3330—2012
	浸水后	≥8kV/mm	

（4）施工要求

① 本漆宜刷涂或喷涂，亦可浸涂。

② 以自干为主，亦可低温（低于 60℃）烘干。

2.2.2　丙烯酸树脂涂料

1．B01-3 丙烯酸清漆

（1）特性

B01-3 丙烯酸清漆具有良好的耐候性和附着力，耐汽油性较差。

（2）应用

B01-3 丙烯酸清漆适用于经阳极化处理的铝合金或其他轻金属表面的装饰与保护。

（3）基础性能

B01-3 丙烯酸清漆的基础性能见表 2-13。

表 2-13　B01-3 丙烯酸清漆的基础性能

性能		指标	检测标准
颜色及外观		无色透明,无机械杂质,允许微带黄色和乳光	—
干燥时间	表干,23℃±2℃	≤1h	GB/T 1728—2020,乙法
	实干,23℃±2℃	≤10h	GB/T 1728—2020,甲法
固化时间	23℃±2℃,相对湿度 50%	≤14h	—
	107℃±2℃	≤1h	—
耐冲击性		50cm	GB/T 1732—2020
柔韧性		1mm	GB/T 1731—2020
附着力		≤1 级	GB/T 9286—2021
铅笔硬度		≥2H	GB/T 6739—2006
耐水性(48h)		不起泡,不脱落	GB/T 1733—1993
耐水性(60℃±2℃,30d)		不起泡,不变软,不脱落,无腐蚀	GB/T 1733—1993
耐盐雾性(1000h)		不起泡,不变软,不脱落,无腐蚀	GB/T 1771—2007

(4) 施工要求

① 钢铁表面,推荐喷砂处理达到 Sa2.5 级以上,或手动处理达到 St3 级。

② 铝合金表面,铝合金基材需要除油、除酸碱等杂质后,经阳极化处理,并于 24h 内涂漆。

③ 一般喷漆两道。

2．B01-5 丙烯酸清漆

(1) 特性

B01-5 丙烯酸清漆能常温干燥,具有较好的耐候性和附着力。

(2) 应用

B01-5 丙烯酸清漆适用于经阳极化处理的铝合金或其他金属表面的涂覆。漆膜耐热性较差,使用温度不应高于 150℃。

(3) 基础性能

B01-5 丙烯酸清漆的基础性能见表 2-14。

表 2-14 B01-5 丙烯酸清漆的基础性能

性能		指标	检测标准
颜色及外观		无色透明,无机械杂质	—
干燥时间	表干	≤0.5h	GB/T 1728—2020,乙法
	实干	≤2h	GB/T 1728—2020,甲法
硬度(双摆)		≥0.5	GB/T 6739—2006
耐冲击性		50cm	GB/T 1732—2020
柔韧性		1mm	GB/T 1731—2020
附着力		≤2级	GB/T 9286—2021
耐水性(24h)		不起泡,不脱落,不发白	GB/T 1733—1993

(4)施工要求

① 清除被涂层表面的松动层、油污、锈蚀、灰尘,使表面洁净干燥。铝表面经阳极化处理,并于 24h 内涂漆。

② 金属表面应先经处理,然后喷涂清漆两道,每涂一道后要在常温干燥 3.5h,每道涂 15~20μm。

3．B01-6 丙烯酸清漆

(1)特性

B01-6 丙烯酸清漆具有良好的耐候性、耐热性,硬度高,对轻金属有较好的附着力。

(2)应用

B01-6 丙烯酸清漆适用于经阳极化处理的铝合金或其他金属表面的涂覆。

(3)基础性能

B01-6 丙烯酸清漆的基础性能见表 2-15。

表 2-15 B01-6 丙烯酸清漆的基础性能

性能		指标	检测标准
颜色及外观		无色透明,无机械杂质,允许微带黄色和乳光	GB/T 9761—2008
黏度(涂-4,25℃±1℃)		15~25s	GB/T 1723—1993
干燥时间	表干	≤20min	GB/T 1728—2020,乙法
	实干	≤2h	GB/T 1728—2020,甲法
硬度(双摆)		≥0.6	GB/T 6739—2006
附着力		≤2级	GB/T 9286—2021
耐水性(24h)		不起泡,不脱落,不变色	GB/T 1733—1993

(4）施工要求

① 清除被涂层表面的松动层、油污、锈蚀、灰尘，使表面洁净干燥。铝表面经阳极化处理，并于 24h 内涂漆。

② 金属表面应先经处理，然后喷涂清漆两道，每涂一道后要在常温干燥 3.5h，每道涂 15～20μm。

4．B01-15 丙烯酸清漆

（1）特性

B01-15 丙烯酸清漆可在常温下干燥成膜，有良好的耐候性、耐水性、耐高温（180℃以下）性，对轻金属有良好的附着力。

（2）应用

B01-15 丙烯酸清漆适用于经阳极化处理的硬铝板或其他轻金属表面的涂装。

（3）基础性能

B01-15 丙烯酸清漆的基础性能见表 2-16。

表 2-16　B01-15 丙烯酸清漆的基础性能

性能	指标	检测标准
颜色及外观	无色至浅黄色，无机械杂质	—
耐冲击性	50cm	GB/T 1732—2020
硬度（双摆）	≥0.5	GB/T 6739—2006
柔韧性	1mm	GB/T 1731—2020
耐水性（48h）	不起泡，不剥落，允许轻微失光和变色	GB/T 1733—1993
耐热性（180℃±2℃，24h）	允许变色和失光，允许有银纹	GB/T 1735—2009
耐紫外光（50h）	不应显著失光和变色	GB/T 23987—2007

（4）施工要求

B01-15 丙烯酸清漆适合喷涂法施工，可在常温下干燥成膜，干燥时间不大于 2h；温度低时，干燥时间适当延长。

5．B01-35 丙烯酸清漆

（1）特性

B01-35 丙烯酸清漆具有良好的物理机械性能，透明度好，耐候性佳。

（2）应用

B01-35 丙烯酸清漆可用作飞机、轿车等高级工业品表面的外用罩光，也用作真空镀铝及钝化膜的保护涂层。

（3）基础性能

B01-35 丙烯酸清漆的基础性能见表 2-17。

表 2-17　B01-35 丙烯酸清漆的基础性能

性能	指标	检测标准
颜色及外观	透明，无机械杂质，平整光滑	GB/T 9761—2008
耐冲击性	50cm	GB/T 1732—2020
柔韧性	1mm	GB/T 1731—2020
硬度（双摆）	≥0.5	GB/T 6739—2006
耐湿热性（72h）	不起泡，不脱落	GB/T 1740—2007

（4）施工要求

① 钢铁表面，推荐喷砂处理达到 Sa2.5 级以上，或手动处理达到 St3 级。

② 铝合金表面，推荐喷砂处理，并于 24h 内涂漆。

6．B04-50 各色丙烯酸聚氨酯磁漆

（1）特性

B04-50 各色丙烯酸聚氨酯磁漆为自干型磁漆，烘干后性能更佳；漆膜光亮、丰满，具有优良的机械性能、三防性能，优异的耐候性。

（2）应用

B04-50 各色丙烯酸聚氨酯磁漆适用于飞机、车辆、船舶、机电、机械及钢结构等高性能的装饰和保护。

（3）基础性能

B04-50 各色丙烯酸聚氨酯磁漆的基础性能见表 2-18。

表 2-18　B04-50 各色丙烯酸聚氨酯磁漆的基础性能

性能	指标	检测标准
颜色及外观	平整光亮	—
耐冲击性	50cm	GB/T 1732—2020
柔韧性	1mm	GB/T 1731—2020
附着力	2 级	GB/T 9286—2021
耐湿热性（72h）	不起泡，不脱落	GB/T 1740—2007

（4）施工要求

① 钢铁表面，推荐喷砂处理达到 Sa2.5 级以上，或手动处理达到 St3 级。

② 铝合金表面，推荐喷砂处理，并于 24h 内涂漆。

7．TB04-62 各色丙烯酸聚氨酯半光磁漆

（1）特性

TB04-62 各色丙烯酸聚氨酯半光磁漆具有优良的机械性能、耐湿热性、耐盐雾性及优异的耐候性。

（2）应用

TB04-62 各色丙烯酸聚氨酯半光磁漆广泛应用于金属、铝合金表面，与环氧底漆、聚酰胺底漆配套使用时，可作为飞机蒙皮、航天设备涂层的外用涂料。

（3）基础性能

TB04-62 各色丙烯酸聚氨酯半光磁漆的基础性能见表 2-19。

表 2-19　TB04-62 各色丙烯酸聚氨酯半光磁漆的基础性能

性能	指标	检测标准
颜色及外观	平整致密	—
耐冲击性	50cm	GB/T 1732—2020
柔韧性	1mm	GB/T 1731—2020
耐水性（23℃±2℃，72h）	不起泡，不脱落	GB/T 1733—1993
耐盐雾性（72h）	不起泡，不脱落	GB/T 1771—2007
耐湿热性（72h）	不开裂，不起泡	GB/T 1740—2007

（4）施工要求

① 铝合金基材经除油、除酸碱等杂质后，经阳极化处理，并清洗至中性待用。

② 适用底漆：1 号航空底漆，H06-2 锌黄、铁红底漆，丙烯酸聚氨酯底漆，锌黄环氧聚酰胺底漆。

8．TB04-80 各色丙烯酸醇酸无光磁漆

（1）特性

TB04-80 各色丙烯酸醇酸无光磁漆具有优良的机械性能、耐湿热性、耐盐雾性及优异的耐候性。

（2）应用

TB04-80 各色丙烯酸醇酸无光磁漆广泛应用于金属、铝合金表面，与环氧底漆、聚酰胺底漆配套使用时，可作为飞机蒙皮、航天设备涂层的外用涂料。

（3）基础性能

TB04-80 各色丙烯酸醇酸无光磁漆的基础性能见表 2-20。

表 2-20 TB04-80 各色丙烯酸醇酸无光磁漆的基础性能

性能	指标	检测标准
颜色及外观	色调多样，表面平整致密	—
耐冲击性	50cm	GB/T 1732—2020
附着力	≤2 级	GB/T 9286—2021
耐水性（6h）	允许轻微发白、起小泡，2h 恢复	GB/T 1733—1993

（4）施工要求

① 可选用腻子填平，选用底漆或防锈漆打底防锈，待完全干燥后，用细水砂纸打磨平整。

② 适用底漆：1 号航空底漆，H06-2 锌黄、铁红底漆，丙烯酸聚氨酯底漆，锌黄环氧聚酰胺底漆。

9．TB06-2 锶黄丙烯酸底漆

（1）特性

TB06-2 锶黄丙烯酸底漆具有良好的耐腐蚀、防霉、耐热和耐久性，并能常温干燥。

（2）应用

TB06-2 锶黄丙烯酸底漆主要用于不能高温干燥的金属设备及轻金属零件的打底。

（3）基础性能

TB06-2 锶黄丙烯酸底漆的基础性能见表 2-21。

表 2-21 TB06-2 锶黄丙烯酸底漆的基础性能

性能	指标	检测标准
颜色及外观	柠檬黄，色调多样，表面平整	—
耐冲击性	≥50cm	GB/T 1732—2020
柔韧性	1mm	GB/T 1731—2020
附着力	≤2 级	GB/T 9286—2021
耐水性（24h）	不起泡，允许颜色轻微变化	GB/T 1733—1993
耐盐雾性（7d）	不脱落，不起泡，允许轻微变色	GB/T 9274—1988

（4）施工要求

① 钢铁表面，推荐喷砂处理达到 Sa2.5 级以上，或手动处理达到 St3 级。

② 铝合金表面，推荐喷砂处理，并于 24h 内涂漆。

③ 若对漆膜有特别要求时，如制件在高湿条件下使用，则可先涂 X06-1 乙烯磷化底漆，再涂该漆，然后涂丙烯酸磁漆或过氯乙烯环氧磁漆，则能提高漆膜的保护

性和防腐性。

10．TB06-9 锌黄、灰丙烯酸聚氨酯底漆

（1）特性

TB06-9 锌黄、灰丙烯酸聚氨酯底漆是双组分漆，适宜和磷化底漆及丙烯酸聚氨酯磁漆等配套使用，具有优秀的机械性能及耐介质性。

（2）应用

TB06-9 锌黄、灰丙烯酸聚氨酯底漆适用于飞机蒙皮及零部件底漆，广泛用于铝合金、不锈钢、钛合金、玻璃钢、碳纤维复合材料等底材料的防护保护，常用于波导组件、屏蔽盒及机箱机柜。

（3）基础性能

TB06-9 锌黄、灰丙烯酸聚氨酯底漆的基础性能见表 2-22。

表 2-22 TB06-9 锌黄、灰丙烯酸聚氨酯底漆的基础性能

性能	指标	检测标准
漆膜颜色及外观	漆膜平整	GB/T 9761—2008
耐冲击性	50cm	GB/T 1732—2020
柔韧性	2mm	GB/T 1731—2020
耐水性（浸于 49℃±1℃蒸馏水中 96h）	不起泡，不软化，不脱落	GB/T 1733—1993
耐盐雾性（5% NaCl 溶液，连续喷雾 3000h）	无腐蚀	GB/T 1771—2007

（4）施工要求

① 铝合金基材经除油、除酸碱等杂质后，经阳极化或化学氧化法处理，或经彻底打磨后，喷涂磷化底漆。

② 适用底漆：1 号航空底漆，H06-2 锌黄、铁红底漆，丙烯酸聚氨酯底漆，锌黄环氧聚酰胺底漆。

11．BS-2 丙烯酸聚氨酯海陆迷彩涂料

（1）特性

BS-2 丙烯酸聚氨酯海陆迷彩涂料漆膜丰满、坚韧耐磨、附着力强，具有优良的防可见光、近红外伪装特性及耐候性、耐水性、耐化学腐蚀性。

（2）应用

BS-2 丙烯酸聚氨酯海陆迷彩涂料可应用于天线伺服系统，适用于海陆两栖装备的迷彩伪装。

（3）基础性能

BS-2 丙烯酸聚氨酯海陆迷彩涂料的基础性能见表 2-23。

表2-23　BS-2丙烯酸聚氨酯海陆迷彩涂料的基础性能

性能	指标	检测标准
颜色及外观	蓝灰、海蓝、军绿、褐色等	GB/T 9761—2008
耐冲击性	50cm	GB/T 1732—2020
柔韧性	1mm	GB/T 1731—2020
耐盐水性（3% NaCl溶液，5d）	不起泡，不起皱，不脱落	GB/T 9274—1988
耐盐雾性（23℃±5℃，5% NaCl溶液连续喷500h）	综合评级≤1级	GB/T 1771—2007
耐湿热性（47℃±1℃，相对湿度94%~98%，500h）	综合评级≤1级	GB/T 1740—2007
实验室老化试验（800h）	无明显变色和粉化	GB/T 1865—2009

（4）施工要求

① 被涂面应清洁干燥，无油污、铁锈、灰尘等杂质。

② 施工以喷涂为主，用专用稀释剂调整施工黏度。

2.2.3　聚氨酯树脂涂料

1．S01-20飞机蒙皮清漆

（1）特性

S01-20飞机蒙皮清漆附着力强，漆膜坚硬、光亮，有优异的耐水性、耐潮性、耐油性，有良好的耐酸性、耐碱性、耐溶剂性、耐化学药品性及防霉性。

（2）应用

S01-20飞机蒙皮清漆广泛应用于印制板、波导、机箱机柜。

（3）基础性能

S01-20飞机蒙皮清漆的基础性能见表2-24。

表2-24　S01-20飞机蒙皮清漆的基础性能

性能	指标	检测标准
颜色及外观	透明，无机械杂质	—
冲击强度	≥50kg·cm	GB/T 1732—2020
柔韧性	1mm	GB/T 1731—2020
耐水性（23℃±2℃，72h）	不起泡，不脱落	GB/T 1733—1993
耐盐雾性（5% NaCl溶液，23℃±2℃，72h）	不起泡，不脱落	GB/T 9274—1988
耐酸性（10%硫酸溶液，23℃±2℃，72h）	不起泡，不脱落	GB/T 9274—1988

（4）施工要求

① 被涂表面必须清洁干净，不能有油污、酸碱性物质及湿气，且干燥、平整。

② 多层涂覆时，必须间隔20min。

2．TS01-3聚氨酯清漆

（1）特性

TS01-3聚氨酯清漆漆膜坚硬、耐磨、附着力强、丰满、光亮，具有优良的耐水性、耐潮性、耐腐蚀性。

（2）应用

TS01-3聚氨酯清漆适用于湿热带气候及户外条件，可用于金属保护、防潮的电绝缘等，也可用作波导组件底漆、机箱机柜底漆。

（3）基础性能

TS01-3聚氨酯清漆的基础性能见表2-25。

表2-25　TS01-3聚氨酯清漆的基础性能

性能	指标	检测标准
颜色及外观	浅黄至棕黄透明，无机械杂质	—
耐弯曲性	3mm	GB/T 1732—2020
耐水性（48h）	不起泡，不起皱，不脱落，允许漆膜变白，2h恢复	GB/T 1733—1993
耐酸性（5% H_2SO_4 溶液，12h）	不起泡，不起皱，不脱落	—

（4）施工要求

① 喷涂、刷涂、浸涂均可。

② 每道涂20μm左右，可自干，也可烘干。

③ 自干涂装间隔24h（23℃），温度低适当延长。配制后的漆必须在8h内（23℃）用完，未用完的组分必须盖严，以防胶化。

3．TS01-19聚氨酯清漆

（1）特性

TS01-19聚氨酯清漆具有优异的理化性能、耐水性及耐候性。

（2）应用

TS01-19聚氨酯清漆主要用于飞机蒙皮、内部元件等表面的装饰和保护，用作波导组件底漆、机箱机柜底漆。

（3）基础性能

TS01-19聚氨酯清漆基础性能见表2-26。

表 2-26　TS01-19聚氨酯清漆的基础性能

性能	指标	检测标准
颜色及外观	透明光亮，平整	—
耐冲击性	50cm	GB/T 1732—2020
耐弯曲性	≤2mm	—
附着力（划格法）	≤1级	GB/T 9286—2021
耐水性（38℃±2℃，96h）	不起泡，允许轻微变色	GB/T 1733—1993

（4）施工要求

① 喷涂、刷涂、浸涂均可，每道涂 20μm 左右，可自干，也可烘干。

② 自干涂装间隔 24h（23℃），温度低时适当延长。

③ 涂装间隔：湿碰湿 3～4h 或自干 24h。

4．S04-1 各色聚氨酯磁漆

（1）特性

S04-1 各色聚氨酯磁漆附着力强、漆膜坚硬、光亮，有优异的耐水性、耐潮性、耐油性，有良好的耐酸性、耐碱性、耐溶剂性、耐化学药品性及防霉性。

（2）应用

S04-1 各色聚氨酯磁漆广泛应用于防腐涂料及湿热带或化工环境下仪器、设备的表面防护，也常用做波导组件和机箱机柜底漆。

（3）基础性能

S04-1 各色聚氨酯磁漆的基础性能见表 2-27。

表 2-27　S04-1 各色聚氨酯磁漆的基础性能

性能	指标	检测标准
颜色及外观	在色差范围内，漆膜平整	—
耐冲击性	50cm	GB/T 1732—2020
柔韧性	3mm	GB/T 1731—2020
附着力（划格法）	≤2级	GB/T 9286—2021
硬度（双摆）	≥0.65	GB/T 6739—2006
耐水性（38℃±1℃，48h）	外观无明显变化	GB/T 1733—1993

（4）施工要求

① 钢铁表面，推荐喷砂处理达到 Sa2.5 级以上，或手动处理达到 St3 级。可选用腻子填平，选用底漆或防锈漆打底防锈，并打磨平整。

② 以喷涂为主，一般涂两道。

③ 适用底漆：S06-1 各色聚氨酯底漆。

5．S04-80 各色飞机蒙皮无光磁漆

（1）特性

S04-80 各色飞机蒙皮无光磁漆固化后漆膜坚韧，具有优良的耐油、耐有机溶剂性，同时能耐酸、碱、盐雾、化工大气等腐蚀介质的腐蚀，低温施工性能优异，光泽好、装饰性强。

（2）应用

S04-80 各色飞机蒙皮无光磁漆广泛应用于机箱机柜底漆。

（3）基础性能

S04-80 各色飞机蒙皮无光磁漆的基础性能见表 2-28。

表 2-28　S04-80 各色飞机蒙皮无光磁漆的基础性能

性能	指标	检测标准
颜色及外观	表面平整、光滑，符合色差范围	GB/T 9761—2008
耐冲击性	50cm	GB/T 1732—2020
柔韧性	1mm	GB/T 1731—2020
耐盐雾性（23℃±5℃，5% NaCl 溶液连续喷 500h）	综合评级≤1 级	GB/T 1771—2007
耐湿热性（47℃±1℃，相对湿度 94%～98%，30d）	综合评级≤1 级	GB/T 1740—2007
耐霉菌性（28d）	综合评级≤1 级	GJB 150.10A—2009

（4）施工要求

① 被涂表面必须清洁干净，不能有油污、酸碱性物质及湿气，且干燥、平整。

② 多层涂覆时，必须间隔 20min。

6．S04-9501H.Y 抗雨蚀涂料

（1）特性

S04-9501H.Y 抗雨蚀涂料的抗雨蚀性能通过德国宇航的试验，性能达到 MIL-C-83231 的要求，同时具有良好的物理力学性能、耐候性和耐介质性。

（2）应用

S04-9501H.Y 抗雨蚀涂料可广泛用于复合材料的表面防护，提高其抗腐蚀性能。

（3）基础性能

S04-9501H.Y 抗雨蚀涂料的基础性能见表 2-29。

表 2-29　S04-9501H.Y 抗雨蚀涂料的基础性能

性能	指标	检测标准
颜色及外观	各色，漆膜平整连续	—
耐冲击性	50cm	GB/T 1732—2020
柔韧性	≤1mm	GB/T 1731—2020
硬度（B 法）	≥0.17	GB/T 1730—2007
附着力（耐水 24h 后）	0 级	GB/T 9286—2021

7．S06-1 各色聚氨酯底漆

（1）特性

S06-1 各色聚氨酯底漆附着力强，漆膜坚硬，耐水性、耐油性、耐酸性、耐碱性、耐溶剂性、耐化学药品性较好。

（2）应用

S06-1 各色聚氨酯底漆主要用作耐油及防化学腐蚀底漆，适用于湿热带及较恶劣的环境条件，可用作波导组件底漆、机箱机柜底漆。

（3）基础性能

S06-1 各色聚氨酯底漆的基础性能见表 2-30。

表 2-30　S06-1 各色聚氨酯底漆的基础性能

性能		指标	检测标准
颜色及外观		浅黄至棕黄色	—
干燥时间	表干	≤3h	GB/T 1728—2020，乙法
	实干	≤24h	GB/T 1728—2020，甲法
	烘干（120℃±2℃）	≤1h	—
耐冲击性		30cm	GB/T 1732—2020
柔韧性		3mm	GB/T 1731—2020
硬度（双摆）		≥0.6	GB/T 1731—2020
耐水性（48h）		不起泡，不脱落	GB/T 1733—1993

（4）施工要求

① 钢铁表面，推荐喷砂处理达到 Sa2.5 级以上，或手动处理达到 St3 级。可选用腻子填平，选用底漆或防锈漆打底防锈，并打磨平整。

② 以喷涂为主，一般涂两道。

③ 适用于 S04-1 各色聚氨酯磁漆的配套使用。

8．S06-1010H 整体油箱用防腐底漆

（1）特性

S06-1010H 整体油箱用防腐底漆可常温干燥和烘烤干燥，具有优良的物理性能、耐盐雾性、耐各种机用流体性能。

（2）应用

S06-1010H 整体油箱用防腐底漆主要应用于飞机整体油箱的防腐保护，波导组件底漆、机箱机柜底漆。

（3）基础性能

S06-1010H 整体油箱用防腐底漆的基础性能见表 2-31。

表 2-31　S06-1010H 整体油箱用防腐底漆的基础性能

性能	指标	检测标准
颜色及外观	漆膜平整，均匀，连续	GB/T 9761—2008
耐冲击性	50cm	GB/T 1732—2020
柔韧性	1mm	GB/T 1731—2020
耐水性（48h）	不起泡，不脱落	GB/T 1733—1993
耐蒸馏水性（60℃±2℃，30d）	不起泡，不变软，不脱落，无腐蚀	GB/T 1733—1993
耐盐雾性（1000h）	不起泡，不变软，不脱落，无腐蚀	GB/T 1771—2007

（4）施工要求

① 钢铁表面，推荐喷砂处理达到 Sa2.5 级以上，或手动处理达到 St3 级。

② 铝合金基材经除油、除酸碱等杂质后，经阳极化处理，并于 24h 内涂漆。

③ 一般喷漆两道。

9．TS15-61 各色丙烯酸聚氨酯半光桔形漆

（1）特性

TS15-61 各色丙烯酸聚氨酯半光桔形漆具有优良的机械性能、耐各种介质性能及防护性能。

（2）应用

TS15-61 各色丙烯酸聚氨酯半光桔形漆广泛应用于飞机、车辆、船舶、机电、机械及钢结构等高性能的装饰和保护。

（3）基础性能

TS15-61 各色丙烯酸聚氨酯半光桔形漆的基础性能见表 2-32。

表 2-32 TS15-61 各色丙烯酸聚氨酯半光桔形漆的基础性能

颜色及外观性能	指标	检测标准
	符合标准板，在色差范围内	GB/T 9761—2008
耐冲击性	50cm	GB/T 1732—2020
铅笔硬度	≥2H	GB/T 6739—2006
柔韧性	2mm	GB/T 1731—2020
耐盐雾性（500h）	不起泡，不脱落	GJB 150.11—2009
耐湿热性（500h）	不起泡，不脱落	GB/T 1740—2007
耐水性（96h）	不起泡，不脱落	GB/T 1733—1993

（4）施工要求

① 铝合金基材经除油、除酸碱等杂质后，经阳极化或化学活化法处理，或经彻底打磨后，喷涂磷化底漆。

② 适用底漆：TB06-9 锌黄聚氨酯底漆或 1 号航空底漆。

10．TS70-1 各色飞机蒙皮用聚氨酯无光磁漆

（1）特性

TS70-1 各色飞机蒙皮用聚氨酯无光磁漆具有优异的机械性能、耐各种介质性能及防护性能。

（2）应用

TS70-1 各色飞机蒙皮用聚氨酯无光磁漆广泛应用于飞机表面的迷彩伪装及防护，以及用作波导组件底漆、机箱机柜底漆。

（3）基础性能

TS70-1 各色飞机蒙皮用聚氨酯无光磁漆的基础性能见表 2-33。

表 2-33 TS70-1 各色飞机蒙皮用聚氨酯无光磁漆的基础性能

性能	指标	检测标准
颜色及外观	各色，漆膜平整	—
耐冲击性	50cm	GB/T 1732—2020
附着力	≤1 级	GB/T 9286—2021
柔韧性	2mm	GB/T 1731—2020
耐水性（38℃±1℃，96h）	不起泡，允许轻微变色；铅笔硬度允许下降两级	GB/T 1733—1993
耐湿热性（47℃±1℃，相对湿度 94%～98%，30d）	综合评级≤1 级	GB/T 1740—2007

(4)施工要求

以喷涂为主，一般涂两道。

11．TS70-60 各色飞机蒙皮用聚氨酯半光磁漆

(1)特性

TS70-60 各色飞机蒙皮用聚氨酯半光磁漆具有优异的机械性能、耐各种介质性能及防护性能。

(2)应用

TS70-60 各色飞机蒙皮用聚氨酯半光磁漆广泛应用于飞机表面的迷彩伪装及防护，以及用作波导组件底漆、机箱机柜底漆。

(3)基础性能

TS70-60 各色飞机蒙皮用聚氨酯半光磁漆的基础性能见表 2-34。

表 2-34　TS70-60 各色飞机蒙皮用聚氨酯半光磁漆的基础性能

性能	指标	检测标准
颜色及外观	在色差范围内，漆膜平整	—
耐冲击性	50cm	GB/T 1732—2020
附着力（划格法）	≤1 级	GB/T 9286—2021
柔韧性	2mm	GB/T 1731—2020
耐水性（38℃±1℃，96h）	不起泡，允许轻微变色	GB/T 1733—1993
耐湿热性（47℃±1℃，相对湿度 94%～98%，30d）	综合评级≤1 级	GB/T 1740—2007
耐盐雾性（5℃±2℃，5% NaCl 溶液连续喷雾 500h）	不起泡，不脱落	GB/T 1771—2007

(4)施工要求

以喷涂为主，一般涂两道。

12．TS96-71 各色氟聚氨酯无光磁漆

(1)特性

TS96-71 各色氟聚氨酯无光磁漆具有优异的耐候性、机械性能和耐介质性。

(2)应用

TS96-71 各色氟聚氨酯无光磁漆广泛应用于飞机蒙皮的迷彩和防护，以及钢结构、机车车辆等表面的装饰和保护。

(3)基础性能

TS96-71 各色氟聚氨酯无光磁漆的基础性能见表 2-35。

表 2-35　TS96-71 各色氟聚氨酯无光磁漆的基础性能

性能		指标	检测标准
颜色及外观		在色差范围内,漆膜平整无光	GB/T 9761—2008
耐冲击性		50cm	GB/T 1732—2020
铅笔硬度	588#灰色	≥3H	GB/T 6739—2006
	其他颜色	≥2H	
柔韧性		2mm	GB/T 1731—2020
耐低温性（-55℃±2℃，9h）		不开裂，不剥落	—
耐水性 （38℃±1℃，96h）	外观	不起泡,允许轻微变色和失光	GB/T 1733—1993
	附着力（划格法）	≤1 级	
耐盐雾性	2000h	不起泡,不脱落	GJB 150.11A—2009
耐湿热性（1000h）	外观	1 级	GB/T 1740—2007
	附着力（划格法）	≤1 级	
耐霉菌性，588#灰色		0 级	GJB 150.10A—2005
氙灯光老化 5000h（或 UV 光老化 2000h）	粉化	0 级	GB/T 1865—2009
	开裂	0 级	
	ΔE	≤5	
耐候性（经广州地区 2 年暴露，588#灰色）	粉化	0 级	GB/T 9276—1996
	开裂	0 级	
	ΔE	≤3 级	

13．TS96-21 氟聚氨酯哑光清漆

（1）特性

TS96-21 氟聚氨酯哑光清漆具有优异的理化性能、优异的耐候性。

（2）应用

TS96-21 氟聚氨酯哑光清漆常用于飞机蒙皮、内部元件的防护及钢结构、机车车辆等表面的装饰和保护。

（3）基础性能

TS96-21 氟聚氨酯哑光清漆的基础性能见表 2-36。

表 2-36　TS96-21氟聚氨酯哑光清漆的基础性能

性能		指标	检测标准
颜色及外观		漆膜平整	—
光泽（60°）		20~40	GB/T 9754—2007
耐冲击性		50cm	GB/T 1732—2020
铅笔硬度		≥2H	GB/T 6739—2006
柔韧性		2mm	GB/T 1731—2020
耐低温性（-55℃±2℃，4h）		不开裂，不剥落	—
耐水性（38℃±1℃，96h）	外观	不起泡，允许轻微变色和失光	GB/T 1733—1993
	附着力（划格法）	≤1级	
耐盐雾性（2000h）		不起泡，不脱落	GJB 150.11A—2009
耐湿热性（1000h）	外观	1级	GB/T 1740—2007
	附着力（划格法）	≤1级	
耐霉菌性		0级	GJB 150.10A—2009

（4）施工要求

① 钢铁表面，推荐喷砂处理达到 Sa2.5 级以上，或手动、电动工具处理达到 St3 级或经磷化处理。

② 铝合金基材经除油、除酸碱等杂质后，经阳极化或化学氧化法处理。

③ 以喷涂为主，一般涂两道，每道涂覆厚度以 10~20μm 为宜。

④ 涂覆后可自然干燥，也可烘干。

⑤ 涂装间隔：湿碰湿 3~4h，或自干 24h 后涂覆。

14．SF96-201氟聚氨酯面漆

（1）特性

SF96-201氟聚氨酯面漆具有优异的耐湿热性、耐盐雾性等；极佳的耐老化性能，在紫外光长期照射下不变色、不失光、不粉化；良好的耐热性，可在 200℃ 条件下长期工作；耐水、耐磷酸脂油等耐介质性优异。

（2）应用

SF96-201氟聚氨酯面漆常用于已涂底漆或中间漆的钢铁、铝合金、混凝土、玻璃钢等材质表面，可用作飞机蒙皮防护面漆、起落架防护面漆。

（3）基础性能

SF96-201氟聚氨酯面漆的基础性能见表 2-37。

电子装备防护涂料的种类及选用 第②章

表 2-37 SF96-201 氟聚氨酯面漆的基础性能

性能	指标	检测标准
颜色及外观	漆膜光滑平整	—
柔韧性	1mm	GB/T 1731—2020
附着力（划圈法）	≤1 级	GB/T 9286—2021
铅笔硬度	≥3H	GB/T 6739—2006
耐热性（150℃±2℃，48h）	漆膜无脱落、皱皮、鼓泡和开裂，允许变色	GB/T 1735—2009
耐盐雾性（3.5%NaCl 溶液，40℃±2℃，500h）	不起泡，无腐蚀，无脱落，允许变色	GB/T 1771—2007
耐水性（23℃±2℃，72h）	不起泡，无剥落，不起皱，允许变色	GB/T 1733—1993

（4）施工要求

SF96-201 氟聚氨酯面漆与环氧类磁漆、丙烯酸类磁漆、丙烯酸聚氨酯磁漆配套使用。

15. S31-11 聚氨酯烘干绝缘漆

（1）特性

S31-11 聚氨酯烘干绝缘漆具有优良的电绝缘性能和柔韧性。

（2）应用

S31-11 聚氨酯烘干绝缘漆主要作为防潮的电绝缘涂层，常用于印制板、波导组件、屏蔽盒等。

（3）基础性能

S31-11 聚氨酯烘干绝缘漆的基础性能见表 2-38。

表 2-38 S31-11 聚氨酯烘干绝缘漆的基础性能

性能		指标	检测标准
颜色及外观		黄棕色，允许有少量沉淀物及轻微浑浊	—
耐冲击性		30cm	GB/T 1732—2020
柔韧性		1mm	GB/T 1731—2020
击穿强度	常态	≥70kV/mm	
	浸水 24h	≥35kV/mm	
耐热性（80℃±2℃，100h）		允许变色和失光	GB/T 1735—2009

（4）施工要求

① 钢铁表面，推荐喷砂处理达到 Sa2.5 级以上，或手动处理达到 St3 级。

② 可选用腻子填平，选用底漆或防锈漆打底防锈，并打磨平整。
③ 喷涂、刷涂、浸涂均可。

16．TS99-66 各色弹性涂料

（1）特性

TS99-66 各色弹性涂料具有优良的弹性和耐介质性。

（2）应用

TS99-66 各色弹性涂料常用于橡胶管等弹性材质表面的迷彩伪装及防护，以及用作波导组件底漆、机箱机柜底漆。

（3）基础性能

TS99-66 各色弹性涂料的基础性能见表 2-39。

表 2-39　TS99-66 各色弹性涂料的基础性能

性能	指标	检测标准
颜色及外观	平整光滑	—
耐冲击性	50cm	GB/T 1732—2020
柔韧性	1mm	GB/T 1731—2020
耐水性（48h）	不起泡，不脱落	GB/T 1733—1993

（4）施工要求

以喷涂为主，一般涂两道。

2.2.4　氨基树脂涂料

1．A04-9 各色氨基烘干磁漆

（1）特性

A04-9 各色氨基烘干磁漆漆膜颜色鲜艳、光亮、丰满，具有良好的机械性能和耐水性、耐油性；与 X06-1 磷化底漆、H06-2 环氧酯底漆配套使用；具有一定的耐湿热性、耐盐雾性。

（2）应用

A04-9 各色氨基烘干磁漆主要用于各种轻工产品、机电、仪器等金属表面的装饰及保护。

（3）基础性能

A04-9 各色氨基烘干磁漆的基础性能见表 2-40。

表 2-40　A04-9 各色氨基烘干磁漆的基础性能

性能	指标	检测标准
颜色及外观	平整光滑	—
耐冲击性	50cm	GB/T 1732—2020
柔韧性	1mm	GB/T 1731—2020
耐低温性（−55℃±2℃，4h）	不开裂，不剥落	—
耐水性（6h）	不起泡，允许轻微变色，能于 3h 复原	GB/T 1733—1993
耐盐雾性（7d）	不起泡，不生锈，不脱落	GB/T 1771—2007
耐湿热性（7h 后外观综合评级）	1 级	GB/T 1740—2007

（4）施工要求

① 钢铁表面，推荐喷砂处理达到 Sa2.5 级以上，或手动处理达到 St3 级。

② 涂有底漆的表面，用水砂纸轻轻打磨，干燥后除去浮尘。

③ 适合与 X06-1 磷化底漆、H06-2 环氧酯底漆等配套使用。

④ 适合与 H07-5 各色环氧酯腻子配套使用。

⑤ 适合与罩光清漆 TA01-1 氨基烘干清漆配套使用。

2. A04-81 各色氨基无光烘干磁漆

（1）特性

A04-81 各色氨基无光烘干磁漆漆膜光泽柔和，平整无光，无刺目感，并具有良好的物理性能；与 X06-1 磷化底漆、H06-2 环氧酯底漆配套使用，具有一定的耐湿热性、耐盐雾性。

（2）应用

A04-81 各色氨基无光烘干磁漆主要用于仪器仪表、铭牌及要求无光的金属表面，或作装饰保护用。

（3）基础性能

A04-81 各色氨基无光烘干磁漆的基础性能见表 2-41。

表 2-41　A04-81 各色氨基无光烘干磁漆的基础性能

性能	指标	检测标准
颜色及外观	平整光滑	—
耐冲击性	50cm	GB/T 1732—2020
硬度（双摆）	≥0.4	GB/T 6739—2006
柔韧性	3mm	GB/T 1731—2020

续表

性能	指标	检测标准
耐水性（36h）	不起泡，允许轻微变化，能于 3h 复原	GB/T 1733—1993
耐盐雾性（7d）	不起泡，不生锈，不脱落	GB/T 1771—2007
耐湿热性（7h）	综合评级≤1 级	GB/T 1740—2007

（4）施工要求

① 钢铁表面，推荐喷砂处理达到 Sa2.5 级以上，或手动处理达到 St3 级。

② 涂有底漆的表面，用水砂纸轻轻打磨，干燥后除去浮尘。

③ 以喷涂为主，喷涂后在室温静置 5min 以上，再放入装有鼓风装置的烘箱烘干。

④ 适合与 X06-1 磷化底漆、H06-2 环氧酯底漆等配套使用。

⑤ 适合与 H07-5 各色环氧酯腻子配套使用。

3．A30-11 氨基烘干绝缘漆

（1）特性

A30-11 氨基烘干绝缘漆具有较高的耐热性、附着力、抗潮性和绝缘性，并有耐化学气体腐蚀等性能，属 B 级绝缘材料。

（2）应用

A30-11 氨基烘干绝缘漆主要应用于浸渍亚热带地区电机、电器、变压器线圈绕阻。

（3）基础性能

A30-11 氨基烘干绝缘漆的基础性能见表 2-42。

表 2-42　A30-11 氨基烘干绝缘漆的基础性能

性能	指标	检测标准
颜色及外观	黄褐色，无机械杂质	—
耐冲击性	50cm	GB/T 1732—2020
硬度（双摆）	≥0.4	GB/T 6739—2006
柔韧性	3mm	GB/T 1731—2020
耐水性（36h）	不起泡，允许轻微变化，能于 3h 复原	GB/T 1733—1993
耐热性（105℃±2℃，烘 30h 后测 3mm 弯曲）	不开裂	GB/T 1735—2009

（4）施工要求

以浸涂施工为主，浸渍方法有真空浸渍、压力浸渍和浇注浸渍等浸渍法，其中

以真空加压浸渍法效果最佳。

2.2.5 氟碳涂料

1. JEK-222 氟碳面漆

（1）特性

JEK-222 氟碳面漆具有优异的保光性、保色性和耐候性，防护期限长；机械性能优异，附着力好、硬度高，耐酸碱性、耐汽油、耐溶剂和耐湿性能优异。

（2）应用

JEK-222 氟碳面漆主要应用于机箱机柜、结构件系统。

（3）基础性能

A30-11 氨基烘干绝缘漆的基础性能见表 2-43。

表 2-43 JEK-222 氟碳面漆的基础性能

性能	指标	检测标准
颜色及外观	平整光滑	—
耐冲击性	40cm	GB/T 1732—2020
柔韧性	1mm	GB/T 1731—2020
耐盐雾性（1000h）	无异常	GB/T 1771—2007
耐湿热性（1000h）	无异常	GB/T 1740—2007
耐实验室老化性能（2500h）	粉化≤2级；失光≤2级；变色≤2级	GB/T 1865—2008

（4）施工要求

① 配套底漆：JEK-407 丙烯酸聚氨酯厚膜底漆、JEK-401 环氧富锌底漆、特种高性能环氧底漆。配套中涂：JEK-302 环氧云铁中层漆。配套面漆：JEK-222 氟碳面漆。

② 施工表面必须干燥清洁、表面温度必须高于露点以上 3℃，相对湿度不超过 85%。在狭小空间内施工和干燥期间提供足够的通风。

2. F04-20 各色氟碳高光（半光、无光）磁漆

（1）特性

F04-20 各色氟碳高光（半光、无光）磁漆漆膜坚韧耐磨、附着力强，具有优异的耐候性、耐热性、耐化学药品和绝缘性。

（2）应用

F04-20 各色氟碳高光（半光、无光）磁漆主要用于铝合金、不锈钢等底材料的

防护保护。

（3）基础性能

F04-20 各色氟碳高光（半光、无光）磁漆的基础性能见表 2-44。

表 2-44 F04-20（60、80）各色氟碳高光（半光、无光）磁漆的基础性能

性能		指标	检测标准
颜色及外观		光亮、平整光滑	—
冲击强度		50kg/cm	GB/T 1732—2020
硬度	23℃±2℃，干燥 48h	≥0.5	GB/T 1730—2007
	23℃±2℃，干燥 1h	≥0.5	
柔韧性		1mm	GB/T 1731—2020
耐盐雾性（35℃，5% NaCl 溶液，1000h）		不起泡，不脱落	GJB 150.11—2009
耐湿热性（30～60℃，相对湿度 95%，10 个周期）		不起泡，不脱落	GJB 150.9A—2009
耐霉菌性（28d）		1 级	GJB 150.10A—2009
人工加速老化试验（4000h）		不起泡，不脱落	GB/T 1865—2008
耐水性（7d）		不起泡，不脱落	GB/T 1733—1993
高低温冲击（-60～90℃，10 个周期）		不起泡，不脱落	GJB 150.5A—2009

（4）施工要求

① 适宜与脂肪族聚异氰酸酯和含羟基的高含氟氟碳（四氟树脂、颜料、助剂及溶剂按专用配方配制的双组份各色高含氟氟碳）高光、半光、无光磁漆等配套使用。

② 施工时，被涂物表面应去油、干燥、清洁、平整。如修补局部破损的漆膜，应将局部周围打毛后涂覆。

③ 实施多层涂覆时，应间隔 20min 左右，待溶剂基本挥发后再涂第二层。若在干膜上重涂，应将漆膜打毛。

④ 喷涂时，黏度应控制在 16～18s；刷涂时，黏度应控制在 20～30s。

2.2.6 其他涂料

1. C04-2 各色醇酸磁漆

（1）特性

C04-2 各色醇酸磁漆具有较好的光泽和机械强度。

（2）应用

C04-2 各色醇酸磁漆主要应用于机箱机柜、金属表面的装饰和保护。

（3）基础性能

C04-2 各色醇酸磁漆的基础性能见表 2-45。

表 2-45　C04-2 各色醇酸磁漆的基础性能

性能	指标	检测标准
颜色及外观	平整光滑	GB/T 9761 及目测规定
耐冲击性	50cm	GB/T 1732—2020
硬度	≥0.25	GB/T 1730—2007
柔韧性	1mm	GB/T 1731—2020
附着力	≤2 级	GB/T 9286—2021
耐水性（浸于 GB/T 6682—2008 规定的三级水中 6h）	允许轻微失光，发白，起小泡，经 2h 恢复后小泡消失，失光率不大于 20%	GB/T 1733—1993

（4）施工要求

① 底漆为醇酸底漆、醇酸二道底漆、环氧酯底漆、酚醛底漆等。

② 将产品充分搅拌均匀后，在涂有底漆的金属或木材表面采用刷涂和喷涂法施工，每层喷涂厚度 15~20μm 为宜，前一道干后才能涂下一道。

③ 可自然干燥，也可低温烘干。

2．G52-31 各色过氯乙烯外用磁漆

（1）特性

G52-31 各色过氯乙烯外用磁漆干燥快，平整光亮，能打磨，有较好的耐候性和耐化学腐蚀性。若漆膜在 60℃烘烤 1~3h，可增强漆膜的附着力。

（2）应用

G52-31 各色过氯乙烯外用磁漆常用于各种车辆、机床、电工器材、农业机械和各种配件的表面作保护装饰之用。

（3）基础性能

G52-31 各色过氯乙烯外用磁漆的基础性能见表 2-46。

表 2-46　G52-31 各色过氯乙烯外用磁漆的基础性能

性能	指标	检测标准
颜色及外观	平整	GB/T 9761—2008
耐冲击性	50cm	GB/T 1732—2020
耐酸性（25% H_2SO_4 溶液，30d）	不起泡，不生锈，不脱落	—
耐碱性（40% NaOH 溶液，20d）	不起泡，不生锈，不脱落	—

（4）施工要求

① 钢铁表面，推荐喷砂处理达到 Sa2.5 级以上，或手动处理达到 St3 级。

② 适用于喷涂。

③ 可与 G06-4 铁红过氯乙烯底漆、C06-1 铁红醇酸底漆、过氯乙烯腻子等配套使用。

3．J04-5230 氟橡胶磁漆

（1）特性

J04-5230 氟橡胶磁漆具有良好的抗雨蚀性能和良好的电性能。

（2）应用

J04-5230 氟橡胶磁漆广泛用于玻璃钢等制件的表面防护。

（3）基础性能

J04-5230 氟橡胶磁漆的基础性能见表 2-47。

表 2-47　J04-5230 氟橡胶磁漆的基础性能

性能	指标	检测标准
颜色及外观	白色至浅黄色	—
柔韧性	≤1mm	GB/T 1731—2020
硬度（B 法）	≥0.17	GB/T 1730—2007
耐冲击性	50cm	GB/T 1732—2020
附着力（耐水 24h 后）	0 级	GB/T 9286—2021
耐热性（200℃±2℃，5h）	不起泡，允许轻微变色	GB/T 1735—2009
耐水性（23℃±2℃）	不起泡，允许轻微变色	GB/T 1733—1993

4．F53-33 铁红酚醛防锈漆

（1）特性

F53-33 铁红酚醛防锈漆具有一定的防锈性能。

（2）应用

F53-33 铁红酚醛防锈漆主要用于防锈性能要求一般的钢铁物件表面涂覆，常作防锈打底之用。

（3）基础性能

F53-33 铁红酚醛防锈漆的基础性能见表 2-48。

表 2-48　F53-33 铁红酚醛防锈漆的基础性能

性能	指标	检测标准
颜色及外观	皱纹均匀	—
耐冲击性	50cm	GB/T 1732—2020
附着力	≤2 级	GB/T 9286—2021
耐盐水性（3% NaCl 溶液，48h）	外观无明显变化	—

（4）施工要求

① 钢铁表面，推荐喷砂处理达到 Sa2.5 级以上，或手动、电动工具处理达到 St3 级。

② 本品以刷涂为主，也可喷涂施工。一般工程以涂两道为宜，第二道涂刷时必须在第一道涂膜干透后进行。每道漆膜干膜厚度宜控制在 30～40μm。

③ 适用面漆：灯塔牌醇酸面漆、酚醛面漆等。

④ 适用腻子：灯塔牌醇酸腻子等。

5．X01-5182 氟塑料清漆

（1）特性

X01-5182 氟塑料清漆具有良好的耐水性能、耐化学介质性能、良好的抗雨蚀性能和良好的电性能。

（2）应用

X01-5182 氟塑料清漆主要应用于玻璃钢制件的表面防护，使用状况良好。

（3）基础性能

X01-5182 氟塑料清漆的基础性能见表 2-49。

表 2-49　X01-5182 氟塑料清漆的基础性能

性能	指标	检测标准
颜色及外观	无色至浅黄色	—
吸湿性	≤0.35%	—
柔韧性	1mm	GB/T 1731—2020
固化时间（23℃±2℃，实干）	≤1h	GB/T 1728—2020
硬度（B 法）	≥0.60	GB/T 1730—2007

（4）施工要求

X01-5182 氟塑料清漆可与环氧底漆、氟塑料磁漆、氟橡胶磁漆配套使用。

6. Parylene

（1）特性

Parylene 不吸收可见光，是一种无色透明的薄膜，对水汽和腐蚀性气体有很低的渗透性，并有较高的电绝缘性能和热稳定性。Parylene 有 Parylene C、Parylene D、Parylene N 等类型。它们的主要区别在于其分子上的取代基不同，分子上取代基的差异决定了分子式的不同，分子式的不同决定了不同类型的 Parylene 在热稳定性和绝缘性能等方面有所不同。

（2）应用

Parylene 广泛应用于航空、航天、电子、微电子、半导体等领域，在这些领域中主要用于印制板、光学器件、光电储存器件和静电复印器件等器件表面防护；另外，因耐低温性能突出，Parylene 常用作液氮中使用器件的防护涂层。

（3）基础性能

Parylene 的基础性能见表 2-50。

表 2-50 Parylene 的基础性能

性能		指标
颜色及外观		光滑、均匀、透明
抗拉强度		70MPa
断裂延伸率		200%
摩擦系数	静态	0.25～0.33
	动态	0.25～0.31
击穿强度	常态	70kV/mm
	浸水后	50kV/mm
表面电阻		$1\times10^{16}\Omega$

（4）施工要求

① 整个施工过程需要在密闭空间中完成。

② 返修重新施工时，需要完全除去原有的 Parylene 涂层，可以通过热解焊、空气打磨等一些常规的方法除去，再进行重新涂覆。

2.3 电子装备防护涂层的选用原则

2.3.1 底漆的选用原则

底漆是整个涂层的基础，它的主要作用是为整个涂层提供防腐性和对底材的附着力。底漆的涂装质量对涂装系统的防护效果和使用寿命至关重要。

① 底漆应对底材和下一道涂料具有良好的附着力。通常采用基料中含有羟基、羧基等极性基团的醇酸、环氧类涂料作为底漆。

② 防腐底漆应具有良好的屏蔽性，在设计底漆时要选用片状颜料的涂料，这样可切断涂层中的毛细孔，延长腐蚀介质的通过路径，屏蔽水、氧和离子等腐蚀因子通过。

③ 底漆中含有大量的颜料和填料，以增加表面粗糙度，增加与中间漆或面漆的层间贴合；同时要求底漆的收缩率较低，减少溶剂挥发及树脂交联固化产生体积收缩导致涂膜附着力降低。

④ 对严酷环境可使用富含锌、铝等活泼金属粉末的牺牲阳极底漆，以提升防护性能。

底漆和基材配套需注意以下事项：

同一种涂料作为底漆应用在不同基材上则涂敷效果很不一致，如红丹防锈漆对铝不仅不起防锈作用反而起腐蚀作用，铝适宜采用具有钝化作用的锌黄底漆；镁合金在潮湿环境中表面呈碱性，要求配套底漆的耐碱性较好，可选用环氧聚酰胺底漆或乙烯磷化底漆；锌镀层表面不宜与油基漆配套[3-6]。

2.3.2 中间漆的选用原则

中间漆对底漆和面漆起到承上启下的作用，主要作用是提高涂膜的厚度和平整度，从而强化整个涂装配套体系的防腐和装饰性能。中间漆一般要求：

① 中间漆应对底漆和面漆都有良好的附着力，有些底漆表面不能直接涂敷面漆，此时需要一层对底漆和面漆均有良好附着力的环氧类中间漆将面漆、底漆隔离开。

② 中间漆一般采用厚模型涂料，以增加整个涂层的防腐性能。有时涂层的防腐性能依赖涂层体系的总体厚度。有些底漆无法涂厚，面漆成本过高，所以合理使用中间漆，既可以保证整体膜厚又可以缩减成本。

2.3.3 面漆的选用原则

面漆是直接与大气及周围环境因素接触的涂层，面漆种类主要有聚酯面漆、聚乙烯基类面漆、有机硅改性聚酯面漆、丙烯酸类面漆和氟碳面漆等。面漆一般要求：

① 面漆是涂层体系外表面的致密屏蔽膜，能阻挡大气及恶劣环境因素的破坏及腐蚀，延长涂层体系使用寿命。

② 面漆机械性能好，硬度高、耐磨损，能防止人为划碰伤。

③ 具有装饰作用，装饰电子产品使其表面平滑、丰满、具有适当光泽和各种美丽色彩，保光、保色性好。

④ 特种面漆涂层具有导电、导热、电磁屏蔽和伪装等特殊功能。

总之，面漆直接与外部使用环境接触，需具备良好的耐环境性能，如需具备抗光老化性、耐湿热性、耐盐雾性，特别是在海洋环境和化工污染较严重的地区使用时。此外面漆需要具有一定的装饰性[7-8]。

2.3.4　各类基材防护涂层体系的配套

如上所述，电子装备防护涂层体系由基材、表面处理层、底漆、中间漆（必要时）和面漆组成。各类基材的表面处理方式不同以及涂料特点的差异性，导致不同涂料对不同基材表面的相容性、不同涂料间的相容性又各有差异，因此，在设计防护涂层体系时，需要充分考虑基材与涂料、涂料与涂料之间的配套性。以下重点针对铝合金、钢、不锈钢、铜合金、玻璃钢、印制板等电子装备中常用基材的涂料选择及其配套进行阐述。

（1）铝合金基材防护涂层体系的配套

电子装备应用铝合金的表面处理方式为阳极氧化法或化学氧化法。阳极氧化法制备的有硫酸阳极氧化膜、铬酸阳极氧化膜、硼酸阳极氧化膜、磷酸阳极氧化膜。有绝缘要求时，采用绝缘阳极氧化膜。有提高硬度和耐磨性的需求时，采用硬质阳极氧化膜层。有装饰性能要求时，采用瓷质阳极氧化膜。相对阳极氧化膜，铝合金化学氧化膜膜层较小，耐腐蚀性较低，但对基体材料的疲劳性能影响较小，且结合力较优，可用作油漆底层[9-10]。

两种表面处理的铝合金基材均可选用锌黄环氧树脂底漆、丙烯酸聚氨酯类底漆，再搭配相关面漆形成防护涂层体系。电子装备用铝合金基材常见的防护涂层体系配套见表2-51。

表2-51　电子装备用铝合金基材常见的防护涂层体系配套

序号	基材	表面处理方式	防护涂层体系配套
1	5A06	Al/Ct·Ocd	TB06-9 锌黄丙烯酸聚氨酯底漆+TS96-71 氟聚氨酯面漆
2	5A06	Al/Ct·Ocd	H06-2 环氧锌黄底漆+AM05-1 氨基黑色无光烘漆
3	3A12	Al/Ct·Ocd	氟聚合物粉末涂层
4	5A06	Al/Et·A(S)10st·S	H06-1012H 环氧底漆+S04-80 聚氨酯面漆

（2）钢基材防护涂层体系的配套

通常，钢铁表面存在铁锈、氧化皮。氧化皮的膨胀系统比钢小，经冷热循环易开裂，疏松，会吸入水汽；氧化皮的电位比钢高，在湿热条件下形成电偶腐蚀，氧化皮为阴极，钢为阳极，而且此时氧化皮面积大，钢在缝隙处面积小，形成大阴极小阳极，容易导致腐蚀凹坑的形成；又由于氧化皮下面氧气浓度低，外面氧气浓度高，又会形成浓差电池。因此，为了防止这种电化学腐蚀，以获得抗蚀性好的涂层，涂漆前必须除尽氧化皮和锈迹。除锈方法主要有手工、机械或喷射法和化学除锈法[11-13]。

近些年来，钢基材表面通常采用镀锌镍合金、热喷涂、喷达克罗等处理，再进行喷砂处理。以往钢基材常用的配套底漆主要是铁红环氧底漆、铁红醇酸底漆、铁红酚醛底漆、铁红过氯乙烯底漆、磷化底漆、富锌底漆、氨基底漆；随着涂层工艺的进步，现行钢基材常用的配套底漆有锌黄丙烯酸底漆、环氧聚氨酯底漆、环氧富锌底漆、飞机蒙皮底漆、环氧锌磷底漆等。电子装备用钢基材常见的防护涂层体系配套见表 2-52。

表 2-52 电子装备用钢基材常见的防护涂层体系配套

序号	基材	表面处理方式	防护涂层体系配套
1	20#	Fe/Ep·Zn15·c2C	H06-2 铁红环氧底漆+S04-60 聚氨酯面漆
2	20#	Fe/Ep·Zn-Ni(14)5·c2C	EP506 铝红丙烯酸聚氨酯底漆+HFC-901 氟碳聚氨酯磁漆
3	10#	Fe/Ct·ZnPh	TB06-9 锌黄丙烯酸聚氨酯底漆+TB04-62 丙烯酸聚氨酯磁漆
4	Q235	Fe/Ep·Zn·c2C	HFC901 氟碳漆
5	Q345	TS·Zn100	S06-N-1 环氧聚氨酯底漆+S04-60 聚氨酯面漆

（3）不锈钢基材防护涂层体系的配套

不锈钢是一种能耐大气、水、海水、酸及其他腐蚀介质的腐蚀，具有高度化学稳定性的钢种系列。其耐腐蚀性主要取决于铬含量，当铬含量高于 12%时，其化学稳定性才产生质变，钝化而不锈。不锈钢中除含有大约 12%的铬以外，还含有一定数量的镍、锰、硅、钼、钨、钛、铜、铝等多种元素及一定数量的碳。这些元素及其相互影响，一方面起调整组织作用，另一方面起强化作用，从而赋予钢不同的特性。不锈钢在氧气的存在下形成一层薄而极其致密的氧化铬表层，与基层金属成为一体，在大多数环境下，具有一定的抗腐蚀能力。电子装备常用的奥氏体不锈钢，其中 304 不锈钢和 316 不锈钢最为常用。

不锈钢表面预处理方式为除油、酸洗，表面改性方式为钝化。钝化处理溶液包括四类：

Ⅰ类——中温硝酸-重铬酸钠处理溶液，适用于高碳/高铬牌号的不锈钢零件，如 1Cr12、0Cr13 等；

Ⅱ类——低温硝酸处理溶液，适用于奥氏体镍铬钢（不含Ⅰ类中的高碳/高铬牌号），如 1Cr18Ni9Ti、0Cr18Ni9 等；

Ⅲ类——中温硝酸处理溶液，适用于奥氏体镍铬钢以及含铬量等于或大于 17% 的铬不锈钢（不含 I 类中的高碳/高铬牌号），如 1Cr17、1Cr18Ni9 等；

Ⅳ类——中温高浓度硝酸处理溶液，高碳/高铬牌号及含 12%～14%铬的纯铬不锈钢，如 1Cr12、0Cr13、1Cr17Ni2 等[14-16]。

不锈钢防腐底漆可以选用锌黄丙烯酸聚氨酯底漆、富锌底漆、锌黄丙烯酸底漆、环氧聚氨酯底漆、飞机蒙皮底漆。电子装备用不锈钢基材常见的防护涂层体系配套见表 2-53。

表 2-53 电子装备用不锈钢基材常见的防护涂层体系配套

序号	基材	表面处理方式	防护涂层体系配套
1	1Cr18Ni9Ti	喷砂	H9621 环氧底漆+丙烯酸磁漆
2	1Cr18Ni9Ti	Ct·P	厚膜底漆+聚氨酯磁漆
3	1Cr18Ni9Ti	Ct·P	锌黄丙烯酸底漆+氟聚氨酯磁漆
4	不锈钢	喷砂	锌黄丙烯酸底漆+环氧云铁中间漆+氟聚氨酯漆
5	316L	Ct·P	H52-33 清漆

（4）铜合金基材防护涂层体系的配套

铜及铜合金表面氧化皮和锈迹主要成分为 CuO（黑）、Cu_2O（红棕色）、$Cu_2(OH)CO_3$（绿色）等，一般去除氧化皮的方法有预浸蚀和光亮浸蚀工序。

铜及铜合金表面主要的底漆有锌黄环氧底漆、铁红环氧酯底漆、氨基底漆、磷化底漆、醇酸底漆等。电子装备用铜合金基材常见的防护涂层体系配套见表 2-54。

表 2-54 电子装备用铜合金基材常见的防护涂层体系配套

序号	基材	表面处理方式	防护涂层体系配套
1	铜合金	钝化氧化	锌黄丙烯酸底漆+氟聚氨酯磁漆
2	铜合金	钝化氧化	锌黄或铁红环氧酯底漆或不喷底漆+丙烯酸聚氨酯磁漆
3	铜合金	钝化氧化	H06-2 锌黄或铁红环氧酯底漆或不喷底漆 B04-103 H 灰色丙烯酸氨基半光磁漆
4	铜合金	钝化氧化	锶黄或铁红环氧酯底漆或不喷底漆+各色聚酯氨基橘形漆

（5）玻璃钢基材防护涂层体系的配套

玻璃钢表面常用的涂层包括环氧聚酰胺漆、聚氨酯抗静电涂料、聚氨酯磁漆等。玻璃钢的表面处理方式主要是打磨或吹砂后清洗，提高表面清洁度和粗糙度，进而提升与底漆的结合力。电子装备用玻璃钢基材常见的防护涂层体系配套见表 2-55。

表 2-55 电子装备用玻璃钢基材常见的防护涂层体系配套

序号	基材	表面处理方式	防护涂层体系的配套
1	玻璃钢	喷砂粗化	H9621 底漆+902 丙烯酸聚氨酯磁漆
2	玻璃钢	喷砂粗化	H01-101H+S04-9501·H·Y 抗雨蚀底漆+TS96-71 面漆
3	玻璃钢	喷砂粗化	H9621 底漆+B9625 丙烯酸磁漆
4	玻璃钢	喷砂粗化	H01-101H+SF55-49 中间漆+SDT99-49 面漆

（6）FR-4 的防护配套体系

目前印制电路板基材多是 FR-4，常用的表面处理方式为清洗，目的是提升与漆膜之间的结合力。环氧玻璃布板基材常见的防护涂层体系配套见表 2-56。

表 2-56 环氧玻璃布板基材常见的防护涂层体系配套

序号	基材	表面处理方式	防护涂层体系配套
1	FR-4	清洗	H31-3 环氧树脂清漆
2	FR-4	清洗	S01-3 聚氨酯清漆
3	FR-4	清洗	DC1-2577 有机硅树脂清漆
4	FR-4	清洗	1B73 丙烯酸树脂清漆
5	FR-4	清洗	ParyleneC

2.3.5　Ⅰ型/Ⅱ型电子装备常用防护涂层体系的配套

依据 SJ 20817—2002《电子设备的涂饰》，电子设备被保护表面，可分为Ⅰ型（暴露）表面和Ⅱ型（遮蔽）表面，Ⅰ型（暴露）表面是指当设备处于工作或待机状态时暴露于自然环境的表面，或虽然未暴露于自然环境，但能够受到各种气候因素直接作用的表面。气候因素包括极端温度、极端湿度、大气污染、工业污染、日光直接照射、尘埃、风沙等。例如，电子设备方舱的外表面属于Ⅰ型表面。Ⅱ型（遮蔽）表面是指设备工作时不暴露于自然环境，并且不会受到雨、冰雹、雪、雨雪、日光直接照射和风沙直接作用的表面，如放置于室内的机箱机柜等电子设备属于Ⅱ型（遮蔽）表面[17-19]。

（1）Ⅰ型电子装备常用防护涂层体系

Ⅰ型电子装备用防护涂层体系配套见表 2-57。

表 2-57 Ⅰ型电子装备常用防护涂层体系配套

序号	面漆名称	配套底漆	型号	涂装前处理
1	丙烯酸聚氨酯磁漆	① 环氧铁红底漆； ② 锶黄环氧聚酰胺底漆； ③ 环氧聚酰胺底漆； ④ 锌黄丙烯酸聚氨酯底漆	TB04-62 TBS13-62 SP-2 S04-80	① 钢铁：磷化或涂磷化底漆。 ② 钢铁/热浸锌或喷锌：涂磷化底漆，达克罗。 ③ 铝合金：喷砂、化学氧化、电化学氧化或涂磷化底漆。 ④ 不锈钢：氧化处理
2	氟聚氨酯无光磁漆	① 锌黄丙烯酸聚氨酯底漆； ② 环氧聚酰胺底漆； ③ 环氧锌黄底漆	TS96-71 HFC-901	① 钢铁/热浸锌或喷锌：涂磷化底漆，达克罗。 ② 铝合金：喷砂、化学氧化、电化学氧化或涂磷化底漆。 ③ 纯铜：化学氧化或涂磷化底漆
3	氟聚氨酯清漆	① 水性环氧底漆； ② 水性丙烯酸聚氨酯半光漆	TS96-11	FR-4（环氧层玻璃布板）
4	各色飞机蒙皮半光磁漆 S04-60	① 环氧锌黄底漆； ② 锌黄丙烯酸聚氨酯底漆	S04-60	铝合金：喷砂、化学氧化、电化学氧化或涂磷化底漆
5	聚氨酯无光磁漆	① 锌黄有机硅聚氨酯底漆； ② 锶黄环氧聚酰胺底漆	S04-33 S04-13 TS70-1	铝合金：喷砂、化学氧化、电化学氧化或涂磷化底漆
6	各色过氧乙烯半光磁漆	① G06-4 锌黄； ② 铁红过氯乙烯底漆； ③ 环氧酯底漆	G04-60	① 钢铁：磷化或涂磷化底漆。 ② 钢铁/热浸锌或喷锌：涂磷化底漆
7	过氯乙烯迷彩伪装漆（无光）	① 过氯乙烯底漆； ② 环氧酯底漆	G06-4 H06-2	① 钢铁：磷化或涂磷化底漆。 ② 铝合金：喷砂、化学氧化、电化学氧化或涂磷化底漆
8	氯磺化聚乙烯环氧磁漆	氯磺化橡胶铁红底漆	J04-1	① 钢铁：磷化或涂磷化底漆。 ② 钢铁/热浸锌或喷锌：涂磷化底漆。 ③ 铝合金：喷砂、化学氧化或涂磷化底漆
9	脂肪族聚氨酯磁漆	① 环氧聚酰胺漆； ② 锶黄环氧聚酰胺底漆； ③ 环氧底漆	S04-33	环氧玻璃钢：脱脂、喷砂粗化
10	弹性聚氨酯磁漆	环氧聚酰胺漆	S04-13	环氧玻璃钢：脱脂、喷砂粗化
11	各色环氧酯无光烘干电泳漆	环氧烘干电泳底漆	H11-75	① 钢铁：磷化。 ② 铝合金：喷砂、化学氧化

（2）Ⅱ型电子装备常用防护涂层体系

Ⅱ型电子装备常用防护涂层体系配套见表 2-58。

表 2-58 Ⅱ型电子装备常用防护涂层体系配套

序号	涂料名称	配套底漆	型号	涂装前处理
1	丙烯酸聚氨酯磁漆	① 环氧铁红底漆。 ② 锶黄环氧聚酰胺底漆。 ③ 环氧聚酰胺底漆。 ④ 锌黄丙烯酸聚氨酯底漆	TB04-62 TBS13-62 SP-2 S04-80	① 钢铁：磷化或涂磷化底漆。 ② 钢铁：热浸锌或喷锌：涂磷化底漆，达克罗。 ③ 铝合金：喷砂、化学氧化、电化学氧化或涂磷化底漆。 ④ 不锈钢：氧化处理
2	氟聚氨酯无光磁漆	① 锌黄丙烯酸聚氨酯底漆。 ② 环氧聚酰胺底漆。 ③ 环氧锌黄底漆	TS96-71 HFC-901	① 钢铁：热浸锌或喷锌：涂磷化底漆，达克罗。 ② 铝合金：喷砂、化学氧化、电化学氧化或涂磷化底漆。 ③ 纯铜：化学氧化或涂磷化底漆
3	聚酯氨基橘形烘干磁漆	① 钢铁：铁红环氧酯底漆。 ② 钢铁/电镀锌：锌黄环氧酯底漆。 ③ 铝合金：锌黄环氧酯底漆。 ④ 镁合金：锶黄环氧聚酰胺底漆	T15	① 钢铁：磷化。 ② 钢铁/电镀锌：磷化、涂磷化底漆或铬酸盐钝化。 ③ 铝合金：化学氧化、电化学氧化。 ④ 镁合金：化学氧化、电化学氧化
4	各色丙烯酸烘干磁漆	① 钢铁：铁红环氧酯底漆。 ② 钢铁/电镀锌：锌黄环氧酯底漆。 ③ 铝合金：锌黄环氧酯底漆。 ④ 镁合金：锶黄环氧聚酰胺底漆。 ⑤ 铜基合金：锌黄环氧酯底漆	B04-52	① 钢铁：磷化。 ② 钢铁/电镀锌：磷化、涂磷化底漆或铬酸盐钝化。 ③ 铝合金和镁合金：化学氧化、电化学氧化。 ④ 铜基合金：铬酸盐钝化
5	各色丙烯酸橘形漆	① 钢铁：铁红环氧酯底漆。 ② 钢铁/电镀锌：锌黄环氧酯底漆。 ③ 铝合金：锌黄环氧酯底漆	B15-70	① 钢铁：磷化。 ② 钢铁/电镀锌：磷化、涂磷化底漆或铬酸盐钝化。 ③ 铝合金：化学氧化、电化学氧化
6	各色氨基烘干磁漆	① 钢铁：铁红环氧酯底漆。 ② 钢铁/电镀锌：锌黄环氧酯底漆。 ③ 铝合金：锌黄环氧酯底漆。 ④ 铜、银合金：锌黄环氧酯底漆	A04-9	① 钢铁：磷化。 ② 钢铁/电镀锌：磷化、涂磷化底漆或铬酸盐钝化。 ③ 铝合金：化学氧化、电化学氧化或涂磷化底漆。 ④ 铜、银合金：铬酸盐钝化
8	各色氨基半光烘干磁漆		A04-60	
9	各色氨基无光烘干磁漆		A04-81	
10	各色醇酸半光磁漆	① 钢铁：铁红环氧酯底漆。 ② 钢铁/电镀锌：锌黄环氧酯底漆。 ③ 铝合金：锌黄环氧酯底漆	C04-64	① 钢铁：磷化。 ② 钢铁/电镀锌：磷化、涂磷化底漆或铬酸盐钝化。 ③ 铝合金：化学氧化、电化学氧化或涂磷化底漆
11	各色醇酸磁漆		C04-42	
12	环氧聚酯粉末涂料	—	阿克苏诺贝尔	① 钢铁：磷化。② 铝合金：化学氧化

参考文献

[1] 刘登良. 涂料工艺[M]. 北京：化学工业出版社，2015.

[2] 全国涂料和颜料标准化技术委员会. GB/T 2705—2003 涂料产品分类和命名[S]. 北京：中国标准出版社，2003.

[3] 黄秉升. 钢构件防腐蚀涂装的配套体系[J]. 石油化工腐蚀与防护，2003,20(06):48-50.

[4] 沈雪锋. 钢结构重防腐涂层典型配套的水性化研究[J]. 涂料技术与文摘，2017,38(4):39-43.

[5] 李敏风，刘源. 论重防腐涂料及涂装技术进展[J]. 上海涂料，2013,51(4):44-46.

[6] 程凤宏，张阳. 双组份环氧底漆与丙烯酸聚氨酯中涂漆配套性分析[J]. 涂料工业，2008,38(2):28-29.

[7] 李敏风，顾薇霞，胡唐骏. 富锌底漆及其涂装[J]. 工业涂装专刊，2009,12(4):51-56.

[8] 周如东. 飞机蒙皮表面处理和涂层选择及涂装工艺[J]. 涂层与防护，2018,36(6):52-54.

[9] 曹京宜，张寒露，林红吉. 铝合金基材用防腐防污涂层体系的选择和涂装工艺研究[J]. 现代涂料和涂装，2011,14(5):48-52.

[10] 郑佩祥，李一，张孔林. 2A12铝合金表面有机复合涂层的耐蚀性能研究[J]. 腐蚀科学与防护技术，2017,29(2):140-143.

[11] 张雪敏. 简论金属的表面被覆涂料涂装[J]. 河南教育学院学报，2003,12(2):64.

[12] 周煜竣. 钢结构防腐配套方案的设计[J]. 电镀与涂饰，2007,26(9):52-53.

[13] 沈仲元. 户外钢制构件的防腐层的配套[J]. 现代涂料与涂装，2001:37-39.

[14] 李永红，彭亚平，孙明聪. 不锈钢件涂装前处理工艺的选择[J]. 现代涂装，2013,16(5):39-41.

[15] 牛士军，高猛. 不锈钢车体涂装工艺[J]. 现代涂装，2015,18(7):43-46.

[16] 贺鹏，边蕴静，赵君. 不锈钢基材涂装的必要性和涂料体系的选择艺[J]. 中国涂料，2014,29(12):58-60.

[17] 信息产业部工艺标准化技术委员会. SJ 20983—2003 不锈钢酸洗与钝化规范[S]. 北京：中国电子技术标准化研究所出版社，2003.

[18] 电子工业工艺标准化技术委员会. SJ 20817—2002 电子设备的涂饰[S]. 北京：中国电子技术标准化研究所出版社，2002.

[19] 电子工业工艺标准化技术委员会. SJ 20818—2002 电子设备的金属镀覆与化学处理[S]. 北京：中国电子技术标准化研究所出版社，2002.

第3章 电子装备结构件防护涂层环境适应性数据

电子装备结构复杂、应用材料广，导致相应的防护涂层体系种类繁多。电子装备各系统结构件根据应用平台环境及其功能特点，通常选用铝合金、碳钢、不锈钢、铜合金、复合材料为基材，防护体系采用2～3层为主。工程上，机箱机柜结构件主要选用铝合金或不锈钢基材涂覆2～3层防护涂层；天线伺服系统结构件主要选用钢或不锈钢基材涂覆3层防护涂层；屏蔽盒和波导组件则主要选用铝合金和铜合金基材涂覆涂层。

本章基于工业和信息化部电子第五研究所长期开展的试验实测数据，按铝基、碳钢/不锈钢、其他金属、复合材料四类基材分类汇总各种基材不同防护体系在自然环境和实验室环境中的试验实测数据，以供装备环境适应性设计参考。

3.1 铝合金基材防护涂层环境适应性数据

铝合金基材防护涂层具有施工简便、耐腐蚀性强等特点。尤其是在热带海洋及岛礁大气环境中，铝合金及表面防护体系长期暴露于湿热、紫外辐照、盐溶液液膜润湿、干湿交替等状态下，其稳定的表面防护性能和耐腐蚀性更为突出。因此，铝合金基材防护涂层被广泛应用于电子装备的各系统中。目前，电子装备的机箱机柜、屏蔽盒组件、波导组件等部组件主要采用铝合金材料作为基材进行涂覆，其中基材主要选用防锈铝，防护体系主要以两层涂层体系为主[1-2]。

3.1.1 5A06+TB06-9+TS96-71 防护涂层

3.1.1.1 试验样件信息

5A06+TB06-9+TS96-71 防护涂层试验样件信息见表 3-1。

表 3-1　5A06+TB06-9+TS96-71 防护涂层试验样件信息

序号	基材	底漆	面漆	干膜厚度/μm	涂层颜色
1-1	5A06 铝镁合金	TB06-9 锌黄丙烯酸聚氨酯底漆	TS96-71 氟聚氨酯无光磁漆	180～200	黑色

TB06-9 锌黄丙烯酸聚氨酯底漆由聚丙烯酸树脂、聚异氰酸酯树脂、颜料、助剂、有机溶剂等制成。它适宜和磷化底漆及丙烯酸聚氨酯磁漆等配套使用,具有优秀的机械性能及耐介质性,也可用作铝合金、不锈钢、钛合金、玻璃钢、碳纤维复合材料等底材料的底漆。

TS96-71 氟聚氨酯无光磁漆由氟树脂、异氰酸酯固化剂、颜料、助剂、有机溶剂制成。它具有优异的耐候性、机械性能和耐介质性,主要用于飞机蒙皮的迷彩和防护及钢结构、机车车辆等表面的装饰和保护。

3.1.1.2 试验条件

5A06+TB06-9+TS96-71 防护涂层自然环境试验条件见表 3-2,实验室环境试验条件见表 3-3[3-8]。

表 3-2　5A06+TB06-9+TS96-71 防护涂层自然环境试验条件

环境类型	试验地点	试验方式
湿热海洋大气环境	西沙	棚下暴露
亚湿热工业大气环境	江津	棚下暴露
干热沙漠大气环境	敦煌	棚下暴露
寒冷乡村大气环境	漠河	棚下暴露

表 3-3　5A06+TB06-9+TS96-71 防护涂层实验室环境试验条件

试验项目	试验条件
高温	温度:70℃。 升温速率:≤10℃/min
低温	温度:-55℃
湿热	温度:47℃±1℃。 湿度:96%±2%

续表

试验项目	试验条件
霉菌	温度：30℃±1℃。 湿度：95%±5%。 试验菌种：黄曲霉、杂色曲霉、绳状青霉、球毛壳霉、黑曲霉。 试验时长：28d
中性盐雾	温度：35℃±2℃。 NaCl 溶液浓度：50g/L±10g/L。 pH 值：6.0～7.0。 盐雾沉降率：1.0～2.0mL/(80cm^2·h)。 试验循环：盐雾 2h 后干燥 22h，为 1 个循环
中性盐雾+湿热循环	中性盐雾试验： 　温度：35℃±2℃。 　NaCl 溶液浓度：50g/L±10g/L。 　pH 值：6.0～7.0。 　盐雾沉降率：1.0～2.0mL/(80cm^2·h)。 　试验时长：2h。 恒定湿热试验： 　温度：60℃±2℃。 　相对湿度：91%～96%。 　试验时长：22h。 试验循环：中性盐雾 2h+恒定湿热试验 22h，为 1 个循环

3.1.1.3 测试项目及参照标准

5A06+TB06-9+TS96-71 防护涂层测试项目及参照标准见表 3-4[9-14]。

表 3-4　5A06+TB06-9+TS96-71 防护涂层测试项目及参照标准

测试项目	参照标准
外观/综合评级	GB/T 1766—2008《色漆和清漆　涂层老化的评级方法》
光泽度	GB/T 9754—2007《色漆和清漆　不含金属颜料的色漆漆膜的 20°、60°和 85°镜面光泽的测定》
色差	GB/T 11186.2—1989《涂膜颜色的测量方法　第 2 部分：颜色测量》
附着力	GB/T 9286—2021《色漆和清漆　划格试验》 GB/T 5210—2006《色漆和清漆　拉开法附着力试验》
电化学交流阻抗	ISO 16773-2: 2016 *Electrochemical impedance spectroscopy (EIS) on coated and uncoated metallic specimens-Part 2: Collection of data*

3.1.1.4 环境适应性数据

1．自然环境试验结果

（1）外观评级结果（见表 3-5）

表 3-5　5A06+TB06-9+TS96-71 防护涂层自然环境试验外观评级结果

环境类型	试验时间/月	外观评级					综合评级
		粉化	开裂	起泡	生锈	剥落	
湿热海洋大气环境	0	0	0（S0）	0（S0）	0（S0）	0（S0）	0
	6	0	0（S0）	0（S0）	0（S0）	0（S0）	0
	12	0	0（S0）	0（S0）	0（S0）	0（S0）	0
	24	0	0（S0）	0（S0）	0（S0）	0（S0）	0
	36	0	0（S0）	0（S0）	0（S0）	0（S0）	0
亚湿热工业大气环境	0	0	0（S0）	0（S0）	0（S0）	0（S0）	0
	6	0	0（S0）	0（S0）	0（S0）	0（S0）	0
	12	0	0（S0）	0（S0）	0（S0）	0（S0）	0
	24	0	0（S0）	0（S0）	0（S0）	0（S0）	0
	36	0	0（S0）	0（S0）	0（S0）	0（S0）	0
干热沙漠大气环境	0	0	0（S0）	0（S0）	0（S0）	0（S0）	0
	6	0	0（S0）	0（S0）	0（S0）	0（S0）	0
	12	0	0（S0）	0（S0）	0（S0）	0（S0）	0
	24	0	0（S0）	0（S0）	0（S0）	0（S0）	0
	36	0	0（S0）	0（S0）	0（S0）	0（S0）	0
寒冷乡村大气环境	0	0	0（S0）	0（S0）	0（S0）	0（S0）	0
	6	0	0（S0）	0（S0）	0（S0）	0（S0）	0
	12	0	0（S0）	0（S0）	0（S0）	0（S0）	0
	24	0	0（S0）	0（S0）	0（S0）	0（S0）	0
	36	0	0（S0）	0（S0）	0（S0）	0（S0）	0

（2）性能测试结果（见表 3-6）

表 3-6　5A06+TB06-9+TS96-71 防护涂层自然环境试验性能测试结果

环境类型	试验时间/月	色差	附着力等级	低频阻抗模值/$\Omega \cdot cm^2$
湿热海洋大气环境	0	0	1	7.69×10^{10}
	6	0.43	1	1.31×10^{11}
	12	0.33	0	1.31×10^{11}
	24	0.16	1	2.46×10^{10}
	36	0.57	1	5.63×10^{10}

续表

环境类型	试验时间/月	色差	附着力等级	低频阻抗模值/$\Omega\cdot cm^2$
亚湿热工业大气环境	0	0	1	7.69×10^{10}
	6	0.10	1	1.13×10^{11}
	12	0.18	1	1.22×10^{11}
	24	0.23	1	1.09×10^{11}
	36	0.42	1	8.89×10^{10}
干热沙漠大气环境	0	0	1	7.69×10^{10}
	6	0.21	1	4.43×10^{10}
	12	0.32	1	1.65×10^{10}
	24	0.40	1	1.05×10^{11}
	36	0.17	1	3.24×10^{9}
寒冷乡村大气环境	0	0	1	7.69×10^{10}
	6	0.40	0	1.25×10^{11}
	12	0.49	1	
	24	0.33	1	1.10×10^{11}
	36	0.30	1	

2．实验室环境试验结果

（1）外观评级结果（见表3-7）

表3-7　5A06+TB06-9+TS96-71防护涂层实验室环境试验外观评级结果

试验项目	试验时间	外观评级					综合评级
		粉化	开裂	起泡	生锈	剥落	
高温	0	0	0（S0）	0（S0）	0（S0）	0（S0）	0
	240h	0	0（S0）	0（S0）	0（S0）	0（S0）	0
	480h	0	0（S0）	0（S0）	0（S0）	0（S0）	0
	560h	0	0（S0）	0（S0）	0（S0）	0（S0）	0
湿热	0	0	0（S0）	0（S0）	0（S0）	0（S0）	0
	240h	0	0（S0）	0（S0）	0（S0）	0（S0）	0
	480h	0	0（S0）	0（S0）	0（S0）	0（S0）	0
	560h	0	0（S0）	0（S0）	0（S0）	0（S0）	0
中性盐雾	0	0	0（S0）	0（S0）	0（S0）	0（S0）	0
	25d	0	0（S0）	0（S0）	0（S0）	0（S0）	0
	50d	0	0（S0）	0（S0）	0（S0）	0（S0）	0

试验项目	试验时间	外观评级					综合评级
		粉化	开裂	起泡	生锈	剥落	
中性盐雾+湿热	0	0	0（S0）	0（S0）	0（S0）	0（S0）	0
	10d	0	0（S0）	0（S0）	0（S0）	0（S0）	0
	30d	0	0（S0）	0（S0）	0（S0）	0（S0）	0
	38d	0	0（S0）	0（S0）	0（S0）	0（S0）	0

（2）性能测试结果（见表3-8）

表3-8 5A06+TB06-9+TS96-71防护涂层实验室环境试验性能测试结果

试验项目	试验时间	色差	附着力等级	低频阻抗模值/$\Omega \cdot cm^2$
高温	0	0	1	1.69×10^9
	240h	0.37		1.28×10^{10}
	480h	0.41		8.90×10^9
	560h	0.87	1	9.41×10^9
湿热	0	0	1	2.40×10^{10}
	240h	0.39		1.13×10^{10}
	480h	0.69		1.81×10^{11}
	560h	0.89	1	6.37×10^{10}
中性盐雾	0	0		2.40×10^{10}
	25d	1.00		2.49×10^9
	50d	1.63		9.60×10^{10}
中性盐雾+湿热	0	0	1	2.40×10^{10}
	10d	0.24		7.51×10^{10}
	30d	0.90		9.90×10^9
	38d	0.76	1	3.70×10^9

3.1.2　5A06+TH06-81+TS96-71防护涂层

3.1.2.1　试验样件信息

5A06+TH06-81+TS96-71防护涂层试验样件信息见表3-9。

表 3-9 5A06+TH06-81+TS96-71 防护涂层试验样件信息

序号	基材	底漆	面漆	干膜厚度/μm
1-2	5A06 铝镁合金	TH06-81 无铬高固体环氧底漆	TS96-71 氟聚氨酯面漆	180～240

5A06+TH06-81+TS96-71 防护涂层采用底漆+面漆双层体系，底漆为 TH06-81，面漆为 TS96-71，涂层总厚度为 180～240μm。

3.1.2.2 试验条件

5A06+TH06-81+TS96-71 防护涂层自然环境试验条件见表 3-10，实验室环境试验条件见表 3-11。

表 3-10 5A06+TH06-81+TS96-71 防护涂层自然环境试验条件

环境类型	试验地点	试验方式
湿热海洋大气环境	西沙	户外暴露
亚湿热工业大气环境	江津	户外暴露
干热沙漠大气环境	敦煌	户外暴露
寒冷乡村大气环境	漠河	户外暴露

表 3-11 A06+TH06-81+TS96-71 防护涂层实验室环境试验条件

试验项目	试验条件
高温	温度：70℃。 升温速率：≤10℃/min
湿热	温度：47℃±1℃。 湿度：96%±2%
紫外光老化	灯源：UVA 340nm。 辐照度：0.98W/m²@340nm。 黑板温度：65℃±3℃。 试验方式：连续光照
氙灯光老化	灯源：UVA 300～400nm。 辐照度：0.53W/m²@0.98W/m²@340～400nm。 BST（黑标温度）：65℃±2℃。 相对湿度：50%±5%。 试验循环：光照 108min，润湿 18min，为 1 个循环
温冲	低温状态：-55℃，保持 30min。 高温状态：70℃，保持 30min。 温度变化速率：≤1min
酸性大气	试验温度：35℃。 pH 值：4.02。 沉降率：1.0～3.0mL/(80cm²·h)。 试验循环：喷雾 2h，贮存 7h，为 1 个循环

续表

试验项目	试验条件
紫外/冷凝+盐雾/干燥循环	紫外/冷凝试验： 　灯源：UVA 340nm。 　光照阶段黑板温度：60℃±3℃。 　辐照度：0.89W/m^2@340nm，光照 8h。 　冷凝阶段黑板温度：50℃±3℃，冷凝 4h。 　试验时长：12h 为 1 个周期，循环 6 个周期后进入盐雾/干燥试验。 盐雾/干燥试验： 　喷雾阶段温度：35℃±2℃。 　盐溶液浓度：5%±1%。 　pH 值：6.5～7.2。 　沉降量：1.0～3.0mL/(80cm^2·h)，喷雾 12h。 　干燥阶段温度：50℃±2℃，干燥 12h。 　升温、降温速率：3℃/min。 　试验时长：24h 为 1 个周期，循环 3 个周期。 试验循环：紫外/冷凝试验 72h+盐雾/干燥试验 72h，为 1 个循环
盐雾+SO$_2$ 循环	盐雾试验： 　温度：35℃±2℃。 　NaCl 溶液浓度：50g/L±10g/L。 　盐雾沉降率：1.0～2.0mL/(80cm^2·h)。 　试验时长：0.5h，进入 SO$_2$ 试验。 SO$_2$ 试验： 　SO$_2$ 流速：35cm^3/min·m^3。 　收集液 pH 值：2.5～3.2。 　试验时长：0.5h。 试验循环：盐雾试验 0.5h+SO$_2$ 试验 0.5h+静置 2h，为 1 个循环
温冲+氙灯循环	温冲试验： 　低温状态：−55℃，保持 0.5h。 　高温状态：70℃，保持 0.5h。 　温度变化速率：≤1min。 　试验时长：1h 为 1 个周期，循环 10 个周期进入氙灯试验。 氙灯试验： 　灯源：UVA 300～400nm。 　辐照度：0.53W/m^2@300～400nm。 　BST（黑标温度）：65℃±2℃。 　相对湿度：50%±5%。 　试验时间：光照 108min，润湿 18min，共 80h。 试验循环：温冲试验 10h+氙灯试验 80h，为 1 个循环

3.1.2.3 测试项目及参照标准

5A06+TH06-81+TS96-71 防护涂层测试项目及参照标准见表 3-12。

表 3-12　5A06+TH06-81+TS96-71 防护涂层测试项目及参照标准

测试项目	参照标准
外观评级	GB/T 1766—2008《色漆和清漆 涂层老化的评级方法》
光泽度	GB/T 9754—2007《色漆和清漆 不含金属颜料的色漆漆膜的20°、60°和85°镜面光泽的测定》
色差	GB/T 11186.2—1989《涂膜颜色的测量方法 第2部分：颜色测量》
附着力	GB/T 9286—2021《色漆和清漆 划格试验》
附着力	GB/T 5210—2006《色漆和清漆 拉开法附着力试验》
电化学交流阻抗	ISO 16773-2: 2016 Electrochemical impedance spectroscopy (EIS) on coated and uncoated metallic specimens-Part 2: Collection of data

3.1.2.4　环境适应性数据

1．自然环境试验结果

（1）外观评级结果（见表 3-13）

表 3-13　5A06+TH06-81+TS96-71 防护涂层自然环境试验外观评级结果

环境类型	试验时间/月	外观评级					综合评级
		粉化	开裂	起泡	生锈	剥落	
湿热海洋大气环境	0	0	0（S0）	0（S0）	0（S0）	0（S0）	0
	6	2	0（S0）	0（S0）	0（S0）	0（S0）	2
	12	2	0（S0）	0（S0）	0（S0）	0（S0）	2
	24	2	0（S0）	0（S0）	0（S0）	0（S0）	2
	36	2	0（S0）	0（S0）	0（S0）	0（S0）	2
亚湿热工业大气环境	0	0	0（S0）	0（S0）	0（S0）	0（S0）	0
	6	0	0（S0）	0（S0）	0（S0）	0（S0）	0
	12	0	0（S0）	0（S0）	0（S0）	0（S0）	0
	24	1	0（S0）	0（S0）	0（S0）	0（S0）	1
	36	1	0（S0）	0（S0）	0（S0）	0（S0）	1
干热沙漠大气环境	0	0	0（S0）	0（S0）	0（S0）	0（S0）	0
	6	0	0（S0）	0（S0）	0（S0）	0（S0）	0
	12	0	0（S0）	0（S0）	0（S0）	0（S0）	0
	24	2	0（S0）	0（S0）	0（S0）	0（S0）	2
	36	2	0（S0）	0（S0）	0（S0）	0（S0）	2

续表

环境类型	试验时间/月	外观评级					综合评级
		粉化	开裂	起泡	生锈	剥落	
寒冷乡村大气环境	0	0	0（S0）	0（S0）	0（S0）	0（S0）	0
	6	0	0（S0）	0（S0）	0（S0）	0（S0）	0
	12	0	0（S0）	0（S0）	0（S0）	0（S0）	0
	24	0	0（S0）	0（S0）	0（S0）	0（S0）	0
	36	0	0（S0）	0（S0）	0（S0）	0（S0）	0

（2）性能测试结果（见表3-14）

表3-14　5A06+TH06-81+TS96-71防护涂层自然环境试验性能测试结果

环境类型	试验时间/月	色差	附着力等级	低频阻抗模值/$\Omega \cdot cm^2$
湿热海洋大气环境	0	0	0	1.41×10^{11}
	6	0.21	0	6.71×10^{10}
	12	1.07	0	4.37×10^{10}
	24	1.54	1	1.11×10^{11}
	36	1.19	1	6.31×10^{10}
亚湿热工业大气环境	0	0	0	1.42×10^{11}
	6	0.42	0	9.70×10^{10}
	12	0.52	1	8.61×10^{10}
	24	0.83	1	3.90×10^{10}
	36	0.83	1	1.56×10^{9}
干热沙漠大气环境	0	0	0	1.41×10^{11}
	6	0.47	0	3.40×10^{10}
	12	0.85	0	2.50×10^{9}
	24	0.72	1	1.27×10^{10}
	36	0.71	1	3.74×10^{8}
寒冷乡村大气环境	0	0	0	1.41×10^{11}
	6	0.38	1	9.82×10^{10}
	12	0.35	1	6.07×10^{10}
	24	0.45	1	9.09×10^{10}
	36	0.51	0	7.00×10^{10}

2．实验室环境试验结果

（1）外观评级结果（见表3-15）

表 3-15 5A06+TH06-81+TS96-71 防护涂层实验室环境试验外观评级结果

试验项目	试验时间	外观评级					综合评级
		粉化	开裂	起泡	生锈	剥落	
高温	0	0	0（S0）	0（S0）	0（S0）	0（S0）	0
	240h	0	0（S0）	0（S0）	0（S0）	0（S0）	0
	480h	0	0（S0）	0（S0）	0（S0）	0（S0）	0
	560h	0	0（S0）	0（S0）	0（S0）	0（S0）	0
湿热	0	0	0（S0）	0（S0）	0（S0）	0（S0）	0
	240h	0	0（S0）	0（S0）	0（S0）	0（S0）	0
	480h	0	0（S0）	0（S0）	0（S0）	0（S0）	0
	560h	0	0（S0）	0（S0）	0（S0）	0（S0）	0
	720h	0	0（S0）	0（S0）	0（S0）	0（S0）	0
紫外光老化	0	0	0（S0）	0（S0）	0（S0）	0（S0）	0
	12d	0	0（S0）	0（S0）	0（S0）	0（S0）	0
	24d	0	0（S0）	0（S0）	0（S0）	0（S0）	0
	36d	0	0（S0）	0（S0）	0（S0）	0（S0）	0
	42d	0	0（S0）	0（S0）	0（S0）	0（S0）	0
氙灯光老化	0	0	0（S0）	0（S0）	0（S0）	0（S0）	0
	10d	0	0（S0）	0（S0）	0（S0）	0（S0）	0
	20d	0	0（S0）	0（S0）	0（S0）	0（S0）	0
	30d	0	0（S0）	0（S0）	0（S0）	0（S0）	0
	35d	0	0（S0）	0（S0）	0（S0）	0（S0）	0
温冲	0	0	0（S0）	0（S0）	0（S0）	0（S0）	0
	35 个循环	0	0（S0）	0（S0）	0（S0）	0（S0）	0
	70 个循环	0	0（S0）	0（S0）	0（S0）	0（S0）	0
酸性大气	0	0	0（S0）	0（S0）	0（S0）	0（S0）	0
	14d	0	0（S0）	0（S0）	0（S0）	0（S0）	0
	35d	0	0（S0）	0（S0）	0（S0）	0（S0）	0
紫外/冷凝+盐雾/干燥循环	0	0	0（S0）	0（S0）	0（S0）	0（S0）	0
	12d	0	0（S0）	0（S0）	0（S0）	0（S0）	0
	24d	0	0（S0）	0（S0）	0（S0）	0（S0）	0
	36d	0	0（S0）	0（S0）	0（S0）	0（S0）	0
	42d	0	0（S0）	0（S0）	0（S0）	0（S0）	0

续表

试验项目	试验时间	外观评级					综合评级
		粉化	开裂	起泡	生锈	剥落	
盐雾+SO_2循环	0	0	0（S0）	0（S0）	0（S0）	0（S0）	0
	192h	0	0	3（S4）	0	0	3
	384h	0	0（S0）	0（S0）	0（S0）	0（S0）	0
温冲+氙灯循环	0	0	0（S0）	0（S0）	0（S0）	0（S0）	0
	180h	0	0（S0）	0（S0）	0（S0）	0（S0）	0
	360h	0	0（S0）	0（S0）	0（S0）	0（S0）	0
	540h	0	0（S0）	0（S0）	0（S0）	0（S0）	0
	630h	0	0（S0）	0（S0）	0（S0）	0（S0）	0

（2）性能测试结果（见表3-16）

表3-16　5A06+TH06-81+TS96-71防护涂层实验室环境试验性能测试结果

试验项目	试验时间	色差	附着力等级	低频阻抗模值/$\Omega \cdot cm^2$
高温	0	0	0	1.12×10^{10}
	240h	0.17		1.35×10^{10}
	480h	0.22		1.79×10^{10}
	560h	1.13	1	1.23×10^{10}
湿热	0	0	0	1.41×10^{11}
	240h	0.40		1.02×10^{11}
	480h	0.32		5.75×10^{10}
	560h	0.82		1.48×10^{11}
	720h	2.29	1	1.59×10^{11}
紫外光老化	0	0	0	1.41×10^{11}
	12d	0.14		2.99×10^{11}
	24d	0.10		3.03×10^{11}
	36d	1.83		1.57×10^{11}
	42d	1.38	2	7.13×10^{8}
氙灯光老化	0	0	0	1.41×10^{11}
	10d	0.21		1.47×10^{11}
	20d	0.10		3.33×10^{11}
	30d	0.27		5.45×10^{10}
	35d	0.25	1	1.36×10^{11}

续表

试验项目	试验时间	色差	附着力等级	低频阻抗模值/$\Omega \cdot cm^2$
温冲	0	0	0	1.41×10^{11}
	35 个循环	1.14		1.39×10^{11}
	70 个循环	1.05	1	1.76×10^{11}
酸性大气	0	0	0	1.41×10^{11}
	14d	0.09		1.09×10^{11}
	35d	0.18	2	2.19×10^{11}
紫外/冷凝+盐雾/干燥循环	0	0	0	1.41×10^{11}
	12d			8.35×10^{10}
	24d	0.18		3.73×10^{10}
	36d	0.56		3.82×10^{10}
	42d	0.42	1	1.89×10^{10}
盐雾+SO_2 循环	0	0.42	0	1.41×10^{11}
	192h	0		
	384h	0.13	2	6.97×10^{10}
温冲+氙灯循环	0	0.22		1.41×10^{11}
	180h	0		6.34×10^{10}
	360h	1.30		2.34×10^{11}
	540h	1.45		6.76×10^{8}
	630h	1.72	1	3.53×10^{10}

3.1.3　5A06+TH13-81+TS13-62 防护涂层

3.1.3.1　试验样件信息

5A06+TH13-81+TS13-62 防护涂层试验样件信息见表 3-17。

表 3-17　5A06+TH13-81+TS13-62 防护涂层试验样件信息

序号	基材	底漆	面漆	干膜厚度/μm	涂层颜色
1-3	5A06 铝镁合金	TH13-81 水性环氧漆	TS13-62 水性丙烯酸聚氨酯半光漆	80~120	海灰

5A06+TH13-81+TS13-62 防护涂层采用底漆+面漆双层体系，底漆为 TH13-81 水性环氧漆，面漆为 TS13-62 水性丙烯酸聚氨酯半光漆（海灰），涂层总厚度为 80~120μm。

3.1.3.2 试验条件

5A06+TH13-81+TS13-62 防护涂层自然环境试验条件见表 3-18,实验室环境试验条件见表 3-19。

表 3-18　5A06+TH13-81+TS13-62 防护涂层自然环境试验条件

环境类型	试验地点	试验方式
湿热海洋大气环境	西沙	棚下暴露
亚湿热工业大气环境	江津	棚下暴露
干热沙漠大气环境	敦煌	棚下暴露
寒冷乡村大气环境	漠河	棚下暴露

表 3-19　5A06+TH13-81+TS13-62 防护涂层实验室环境试验条件

试验项目	试验条件
高温	温度：70℃。 升温速率：≤10℃/min
湿热	温度：47℃±1℃。 湿度：96%±2%
霉菌	温度：30℃±1℃。 湿度：95%±5%。 试验菌种：黄曲霉、杂色曲霉、绳状青霉、球毛壳霉、黑曲霉。 试验时长：28d
中性盐雾	温度：35℃±2℃。 NaCl 溶液浓度：50g/L±10g/L。 pH 值：6.0～7.0。 盐雾沉降率：1.0～2.0mL/(80cm^2·h)。 试验循环：盐雾 2h 后干燥 22h，为 1 个循环
中性盐雾+湿热循环	中性盐雾试验： 　温度：35℃±2℃。 　NaCl 溶液浓度：50g/L±10g/L。 　pH 值：6.0～7.0。 　盐雾沉降率：1.0～2.0mL/(80cm^2·h)。 　试验时长：2h。 恒定湿热试验： 　温度：60℃±2℃。 　相对湿度：91%～96%。 　试验时长：22h。 试验循环：中性盐雾 2h+恒定湿热试验 22h，为 1 个循环

3.1.3.3 测试项目及参照标准

5A06+TH13-81+TS13-62 防护涂层测试项目及参照标准见表 3-20。

表 3-20 5A06+TH13-81+TS13-62 防护涂层测试项目及参照标准

测试项目	参照标准
外观评级	GB/T 1766—2008《色漆和清漆 涂层老化的评级方法》
光泽度	GB/T 9754—2007《色漆和清漆 不含金属颜料的色漆漆膜的 20°、60°和 85°镜面光泽的测定》
色差	GB/T 11186.2—1989《涂膜颜色的测量方法 第 2 部分：颜色测量》
附着力	GB/T 9286—2021《色漆和清漆 划格试验》
	GB/T 5210—2006《色漆和清漆 拉开法附着力试验》
电化学交流阻抗	ISO 16773-2: 2016 Electrochemical impedance spectroscopy (EIS) on coated and uncoated metallic specimens-Part 2: Collection of data

3.1.3.4 环境适应性数据

1. 自然环境试验结果

（1）外观评级结果（见表 3-21）

表 3-21 5A06+TH13-81+TS13-62 防护涂层自然环境试验外观评级结果

环境类型	试验时间/月	外观评级					综合评级
		粉化	开裂	起泡	生锈	剥落	
湿热海洋大气环境	0	0	0（S0）	0（S0）	0（S0）	0（S0）	0
	6	0	0（S0）	0（S0）	0（S0）	0（S0）	0
	12	0	0（S0）	0（S0）	0（S0）	0（S0）	0
	24	0	0（S0）	0（S0）	0（S0）	0（S0）	0
	36	0	0（S0）	0（S0）	0（S0）	0（S0）	0
亚湿热工业大气环境	0	0	0（S0）	0（S0）	0（S0）	0（S0）	0
	6	0	0（S0）	0（S0）	0（S0）	0（S0）	0
	12	0	0（S0）	0（S0）	0（S0）	0（S0）	0
	24	0	0（S0）	0（S0）	0（S0）	0（S0）	0
	36	0	0（S0）	0（S0）	0（S0）	0（S0）	0
干热沙漠大气环境	0	0	0（S0）	0（S0）	0（S0）	0（S0）	0
	6	0	0（S0）	0（S0）	0（S0）	0（S0）	0
	12	0	0（S0）	0（S0）	0（S0）	0（S0）	0
	24	0	0（S0）	0（S0）	0（S0）	0（S0）	0
	36	0	0（S0）	0（S0）	0（S0）	0（S0）	0

续表

环境类型	试验时间/月	外观评级					综合评级
		粉化	开裂	起泡	生锈	剥落	
寒冷乡村大气环境	0	0	0（S0）	0（S0）	0（S0）	0（S0）	0
	6	0	0（S0）	0（S0）	0（S0）	0（S0）	0
	12	0	0（S0）	0（S0）	0（S0）	0（S0）	0
	24	0	0（S0）	0（S0）	0（S0）	0（S0）	0
	36	0	0（S0）	0（S0）	0（S0）	0（S0）	0

（2）性能测试结果（见表3-22）

表3-22 5A06+TH13-81+TS13-62防护涂层自然环境试验性能测试结果

环境类型	试验时间/月	色差	拉开强度/MPa	低频阻抗模值/$\Omega \cdot cm^2$
湿热海洋大气环境	0	0	1	9.49×10^9
	6	0.29	1	7.63×10^9
	12	0.38	2	7.49×10^9
	24	0.23	2	9.68×10^9
	36	0.56	2	9.30×10^9
亚湿热工业大气环境	0	0	2	9.49×10^9
	6	0.27	2	1.86×10^{10}
	12	0.37	2	1.59×10^{10}
	24	0.39	2	1.98×10^{10}
	36	0.45	2	1.47×10^{10}
干热沙漠大气环境	0	0	3	9.49×10^9
	6	0.26	2	4.47×10^{10}
	12	0.29	2	1.65×10^{10}
	24	0.32	3	1.12×10^{10}
	36	0.33	2	1.01×10^{10}
寒冷乡村大气环境	0	0	3	9.49×10^9
	6	0.25	2	5.09×10^{10}
	12	0.17	2	2.25×10^{10}
	24	0.18	2	2.22×10^{10}
	36	0.27	2	2.07×10^{10}

2．实验室环境试验结果

（1）外观评级结果（见表 3-23）

表 3-23 5A06+TH13-81+TS13-62 防护涂层实验室环境试验外观评级结果

试验项目	试验时间	外观评级					综合评级
		粉化	开裂	起泡	生锈	剥落	
高温	0	0	0（S0）	0（S0）	0（S0）	0（S0）	0
	240h	0	0（S0）	0（S0）	0（S0）	0（S0）	0
	480h	0	0（S0）	0（S0）	0（S0）	0（S0）	0
	560h	0	0（S0）	0（S0）	0（S0）	0（S0）	0
湿热	0	0	0（S0）	0（S0）	0（S0）	0（S0）	0
	240h	0	0（S0）	0（S0）	0（S0）	0（S0）	0
	480h	0	0（S0）	0（S0）	0（S0）	0（S0）	0
	560h	0	0（S0）	0（S0）	0（S0）	0（S0）	0
	720h	0	0（S0）	0（S0）	0（S0）	0（S0）	0
中性盐雾	0	0	0（S0）	0（S0）	0（S0）	0（S0）	0
	25d	0	0（S0）	0（S0）	0（S0）	0（S0）	0
	50d	0	0（S0）	0（S0）	0（S0）	0（S0）	0
中性盐雾+湿热循环	0	0	0（S0）	0（S0）	0（S0）	0（S0）	0
	10d	0	0（S0）	0（S0）	0（S0）	0（S0）	0
	30d	0	0（S0）	0（S0）	0（S0）	0（S0）	0
	38d	0	0（S0）	0（S0）	0（S0）	0（S0）	0

（2）性能测试结果（见表 3-24）

表 3-24 5A06+TH13-81+TS13-62 防护涂层实验室环境试验性能测试结果

试验项目	试验时间	色差	附着力等级	低频阻抗模值/$\Omega \cdot cm^2$
高温	0	0	1	7.56×10^8
	240h	0.61		2.81×10^9
	480h	0.60		1.66×10^9
	560h	1.63	3	3.81×10^9
湿热	0	0	1	7.69×10^{10}
	240h	0.19		8.37×10^{10}
	480h	0.36		2.11×10^{11}
	560h	0.91		9.41×10^{10}
	720h	0.99	2	2.24×10^{11}

续表

试验项目	试验时间	色差	附着力等级	低频阻抗模值/Ω·cm²
中性盐雾	0	0	1	9.49×10^9
	25d	0.64		1.58×10^{10}
	50d	1.48	2	3.64×10^7
中性盐雾+湿热循环	0	0	1	9.49×10^9
	10d	0.10		1.94×10^{10}
	30d	0.13		1.33×10^{10}
	38d	0.22	1	1.78×10^9

3.1.4　5A06+TH13-81+TS13-62+TS96-11 防护涂层

3.1.4.1　试验样件信息

5A06+TH13-81+TS13-62+TS96-11 防护涂层试验样件信息见表 3-25。

表 3-25　5A06+TH13-81+TS13-62+TS96-11 防护涂层试验样件信息

序号	基材	底漆	中间漆	面漆	干膜厚度/μm	涂层颜色
1-4	5A06 铝镁合金	TH13-81 水性环氧漆	TS13-62 水性丙烯酸聚氨酯半光漆	TS96-11 氟聚氨酯清漆	100～150	海灰

5A06+TH13-81+TS13-62+TS96-11 防护涂层采用底漆+中间漆+面漆三层体系，底漆为 TH13-81 锌黄丙烯酸聚氨酯底漆，中间漆为 TS13-62 水性丙烯酸聚氨酯半光漆（海灰），面漆为 TS96-11 氟聚氨酯清漆，涂层总厚度为 100～150μm。

3.1.4.2　试验条件

5A06+TH13-81+TS13-62+TS96-11 防护涂层自然环境试验条件见表 3-26，实验室环境试验条件见表 3-27。

表 3-26　5A06+TH13-81+TS13-62+TS96-11 防护涂层自然环境试验条件

环境类型	试验地点	试验方式
湿热海洋大气环境	西沙	户外暴露
亚湿热工业大气环境	江津	户外暴露
干热沙漠大气环境	敦煌	户外暴露
寒冷乡村大气环境	漠河	户外暴露

表 3-27　5A06+TH13-81+TS13-62+TS96-11 防护涂层实验室环境试验条件

试验项目	试验条件
高温	温度：70℃。 升温速率：≤10℃/min
湿热	温度：47℃±1℃。 湿度：96%±2%
紫外光老化	灯源：UVA 340nm。 辐照度：0.98W/m^2@340nm。 黑板温度：65℃±3℃。 试验方式：连续光照
氙灯光老化	灯源：UVA 300～400nm。 辐照度：0.53W/m^2@300～400nm。 BST（黑标温度）：65℃±2℃。 相对湿度：50%±5%。 试验循环：光照 108min，润湿 18min，为 1 个循环
温冲	低温状态：-55℃，保持 30min。 高温状态：70℃，保持 30min。 温度变化速率：≤1min
酸性大气	试验温度：35℃。 pH 值：4.02。 沉降率：1.0～3.0mL/(80cm^2·h)。 试验循环：喷雾 2h，贮存 7h，为 1 个循环
紫外/冷凝+盐雾/干燥循环	紫外/冷凝试验： 　灯源：UVA 340nm。 　光照阶段黑板温度：60℃±3℃。 　辐照度：0.89W/m^2@340nm，光照 8h。 　冷凝阶段黑板温度：50℃±3℃，冷凝 4h。 　试验时长：12h 为 1 个周期，循环 6 个周期后进入盐雾/干燥试验。 盐雾/干燥试验： 　喷雾阶段温度：35℃±2℃。 　盐溶液浓度：5%±1%。 　pH 值：6.5～7.2。 　沉降量：1.0～3.0mL/(80cm^2·h)，喷雾 12h。 　干燥阶段温度：50℃±2℃，干燥 12h。 　升温、降温速率：3℃/min。 　试验时长：24h 为 1 个周期，循环 3 个周期。 试验循环：紫外/冷凝试验 72h+盐雾/干燥试验 72h，为 1 个循环
温冲+氙灯循环	温冲试验： 　低温状态：-55℃，保持 0.5h。 　高温状态：70℃，保持 0.5h。 　温度变化速率：≤1min。 　试验时长：1h 为 1 个周期，循环 10 个周期进入氙灯试验。

续表

试验项目	试验条件
温冲+氙灯循环	氙灯试验： 灯源：UVA 300～400nm。 辐照度：0.53W/m²@300～400nm。 BST（黑标温度）：65℃±2℃。 相对湿度：50%±5%。 试验时间：光照108min，润湿18min，共80h。 试验循环：温冲试验10h+氙灯试验80h，为1个循环

3.1.4.3 测试项目及参照标准

5A06+TH13-81+TS13-62+TS96-11防护涂层测试项目及参照标准见表3-28。

表3-28 5A06+TH13-81+TS13-62+TS96-11防护涂层测试项目及参照标准

测试项目	参照标准
外观评级	GB/T 1766—2008《色漆和清漆 涂层老化的评级方法》
光泽度	GB/T 9754—2007《色漆和清漆 不含金属颜料的色漆漆膜的20°、60°和85°镜面光泽的测定》
色差	GB/T 11186.2—1989《涂膜颜色的测量方法 第2部分：颜色测量》
附着力	GB/T 9286—2021《色漆和清漆 划格试验》
	GB/T 5210—2006《色漆和清漆 拉开法附着力试验》
电化学交流阻抗	ISO 16773-2: 2016 *Electrochemical impedance spectroscopy (EIS) on coated and uncoated metallic specimens-Part 2: Collection of data*

3.1.4.4 环境适应性数据

1. 自然环境试验结果

（1）外观评级结果（见表3-29）

表3-29 5A06+TH13-81+TS13-62+TS96-11防护涂层自然环境试验外观评级结果

环境类型	试验时间/月	外观评级					综合评级
		粉化	开裂	起泡	生锈	剥落	
湿热海洋大气环境	0	0	0（S0）	0（S0）	0（S0）	0（S0）	0
	6	0	0（S0）	0（S0）	0（S0）	0（S0）	0
	12	0	0（S0）	0（S0）	0（S0）	0（S0）	0
	24	1	0（S0）	0（S0）	0（S0）	0（S0）	1
	36	3	0（S0）	0（S0）	0（S0）	0（S0）	3

续表

环境类型	试验时间/月	外观评级					综合评级
		粉化	开裂	起泡	生锈	剥落	
亚湿热工业大气环境	0	0	0（S0）	0（S0）	0（S0）	0（S0）	0
	6	0	0（S0）	0（S0）	0（S0）	0（S0）	0
	12	0	0（S0）	0（S0）	0（S0）	0（S0）	0
	24	0	0（S0）	0（S0）	0（S0）	0（S0）	0
	36	0	0（S0）	0（S0）	0（S0）	0（S0）	0
干热沙漠大气环境	0	0	0（S0）	0（S0）	0（S0）	0（S0）	0
	6	0	0（S0）	0（S0）	0（S0）	0（S0）	0
	12	0	0（S0）	0（S0）	0（S0）	0（S0）	0
	24	1	0（S0）	0（S0）	0（S0）	0（S0）	1
	36	2	0（S0）	0（S0）	0（S0）	0（S0）	2
寒冷乡村大气环境	0	0	0（S0）	0（S0）	0（S0）	0（S0）	0
	6	0	0（S0）	0（S0）	0（S0）	0（S0）	0
	12	0	0（S0）	0（S0）	0（S0）	0（S0）	0
	24	0	0（S0）	0（S0）	0（S0）	0（S0）	0
	36	0	0（S0）	0（S0）	0（S0）	0（S0）	0

（2）性能测试结果（见表3-30）

表3-30 5A06+TH13-81+TS13-62+TS96-11 防护涂层自然环境试验性能测试结果

环境类型	试验时间/月	失光率/%	色差	附着力等级	低频阻抗模值/$\Omega \cdot cm^2$
湿热海洋大气环境	0	0	0	1	3.55×10^{10}
	6	54.4	2.94	1	1.52×10^{10}
	12	67.3	2.52	1	1.66×10^{10}
	24	83.9	2.69	1	4.48×10^{10}
	36	93.7	6.76	1	1.08×10^{10}
亚湿热工业大气环境	0	0	0	1	3.55×10^{10}
	6	13.95	2.47	1	1.90×10^{10}
	12	41.22	2.77	1	2.28×10^{10}
	24	73.07	2.79	2	3.79×10^{10}
	36	90.21	2.39	0	1.76×10^{10}

续表

环境类型	试验时间/月	失光率/%	色差	附着力等级	低频阻抗模值/$\Omega \cdot cm^2$
干热沙漠大气环境	0	0	0	1	3.55×10^{10}
	6	44.53	0.90	1	3.66×10^9
	12	46.32	3.32	1	5.70×10^9
	24	60.97	3.12	1	1.45×10^{10}
	36	71.77	2.92	2	9.56×10^9
寒冷乡村大气环境	0	0	0	1	3.55×10^{10}
	6	15.73	3.85	1	3.06×10^{10}
	12	12.93	3.24	1	1.37×10^{10}
	24	23.9	3.18	1	1.88×10^{10}
	36	43.2	2.80	2	3.70×10^{10}

2．实验室环境试验结果

（1）外观评级结果（见表3-31）

表3-31　5A06+TH13-81+TS13-62+TS96-11 防护涂层实验室环境试验外观评级结果

试验项目	试验时间	外观评级					综合评级
		粉化	开裂	起泡	生锈	剥落	
高温	0	0	0（S0）	0（S0）	0（S0）	0（S0）	0
	240h	0	0（S0）	0（S0）	0（S0）	0（S0）	0
	480h	0	0（S0）	0（S0）	0（S0）	0（S0）	0
	560h	0	0（S0）	0（S0）	0（S0）	0（S0）	0
湿热	0	0	0（S0）	0（S0）	0（S0）	0（S0）	0
	240h	0	0（S0）	0（S0）	0（S0）	0（S0）	0
	480h	0	0（S0）	0（S0）	0（S0）	0（S0）	0
	560h	0	0（S0）	0（S0）	0（S0）	0（S0）	0
	720h	0	0（S0）	0（S0）	0（S0）	0（S0）	0
紫外光老化	0	0	0（S0）	0（S0）	0（S0）	0（S0）	0
	12d	0	0（S0）	0（S0）	0（S0）	0（S0）	0
	24d	0	0（S0）	0（S0）	0（S0）	0（S0）	0
	30d	0	0（S0）	0（S0）	0（S0）	0（S0）	0
	42d	0	0（S0）	0（S0）	0（S0）	0（S0）	0

续表

试验项目	试验时间	外观评级					综合评级
		粉化	开裂	起泡	生锈	剥落	
氙灯光老化	0	0	0（S0）	0（S0）	0（S0）	0（S0）	0
	10d	0	0（S0）	0（S0）	0（S0）	0（S0）	0
	20d	0	0（S0）	0（S0）	0（S0）	0（S0）	0
	30d	0	0（S0）	0（S0）	0（S0）	0（S0）	0
	35d	0	0（S0）	0（S0）	0（S0）	0（S0）	0
温冲	0	0	0（S0）	0（S0）	0（S0）	0（S0）	0
	35个循环	0	0（S0）	0（S0）	0（S0）	0（S0）	0
	70个循环	0	0（S0）	0（S0）	0（S0）	0（S0）	0
酸性大气	0	0	0（S0）	0（S0）	0（S0）	0（S0）	0
	14d	0	0（S0）	0（S0）	0（S0）	0（S0）	0
	35d	0	0（S0）	0（S0）	0（S0）	0（S0）	0
紫外/冷凝+盐雾/干燥循环	0	0	0（S0）	0（S0）	0（S0）	0（S0）	0
	12d	0	0（S0）	0（S0）	0（S0）	0（S0）	0
	24d	0	0（S0）	0（S0）	0（S0）	0（S0）	0
	36d	0	0（S0）	0（S0）	0（S0）	0（S0）	0
	42d	0	0（S0）	0（S0）	0（S0）	0（S0）	0
温冲+氙灯循环	0	0	0（S0）	0（S0）	0（S0）	0（S0）	0
	180h	0	0（S0）	0（S0）	0（S0）	0（S0）	0
	360h	0	0（S0）	0（S0）	0（S0）	0（S0）	0
	450h	0	0（S0）	0（S0）	0（S0）	0（S0）	0
	540h	0	0（S0）	0（S0）	0（S0）	0（S0）	0
	630h	0	0（S0）	0（S0）	0（S0）	0（S0）	0

（2）性能测试结果（见表 3-32）

表 3-32　5A06+TH13-81+TS13-62+TS96-11 防护涂层实验室环境试验性能测试结果

试验项目	试验时间	失光率/%	色差	附着力等级	低频阻抗模值/$\Omega \cdot cm^2$
高温	0	0	0	1	2.83×10^9
	240h	11.90	1.02		4.93×10^9
	480h	14.57	1.56		4.04×10^9
	560h	12.64	1.63	1	6.55×10^9

续表

试验项目	试验时间	失光率/%	色差	附着力等级	低频阻抗模值/$\Omega\cdot cm^2$
湿热	0	0	0	1	3.55×10^{10}
	240h	5.85	0.33		2.54×10^{10}
	480h	13.64	0.32		3.88×10^{10}
	560h	13.26	0.30		2.33×10^{10}
	720h	15.43	0.26	2	2.82×10^{10}
紫外光老化	0	0	0	1	3.55×10^{10}
	12d	12.78	0.42		4.32×10^{10}
	24d	16.28	0.59		2.42×10^{10}
	30d	27.65	0.86		2.89×10^{10}
	42d	33.62	1.35	1	2.78×10^{10}
氙灯光老化	0	0	0	1	3.55×10^{10}
	10d	3.89	0.37		3.81×10^{10}
	20d		0.65		4.85×10^{10}
	30d	3.24	0.74		6.72×10^{10}
	35d	5.80	0.68	1	7.21×10^{10}
温冲	0	0	0	1	6.17×10^{10}
	35个循环	5.30	0.26		2.52×10^{10}
	70个循环	8.47	0.27	1	2.51×10^{10}
酸性大气	0	0	0	1	3.55×10^{10}
	14d	3.3	0.38		1.67×10^{10}
	35d	6.7	0.29	1	2.53×10^{10}
紫外/冷凝+盐雾/干燥循环	0	0	0	1	2.10×10^{10}
	12d	6.41	1.49		2.29×10^{10}
	24d	2.29	1.11		2.15×10^{10}
	36d	1.18	1.10		3.21×10^{10}
	42d	2.57	1.06	1	2.27×10^{10}
温冲+氙灯循环	0	0	0	1	3.55×10^{10}
	180h	64.84	2.68		5.85×10^{9}
	360h	74.43	2.70		2.46×10^{10}
	450h	72.80	2.78		1.84×10^{10}
	540h	68.06	6.61		3.10×10^{9}
	630h	64.12	6.80	1	1.23×10^{9}

3.1.5 5A06+H06-2+S04-60 防护涂层

3.1.5.1 试验样件信息

5A06+H06-2+S04-60 防护涂层试验样件信息见表 3-33。

表 3-33 5A06+H06-2+S04-60 防护涂层试验样件信息

序号	基材	底漆	面漆	干膜厚度/μm
1-5	5A06 铝镁合金	H06-2 环氧锌黄底漆	S04-60 丙烯酸聚氨酯磁漆	100~140

5A06+H06-2+S04-60 防护涂层采用底漆+面漆双层体系,底漆为 H06-2,面漆为 S04-60,涂层总厚度为 100~140μm。

3.1.5.2 试验条件

5A06+H06-2+S04-60 防护涂层自然环境试验条件见表 3-34,实验室环境试验条件见表 3-35。

表 3-34 5A06+H06-2+S04-60 防护涂层自然环境试验条件

环境类型	试验地点	试验方式
湿热海洋大气环境	西沙	户外暴露
亚湿热工业大气环境	江津	户外暴露
干热沙漠大气环境	敦煌	户外暴露
寒冷乡村大气环境	漠河	户外暴露

表 3-35 5A06+H06-2+S04-60 防护涂层实验室环境试验条件

试验项目	试验条件
高温	温度:70℃。 升温速率:≤10℃/min
湿热	温度:47℃±1℃。 湿度:96%±2%
紫外光老化	灯源:UVA 340nm。 辐照度:0.98W/m²@340nm。 黑板温度:65℃±3℃。 试验方式:连续光照
氙灯光老化	灯源:UVA 300~400nm。 辐照度:0.53W/m²@300~400nm。 BST(黑标温度):65℃±2℃。

续表

试验项目	试验条件
氙灯光老化	相对湿度：50%±5%。 试验循环：光照 108min，润湿 18min，为 1 个循环
温冲	低温状态：−55℃，保持 30min。 高温状态：70℃，保持 30min。 温度变化速率：≤1min
酸性大气	试验温度：35℃。 pH 值：4.02。 沉降率：1.0～3.0mL/(80cm^2·h)。 试验循环：喷雾 2h，贮存 7h，为 1 个循环
紫外/冷凝+盐雾/干燥循环	紫外/冷凝试验： 　灯源：UVA 340nm。 　光照阶段黑板温度：60℃±3℃。 　辐照度：0.89W/m^2@340nm，光照 8h。 　冷凝阶段黑板温度：50℃±3℃，冷凝 4h。 　试验时长：12h 为 1 个周期，循环 6 个周期后进入盐雾/干燥试验。 盐雾/干燥试验： 　喷雾阶段温度：35℃±2℃。 　盐溶液浓度：5%±1%。 　pH 值：6.5～7.2。 　沉降量：1.0～3.0mL/(80cm^2·h)，喷雾 12h。 　干燥阶段温度：50℃±2℃，干燥 12h。 　升温、降温速率：3℃/min。 　试验时长：24h 为 1 个周期，循环 3 个周期。 试验循环：紫外/冷凝试验 72h+盐雾/干燥试验 72h，为 1 个循环
盐雾+SO$_2$循环	盐雾试验： 　温度：35℃±2℃。 　NaCl 溶液浓度：50g/L±10g/L。 　盐雾沉降率：1.0～2.0mL/(80cm^2·h)。 　试验时长：0.5h，进入 SO$_2$ 试验。 SO$_2$试验： 　SO$_2$ 流速：35cm^3/min·m^3。 　收集液 pH 值：2.5～3.2。 　试验时长：0.5h。 试验循环：盐雾试验 0.5h+SO$_2$ 试验 0.5h+静置 2h，为 1 个循环
温冲+氙灯循环	温冲试验： 　低温状态：−55℃，保持 0.5h。 　高温状态：70℃，保持 0.5h。 　温度变化速率：≤1min。 　试验时长：1h 为 1 个周期，循环 10 个周期进入氙灯试验。 氙灯试验： 　灯源：UVA 300～400nm。

续表

试验项目	试验条件
温冲+氙灯循环	辐照度：0.53W/m^2@300～400nm。 BST（黑标温度）：65℃±2℃。 相对湿度：50%±5%。 试验时长：光照108min，润湿18min，共80h。 试验循环：温冲试验10h+氙灯试验80h，为1个循环

3.1.5.3 测试项目及参照标准

5A06+H06-2+S04-60 防护涂层测试项目及参照标准见表3-36。

表3-36　5A06+H06-2+S04-60 防护涂层测试项目及参照标准

测试项目	参照标准
外观评级	GB/T 1766—2008《色漆和清漆 涂层老化的评级方法》
光泽度	GB/T 9754—2007《色漆和清漆 不含金属颜料的色漆漆膜的20°、60°和85°镜面光泽的测定》
色差	GB/T 11186.2—1989《涂膜颜色的测量方法 第2部分：颜色测量》
附着力	GB/T 9286—2021《色漆和清漆 划格试验》 GB/T 5210—2006《色漆和清漆 拉开法附着力试验》
电化学交流阻抗	ISO 16773-2: 2016 Electrochemical impedance spectroscopy (EIS) on coated and uncoated metallic specimens-Part 2: Collection of data

3.1.5.4 环境适应性数据

1. 自然环境试验结果

（1）外观评级结果（见表3-37）

表3-37　5A06+H06-2+S04-60 防护涂层自然环境试验外观评级结果

环境类型	试验时间/月	外观评级					综合评级
		粉化	开裂	起泡	生锈	剥落	
湿热海洋大气环境	0	0	0（S0）	0（S0）	0（S0）	0（S0）	0
	6	1	0（S0）	0（S0）	0（S0）	0（S0）	1
	12	1	0（S0）	0（S0）	0（S0）	0（S0）	1
	24	2	0（S0）	0（S0）	0（S0）	0（S0）	2
	36	3	0（S0）	0（S0）	0（S0）	0（S0）	3

续表

环境类型	试验时间/月	外观评级					综合评级
		粉化	开裂	起泡	生锈	剥落	
亚湿热工业大气环境	0	0	0（S0）	0（S0）	0（S0）	0（S0）	0
	6	0	0（S0）	0（S0）	0（S0）	0（S0）	0
	12	0	0（S0）	0（S0）	0（S0）	0（S0）	0
	24	0	0（S0）	0（S0）	0（S0）	0（S0）	0
	36	1	0（S0）	0（S0）	0（S0）	0（S0）	1
干热沙漠大气环境	0	0	0（S0）	0（S0）	0（S0）	0（S0）	0
	6	0	0（S0）	0（S0）	0（S0）	0（S0）	0
	12	3	0（S0）	0（S0）	0（S0）	0（S0）	3
	24	3	0（S0）	0（S0）	0（S0）	0（S0）	3
	36	3	0（S0）	0（S0）	0（S0）	0（S0）	3
寒冷乡村大气环境	0	0	0（S0）	0（S0）	0（S0）	0（S0）	0
	6	0	0（S0）	0（S0）	0（S0）	0（S0）	0
	12	0	0（S0）	0（S0）	0（S0）	0（S0）	0
	24	0	0（S0）	0（S0）	0（S0）	0（S0）	0
	36	0	0（S0）	0（S0）	0（S0）	0（S0）	0

（2）性能测试结果（见表3-38）

表3-38 5A06+H06-2+S04-60防护涂层自然环境试验性能测试结果

环境类型	试验时间/月	色差	附着力等级	低频阻抗模值/$\Omega \cdot cm^2$
湿热海洋大气环境	0	0	0	1.98×10^{11}
	6	0.22	0	2.73×10^{10}
	12	0.98	1	2.24×10^{10}
	24	1.77	1	1.49×10^{9}
	36	1.89	1	3.05×10^{10}
亚湿热工业大气环境	0	0	0	1.98×10^{11}
	6	0.39	0	3.39×10^{8}
	12	0.67	1	3.20×10^{10}
	24	0.70	1	1.86×10^{11}
	36	1.00	1	4.83×10^{8}

续表

环境类型	试验时间/月	色差	附着力等级	低频阻抗模值/$\Omega \cdot cm^2$
干热沙漠大气环境	0	0	0	1.98×10^{11}
	6	0.36	0	5.82×10^{10}
	12	0.61	1	3.30×10^{10}
	24	0.69	1	1.07×10^{10}
	36	0.79	1	2.29×10^{10}
寒冷乡村大气环境	0	0	0	1.98×10^{11}
	6	0.73	1	2.13×10^{11}
	12	0.44	1	3.65×10^{10}
	24	0.41	1	6.57×10^{10}
	36	0.50	1	3.90×10^{10}

2. 实验室环境试验结果

（1）外观评级结果（见表3-39）

表3-39 5A06+H06-2+S04-60防护涂层实验室环境试验外观评级结果

试验项目	试验时间	外观评级					综合评级
		粉化	开裂	起泡	生锈	剥落	
高温	0	0	0（S0）	0（S0）	0（S0）	0（S0）	0
	240h	0	0（S0）	0（S0）	0（S0）	0（S0）	0
	480h	0	0（S0）	0（S0）	0（S0）	0（S0）	0
	560h	0	0（S0）	0（S0）	0（S0）	0（S0）	0
湿热	0	0	0（S0）	0（S0）	0（S0）	0（S0）	0
	240h	0	0（S0）	0（S0）	0（S0）	0（S0）	0
	480h	0	0（S0）	0（S0）	0（S0）	0（S0）	0
	560h	0	0（S0）	0（S0）	0（S0）	0（S0）	0
	720h	0	0（S0）	0（S0）	0（S0）	0（S0）	0
紫外光老化	0	0	0（S0）	0（S0）	0（S0）	0（S0）	0
	12d	0	0（S0）	0（S0）	0（S0）	0（S0）	0
	24d	0	0（S0）	0（S0）	0（S0）	0（S0）	0
	36d	0	0（S0）	0（S0）	0（S0）	0（S0）	0
	42d	0	0（S0）	0（S0）	0（S0）	0（S0）	0

续表

试验项目	试验时间	外观评级					综合评级
		粉化	开裂	起泡	生锈	剥落	
氙灯光老化	0	0	0（S0）	0（S0）	0（S0）	0（S0）	0
	10d	0	0（S0）	0（S0）	0（S0）	0（S0）	0
	20d	0	0（S0）	0（S0）	0（S0）	0（S0）	0
	30d	0	0（S0）	0（S0）	0（S0）	0（S0）	0
	35d	0	0（S0）	0（S0）	0（S0）	0（S0）	0
温冲	0	0	0（S0）	0（S0）	0（S0）	0（S0）	0
	35 个循环	0	0（S0）	0（S0）	0（S0）	0（S0）	0
	70 个循环	0	0（S0）	0（S0）	0（S0）	0（S0）	0
酸性大气	0	0	0（S0）	0（S0）	0（S0）	0（S0）	0
	14d	0	0（S0）	0（S0）	0（S0）	0（S0）	0
	35d	0	0（S0）	0（S0）	0（S0）	0（S0）	0
紫外/冷凝+盐雾/干燥循环	0	0	0（S0）	0（S0）	0（S0）	0（S0）	0
	12d	0	0（S0）	0（S0）	0（S0）	0（S0）	0
	24d	0	0（S0）	0（S0）	0（S0）	0（S0）	0
	36d	0	0（S0）	0（S0）	0（S0）	0（S0）	0
	42d	0	0（S0）	0（S0）	0（S0）	0（S0）	0
盐雾+SO$_2$循环	0	0	0（S0）	0（S0）	0（S0）	0（S0）	0
	192h	0	0（S0）	4（S4）	0（S0）	0（S0）	4
	384h	0	0（S0）	4（S5）	0（S0）	0（S0）	4
温冲+氙灯循环	0	0	0（S0）	0（S0）	0（S0）	0（S0）	0
	180h	0	0（S0）	0（S0）	0（S0）	0（S0）	0
	360h	0	0（S0）	0（S0）	0（S0）	0（S0）	0
	540h	0	0（S0）	0（S0）	0（S0）	0（S0）	0
	630h	0	0（S0）	0（S0）	0（S0）	0（S0）	0

（2）性能测试结果（见表 3-40）

表 3-40　5A06+H06-2+S04-60 防护涂层实验室环境试验性能测试结果

试验项目	试验时间	色差	附着力等级	低频阻抗模值/$\Omega \cdot cm^2$
高温	0	0	0	1.98×10^{11}
	240h	0.66		4.26×10^9

续表

试验项目	试验时间	色差	附着力等级	低频阻抗模值/$\Omega\cdot cm^2$
高温	400h	0.88		8.46×10^8
	480h	1.16		1.15×10^{10}
	560h	0.46	1	2.89×10^9
湿热	0	0	0	1.98×10^{11}
	240h	0.59		8.25×10^{10}
	480h	0.96		4.99×10^{10}
	560h	0.61		8.48×10^{10}
	720h	0.24	1	5.38×10^{10}
紫外光老化	0	0	0	1.98×10^{11}
	12d	0.18		1.28×10^{11}
	24d	0.22		2.45×10^{11}
	36d	0.73		1.28×10^{11}
	42d	0.98	1	7.31×10^9
氙灯光老化	0	0	0	1.98×10^{11}
	10d	0.34		1.94×10^{11}
	20d	0.28		8.86×10^{10}
	30d	0.52		1.53×10^{10}
	35d	1.39	1	1.75×10^{11}
温冲	0	0	0	1.98×10^{11}
	35 个循环	0.73	1	3.60×10^{10}
	70 个循环	0.69	1	1.18×10^{11}
酸性大气	0	0	0	1.98×10^{11}
	14d	0.58		3.73×10^{10}
	35d	0.76	1	8.72×10^{10}
紫外/冷凝+盐雾/干燥循环	0	0	0	1.98×10^{11}
	12d	0.42		9.01×10^{10}
	24d	0.53		2.28×10^9
	36d	0.66		4.64×10^9
	42d	0.88	1	1.36×10^9
盐雾+SO_2循环	0	0	0	1.08×10^{11}
	192h	0.57		
	384h	0.32	2	2.13×10^7

续表

试验项目	试验时间	色差	附着力等级	低频阻抗模值/$\Omega \cdot cm^2$
温冲+氙灯循环	0	0	0	1.98×10^{11}
	180h	4.48		9.76×10^{8}
	360h	4.29		8.05×10^{10}
	540h	4.16		2.15×10^{8}
	630h	3.96	1	3.03×10^{9}

3.1.6　5A06+彩色导电氧化+TH06-81+TS96-71防护涂层

3.1.6.1　试验样件信息

5A06+彩色导电氧化+TH06-81+TS96-71防护涂层试验样件信息见表3-41。

表3-41　5A06+彩色导电氧化+TH06-81+TS96-71防护涂层试验样件信息

序号	基材	底漆	面漆	干膜厚度/μm
1-6	5A06铝镁合金	TH06-81无铬高固体环氧底漆	TS96-71氟聚氨酯面漆	220~260

5A06+彩色导电氧化+TH06-81+TS96-71防护涂层采用底漆+面漆双层体系，底漆为TH06-81，面漆为TS96-71，涂层总厚度为220~260μm。

3.1.6.2　试验条件

5A06+彩色导电氧化+TH06-81+TS96-71防护涂层自然环境试验条件见表3-42，实验室环境试验条件见表3-43。

表3-42　5A06+彩色导电氧化+TH06-81+TS96-71防护涂层自然环境试验条件

环境类型	试验地点	试验方式
湿热海洋大气环境	西沙	户外暴露
亚湿热工业大气环境	江津	户外暴露
干热沙漠大气环境	敦煌	户外暴露
寒冷乡村大气环境	漠河	户外暴露

表3-43　5A06+彩色导电氧化+TH06-81+TS96-71防护涂层实验室环境试验条件

试验项目	试验条件
高温	温度：70℃。 升温速率：≤10℃/min

续表

试验项目	试验条件
湿热	温度：47℃±1℃。 湿度：96%±2%
紫外光老化	灯源：UVA 340nm。 辐照度：0.98W/m^2@340nm。 黑板温度：65℃±3℃。 试验方式：连续光照
氙灯光老化	灯源：UVA 300～400nm。 辐照度：0.53W/m^2@300～400nm。 BST（黑标温度）：65℃±2℃。 相对湿度：50%±5%。 试验循环：光照 108min，润湿 18min，为 1 个循环
温冲	低温状态：−55℃，保持 30min。 高温状态：70℃，保持 30min。 温度变化速率：≤1min
酸性大气	试验温度：35℃。 pH 值：4.02。 沉降率：1.0～3.0mL/(80cm^2·h)。 试验循环：喷雾 2h，贮存 7h，为 1 个循环
紫外/冷凝+盐雾/干燥循环	紫外/冷凝试验： 　灯源：UVA 340nm。 　光照阶段黑板温度：60℃±3℃。 　辐照度：0.89W/m^2@340nm，光照 8h。 　冷凝阶段黑板温度：50℃±3℃，冷凝 4h。 　试验时长：12h 为 1 个周期，循环 6 个周期后进入盐雾/干燥试验。 盐雾/干燥试验： 　喷雾阶段温度：35℃±2℃。 　盐溶液浓度：5%±1%。 　pH 值：6.5～7.2。 　沉降量：1.0～3.0mL/(80cm^2·h)，喷雾 12h。 　干燥阶段温度：50℃±2℃，干燥 12h。 　升温、降温速率：3℃/min。 　试验时长：24h 为 1 个周期，循环 3 个周期。 试验循环：紫外/冷凝试验 72h+盐雾/干燥试验 72h，为 1 个循环
盐雾+SO$_2$ 循环	盐雾试验： 　温度：35℃±2℃。 　NaCl 溶液浓度：50g/L±10g/L。 　盐雾沉降率：1.0～2.0mL/(80cm^2·h)。 　试验时长：0.5h，进入 SO$_2$ 试验。 SO$_2$ 试验：

续表

试验项目	试验条件
盐雾+SO₂循环	SO_2流速：35cm³/min·m³。 收集液pH值：2.5～3.2。 试验时长：0.5h。 试验循环：盐雾试验0.5h+SO_2试验0.5h+静置2h，为1个循环
温冲+氙灯循环	温冲试验： 低温状态：-55℃，保持0.5h。 高温状态：70℃，保持0.5h。 温度变化速率：≤1min。 试验时长：1h为1个周期，循环10个周期进入氙灯试验。 氙灯试验： 灯源：UVA 300～400nm。 辐照度：0.53W/m²@300～400nm。 BST（黑标温度）：65℃±2℃。 相对湿度：50%±5%。 试验时长：光照108min，润湿18min，共80h。 试验循环：温冲试验10h+氙灯试验80h，为1个循环

3.1.6.3 测试项目及参照标准

5A06+彩色导电氧化+TH06-81+TS96-71防护涂层测试项目及参照标准见表3-44。

表3-44 5A06+彩色导电氧化+TH06-81+TS96-71防护涂层测试项目及参照标准

测试项目	参照标准
外观评级	GB/T 1766—2008《色漆和清漆 涂层老化的评级方法》
光泽度	GB/T 9754—2007《色漆和清漆 不含金属颜料的色漆漆膜的20°、60°和85°镜面光泽的测定》
色差	GB/T 11186.2—1989《涂膜颜色的测量方法 第2部分：颜色测量》
附着力	GB/T 9286—2021《色漆和清漆 划格试验》 GB/T 5210—2006《色漆和清漆 拉开法附着力试验》
电化学交流阻抗	ISO 16773-2: 2016 Electrochemical impedance spectroscopy (EIS) on coated and uncoated metallic specimens-Part 2: Collection of data

3.1.6.4 环境适应性数据

1. 自然环境试验结果

（1）外观评级结果（见表3-45）

表 3-45　5A06+彩色导电氧化+TH06-81+TS96-71 防护涂层自然环境试验外观评级结果

环境类型	试验时间/月	色差	外观评级					综合评级
			粉化	开裂	起泡	生锈	剥落	
湿热海洋大气环境	0	0	0	0（S0）	0（S0）	0（S0）	0（S0）	0
	6	2.75	1	0（S0）	0（S0）	0（S0）	0（S0）	1
	12	4.22	2	0（S0）	0（S0）	0（S0）	0（S0）	2
	24	7.10	2	0（S0）	0（S0）	0（S0）	0（S0）	2
	36	7.28	2	0（S0）	0（S0）	0（S0）	0（S0）	2
亚湿热工业大气环境	0	0	0	0（S0）	0（S0）	0（S0）	0（S0）	0
	6	2.46	0	0（S0）	0（S0）	0（S0）	0（S0）	0
	12	2.87	0	0（S0）	0（S0）	0（S0）	0（S0）	0
	24	6.74	1	0（S0）	0（S0）	0（S0）	0（S0）	1
	36	7.20	1	0（S0）	0（S0）	0（S0）	0（S0）	1
干热沙漠大气环境	0	0	0	0（S0）	0（S0）	0（S0）	0（S0）	0
	6	0.36	0	0（S0）	0（S0）	0（S0）	0（S0）	0
	12	3.16	0	0（S0）	0（S0）	0（S0）	0（S0）	0
	24	5.76	2	0（S0）	0（S0）	0（S0）	0（S0）	2
	36	6.19	3	0（S0）	0（S0）	0（S0）	0（S0）	3
寒冷乡村大气环境	0	0	0	0（S0）	0（S0）	0（S0）	0（S0）	0
	6	0.66	0	0（S0）	0（S0）	0（S0）	0（S0）	0
	12	0.12	0	0（S0）	0（S0）	0（S0）	0（S0）	0
	24	0.73	0	0（S0）	0（S0）	0（S0）	0（S0）	0
	36	4.12	1	0（S0）	0（S0）	0（S0）	0（S0）	1

（2）性能测试结果（见表 3-46）

表 3-46　5A06+彩色导电氧化+TH06-81+TS96-71 防护涂层自然环境试验性能测试结果

环境类型	试验时间/月	色差	附着力等级	低频阻抗模值/$\Omega \cdot cm^2$
湿热海洋大气环境	0	0	0	3.03×10^{10}
	6	2.75	1	1.59×10^{11}
	12	4.22	1	4.54×10^{10}
	24	7.10	2	8.69×10^{10}
	36	7.28	2	9.72×10^{8}

续表

环境类型	试验时间/月	色差	附着力等级	低频阻抗模值/$\Omega \cdot cm^2$
亚湿热工业大气环境	0	0	0	3.04×10^{10}
	6	2.46	3	1.95×10^{10}
	12	2.87	2	4.73×10^{10}
	24	6.74	2	3.67×10^{10}
	36	7.20	2	6.22×10^{10}
干热沙漠大气环境	0	0	0	3.04×10^{10}
	6	0.36	1	1.19×10^{10}
	12	3.16	2	8.02×10^{9}
	24	5.76	2	4.06×10^{10}
	36	6.19	1	3.74×10^{10}
寒冷乡村大气环境	0	0	0	3.04×10^{10}
	6	0.66	1	1.98×10^{11}
	12	0.12	1	3.96×10^{10}
	24	0.73	2	2.50×10^{10}
	36	4.12	0	8.54×10^{10}

2．实验室环境试验结果

（1）外观评级结果（见表3-47）

表3-47　5A06+彩色导电氧化+TH06-81+TS96-71防护涂层实验室环境试验外观评级结果

试验项目	试验时间	色差	外观评级					综合评级
			粉化	开裂	起泡	生锈	剥落	
高温	0	0	0	0（S0）	0（S0）	0（S0）	0（S0）	0
	240h	0.66	0	0（S0）	0（S0）	0（S0）	0（S0）	0
	480h	1.16	0	0（S0）	0（S0）	0（S0）	0（S0）	0
	560h	0.46	0	0（S0）	0（S0）	0（S0）	0（S0）	0
湿热	0	0	0	0（S0）	0（S0）	0（S0）	0（S0）	0
	240h	0.59	0	0（S0）	0（S0）	0（S0）	0（S0）	0
	480h	0.96	0	0	1（S3）	0	0	2
	560h	0.61	0	0	2（S3）	0	0	3
	720h	0.24	0	0	1（S3）	0	0	2

续表

试验项目	试验时间	色差	外观评级					综合评级
			粉化	开裂	起泡	生锈	剥落	
紫外光老化	0	0	0	0（S0）	0（S0）	0（S0）	0（S0）	0
	12d	0.18	0	0（S0）	0（S0）	0（S0）	0（S0）	0
	24d	0.22	0	0（S0）	0（S0）	0（S0）	0（S0）	0
	36d	0.73	0	0（S0）	0（S0）	0（S0）	0（S0）	0
	42d	0.98	0	0（S0）	0（S0）	0（S0）	0（S0）	0
氙灯光老化	0	0	0	0（S0）	0（S0）	0（S0）	0（S0）	0
	10d	0.34	0	0（S0）	0（S0）	0（S0）	0（S0）	0
	20d	0.28	0	0（S0）	0（S0）	0（S0）	0（S0）	0
	30d	0.52	0	0（S0）	0（S0）	0（S0）	0（S0）	0
	35d	1.39	0	0（S0）	0（S0）	0（S0）	0（S0）	0
温冲	0	0	0	0（S0）	0（S0）	0（S0）	0（S0）	0
	35个循环	0.73	0	0（S0）	0（S0）	0（S0）	0（S0）	0
	70个循环	0.69	0	0（S0）	0（S0）	0（S0）	0（S0）	0
酸性大气	0	0	0	0（S0）	0（S0）	0（S0）	0（S0）	0
	14d	0.58	0	0（S0）	0（S0）	0（S0）	0（S0）	0
	35d	0.76	0	0（S0）	0（S0）	0（S0）	0（S0）	0
紫外/冷凝+盐雾/干燥循环	0	0	0	0（S0）	0（S0）	0（S0）	0（S0）	0
	12d	0.42	0	0（S0）	0（S0）	0（S0）	0（S0）	0
	24d	0.53	0	0（S0）	0（S0）	0（S0）	0（S0）	0
	36d	0.66	0	0（S0）	0（S0）	0（S0）	0（S0）	0
	42d	0.88	0	0（S0）	0（S0）	0（S0）	0（S0）	0
盐雾+SO_2循环	0	0	0	0（S0）	0（S0）	0（S0）	0（S0）	0
	192h	0.57	0	0（S0）	2（S4）	0（S0）	0（S0）	2
	384h	0.32	0	0（S0）	4（S4）	0（S0）	0（S0）	4
温冲+氙灯循环	0	0	0	0（S0）	0（S0）	0（S0）	0（S0）	0
	180h	4.48	0	0（S0）	0（S0）	0（S0）	0（S0）	0
	360h	4.29	0	0（S0）	0（S0）	0（S0）	0（S0）	0
	540h	4.16	0	0（S0）	0（S0）	0（S0）	0（S0）	0
	630h	3.96	0	0（S0）	0（S0）	0（S0）	0（S0）	0

（2）性能测试结果（见表3-48）

表 3-48　5A06+彩色导电氧化+TH06-81+TS96-71 防护涂层实验室环境试验性能测试结果

试验项目	试验时间	色差	附着力等级	低频阻抗模值/$\Omega \cdot cm^2$
高温	0	0	0	3.04×10^{10}
	240h	0.66		8.77×10^9
	480h	1.16		6.09×10^9
	560h	0.46	2	2.99×10^9
湿热	0	0	0	3.04×10^{10}
	240h	0.59		2.77×10^9
	480h	0.96		1.90×10^9
	560h	0.61		1.57×10^9
	720h	0.24	2	5.50×10^{10}
紫外光老化	0	0	0	3.04×10^{10}
	12d	0.18		1.19×10^{11}
	24d	0.22		3.10×10^{11}
	36d	0.73		1.49×10^{11}
	42d	0.98	2	2.87×10^{10}
氙灯光老化	0	0	0	3.04×10^{10}
	10d	0.34		1.61×10^{11}
	20d	0.28		1.37×10^{11}
	30d	0.52		4.34×10^{10}
	35d	1.39	2	5.15×10^{10}
温冲	0	0	0	3.04×10^{10}
	35 个循环	0.73		3.99×10^{10}
	70 个循环	0.69	1	3.23×10^{10}
酸性大气	0	0	0	3.04×10^{10}
	14d	0.58		3.51×10^{10}
	35d	0.76	2	2.17×10^{10}
紫外/冷凝+盐雾/干燥循环	0	0	0	3.04×10^{10}
	12d	0.42		3.00×10^{10}
	24d	0.53		4.40×10^{10}
	36d	0.66		7.60×10^{10}
	42d	0.88	2	1.97×10^{10}
盐雾+SO_2 循环	0	0	0	3.04×10^{10}
	384h	0.32	2	4.16×10^9

续表

试验项目	试验时间	色差	附着力等级	低频阻抗模值/$\Omega \cdot cm^2$
温冲+氙灯循环	0	0	0	3.04×10^{10}
	180h	4.48		1.38×10^{10}
	360h	4.29		9.20×10^{9}
	540h	4.16		4.49×10^{9}
	630h	3.96	2	1.70×10^{10}

3.1.7　5A06+S31-11+H06-3+先利达防护涂层

3.1.7.1　试验样件信息

5A06+S31-11+H06-3+先利达防护涂层试验样件信息见表3-49。

表3-49　5A06+S31-11+H06-3+先利达防护涂层试验样件信息

序号	基材	底漆	面漆	干膜厚度/μm	涂层颜色
1-7	5A06 铝镁合金	H06-3 环氧锌黄底漆	先利达	80～100	海灰

5A06+S31-11+H06-3+先利达防护涂层采用底漆+面漆双层体系，底漆为H06-3环氧锌黄底漆，面漆为先利达（海灰），涂层总厚度为80～100μm。

3.1.7.2　试验条件

5A06+S31-11+H06-3+先利达防护涂层自然环境试验条件见表3-50，实验室环境试验条件见表3-51。

表3-50　5A06+S31-11+H06-3+先利达防护涂层自然环境试验条件

环境类型	试验地点	试验方式
湿热海洋大气环境	西沙	户外暴露
亚湿热工业大气环境	江津	户外暴露
干热沙漠大气环境	敦煌	户外暴露
寒冷乡村大气环境	漠河	户外暴露

表3-51　5A06+S31-11+H06-3+先利达防护涂层实验室环境试验条件

试验项目	试验条件
高温	温度：70℃。 升温速率：≤10℃/min

续表

试验项目	试验条件
湿热	温度：47℃±1℃。 湿度：96%±2%
紫外光老化	灯源：UVA 340nm。 辐照度：0.98W/m^2@340nm。 黑板温度：65℃±3℃。 试验方式：连续光照
氙灯光老化	灯源：UVA 300～400nm。 辐照度：0.53W/m^2@300～400nm。 BST（黑标温度）：65℃±2℃。 相对湿度：50%±5%。 试验循环：光照 108min，润湿 18min，为 1 个循环
温冲	低温状态：-55℃，保持 30min。 高温状态：70℃，保持 30min。 温度变化速率：≤1min
酸性大气	试验温度：35℃。 pH 值：4.02。 沉降率：1.0～3.0mL/(80cm^2·h)。 试验循环：喷雾 2h，贮存 7h，为 1 个循环
紫外/冷凝+盐雾/干燥循环	紫外/冷凝试验： 　灯源：UVA 340nm。 　光照阶段黑板温度：60℃±3℃。 　辐照度：0.89W/m^2@340nm，光照 8h。 　冷凝阶段黑板温度：50℃±3℃，冷凝 4h。 　试验时长：12h 为 1 个周期，循环 6 个周期后进入盐雾/干燥试验。 盐雾/干燥试验： 　喷雾阶段温度：35℃±2℃。 　盐溶液浓度：5%±1%。 　pH 值：6.5～7.2。 　沉降量：1.0～3.0mL/(80cm^2·h)，喷雾 12h。 　干燥阶段温度：50℃±2℃，干燥 12h。 　升温、降温速率：3℃/min。 　试验时长：24h 为 1 个周期，循环 3 个周期。 试验循环：紫外/冷凝试验 72h+盐雾/干燥试验 72h，为 1 个循环
温冲+氙灯循环	温冲试验： 　低温状态：-55℃，保持 0.5h。 　高温状态：70℃，保持 0.5h。 　温度变化速率：≤1min。 　试验时长：1h 为 1 个周期，循环 10 个周期进入氙灯试验。 氙灯试验： 　灯源：UVA 300～400nm。

续表

试验项目	试验条件
温冲+氙灯循环	辐照度：0.53W/m²@300～400nm。 BST（黑标温度）：65℃±2℃。 相对湿度：50%±5%。 试验时长：光照108min，润湿18min，共80h。 试验循环：温冲试验10h+氙灯试验80h，为1个循环

3.1.7.3 测试项目及参照标准

5A06+S31-11+H06-3+先利达防护涂层测试项目及参照标准见表3-52。

表3-52 5A06+S31-11+H06-3+先利达防护涂层测试项目及参照标准

测试项目	参照标准
外观评级	GB/T 1766—2008《色漆和清漆 涂层老化的评级方法》
光泽度	GB/T 9754—2007《色漆和清漆 不含金属颜料的色漆漆膜的20°、60°和85°镜面光泽的测定》
色差	GB/T 11186.2—1989《涂膜颜色的测量方法 第2部分：颜色测量》
附着力	GB/T 9286—2021《色漆和清漆 划格试验》
	GB/T 5210—2006《色漆和清漆 拉开法附着力试验》
电化学交流阻抗	ISO 16773-2: 2016 *Electrochemical impedance spectroscopy (EIS) on coated and uncoated metallic specimens-Part 2: Collection of data*

3.1.7.4 环境适应性数据

1. 自然环境试验结果

（1）外观评级结果（见表3-53）

表3-53 5A06+S31-11+H06-3+先利达防护涂层自然环境试验外观评级结果

环境类型	试验时间/月	失光率/%	色差	外观评级					综合评级
				粉化	开裂	起泡	生锈	剥落	
湿热海洋大气环境	0	0	0	0	0（S0）	0（S0）	0（S0）	0（S0）	0
	6	5.2	0.36	0	0（S0）	0（S0）	0（S0）	0（S0）	0
	12	8.2	0.94	1	0（S0）	0（S0）	0（S0）	0（S0）	1
	24	22.9	1.31	2	0（S0）	0（S0）	0（S0）	0（S0）	2
	36	48.5	2.70	3	0（S0）	0（S0）	0（S0）	0（S0）	3

续表

环境类型	试验时间/月	失光率/%	色差	外观评级					综合评级
				粉化	开裂	起泡	生锈	剥落	
亚湿热工业大气环境	0	0	0	0	0（S0）	0（S0）	0（S0）	0（S0）	0
	6	-1.20	0.91	0	0（S0）	0（S0）	0（S0）	0（S0）	0
	12	11.7	1.81	1	0（S0）	0（S0）	0（S0）	0（S0）	1
	24	12.07	2.39	1	0（S0）	0（S0）	0（S0）	0（S0）	1
	36	29.14	2.83	1	0（S0）	0（S0）	0（S0）	0（S0）	1
干热沙漠大气环境	0	0	0	0	0（S0）	0（S0）	0（S0）	0（S0）	0
	6	5.96	0.37	0	0（S0）	0（S0）	0（S0）	0（S0）	0
	12	13.42	0.82	0	0（S0）	0（S0）	0（S0）	0（S0）	0
	24	32.69	0.76	1	0（S0）	0（S0）	0（S0）	0（S0）	1
	36	43.23	0.75	2	0（S0）	0（S0）	0（S0）	0（S0）	2
寒冷乡村大气环境	0	0	0	0	0（S0）	0（S0）	0（S0）	0（S0）	0
	6	5.63	0.62	0	0（S0）	0（S0）	0（S0）	0（S0）	0
	12	11.15	0.46	0	0（S0）	0（S0）	0（S0）	0（S0）	0
	24	17.9	0.29	0	0（S0）	0（S0）	0（S0）	0（S0）	0
	36	46.9	0.71	0	0（S0）	0（S0）	0（S0）	0（S0）	0

（2）性能测试结果（见表3-54）

表3-54　5A06+S31-11+H06-3+先利达防护涂层自然环境试验性能测试结果

环境类型	试验时间/月	失光率/%	色差	附着力等级	低频阻抗模值/$\Omega \cdot cm^2$
湿热海洋大气环境	0	0	0	4	5.87×10^{10}
	6	5.2	0.36	3	1.72×10^{10}
	12	8.2	0.94	2	1.27×10^{10}
	24	22.9	1.31	2	1.30×10^{10}
	36	48.5	2.70	3	6.75×10^{9}
亚湿热工业大气环境	0	0	0	4	5.87×10^{10}
	6	-1.20	0.91	3	3.11×10^{10}
	12	11.7	1.81	3	5.12×10^{10}
	24	12.07	2.39	3	1.53×10^{10}
	36	29.14	2.83	3	3.01×10^{10}

续表

环境类型	试验时间/月	失光率/%	色差	附着力等级	低频阻抗模值/$\Omega \cdot cm^2$
干热沙漠大气环境	0	0	0	4	5.87×10^{10}
	6	5.96	0.37	2	2.78×10^{10}
	12	13.42	0.82	2	2.82×10^{10}
	24	32.69	0.76		9.24×10^{9}
	36	43.23	0.75	3	7.14×10^{9}
寒冷乡村大气环境	0	0	0	4	6.78×10^{10}
	6	5.63	0.62	3	3.07×10^{10}
	12	11.15	0.46	3	2.00×10^{10}
	24	17.9	0.29	2	3.40×10^{10}
	36	46.9	0.71	3	2.39×10^{10}

2．实验室环境试验结果

（1）外观评级结果（见表 3-55）

表 3-55　5A06+S31-11+H06-3+先利达防护涂层实验室环境试验外观评级结果

试验项目	试验时间	外观评级					综合评级
		粉化	开裂	起泡	生锈	剥落	
高温	0	0	0（S0）	0（S0）	0（S0）	0（S0）	0
	240h	0	0（S0）	0（S0）	0（S0）	0（S0）	0
	480h	0	0（S0）	0（S0）	0（S0）	0（S0）	0
	560h	0	0（S0）	0（S0）	0（S0）	0（S0）	0
湿热	0	0	0（S0）	0（S0）	0（S0）	0（S0）	0
	240h	0	0（S0）	0（S0）	0（S0）	0（S0）	0
	480h	0	0（S0）	0（S0）	0（S0）	0（S0）	0
	560h	0	0（S0）	0（S0）	0（S0）	0（S0）	0
	720h	0	0（S0）	0（S0）	0（S0）	0（S0）	0
紫外光老化	0	0	0（S0）	0（S0）	0（S0）	0（S0）	0
	12d	0	0（S0）	0（S0）	0（S0）	0（S0）	0
	24d	0	0（S0）	0（S0）	0（S0）	0（S0）	0
	36d	0	0（S0）	0（S0）	0（S0）	0（S0）	0
	42d	0	0（S0）	0（S0）	0（S0）	0（S0）	0

续表

试验项目	试验时间	外观评级					综合评级
		粉化	开裂	起泡	生锈	剥落	
氙灯光老化	0	0	0（S0）	0（S0）	0（S0）	0（S0）	0
	10d	0	0（S0）	0（S0）	0（S0）	0（S0）	0
	20d	0	0（S0）	0（S0）	0（S0）	0（S0）	0
	30d	0	0（S0）	0（S0）	0（S0）	0（S0）	0
	35d	0	0（S0）	0（S0）	0（S0）	0（S0）	0
温冲	0	0	0（S0）	0（S0）	0（S0）	0（S0）	0
	35个循环	0	0（S0）	0（S0）	0（S0）	0（S0）	0
	70个循环	0	0（S0）	0（S0）	0（S0）	0（S0）	0
酸性大气	0	0	0（S0）	0（S0）	0（S0）	0（S0）	0
	14d	0	0（S0）	0（S0）	0（S0）	0（S0）	0
	35d	0	0（S0）	0（S0）	0（S0）	0（S0）	0
紫外/冷凝+盐雾/干燥循环	0	0	0（S0）	0（S0）	0（S0）	0（S0）	0
	12d	0	0（S0）	0（S0）	0（S0）	0（S0）	0
	24d	0	0（S0）	0（S0）	0（S0）	0（S0）	0
	36d	0	0（S0）	0（S0）	0（S0）	0（S0）	0
	42d	0	0（S0）	0（S0）	0（S0）	0（S0）	0
温冲+氙灯循环	0	0	0（S0）	0（S0）	0（S0）	0（S0）	0
	180h	0	0（S0）	0（S0）	0（S0）	0（S0）	0
	360h	0	0（S0）	0（S0）	0（S0）	0（S0）	0
	540h	0	0（S0）	0（S0）	0（S0）	0（S0）	0
	630h	0	0（S0）	0（S0）	0（S0）	0（S0）	0

（2）性能测试结果（见表3-56）

表3-56　5A06+S31-11+H06-3+先利达防护涂层实验室环境试验性能测试结果

试验项目	试验时间	色差	低频阻抗模值/$\Omega \cdot cm^2$
高温	0	0	6.78×10^{10}
	240h	0.82	2.76×10^9
	480h	0.91	3.49×10^9
	560h	0.84	4.55×10^9

续表

试验项目	试验时间	色差	低频阻抗模值/$\Omega \cdot cm^2$
湿热	0	0	6.78×10^{10}
	240h	0.18	2.62×10^{10}
	480h	0.35	2.11×10^{10}
	560h	0.38	1.90×10^{11}
	720h	0.38	2.76×10^{10}
紫外光老化	0	0	6.78×10^{10}
	12d	0.16	5.33×10^{10}
	24d	0.39	2.66×10^{10}
	36d	0.89	7.43×10^{10}
	42d	0.46	5.20×10^{10}
氙灯光老化	0	0	6.78×10^{10}
	10d	0.20	8.04×10^{10}
	20d	0.34	3.90×10^{10}
	30d	0.33	1.64×10^{10}
	35d	0.38	9.49×10^{10}
温冲	0	0	6.78×10^{10}
	35 个循环	0.14	8.91×10^{10}
	70 个循环	0.10	3.67×10^{10}
酸性大气	0	0	6.78×10^{10}
	14d	1.34	1.80×10^{10}
	35d	1.65	1.94×10^{10}
紫外/冷凝+盐雾/干燥循环	0	0	6.78×10^{10}
	12d	0.38	4.95×10^{10}
	24d	0.56	1.60×10^{10}
	36d	0.63	8.13×10^{9}
	42d	0.67	2.86×10^{10}
温冲+氙灯循环	0	0	6.78×10^{10}
	180h	0.71	1.37×10^{10}
	360h	0.85	1.86×10^{10}
	540h	0.93	9.82×10^{9}
	630h	1.00	2.18×10^{10}

3.1.8　5A06+H31-3+TB06-10+先利达防护涂层

3.1.8.1　试验样件信息

5A06+H31-3+TB06-10+先利达防护涂层试验样件信息见表3-57。

表3-57　5A06+H31-3+TB06-10+先利达防护涂层试验样件信息

序号	基材	底漆	面漆	干膜厚度/μm	涂层颜色
1-8	5A06 铝镁合金	TB06-10 锌黄丙烯酸聚氨酯底漆	先利达	60～90	海灰

5A06+H31-3+TB06-10+先利达防护涂层采用底漆+面漆双层体系，底漆为TB06-10锌黄丙烯酸聚氨酯底漆，面漆为先利达（海灰），涂层总厚度为60～90μm。

3.1.8.2　试验条件

5A06+H31-3+TB06-10+先利达防护涂层自然环境试验条件见表3-58，实验室环境试验条件见表3-59。

表3-58　5A06+H31-3+TB06-10+先利达防护涂层自然环境试验条件

大气环境类型	试验地点	试验方式
湿热海洋大气环境	西沙	户外暴露
亚湿热工业大气环境	江津	户外暴露
干热沙漠大气环境	敦煌	户外暴露
寒冷乡村大气环境	漠河	户外暴露

表3-59　5A06+H31-3+TB06-10+先利达防护涂层实验室环境试验条件

试验项目	试验条件
高温	温度：70℃。 升温速率：≤10℃/min
湿热	温度：47℃±1℃。 湿度：96%±2%
紫外光老化试验	灯源：UVA 340nm。 辐照度：0.98W/m²@340nm。 黑板温度：65℃±3℃。 试验方式：连续光照
氙灯光老化	灯源：UVA 300～400nm。 辐照度：0.53W/m²@300～400nm。

续表

试验项目	试验条件
氙灯光老化	BST（黑标温度）：65℃±2℃。 相对湿度：50%±5%。 试验循环：光照 108min，润湿 18min，为 1 个循环
温冲	低温状态：-55℃，保持 30min。 高温状态：70℃，保持 30min。 温度变化速率：≤1min
酸性大气	试验温度：35℃。 pH 值：4.02。 沉降率：1.0~3.0mL/(80cm^2·h)。 试验循环：喷雾 2h，贮存 7h，为 1 个循环
紫外/冷凝+盐雾/干燥循环	紫外/冷凝试验： 灯源：UVA 340nm。 光照阶段黑板温度：60℃±3℃。 辐照度：0.89W/m^2@340nm，光照 8h。 冷凝阶段黑板温度：50℃±3℃，冷凝 4h。 试验时长：12h 为 1 个周期，循环 6 个周期后进入盐雾/干燥试验。 盐雾/干燥试验： 喷雾阶段温度：35℃±2℃。 盐溶液浓度：5%±1%。 pH 值：6.5~7.2。 沉降量：1.0~3.0mL/(80cm^2·h)，喷雾 12h。 干燥阶段温度：50℃±2℃，干燥 12h。 升温、降温速率：3℃/min。 试验时长：24h 为 1 个周期，循环 3 个周期。 试验循环：紫外/冷凝试验 72h+盐雾/干燥试验 72h，为 1 个循环
温冲+氙灯循环	温冲试验： 低温状态：-55℃，保持 0.5h。 高温状态：70℃，保持 0.5h。 温度变化速率：≤1min。 试验时长：1h 为 1 个周期，循环 10 个周期进入氙灯试验。 氙灯试验： 灯源：UVA 300~400nm。 辐照度：0.53W/m^2@300~400nm。 BST（黑标温度）：65℃±2℃。 相对湿度：50%±5%。 试验时长：光照 108min，润湿 18min，共 80h。 试验循环：温冲试验 10h+氙灯试验 80h，为 1 个循环

3.1.8.3 测试项目及参照标准

5A06+H31-3+TB06-10+先利达防护涂层测试项目及参照标准见表 3-60。

表 3-60　5A06+H31-3+TB06-10+先利达防护涂层测试项目及参照标准

测试项目	参照标准
外观评级	GB/T 1766—2008《色漆和清漆 涂层老化的评级方法》
光泽度	GB/T 9754—2007《色漆和清漆 不含金属颜料的色漆漆膜的20°、60°和85°镜面光泽的测定》
色差	GB/T 11186.2—1989《涂膜颜色的测量方法 第2部分：颜色测量》
附着力	GB/T 9286—2021《色漆和清漆 划格试验》 GB/T 5210—2006《色漆和清漆 拉开法附着力试验》
电化学交流阻抗	ISO 16773-2: 2016 *Electrochemical impedance spectroscopy (EIS) on coated and uncoated metallic specimens-Part 2: Collection of data*

3.1.8.4　环境适应性数据

1. 自然环境试验结果

（1）外观评级结果（见表3-61）

表 3-61　5A06+H31-3+TB06-10+先利达防护涂层自然环境试验外观评级结果

环境类型	试验时间/月	外观评级					综合评级
		粉化	开裂	起泡	生锈	剥落	
湿热海洋大气环境	0	0	0（S0）	0（S0）	0（S0）	0（S0）	0
	6	0	0（S0）	0（S0）	0（S0）	0（S0）	0
	12	0	0（S0）	0（S0）	0（S0）	0（S0）	0
	24	2	0（S0）	0（S0）	0（S0）	0（S0）	2
	36	3	0（S0）	0（S0）	0（S0）	0（S0）	3
亚湿热工业大气环境	0	0	0（S0）	0（S0）	0（S0）	0（S0）	0
	6	0	0（S0）	0（S0）	0（S0）	0（S0）	0
	12	1	0（S0）	0（S0）	0（S0）	0（S0）	1
	24	1	0（S0）	0（S0）	0（S0）	0（S0）	1
	36	1	0（S0）	0（S0）	0（S0）	0（S0）	1
干热沙漠大气环境	0	0	0（S0）	0（S0）	0（S0）	0（S0）	0
	6	0	0（S0）	0（S0）	0（S0）	0（S0）	0
	12	0	0（S0）	0（S0）	0（S0）	0（S0）	0
	24	1	0（S0）	0（S0）	0（S0）	0（S0）	1
	36	2	0（S0）	0（S0）	0（S0）	0（S0）	2

续表

环境类型	试验时间/月	外观评级					综合评级
		粉化	开裂	起泡	生锈	剥落	
寒冷乡村大气环境	0	0	0（S0）	0（S0）	0（S0）	0（S0）	0
	6	0	0（S0）	0（S0）	0（S0）	0（S0）	0
	12	0	0（S0）	0（S0）	0（S0）	0（S0）	0
	24	0	0（S0）	0（S0）	0（S0）	0（S0）	0
	36	0	0（S0）	0（S0）	0（S0）	0（S0）	0

（2）性能测试结果（见表 3-62）

表 3-62　5A06+H31-3+TB06-10+先利达防护涂层自然环境试验性能测试结果

环境类型	试验时间/月	失光率/%	色差	附着力等级	低频阻抗模值/$\Omega \cdot cm^2$
湿热海洋大气环境	0	0	0	2	2.45×10^{10}
	6	0	0.31	1	1.13×10^{10}
	12	2.00	0.88	2	1.56×10^{10}
	24	31.8	1.37	1	1.39×10^{10}
	36	51.9	2.65	2	8.91×10^{9}
亚湿热工业大气环境	0	0	0	2	2.45×10^{10}
	6	3.08	1.60	2	4.34×10^{10}
	12	8.78	1.91	2	3.55×10^{10}
	24	20.3	1.54	1	2.94×10^{10}
	36	31.16	1.78	2	4.62×10^{10}
干热沙漠大气环境	0	0	0	2	2.45×10^{10}
	6	0.15	0.21	2	3.55×10^{10}
	12	17.83	0.52	2	2.56×10^{10}
	24	30.35	0.63	2	3.51×10^{10}
	36	36.52	0.67	3	6.45×10^{9}
寒冷乡村大气环境	0	0	0	2	2.45×10^{10}
	6	2.56	0.89	1	4.37×10^{10}
	12	2.22	0.38	2	3.79×10^{10}
	24	22.2	10.26	2	3.15×10^{10}
	36	55.1	0.50	3	6.06×10^{10}

2. 实验室环境试验结果

（1）外观评级结果（见表 3-63）

表 3-63 5A06+H31-3+TB06-10+先利达防护涂层实验室环境试验外观评级结果

试验项目	试验时间	外观评级					综合评级
		粉化	开裂	起泡	生锈	剥落	
高温	0	0	0（S0）	0（S0）	0（S0）	0（S0）	0
	240h	0	0（S0）	0（S0）	0（S0）	0（S0）	0
	480h	0	0（S0）	0（S0）	0（S0）	0（S0）	0
	560h	0	0（S0）	0（S0）	0（S0）	0（S0）	0
湿热	0	0	0（S0）	0（S0）	0（S0）	0（S0）	0
	240h	0	0（S0）	0（S0）	0（S0）	0（S0）	0
	480h	0	0（S0）	0（S0）	0（S0）	0（S0）	0
	560h	0	0（S0）	0（S0）	0（S0）	0（S0）	0
	720h	0	0（S0）	0（S0）	0（S0）	0（S0）	0
紫外光老化	0	0	0（S0）	0（S0）	0（S0）	0（S0）	0
	12d	0	0（S0）	0（S0）	0（S0）	0（S0）	0
	24d	0	0（S0）	0（S0）	0（S0）	0（S0）	0
	36d	0	0（S0）	0（S0）	0（S0）	0（S0）	0
	42d	0	0（S0）	0（S0）	0（S0）	0（S0）	0
氙灯光老化	0	0	0（S0）	0（S0）	0（S0）	0（S0）	0
	10d	0	0（S0）	0（S0）	0（S0）	0（S0）	0
	20d	0	0（S0）	0（S0）	0（S0）	0（S0）	0
	30d	0	0（S0）	0（S0）	0（S0）	0（S0）	0
	35d	0	0（S0）	0（S0）	0（S0）	0（S0）	0
温冲	0	0	0（S0）	0（S0）	0（S0）	0（S0）	0
	35个循环	0	0（S0）	0（S0）	0（S0）	0（S0）	0
	70个循环	0	0（S0）	0（S0）	0（S0）	0（S0）	0
酸性大气	0	0	0（S0）	0（S0）	0（S0）	0（S0）	0
	14d	0	0（S0）	0（S0）	0（S0）	0（S0）	0
	35d	0	0（S0）	0（S0）	0（S0）	0（S0）	0
紫外/冷凝+盐雾/干燥循环	0	0	0（S0）	0（S0）	0（S0）	0（S0）	0
	12d	0	0（S0）	0（S0）	0（S0）	0（S0）	0
	24d	0	0（S0）	0（S0）	0（S0）	0（S0）	0
	36d	0	0（S0）	0（S0）	0（S0）	0（S0）	0
	42d	0	0（S0）	0（S0）	0（S0）	0（S0）	0

续表

试验项目	试验时间	外观评级					综合评级
		粉化	开裂	起泡	生锈	剥落	
温冲+氙灯循环	0	0	0（S0）	0（S0）	0（S0）	0（S0）	0
	270h	0	0（S0）	0（S0）	0（S0）	0（S0）	1
	450h	0	0（S0）	0（S0）	0（S0）	0（S0）	1
	540h	0	0（S0）	0（S0）	0（S0）	0（S0）	1
	630h	0	0（S0）	0（S0）	0（S0）	0（S0）	1

（2）性能测试结果（见表3-64）

表3-64　5A06+H31-3+TB06-10+先利达防护涂层实验室环境试验性能测试结果

试样项目	试验时间	色差	附着力等级	低频阻抗模值/$\Omega \cdot cm^2$
高温	0	0	2	2.45×10^{10}
	240h	0.29		4.97×10^9
	480h	0.42		4.55×10^9
	560h	0.51	2	5.49×10^9
湿热	0	0	2	2.45×10^{10}
	240h	0.20		1.95×10^{10}
	480h	0.39		2.25×10^{10}
	560h	0.42		4.49×10^{10}
	720h	0.47	2	5.89×10^{10}
紫外光老化	0	0	2	2.45×10^{10}
	12d	0.14		2.65×10^{10}
	24d	0.45		3.45×10^{10}
	36d	0.70		5.08×10^{10}
	42d	0.83	2	5.00×10^{10}
氙灯光老化	0	0	2	2.45×10^{10}
	10d	0.20		2.85×10^{10}
	20d	0.21		3.15×10^{10}
	30d	0.30		3.50×10^{10}
	35d	0.21	2	3.85×10^{10}

续表

试样项目	试验时间	色差	附着力等级	低频阻抗模值/$\Omega \cdot cm^2$
温冲	0	0	2	2.45×10^{10}
	35 个循环	0.34		4.49×10^{10}
	70 个循环	0.47	2	3.79×10^{10}
酸性大气	0	0	2	2.45×10^{10}
	14d	1.64		2.46×10^{10}
	35d	1.86	2	4.49×10^{10}
紫外/冷凝+盐雾/干燥循环	0	0	2	2.45×10^{10}
	12d	0.31		5.00×10^{10}
	24d	0.58		4.55×10^{10}
	36d	0.62		2.37×10^{10}
	42d	0.86	2	2.73×10^{10}
温冲+氙灯循环	0	0	2	2.45×10^{10}
	180h	0.15		1.69×10^{10}
	360h	0.29		4.70×10^{10}
	540h	0.40		1.83×10^{10}
	630h	0.64	2	1.70×10^{10}

3.1.9 6061+H06-2+S04-60 防护涂层

3.1.9.1 试验样件信息

6061+H06-2+S04-60 防护涂层试验样件信息见表 3-65。

表 3-65 6061+H06-2+S04-60 防护涂层试验样件信息

序号	基材	底漆	面漆	干膜厚度/μm
1-9	6061-T6 铝镁硅合金	H06-2 环氧锌黄底漆	S04-60 丙烯酸聚氨酯磁漆	70～90

6061+H06-2+S04-60 防护涂层采用底漆+面漆双层体系，底漆为 H06-2 环氧锌黄底漆，面漆为 S04-60 丙烯酸聚氨酯磁漆，涂层总厚度为 70～90μm。

3.1.9.2 试验条件

6061+H06-2+S04-60 防护涂层自然环境试验条件见表 3-66，实验室环境试验条件见表 3-67。

表 3-66　6061+H06-2+S04-60 防护涂层自然环境试验条件

大气环境类型	试验地点	试验方式
湿热海洋大气环境	西沙	棚下暴露
亚湿热工业大气环境	江津	棚下暴露
干热沙漠大气环境	敦煌	棚下暴露
寒冷乡村大气环境	漠河	棚下暴露

表 3-67　6061+H06-2+S04-60 防护涂层实验室环境试验条件

环境类型	试验条件
高温	温度：70℃。 升温速率：≤10℃/min
湿热	温度：-55℃。
霉菌	温度：47℃±1℃。 湿度：96%±2%
中性盐雾	温度：30℃±1℃。 湿度：95%±5%。 试验菌种：黄曲霉、杂色曲霉、绳状青霉、球毛壳霉、黑曲霉。 试验时长：28d
中性盐雾+湿热	温度：35℃±2℃。 NaCl 溶液浓度：50g/L±10g/L。 pH 值：6.0～7.0。 盐雾沉降率：1.0～2.0mL/(80cm²·h)。 试验循环：盐雾 2h 后干燥 22h，为 1 个循环

3.1.9.3　测试项目及参照标准

6061+H06-2+S04-60 防护涂层测试项目及参照标准见表 3-68。

表 3-68　6061+H06-2+S04-60 防护涂层测试项目及参照标准

测试项目	参照标准
外观评级	GB/T 1766—2008《色漆和清漆 涂层老化的评级方法》
光泽度	GB/T 9754—2007《色漆和清漆 不含金属颜料的色漆漆膜的20°、60°和85°镜面光泽的测定》
色差	GB/T 11186.2—1989《涂膜颜色的测量方法 第 2 部分：颜色测量》
附着力	GB/T 9286—2021《色漆和清漆 划格试验》 GB/T 5210—2006《色漆和清漆 拉开法附着力试验》
电化学交流阻抗	ISO 16773-2: 2016 Electrochemical impedance spectroscopy (EIS) on coated and uncoated metallic specimens-Part 2: Collection of data

3.1.9.4 环境适应性数据

1. 自然环境试验结果

（1）外观评级结果（见表3-69）

表3-69 6061+H06-2+S04-60防护涂层自然环境试验外观评级结果

环境类型	试验时间/月	外观评级					综合评级
		粉化	开裂	起泡	生锈	剥落	
湿热海洋大气环境	0	0	0（S0）	0（S0）	0（S0）	0（S0）	0
	6	0	0（S0）	0（S0）	0（S0）	0（S0）	0
	12	0	0（S0）	0（S0）	0（S0）	0（S0）	0
	24	0	0（S0）	0（S0）	0（S0）	0（S0）	0
	36	0	0（S0）	0（S0）	0（S0）	0（S0）	0
亚湿热工业大气环境	0	0	0（S0）	0（S0）	0（S0）	0（S0）	0
	6	0	0（S0）	0（S0）	0（S0）	0（S0）	0
	12	0	0（S0）	0（S0）	0（S0）	0（S0）	0
	24	0	0（S0）	0（S0）	0（S0）	0（S0）	0
	36	0	0（S0）	0（S0）	0（S0）	0（S0）	0
干热沙漠大气环境	0	0	0（S0）	0（S0）	0（S0）	0（S0）	0
	6	0	0（S0）	0（S0）	0（S0）	0（S0）	0
	12	0	0（S0）	0（S0）	0（S0）	0（S0）	0
	24	0	0（S0）	0（S0）	0（S0）	0（S0）	0
	36	0	0（S0）	0（S0）	0（S0）	0（S0）	0
寒冷乡村大气环境	0	0	0（S0）	0（S0）	0（S0）	0（S0）	0
	6	0	0（S0）	0（S0）	0（S0）	0（S0）	0
	12	0	0（S0）	0（S0）	0（S0）	0（S0）	0
	24	0	0（S0）	0（S0）	0（S0）	0（S0）	0
	36	0	0（S0）	0（S0）	0（S0）	0（S0）	0

（2）性能测试结果（见表3-70）

表3-70 6061+H06-2+S04-60防护涂层自然环境试验性能测试结果

环境类型	试验时间/月	色差	附着力等级	低频阻抗模值/$\Omega \cdot cm^2$
湿热海洋大气环境	0	0	2	2.45×10^{10}
	6	0.40	2	5.45×10^{10}

续表

环境类型	试验时间/月	色差	附着力等级	低频阻抗模值/Ω·cm^2
湿热海洋大气环境	12	0.41	2	$1.38×10^{10}$
	24	0.52	2	$3.05×10^{10}$
	36	0.52	2	$1.46×10^{10}$
亚湿热工业大气环境	0	0	2	$4.33×10^{10}$
	6	0.10	2	$3.60×10^{10}$
	12	0.36	2	$3.49×10^{10}$
	24	0.30	2	$2.45×10^{10}$
	36	0.35	2	$2.21×10^{10}$
干热沙漠大气环境	0	0	2	$2.45×10^{10}$
	6	0.27	2	$2.44×10^{10}$
	12	0.33	2	$4.23×10^{10}$
	24	0.19	2	$2.30×10^{10}$
	36	0.29	2	$1.62×10^{10}$
寒冷乡村大气环境	0	0	2	$2.81×10^{10}$
	6	0.33	2	$3.60×10^{10}$
	12	0.25	1	$1.34×10^{10}$
	24	0.30	2	$1.94×10^{10}$
	36	0.38	1	$3.29×10^{10}$

2．实验室环境试验结果

（1）外观评级结果（见表 3-71）

表 3-71　6061+H06-2+S04-60 防护涂层实验室环境试验外观评级结果

试验项目	试验时间	外观评级					综合评级
		粉化	开裂	起泡	生锈	剥落	
高温	0	0	0（S0）	0（S0）	0（S0）	0（S0）	0
	240h	0	0（S0）	0（S0）	0（S0）	0（S0）	0
	480h	0	0（S0）	0（S0）	0（S0）	0（S0）	0
	560h	0	0（S0）	0（S0）	0（S0）	0（S0）	0
湿热	0	0	0（S0）	0（S0）	0（S0）	0（S0）	0
	240h	0	0（S0）	0（S0）	0（S0）	0（S0）	0
	480h	0	0（S0）	0（S0）	0（S0）	0（S0）	0

续表

试验项目	试验时间	外观评级					综合评级
		粉化	开裂	起泡	生锈	剥落	
湿热	560h	0	0（S0）	0（S0）	0（S0）	0（S0）	0
	720h	0	0（S0）	0（S0）	0（S0）	0（S0）	0
中性盐雾	0	0	0（S0）	0（S0）	0（S0）	0（S0）	0
	25d	0	0（S0）	0（S0）	0（S0）	0（S0）	0
	50d	0	0（S0）	0（S0）	0（S0）	0（S0）	0
中性盐雾+湿热	0	0	0（S0）	0（S0）	0（S0）	0（S0）	0
	10d	0	0（S0）	0（S0）	0（S0）	0（S0）	0
	30d	0	0（S0）	0（S0）	0（S0）	0（S0）	0
	38d	0	0（S0）	0（S0）	0（S0）	0（S0）	0

（2）性能测试结果（见表 3-72）

表 3-72　6061+H06-2+S04-60 防护涂层实验室环境试验性能测试结果

试验项目	试验时间	失光率/%	色差	附着力等级	低频阻抗模值/$\Omega \cdot cm^2$
高温	0	0	0	2	2.24×10^9
	240h	4.57	0.25		2.13×10^9
	480h	4.31	0.43		3.88×10^9
	560h	4.29	0.33	2	5.11×10^9
湿热	0	0	0	2	2.81×10^{10}
	240h	−0.11	0.21		9.85×10^9
	480h	−4.13	0.24		9.33×10^9
	560h	0.39	0.30		1.06×10^{10}
	720h	−3.63	0.30	2	4.40×10^{10}
中性盐雾	0	0	0	2	2.81×10^{10}
	25d	−3.02	0.10		1.09×10^{10}
	50d	−2.25	0.11	2	2.94×10^{10}
中性盐雾+湿热循环	0	0	0	2	2.81×10^{10}
	10d	−0.02	0.13		1.24×10^{10}
	30d	0.04	0.59		1.14×10^{10}
	38d	0.11	1.39	2	1.16×10^{10}

3.1.10　6061+H06-2+A05-10 防护涂层

3.1.10.1　试验样件信息

6061+H06-2+A05-10 防护涂层试验样件信息见表 3-73。

表 3-73　6061+H06-2+A05-10 防护涂层试验样件信息

序号	基材	底漆	面漆	干膜厚度/μm
1-10	6061-T6 铝镁硅合金	H06-2 环氧锌黄底漆	A05-10 氨基烘干磁漆	40~70

6061+H06-2+A05-10 防护涂层采用底漆+面漆双层体系,底漆为 H06-2 环氧锌黄底漆,面漆为 A05-10 氨基烘干磁漆,涂层总厚度为 40~70μm。

3.1.10.2　试验条件

6061+H06-2+A05-10 防护涂层自然环境试验条件见表 3-74,实验室环境试验条件见表 3-75。

表 3-74　6061+H06-2+A05-10 防护涂层自然环境试验条件

环境类型	试验地点	试验方式
湿热海洋大气环境	西沙	棚下暴露
亚湿热工业大气环境	江津	棚下暴露
干热沙漠大气环境	敦煌	棚下暴露
寒冷乡村大气环境	漠河	棚下暴露

表 3-75　6061+H06-2+A05-10 防护涂层实验室环境试验条件

试验项目	试验条件
高温	温度:70℃。 升温速率:≤10℃/min
湿热	温度:47℃±1℃。 湿度:96%±2%
霉菌	温度:30℃±1℃。 湿度:95%±5%。 试验菌种:黄曲霉、杂色曲霉、绳状青霉、球毛壳霉、黑曲霉。 试验时长:28d
中性盐雾	温度:35℃±2℃。 NaCl 溶液浓度:50g/L±10g/L。 pH 值:6.0~7.0。 盐雾沉降率:1.0~2.0mL/(80cm^2·h)。 试验循环:盐雾 2h 后干燥 22h,为 1 个循环

续表

试验项目	试验条件
中性盐雾+湿热循环	中性盐雾试验： 温度：35℃±2℃。 NaCl 溶液浓度：50g/L±10g/L。 pH 值：6.0～7.0。 盐雾沉降率：1.0～2.0mL/(80cm^2·h)。 试验时长：2h。 恒定湿热试验： 温度：60℃±2℃。 相对湿度：91%～96%。 试验时长：22h。 试验循环：中性盐雾 2h+恒定湿热试验 22h，为 1 个循环

3.1.10.3 测试项目及参照标准

6061+H06-2+A05-10 防护涂层测试项目及参照标准见表 3-76。

表 3-76　6061+H06-2+A05-10 防护涂层测试项目及参照标准

测试项目	参照标准
外观评级	GB/T 1766—2008《色漆和清漆 涂层老化的评级方法》
光泽度	GB/T 9754—2007《色漆和清漆 不含金属颜料的色漆漆膜的 20°、60°和 85°镜面光泽的测定》
色差	GB/T 11186.2—1989《涂膜颜色的测量方法 第 2 部分：颜色测量》
附着力	GB/T 9286—2021《色漆和清漆 划格试验》
	GB/T 5210—2006《色漆和清漆 拉开法附着力试验》
电化学交流阻抗	ISO 16773-2: 2016 *Electrochemical impedance spectroscopy (EIS) on coated and uncoated metallic specimens-Part 2: Collection of data*

3.1.10.4 环境适应性数据

1. 自然环境试验结果

（1）外观评级结果（见表 3-77）

表 3-77　6061+H06-2+A05-10 防护涂层自然环境试验外观评级结果

环境类型	试验时间/月	外观评级					综合评级
		粉化	开裂	起泡	生锈	剥落	
湿热海洋大气环境	0	0	0（S0）	0（S0）	0（S0）	0（S0）	0
	6	0	0（S0）	0（S0）	0（S0）	0（S0）	0
	12	0	0（S0）	0（S0）	0（S0）	0（S0）	0

续表

环境类型	试验时间/月	外观评级					综合评级
		粉化	开裂	起泡	生锈	剥落	
湿热海洋大气环境	24	0	0（S0）	0（S0）	0（S0）	0（S0）	0
	36	0	0（S0）	0（S0）	0（S0）	0（S0）	0
亚湿热工业大气环境	0	0	0（S0）	0（S0）	0（S0）	0（S0）	0
	6	0	0（S0）	0（S0）	0（S0）	0（S0）	0
	12	0	0（S0）	0（S0）	0（S0）	0（S0）	0
	24	0	0（S0）	0（S0）	0（S0）	0（S0）	0
	36	0	0（S0）	0（S0）	0（S0）	0（S0）	0
干热沙漠大气环境	0	0	0（S0）	0（S0）	0（S0）	0（S0）	0
	6	0	0（S0）	0（S0）	0（S0）	0（S0）	0
	12	0	0（S0）	0（S0）	0（S0）	0（S0）	0
	24	0	0（S0）	0（S0）	0（S0）	0（S0）	0
	36	0	0（S0）	0（S0）	0（S0）	0（S0）	0
寒冷乡村大气环境	0	0	0（S0）	0（S0）	0（S0）	0（S0）	0
	6	0	0（S0）	0（S0）	0（S0）	0（S0）	0
	12	0	0（S0）	0（S0）	0（S0）	0（S0）	0
	24	0	0（S0）	0（S0）	0（S0）	0（S0）	0
	36	0	0（S0）	0（S0）	0（S0）	0（S0）	0

（2）性能测试结果（见表 3-78）

表 3-78 6061+H06-2+A05-10 防护涂层自然环境试验性能测试结果

环境类型	试验时间/月	色差	附着力等级	低频阻抗模值/$\Omega \cdot cm^2$
湿热海洋大气环境	0	0	1	1.91×10^{10}
	6	0.84	1	6.03×10^9
	12	1.21	1	3.40×10^{10}
	24	1.79	1	5.73×10^9
	36	2.2	1	3.55×10^9
亚湿热工业大气环境	0	0	1	1.91×10^{10}
	6	0.19	1	1.51×10^{10}
	12	0.67	1	1.48×10^{10}
	24	0.83	1	1.31×10^{10}
	36	0.91	1	8.71×10^9

续表

环境类型	试验时间/月	色差	附着力等级	低频阻抗模值/$\Omega \cdot cm^2$
干热沙漠大气环境	0	0	1	1.91×10^{10}
	6	0.32	1	1.37×10^{10}
	12	0.66	1	2.21×10^{10}
	24	0.81	1	2.51×10^{10}
	36	0.76	1	3.14×10^{10}
寒冷乡村大气环境	0	0	1	1.91×10^{10}
	6	0.89	1	2.77×10^{10}
	12	0.71	0	1.81×10^{10}
	24	0.79	1	1.38×10^{10}
	36	0.92	0	1.22×10^{10}

2. 实验室环境试验结果

（1）外观评级结果（见表3-79）

表3-79　6061+H06-2+A05-10防护涂层实验室环境试验外观评级结果

环境类型	试验时间	外观评级					综合评级
		粉化	开裂	起泡	生锈	剥落	
高温	0	0	0（S0）	0（S0）	0（S0）	0（S0）	0
	240h	0	0（S0）	0（S0）	0（S0）	0（S0）	0
	480h	0	0（S0）	0（S0）	0（S0）	0（S0）	0
	560h	0	0（S0）	0（S0）	0（S0）	0（S0）	0
湿热	0	0	0（S0）	0（S0）	0（S0）	0（S0）	0
	240h	0	0（S0）	0（S0）	0（S0）	0（S0）	0
	480h	0	0（S0）	0（S0）	0（S0）	0（S0）	0
	560h	0	0（S0）	0（S0）	0（S0）	0（S0）	0
	720h	0	0（S0）	0（S0）	0（S0）	0（S0）	0
中性盐雾	0	0	0（S0）	0（S0）	0（S0）	0（S0）	0
	25d	0	0（S0）	0（S0）	0（S0）	0（S0）	0
	50d	0	0（S0）	0（S0）	0（S0）	0（S0）	0
中性盐雾+湿热	0	0	0（S0）	0（S0）	0（S0）	0（S0）	0
	10d	0	0（S0）	0（S0）	0（S0）	0（S0）	0
	30d	0	0（S0）	0（S0）	0（S0）	0（S0）	0
	38d	0	0（S0）	0（S0）	0（S0）	0（S0）	0

（2）性能测试结果（见表3-80）

表 3-80 6061+H06-2+A05-10 防护涂层实验室环境试验性能测试结果

环境类型	试验时间	失光率/%	色差	附着力等级	低频阻抗模值/Ω·cm²
高温	0	0	0	1	1.52×10^9
	240h	6.87	0.71		1.14×10^9
	480h	4.53	1.02		2.16×10^9
	560h	4.41	0.76	1	1.13×10^9
湿热	0	0	0	1	1.91×10^{10}
	240h	2.34	0.36		5.07×10^9
	480h	2.10	0.54		9.55×10^9
	560h	3.68	0.48		8.31×10^9
	720h	0.97	0.37	1	1.66×10^9
中性盐雾	0	0	0	1	1.91×10^{10}
	25d	−0.63	0.56		2.83×10^9
	50d	−0.62	0.65	1	2.21×10^9
中性盐雾+湿热循环	0	0	0	1	1.91×10^{10}
	10d	0.06	0.80		1.36×10^{10}
	30d	0.25	1.69		5.01×10^9
	38d	0.29	2.20	1	1.36×10^9

3.1.11 6061+TB06-9+TB04-62 防护涂层

3.1.11.1 试验样件信息

6061+TB06-9+TB04-62 防护涂层试验样件信息见表 3-81。

表 3-81 6061+TB06-9+TB04-62 防护涂层试验样件信息

序号	基材	底漆	面漆	干膜厚度/μm
1-11	6061 铝镁硅合金	TB06-9 锌黄丙烯酸聚氨酯底漆	TB04-62 丙烯酸聚氨酯磁漆	30～50

6061+TB06-9+TB04-62 防护涂层采用底漆+面漆双层体系，底漆为 TB06-9 锌黄丙烯酸聚氨酯底漆，面漆为 TB04-62 丙烯酸聚氨酯磁漆，涂层总厚度为 30～50μm。

3.1.11.2 试验条件

6061+TB06-9+TB04-62 防护涂层自然环境试验条件见表 3-82，实验室环境试验条件见表3-83。

表3-82　6061+TB06-9+TB04-62防护涂层自然环境试验条件

环境类型	试验地点	试验方式
湿热海洋大气环境	西沙	户外暴露
亚湿热工业大气环境	江津	户外暴露
干热沙漠大气环境	敦煌	户外暴露
寒冷乡村大气环境	漠河	户外暴露

表3-83　6061+TB06-9+TB04-62防护涂层实验室环境试验条件

环境类型	试验条件
高温	温度：70℃。 升温速率：≤10℃/min
湿热	温度：47℃±1℃。 湿度：96%±2%
紫外光老化	灯源：UVA 340nm。 辐照度：0.98W/@340nm。 黑板温度：65℃±3℃。 试验方式：连续光照
氙灯光老化	灯源：UVA 300～400nm。 辐照度：0.53W/m^2@300～400nm。 BST（黑标温度）：65℃±2℃。 相对湿度：50%±5%。 试验循环：光照108min，润湿18min，为1个循环
温冲	低温状态：-55℃，保持30min。 高温状态：70℃，保持30min。 温度变化速率：≤1min
酸性大气	试验温度：35℃。 pH值：4.02。 沉降率：1.0～3.0mL/(80cm^2·h)。 试验循环：喷雾2h，贮存7h，为1个循环
紫外/冷凝+盐雾/干燥循环	紫外/冷凝试验： 　灯源：UVA 340nm。 　光照阶段黑板温度：60℃±3℃。 　辐照度：0.89W/m^2@340nm，光照8h。 　冷凝阶段黑板温度：50℃±3℃，冷凝4h。 　试验时长：12h为1个周期，循环6个周期后进入盐雾/干燥试验。 盐雾/干燥试验： 　喷雾阶段温度：35℃±2℃。 　盐溶液浓度：5%±1%。

续表

环境类型	试验条件
紫外/冷凝+盐雾/干燥循环	pH 值：6.5～7.2。 沉降量：1.0～3.0mL/(80cm²·h)，喷雾 12h。 干燥阶段温度：50℃±2℃，干燥 12h。 升温、降温速率：3℃/min。 试验时长：24h 为 1 个周期，循环 3 个周期。 试验循环：紫外/冷凝试验 72h+盐雾/干燥试验 72h，为 1 个循环
温冲+氙灯循环	温冲试验： 低温状态：-55℃，保持 0.5h。 高温状态：70℃，保持 0.5h。 温度变化速率：≤1min。 试验时长：1h 为 1 个周期，循环 10 个周期进入氙灯试验。 氙灯试验： 灯源：UVA 300～400nm。 辐照度：0.53W/m²@300～400nm。 BST（黑标温度）：65℃±2℃。 相对湿度：50%±5%。 试验时长：光照 108min，润湿 18min，共 80h。 试验循环：温冲试验 10h+氙灯试验 80h，为 1 个循环

3.1.11.3　6061+TB06-9+TB04-62 测试项目及参照标准

6061+TB06-9+TB04-6 防护涂层测试项目及参照标准见表 3-84。

表 3-84　6061+TB06-9+TB04-6 防护涂层测试项目及参照标准

测试项目	参照标准
外观评级	GB/T 1766—2008《色漆和清漆 涂层老化的评级方法》
光泽度	GB/T 9754—2007《色漆和清漆 不含金属颜料的色漆漆膜的 20°、60°和 85°镜面光泽的测定》
色差	GB/T 11186.2—1989《涂膜颜色的测量方法 第 2 部分：颜色测量》
附着力	GB/T 9286—2021《色漆和清漆 划格试验》 GB/T 5210—2006《色漆和清漆 拉开法附着力试验》
电化学交流阻抗	ISO 16773-2: 2016 *Electrochemical impedance spectroscopy (EIS) on coated and uncoated metallic specimens-Part 2: Collection of data*

3.1.11.4　环境适应性数据

1. 自然环境试验结果

（1）外观评级结果（见表 3-85）

表 3-85 6061+TB06-9+TB04-62 防护涂层自然环境试验外观评级结果

环境类型	试验时间/月	外观评级					综合评级
		粉化	开裂	起泡	生锈	剥落	
湿热海洋大气环境	0	0	0（S0）	0（S0）	0（S0）	0（S0）	0
	6	0	0（S0）	0（S0）	0（S0）	0（S0）	0
	12	0	0（S0）	0（S0）	0（S0）	0（S0）	0
	24	2	0（S0）	0（S0）	0（S0）	0（S0）	2
	36	3	0（S0）	0（S0）	0（S0）	0（S0）	3
亚湿热工业大气环境	0	0	0（S0）	0（S0）	0（S0）	0（S0）	0
	6	0	0（S0）	0（S0）	0（S0）	0（S0）	0
	12	0	0（S0）	0（S0）	0（S0）	0（S0）	0
	24	1	0（S0）	0（S0）	0（S0）	0（S0）	1
	36	1	0（S0）	0（S0）	0（S0）	0（S0）	1
干热沙漠大气环境	0	0	0（S0）	0（S0）	0（S0）	0（S0）	0
	6	0	0（S0）	0（S0）	0（S0）	0（S0）	0
	12	0	0（S0）	0（S0）	0（S0）	0（S0）	0
	24	1	0（S0）	0（S0）	0（S0）	0（S0）	1
	36	1	0（S0）	0（S0）	0（S0）	0（S0）	1
寒冷乡村大气环境	0	0	0（S0）	0（S0）	0（S0）	0（S0）	0
	6	0	0（S0）	0（S0）	0（S0）	0（S0）	0
	12	0	0（S0）	0（S0）	0（S0）	0（S0）	0
	24	0	0（S0）	0（S0）	0（S0）	0（S0）	0
	36	0	0（S0）	0（S0）	0（S0）	0（S0）	0

（2）性能测试结果（见表 3-86）

表 3-86 6061+TB06-9+TB04-62 防护涂层自然环境试验性能测试结果

环境类型	试验时间/月	失光率/%	色差	附着力等级	低频阻抗模值/$\Omega \cdot cm^2$
湿热海洋大气环境	0	0	0	2	3.99×10^{10}
	6	15.4	1.07	0	1.87×10^{10}
	12	43.4	2.44	1	1.00×10^{10}
	24	56.8	2.01	1	2.53×10^{9}
	36	75.0	3.32	1	1.64×10^{10}

续表

环境类型	试验时间/月	失光率/%	色差	附着力等级	低频阻抗模值/$\Omega \cdot cm^2$
亚湿热工业大气环境	0	0	0	2	4.00×10^{10}
	6	7.85	1.59	0	1.99×10^{10}
	12	13.77	1.03	1	2.60×10^{10}
	24	36.09	1.65	1	1.76×10^{10}
	36	55.78	1.65	1	1.93×10^{10}
干热沙漠大气环境	0	0	0	2	4.00×10^{10}
	6	9.12	0.59	1	1.23×10^{10}
	12	8.24	0.63	1	1.20×10^{10}
	24	25.52	1.37	0	1.33×10^{10}
	36	46.27	2.24	2	9.53×10^{8}
寒冷乡村大气环境	0	0	0	2	2.68×10^{10}
	6	4.36	0.12	1	3.18×10^{10}
	12	6.03	0.61	1	1.81×10^{10}
	24	8.6	0.70	1	2.53×10^{10}
	36	27.0	1.06	1	5.71×10^{9}

2. 实验室环境试验结果

（1）外观评级结果（见表3-87）

表3-87　6061+TB06-9+TB04-62防护涂层实验室环境试验外观评级结果

环境类型	试验时间	外观评级					综合评级
		粉化	开裂	起泡	生锈	剥落	
高温	0	0	0（S0）	0（S0）	0（S0）	0（S0）	0
	240h	0	0（S0）	0（S0）	0（S0）	0（S0）	0
	480h	0	0（S0）	0（S0）	0（S0）	0（S0）	0
	560h	0	0（S0）	0（S0）	0（S0）	0（S0）	0
湿热	0	0	0（S0）	0（S0）	0（S0）	0（S0）	0
	240h	0	0（S0）	0（S0）	0（S0）	0（S0）	0
	480h	0	0（S0）	0（S0）	0（S0）	0（S0）	0
	560h	0	0（S0）	0（S0）	0（S0）	0（S0）	0
	720h	0	0（S0）	0（S0）	0（S0）	0（S0）	0

续表

环境类型	试验时间	外观评级					综合评级
		粉化	开裂	起泡	生锈	剥落	
紫外光老化	0	0	0（S0）	0（S0）	0（S0）	0（S0）	0
	24d	0	0（S0）	0（S0）	0（S0）	0（S0）	0
	36d	0	0（S0）	0（S0）	0（S0）	0（S0）	0
	42d	0	0（S0）	0（S0）	0（S0）	0（S0）	0
氙灯光老化	0	0	0（S0）	0（S0）	0（S0）	0（S0）	0
	10d	0	0（S0）	0（S0）	0（S0）	0（S0）	0
	20d	0	0（S0）	0（S0）	0（S0）	0（S0）	0
	30d	0	0（S0）	0（S0）	0（S0）	0（S0）	0
	35d	0	0（S0）	0（S0）	0（S0）	0（S0）	0
温冲	0	0	0（S0）	0（S0）	0（S0）	0（S0）	0
	35个循环	0	0（S0）	0（S0）	0（S0）	0（S0）	0
	70个循环	0	0（S0）	0（S0）	0（S0）	0（S0）	0
酸性大气	0	0	0（S0）	0（S0）	0（S0）	0（S0）	0
	14d	0	0（S0）	0（S0）	0（S0）	0（S0）	0
	35d	0	0（S0）	0（S0）	0（S0）	0（S0）	0
紫外/冷凝+盐雾/干燥循环	0	0	0（S0）	0（S0）	0（S0）	0（S0）	0
	12d	0	0（S0）	0（S0）	0（S0）	0（S0）	0
	24d	0	0（S0）	0（S0）	0（S0）	0（S0）	0
	36d	0	0（S0）	0（S0）	0（S0）	0（S0）	1
	42d	0	0（S0）	0（S0）	0（S0）	0（S0）	1
温冲+氙灯循环	0	0	0（S0）	0（S0）	0（S0）	0（S0）	0
	180h	0	0（S0）	0（S0）	0（S0）	0（S0）	0
	360h	0	0（S0）	0（S0）	0（S0）	0（S0）	0
	450h	0	0（S0）	0（S0）	0（S0）	0（S0）	0
	540h	0	0（S0）	0（S0）	0（S0）	0（S0）	0
	630h	0	0（S0）	0（S0）	0（S0）	0（S0）	0

（2）性能测试结果（见表3-88）

表 3-88　6061+TB06-9+TB04-62 防护涂层实验室环境试验性能测试结果

环境类型	试验时间	失光率/%	色差	附着力等级	低频阻抗模值/$\Omega \cdot cm^2$
高温	0	0	0	1	2.14×10^9
	240h	−0.87	0.19		2.02×10^9
	480h	−5.66	0.07		5.32×10^9
	560h	−8.71	0.60	1	3.97×10^9
湿热	0	0	0	0	2.68×10^{10}
	240h	8.06	0.27	0	3.30×10^{10}
	560h	7.79	0.55	0	2.46×10^{10}
	720h	4.57	0.64	0	3.82×10^{10}
紫外光老化	0	0	0	0	2.68×10^{10}
	24d	6.60	0.55		2.73×10^{10}
	36d	21.16	0.78		2.48×10^{10}
	42d	33.53	0.59	1	2.12×10^{10}
氙灯光老化	0	0	0	1	2.68×10^{10}
	10d	−11.03	0.17		5.01×10^{10}
	20d		0.31		4.17×10^{10}
	30d	−9.88	0.38		1.03×10^{10}
	35d	−6.73	0.45	1	5.21×10^{10}
温冲	0	0	0	1	4.00×10^{10}
	35 个循环	19.43	0.94		1.93×10^{10}
	70 个循环	20.80	0.86	1	2.58×10^{10}
酸性大气	0	0	0	1	4.00×10^{10}
	14d	24.91	0.12		1.93×10^{10}
	35d	18.10	0.12	1	2.84×10^{10}
紫外/冷凝+盐雾/干燥循环	0	0	0	1	3.16×10^{10}
	12d	3.36	0.14		4.13×10^{10}
	24d	4.88	0.33		1.43×10^{10}
	36d	6.52	3.04		5.24×10^9
	42d	4.35	3.09	1	9.05×10^9
温冲+氙灯循环	0	0	0		4.00×10^{10}
	180h	69.39	1.93		1.08×10^{10}
	360h	78.16	2.37		2.93×10^{10}
	450h	75.94	2.63		2.35×10^{10}
	540h	62.30	3.19		4.51×10^9
	630h	59.65	2.75	1	2.03×10^{10}

3.1.12 6061+TB06-9+TS96-71 防护涂层

3.1.12.1 试验样件信息

6061+TB06-9+TS96-71 防护涂层试验样件信息见表 3-89。

表 3-89 6061+TB06-9+TS96-71 防护涂层试验样件信息

序号	基材	底漆	面漆	干膜厚度/μm
1-12	6061-T6 铝镁硅合金	TB06-9 锌黄丙烯酸聚氨酯底漆	TS96-71 氟聚氨酯磁漆	40～70

6061+TB06-9+TS96-71 防护涂层采用底漆+面漆双层体系,底漆为 TB06-9 锌黄丙烯酸聚氨酯底漆,面漆为 TS96-71 氟聚氨酯磁漆,涂层总厚度为 40～70μm。

3.1.12.2 试验条件

6061+TB06-9+TS96-71 防护涂层自然环境试验条件见表 3-90,实验室环境试验条件见表 3-91。

表 3-90 6061+TB06-9+TS96-71 防护涂层自然环境试验条件

环境类型	试验地点	试验方式
湿热海洋大气环境	西沙	棚下暴露
亚湿热工业大气环境	江津	棚下暴露
干热沙漠大气环境	敦煌	棚下暴露
寒冷乡村大气环境	漠河	棚下暴露

表 3-91 6061+TB06-9+TS96-71 防护涂层实验室环境试验条件

试验项目	试验条件
高温	温度:70℃。 升温速率:≤10℃/min
湿热	温度:47℃±1℃。 湿度:96%±2%
中性盐雾	温度:35℃±2℃。 NaCl 溶液浓度:50g/L±10g/L。 pH 值:6.0～7.0。 盐雾沉降率:1.0～2.0mL/(80cm²·h)。 试验循环:盐雾 2h 后干燥 22h,为 1 个循环
中性盐雾+湿热	中性盐雾试验: 　温度:35℃±2℃。 　NaCl 溶液浓度:50g/L±10g/L。

续表

试验项目	试验条件
中性盐雾+湿热	pH 值：6.0～7.0。 盐雾沉降率：1.0～2.0mL/(80cm^2·h)。 试验时长：2h。 恒定湿热试验： 温度：60℃±2℃。 相对湿度：91%～96%。 试验时长：22h。 试验循环：中性盐雾 2h+恒定湿热试验 22h，为 1 个循环

3.1.12.3 测试项目及参照标准

6061+TB06-9+TS96-71 防护涂层测试项目及参照标准见表 3-92。

表 3-92　6061+TB06-9+TS96-71 防护涂层测试项目及参照标准

测试项目	参照标准
外观评级	GB/T 1766—2008《色漆和清漆 涂层老化的评级方法》
光泽度	GB/T 9754—2007《色漆和清漆 不含金属颜料的色漆漆膜的20°、60°和85°镜面光泽的测定》
色差	GB/T 11186.2—1989《涂膜颜色的测量方法 第 2 部分：颜色测量》
附着力	GB/T 9286—2021《色漆和清漆 划格试验》
附着力	GB/T 5210—2006《色漆和清漆 拉开法附着力试验》
电化学交流阻抗	ISO 16773-2: 2016 Electrochemical impedance spectroscopy (EIS) on coated and uncoated metallic specimens-Part 2: Collection of data

3.1.12.4 环境适应性数据

1. 自然环境试验结果

（1）外观评级结果（见表 3-93）

表 3-93　6061+TB06-9+TS96-71 防护涂层自然环境试验外观评级结果

| 环境类型 | 试验时间/月 | 外观评级 ||||| 综合评级 |
		粉化	开裂	起泡	生锈	剥落	
湿热海洋大气环境	0	0	0（S0）	0（S0）	0（S0）	0（S0）	0
	6	0	0（S0）	0（S0）	0（S0）	0（S0）	0
	12	0	0（S0）	0（S0）	0（S0）	0（S0）	0
	24	0	0（S0）	0（S0）	0（S0）	0（S0）	0
	36	0	0（S0）	0（S0）	0（S0）	0（S0）	0

续表

环境类型	试验时间/月	外观评级					综合评级
		粉化	开裂	起泡	生锈	剥落	
亚湿热工业大气环境	0	0	0 (S0)	0 (S0)	0 (S0)	0 (S0)	0
	6	0	0 (S0)	0 (S0)	0 (S0)	0 (S0)	0
	12	0	0 (S0)	0 (S0)	0 (S0)	0 (S0)	0
	24	0	0 (S0)	0 (S0)	0 (S0)	0 (S0)	0
	36	0	0 (S0)	0 (S0)	0 (S0)	0 (S0)	0
干热沙漠大气环境	0	0	0 (S0)	0 (S0)	0 (S0)	0 (S0)	0
	6	0	0 (S0)	0 (S0)	0 (S0)	0 (S0)	0
	12	0	0 (S0)	0 (S0)	0 (S0)	0 (S0)	0
	24	0	0 (S0)	0 (S0)	0 (S0)	0 (S0)	0
	36	0	0 (S0)	0 (S0)	0 (S0)	0 (S0)	0
寒冷乡村大气环境	0	0	0 (S0)	0 (S0)	0 (S0)	0 (S0)	0
	6	0	0 (S0)	0 (S0)	0 (S0)	0 (S0)	0
	12	0	0 (S0)	0 (S0)	0 (S0)	0 (S0)	0
	24	0	0 (S0)	0 (S0)	0 (S0)	0 (S0)	0
	36	0	0 (S0)	0 (S0)	0 (S0)	0 (S0)	0

（2）性能测试结果（见表3-94）

表3-94　6061+TB06-9+TS96-71防护涂层自然环境试验性能测试结果

环境类型	试验时间/月	色差	附着力等级	低频阻抗模值/$\Omega \cdot cm^2$
湿热海洋大气环境	0	0	1	1.91×10^{10}
	6	0.42	1	6.03×10^{9}
	12	0.24	0	3.40×10^{10}
	24	0.33	1	5.73×10^{9}
	36	0.59	1	3.55×10^{9}
亚湿热工业大气环境	0	0	1	1.57×10^{10}
	6	0.19	1	8.28×10^{9}
	12	0.31	1	4.11×10^{10}
	24	0.44	1	5.94×10^{9}
	36	0.69	1	3.38×10^{10}
干热沙漠大气环境	0	0	1	1.57×10^{10}
	6	0.20	1	3.86×10^{10}

续表

环境类型	试验时间/月	色差	附着力等级	低频阻抗模值/$\Omega \cdot cm^2$
干热沙漠大气环境	12	0.50	1	4.25×10^{10}
	24	0.44	1	4.16×10^{10}
	36	0.47	1	1.63×10^{10}
寒冷乡村大气环境	0	0	1	1.57×10^{10}
	6	0.26	1	2.58×10^{10}
	12	0.32	1	2.96×10^{10}
	24	0.59	1	2.36×10^{10}
	36	0.62	1	3.93×10^{10}

2．实验室环境试验结果

（1）外观评级结果（见表 3-95）

表 3-95　6061+TB06-9+TS96-71 防护涂层实验室环境试验外观评级结果

试验项目	试验时间	外观评级					综合评级
		粉化	开裂	起泡	生锈	剥落	
高温	0	0	0（S0）	0（S0）	0（S0）	0（S0）	0
	240h	0	0（S0）	0（S0）	0（S0）	0（S0）	0
	480h	0	0（S0）	0（S0）	0（S0）	0（S0）	0
	560h	0	0（S0）	0（S0）	0（S0）	0（S0）	0
湿热	0	0	0（S0）	0（S0）	0（S0）	0（S0）	0
	240h	0	0（S0）	0（S0）	0（S0）	0（S0）	0
	480h	0	0（S0）	0（S0）	0（S0）	0（S0）	0
	560h	0	0（S0）	0（S0）	0（S0）	0（S0）	0
	720h	0	0（S0）	0（S0）	0（S0）	0（S0）	0
中性盐雾	0	0	0（S0）	0（S0）	0（S0）	0（S0）	0
	25d	0	0（S0）	0（S0）	0（S0）	0（S0）	0
	50d	0	0（S0）	0（S0）	0（S0）	0（S0）	0
中性盐雾+湿热	0	0	0（S0）	0（S0）	0（S0）	0（S0）	0
	10d	0	0（S0）	0（S0）	0（S0）	0（S0）	0
	22d	0	0（S0）	0（S0）	0（S0）	0（S0）	0
	30d	0	0（S0）	0（S0）	0（S0）	0（S0）	0
	38d	0	0（S0）	0（S0）	0（S0）	0（S0）	0

（2）性能测试结果（见表 3-96）

表 3-96　6061+TB06-9+TS96-71 防护涂层实验室环境试验性能测试结果

环境类型	试验时间	色差	附着力等级	低频阻抗模值/$\Omega\cdot cm^2$
高温	0	0	1	1.25×10^9
	240h	0.11		2.73×10^9
	480h	0.69		3.74×10^9
	560h	1.34	1	2.45×10^9
湿热	0	0	1	1.57×10^{10}
	240h	0.33		3.16×10^{10}
	480h	0.38		2.38×10^{10}
	560h	0.94		1.70×10^{10}
	720h	1.16	1	3.35×10^{10}
中性盐雾	0	0	1	1.57×10^{10}
	25d	1.96		8.02×10^9
	50d	1.91	1	2.09×10^{10}
中性盐雾+湿热循环	0	0	1	1.57×10^{10}
	10d	0.32		1.81×10^9
	30d	0.61		4.51×10^8
	38d	0.45	1	5.47×10^8

3.1.13　6061+TB06-9+TS96-71（B03）防护涂层

3.1.13.1　试验样件信息

6061+TB06-9+TS96-71（B03）防护涂层试验样件信息见表 3-97。

表 3-97　6061+TB06-9+TS96-71（B03）防护涂层试验样件信息

序号	基材	底漆	面漆	干膜厚度/μm
1-13	6061 铝镁硅合金	TB06-9 锌黄丙烯酸聚氨酯底漆	TS96-71 氟聚氨酯无光磁漆（B03）	90～120

6061+TB06-9+TS96-71（B03）防护涂层采用底漆+面漆双层体系，底漆为 TB06-9 锌黄丙烯酸聚氨酯底漆，面漆为 TS96-71 氟聚氨酯无光磁漆（B03），涂层总厚度为 90～120μm。

3.1.13.2 试验条件

6061+TB06-9+TS96-71（B03）防护涂层自然环境试验条件见表 3-98，实验室环境试验条件见表 3-99。

表 3-98 6061+TB06-9+TS96-71（B03）防护涂层自然环境试验条件

大气环境类型	试验地点	试验方式
湿热海洋大气环境	西沙	棚下暴露
亚湿热工业大气环境	江津	棚下暴露
干热沙漠大气环境	敦煌	棚下暴露
寒冷乡村大气环境	漠河	棚下暴露

表 3-99 6061+TB06-9+TS96-71（B03）防护涂层实验室环境试验条件

环境类型	试验条件
高温	温度：70℃。 升温速率：≤10℃/min
湿热	温度：47℃±1℃。 湿度：96%±2%
中性盐雾	温度：35℃±2℃。 NaCl 溶液浓度：50g/L±10g/L。 pH 值：6.0～7.0。 盐雾沉降率：1.0～2.0mL/(80cm^2·h)。 试验循环：盐雾 2h 后干燥 22h，为 1 个循环
中性盐雾+湿热循环	中性盐雾试验： 　　温度：35℃±2℃。 　　NaCl 溶液浓度：50g/L±10g/L。 　　pH 值：6.0～7.0。 　　盐雾沉降率：1.0～2.0mL/(80cm^2·h)。 　　试验时长：2h。 恒定湿热试验： 　　温度：60℃±2℃。 　　相对湿度：91%～96%。 　　试验时长：22h。 试验循环：中性盐雾 2h+恒定湿热试验 22h，为 1 个循环

3.1.13.3 测试项目及参照标准

6061+TB06-9+TS96-71（B03）防护涂层测试项目及参照标准见表 3-100。

表3-100　6061+TB06-9+TS96-71（B03）防护涂层测试项目及参照标准

测试项目	参照标准
外观评级	GB/T 1766—2008《色漆和清漆 涂层老化的评级方法》
光泽度	GB/T 9754—2007《色漆和清漆 不含金属颜料的色漆漆膜的20°、60°和85°镜面光泽的测定》
色差	GB/T 11186.2—1989《涂膜颜色的测量方法 第2部分：颜色测量》
附着力	GB/T 9286—2021《色漆和清漆 划格试验》
	GB/T 5210—2006《色漆和清漆 拉开法附着力试验》
电化学交流阻抗	ISO 16773-2: 2016 Electrochemical impedance spectroscopy (EIS) on coated and uncoated metallic specimens-Part 2: Collection of data

3.1.13.4　环境适应性数据

1. 自然环境试验结果

（1）外观评级结果（见表3-101）

表3-101　6061+TB06-9+TS96-71（B03）防护涂层自然环境试验外观评级结果

环境类型	试验时间/月	外观评级					综合评级
		粉化	开裂	起泡	生锈	剥落	
湿热海洋大气环境	0	0	0（S0）	0（S0）	0（S0）	0（S0）	0
	6	0	0（S0）	0（S0）	0（S0）	0（S0）	0
	12	0	0（S0）	0（S0）	0（S0）	0（S0）	0
	24	0	0（S0）	0（S0）	0（S0）	0（S0）	0
	36	0	0（S0）	0（S0）	0（S0）	0（S0）	0
亚湿热工业大气环境	0	0	0（S0）	0（S0）	0（S0）	0（S0）	0
	6	0	0（S0）	0（S0）	0（S0）	0（S0）	0
	12	0	0（S0）	0（S0）	0（S0）	0（S0）	0
	24	0	0（S0）	0（S0）	0（S0）	0（S0）	0
	36	0	0（S0）	0（S0）	0（S0）	0（S0）	0
干热沙漠大气环境	0	0	0（S0）	0（S0）	0（S0）	0（S0）	0
	6	0	0（S0）	0（S0）	0（S0）	0（S0）	0
	12	0	0（S0）	0（S0）	0（S0）	0（S0）	0
	24	0	0（S0）	0（S0）	0（S0）	0（S0）	0
	36	0	0（S0）	0（S0）	0（S0）	0（S0）	0

续表

环境类型	试验时间/月	外观评级					综合评级
		粉化	开裂	起泡	生锈	剥落	
寒冷乡村大气环境	0	0	0（S0）	0（S0）	0（S0）	0（S0）	0
	6	0	0（S0）	0（S0）	0（S0）	0（S0）	0
	12	0	0（S0）	0（S0）	0（S0）	0（S0）	0
	24	0	0（S0）	0（S0）	0（S0）	0（S0）	0
	36	0	0（S0）	0（S0）	0（S0）	0（S0）	0

（2）性能测试结果（见表 3-102）

表 3-102　6061+TB06-9+TS96-71（B03）防护涂层自然环境试验性能测试结果

环境类型	试验时间/月	色差	附着力等级	低频阻抗模值/$\Omega \cdot cm^2$
湿热海洋大气环境	0	0	1	7.90×10^{10}
	6	0.12	1	4.06×10^{10}
	12	0.20	1	1.34×10^{10}
	24	0.14	1	1.92×10^{10}
	36	0.33	0	8.92×10^{10}
亚湿热工业大气环境	0	0	1	7.90×10^{10}
	6	0.12	2	1.10×10^{11}
	12	0.20	1	6.84×10^{10}
	24	0.31	1	7.48×10^{10}
	36	0.46	1	4.64×10^{10}
干热沙漠大气环境	0	0	1	7.90×10^{10}
	6	0.30	1	1.37×10^{11}
	12	0.14	1	5.79×10^{10}
	24	0.17	1	5.75×10^{10}
	36	0.09	2	6.72×10^{10}
寒冷乡村大气环境	0	0	1	2.24×10^{11}
	6	0.31	1	9.96×10^{10}
	12	0.19	1	2.21×10^{11}
	24	0.08	1	5.60×10^{10}
	36	0.26	1	6.80×10^{10}

2. 实验室环境试验结果

（1）外观评级结果（见表3-103）

表3-103　6061+TB06-9+TS96-71（B03）防护涂层实验室环境试验外观评级结果

试验项目	试验时间	外观评级					综合评级
		粉化	开裂	起泡	生锈	剥落	
高温	0	0	0（S0）	0（S0）	0（S0）	0（S0）	0
	240h	0	0（S0）	0（S0）	0（S0）	0（S0）	0
	480h	0	0（S0）	0（S0）	0（S0）	0（S0）	0
	560h	0	0（S0）	0（S0）	0（S0）	0（S0）	0
湿热	0	0	0（S0）	0（S0）	0（S0）	0（S0）	0
	240h	0	0（S0）	0（S0）	0（S0）	0（S0）	0
	480h	0	0（S0）	0（S0）	0（S0）	0（S0）	0
	560h	0	0（S0）	0（S0）	0（S0）	0（S0）	0
	720h	0	0（S0）	0（S0）	0（S0）	0（S0）	0
中性盐雾	0	0	0（S0）	0（S0）	0（S0）	0（S0）	0
	25d	0	0（S0）	0（S0）	0（S0）	0（S0）	0
	50d	0	0（S0）	0（S0）	0（S0）	0（S0）	0
中性盐雾+湿热	0	0	0（S0）	0（S0）	0（S0）	0（S0）	0
	10d	0	0（S0）	0（S0）	0（S0）	0（S0）	0
	22d	0	0（S0）	0（S0）	0（S0）	0（S0）	0
	38d	0	0（S0）	0（S0）	0（S0）	0（S0）	0

（2）性能测试结果（见表3-104）

表3-104　6061+TB06-9+TS96-71（B03）防护涂层实验室环境试验性能测试结果

环境类型	试验时间	失光率/%	色差	附着力等级	低频阻抗模值/$\Omega \cdot cm^2$
高温	0	0	0	1	2.24×10^{11}
	240h	−1.58	0.15		1.46×10^{10}
	480h	−2.00	0.14		9.07×10^{9}
	560h	−9.48	0.20	1	6.36×10^{9}
湿热	0	0	0	1	2.24×10^{11}
	240h	8.03	0.11		4.27×10^{10}
	480h	1.71	0.15		1.33×10^{11}

续表

环境类型	试验时间	失光率/%	色差	附着力等级	低频阻抗模值/$\Omega \cdot cm^2$
湿热	560h	6.30	0.25		4.87×10^{10}
	720h	3.15	0.52	1	5.41×10^{10}
中性盐雾	0	0	0	1	2.24×10^{11}
	25d	−28.44	0.33		1.64×10^{10}
	50d	−2.77	0.33	1	7.61×10^{10}
中性盐雾+湿热循环	0	0	0	1	2.24×10^{11}
	10d	0.11	0.16		5.62×10^{7}
	22d	0.11	0.41		1.01×10^{10}
	30d	0.15	0.53		5.16×10^{9}
	38d	0.16	0.65	1	9.15×10^{8}

3.1.14　6061+TB06-9+SP-2 防护涂层

3.1.14.1　试验样件信息

6061+TB06-9+SP-2 防护涂层试验样件信息见表 3-105。

表 3-105　6061+TB06-9+SP-2 防护涂层试验样件信息

序号	基材	底漆	面漆	干膜厚度/μm	涂层颜色
1-14	6061 铝镁硅合金	TB06-9 锌黄丙烯酸聚氨酯底漆	SP-2 丙烯酸聚氨酯海陆迷彩漆	40～60	迷彩色

6061+TB06-9+SP-2 防护涂层采用底漆+面漆双层体系，底漆为 TB06-9 锌黄丙烯酸聚氨酯底漆，面漆为 SP-2 丙烯酸聚氨酯海陆迷彩漆，涂层总厚度为 40～60μm。

3.1.14.2　试验条件

6061+TB06-9+SP-2 防护涂层自然环境试验条件见表 3-106，实验室环境试验条件见表 3-107。

表 3-106　6061+TB06-9+SP-2 防护涂层自然环境试验条件

环境类型	试验地点	试验方式
湿热海洋大气环境	西沙	户外暴露
亚湿热工业大气环境	江津	户外暴露
干热沙漠大气环境	敦煌	户外暴露
寒冷乡村大气环境	漠河	户外暴露

表 3-107　6061+TB06-9+SP-2 防护涂层实验室环境试验条件

试验项目	试验条件
高温	温度：70℃。 升温速率：≤10℃/min
湿热	温度：47℃±1℃。 湿度：96%±2%
紫外光老化	灯源：UVA 340nm。 辐照度：0.98W/m^2@340nm。 黑板温度：65℃±3℃。 试验方式：连续光照
氙灯光老化	灯源：UVA 300~400nm。 辐照度：0.53W/m^2@300~400nm。 BST（黑标温度）：65℃±2℃。 相对湿度：50%±5%。 试验循环：光照 108min，润湿 18min，为 1 个循环
温冲	低温状态：-55℃，保持 30min。 高温状态：70℃，保持 30min。 温度变化速率：≤1min
酸性大气	试验温度：35℃。 pH 值：4.02。 沉降率：1.0~3.0mL/(80cm^2·h)。 试验循环：喷雾 2h，贮存 7h，为 1 个循环
紫外/冷凝、盐雾/干燥循环	紫外/冷凝试验： 　灯源：UVA 340nm。 　光照阶段黑板温度：60℃±3℃。 　辐照度：0.89W/m^2@340nm，光照 8h。 　冷凝阶段黑板温度：50℃±3℃，冷凝 4h。 　试验时长：12h 为 1 个周期，循环 6 个周期后进入盐雾/干燥试验。 盐雾/干燥试验： 　喷雾阶段温度：35℃±2℃。 　盐溶液浓度：5%±1%。 　pH 值：6.5~7.2。 　沉降量：1.0~3.0mL/(80cm^2·h)，喷雾 12h。 　干燥阶段温度：50℃±2℃，干燥 12h。 　升温、降温速率：3℃/min。 　试验时长：24h 为 1 个周期，循环 3 个周期。 试验循环：紫外/冷凝试验 72h+盐雾/干燥试验 72h，为 1 个循环
温冲+氙灯循环	盐雾试验： 温度：35℃±2℃。 NaCl 溶液浓度：50g/L±10g/L。 盐雾沉降率：1.0~2.0mL/(80cm^2·h)。 试验时长：0.5h，进入 SO$_2$ 试验。

续表

试验项目	试验条件
温冲+氙灯循环	SO_2 试验： SO_2 流速：35cm³/min·m³。 收集液 pH 值：2.5～3.2。 试验时长：0.5h。 试验循环：盐雾试验 0.5h+SO_2 试验 0.5h+静置 2h，为 1 个循环

3.1.14.3 测试项目及参照标准

6061+TB06-9+SP-2 防护涂层项目及参照标准见表 3-108。

表 3-108　6061+TB06-9+SP-2 防护涂层测试项目及参照标准

测试项目	参照标准
外观评级	GB/T 1766—2008《色漆和清漆 涂层老化的评级方法》
光泽度	GB/T 9754—2007《色漆和清漆 不含金属颜料的色漆漆膜的 20°、60°和 85°镜面光泽的测定》
色差	GB/T 11186.2—1989《涂膜颜色的测量方法 第 2 部分：颜色测量》
附着力	GB/T 9286—2021《色漆和清漆 划格试验》
	GB/T 5210—2006《色漆和清漆 拉开法附着力试验》
电化学交流阻抗	ISO 16773-2: 2016 Electrochemical impedance spectroscopy (EIS) on coated and uncoated metallic specimens-Part 2: Collection of data

3.1.14.4 环境适应性数据

1．自然环境试验结果

（1）外观评级结果（见表 3-109）

表 3-109　6061+TB06-9+SP-2 防护涂层自然环境试验外观评级结果

环境类型	试验时间/月	外观评级					综合评级
		粉化	开裂	起泡	生锈	剥落	
湿热海洋大气环境	0	0	0（S0）	0（S0）	0（S0）	0（S0）	0
	6	2	0（S0）	0（S0）	0（S0）	0（S0）	2
	12	2	0（S0）	0（S0）	0（S0）	0（S0）	2
	24	3	0（S0）	0（S0）	0（S0）	0（S0）	3
	36	3	0（S0）	0（S0）	0（S0）	0（S0）	3
亚湿热工业大气环境	0	0	0（S0）	0（S0）	0（S0）	0（S0）	0
	6	0	0（S0）	0（S0）	0（S0）	0（S0）	0

续表

环境类型	试验时间/月	外观评级					综合评级
		粉化	开裂	起泡	生锈	剥落	
亚湿热工业大气环境	12	0	0（S0）	0（S0）	0（S0）	0（S0）	0
	24	2	0（S0）	0（S0）	0（S0）	0（S0）	2
	36	3	0（S0）	0（S0）	0（S0）	0（S0）	3
干热沙漠大气环境	0	0	0（S0）	0（S0）	0（S0）	0（S0）	0
	6	0	0（S0）	0（S0）	0（S0）	0（S0）	0
	12	2	0（S0）	0（S0）	0（S0）	0（S0）	2
	24	2	0（S0）	0（S0）	0（S0）	0（S0）	2
	36	4	0（S0）	0（S0）	0（S0）	0（S0）	4
寒冷乡村大气环境	0	0	0（S0）	0（S0）	0（S0）	0（S0）	0
	6	0	0（S0）	0（S0）	0（S0）	0（S0）	0
	12	0	0（S0）	0（S0）	0（S0）	0（S0）	0
	24	3	0（S0）	0（S0）	0（S0）	0（S0）	3
	36	4	0（S0）	0（S0）	0（S0）	0（S0）	4

（2）性能测试结果（见表3-110）

表3-110　6061+TB06-9+SP-2防护涂层自然环境试验性能测试结果

环境类型	试验时间/月	失光率/%	色差	附着力等级	低频阻抗模值/Ω·cm^2
湿热海洋大气环境	0	0	0	0	2.03×10^{10}
	6	17.8	3.51	1	6.99×10^{9}
	12	29.5	4.81	1	4.00×10^{9}
	24	29.6	4.73	1	1.06×10^{10}
	36	36.7	6.37	1	1.50×10^{10}
亚湿热工业大气环境	0	0	0	0	2.03×10^{10}
	6	2.19	1.62	1	1.62×10^{10}
	12	27.13	3.29	1	
	24	32.37	2.90	1	1.32×10^{10}
	36	22.99	3.64	1	5.16×10^{9}
干热沙漠大气环境	0	0	0	0	2.03×10^{10}
	6	−5.56	0.93	1	1.61×10^{10}
	12	22.39	2.21	1	4.15×10^{9}

续表

环境类型	试验时间/月	失光率/%	色差	附着力等级	低频阻抗模值/Ω·cm^2
干热沙漠大气环境	24	39.67	3.65	1	$9.41×10^9$
	36	36.49	4.60	1	$4.01×10^9$
寒冷乡村大气环境	0	0	0	0	$1.61×10^{10}$
	6	−1.38	1.51	1	$1.56×10^9$
	12	22.21	3.57	1	$1.25×10^{10}$
	24	32.9	3.74	1	$1.40×10^{11}$
	36	31.1	7.24	1	$1.85×10^{10}$

2．实验室环境试验结果

（1）外观评级结果（见表 3-111）

表 3-111　6061+TB06-9+SP-2 防护涂层实验室环境试验外观评级结果

试验项目	试验时间	外观评级					综合评级
		粉化	开裂	起泡	生锈	剥落	
高温	0	0	0（S0）	0（S0）	0（S0）	0（S0）	0
	240h	0	0（S0）	0（S0）	0（S0）	0（S0）	0
	480h	0	0（S0）	0（S0）	0（S0）	0（S0）	0
	560h	0	0（S0）	0（S0）	0（S0）	0（S0）	0
湿热	0	0	0（S0）	0（S0）	0（S0）	0（S0）	0
	240h	0	0（S0）	0（S0）	0（S0）	0（S0）	0
	480h	0	0（S0）	0（S0）	0（S0）	0（S0）	0
	560h	0	0（S0）	0（S0）	0（S0）	0（S0）	0
	720h	0	0（S0）	0（S0）	0（S0）	0（S0）	0
紫外光老化	0	0	0（S0）	0（S0）	0（S0）	0（S0）	0
	18d	0	0（S0）	0（S0）	0（S0）	0（S0）	0
	24d	0	0（S0）	0（S0）	0（S0）	0（S0）	0
	36d	0	0（S0）	0（S0）	0（S0）	0（S0）	0
	42d	0	0（S0）	0（S0）	0（S0）	0（S0）	0
氙灯光老化	0	0	0（S0）	0（S0）	0（S0）	0（S0）	0
	10d	0	0（S0）	0（S0）	0（S0）	0（S0）	0
	20d	1	0（S0）	0（S0）	0（S0）	0（S0）	1
	30d	2	0（S0）	0（S0）	0（S0）	0（S0）	2

续表

试验项目	试验时间	外观评级					综合评级
		粉化	开裂	起泡	生锈	剥落	
氙灯光老化	35d	2	0（S0）	0（S0）	0（S0）	0（S0）	2
温冲	0	0	0（S0）	0（S0）	0（S0）	0（S0）	0
	35个循环	0	0（S0）	0（S0）	0（S0）	0（S0）	0
	70个循环	0	0（S0）	0（S0）	0（S0）	0（S0）	0
酸性大气	0	0	0（S0）	0（S0）	0（S0）	0（S0）	0
	14d	0	0（S0）	0（S0）	0（S0）	0（S0）	0
	35d	0	0（S0）	0（S0）	0（S0）	0（S0）	0
紫外/冷凝+盐雾/干燥循环	0	0	0（S0）	0（S0）	0（S0）	0（S0）	0
	12d	0	0（S0）	0（S0）	0（S0）	0（S0）	0
	24d	0	0（S0）	0（S0）	0（S0）	0（S0）	0
	36d	1	0（S0）	0（S0）	0（S0）	0（S0）	1
	42d	1	0（S0）	0（S0）	0（S0）	0（S0）	1
温冲+氙灯循环	0	0	0（S0）	0（S0）	0（S0）	0（S0）	0
	180h	0	0（S0）	0（S0）	0（S0）	0（S0）	0
	360h	0	0（S0）	0（S0）	0（S0）	0（S0）	0
	540h	0	0（S0）	0（S0）	0（S0）	0（S0）	0
	630h	0	0（S0）	0（S0）	0（S0）	0（S0）	0

（2）性能测试结果（见表3-112）

表3-112　6061+TB06-9+SP-2防护涂层实验室环境试验性能测试结果

试验项目	试验时间	失光率/%	色差	附着力等级	低频阻抗模值/$\Omega \cdot cm^2$
高温	0	0	0	0	1.28×10^9
	240h	−14.59	1.13		1.11×10^9
	480h	−17.00	0.77		3.03×10^9
	560h	−30.27	1.06	1	3.27×10^9
湿热	0	0	0	0	1.61×10^{10}
	240h	2.38	0.49		3.33×10^9
	480h	−5.31	0.31		3.82×10^9
	560h	−0.18	0.35		4.45×10^9
	720h	3.11	0.43	1	4.48×10^8

续表

试验项目	试验时间	失光率/%	色差	附着力等级	低频阻抗模值/Ω·cm²
紫外光老化	0	0	0	0	$1.61×10^{10}$
	12d	29.52	1.89		$2.39×10^{10}$
	24d	22.07	2.17		$2.32×10^{10}$
	36d	35.27	3.56		$2.16×10^{10}$
	42d	45.53	4.50	1	$5.28×10^{9}$
氙灯光老化	0	0	0	0	$1.61×10^{10}$
	10d	1.77	0.35		$2.82×10^{10}$
	20d	8.03	1.67		$1.65×10^{10}$
	30d	28.15	3.00		$1.64×10^{10}$
	35d	34.43	3.59	1	$2.39×10^{10}$
温冲	0	0	0	0	$2.03×10^{10}$
	35个循环	19.24	0.68		$2.66×10^{10}$
	70个循环	20.96	0.79	0	$2.12×10^{10}$
酸性大气	0	0	0	0	$2.03×10^{10}$
	14d	13.39	0.04		$1.25×10^{10}$
	35d	19.25	0.48	1	$9.06×10^{10}$
紫外/冷凝+盐雾/干燥循环	0	0	0	0	$1.22×10^{10}$
	12d	-1.17	0.30		$2.02×10^{10}$
	24d	8.02	0.46		$2.52×10^{9}$
	36d	10.84	4.71		$2.91×10^{9}$
	42d	16.85	4.80	1	$2.66×10^{9}$
温冲+氙灯循环	0	0	0	0	$2.03×10^{10}$
	180h	28.79	2.09		$4.96×10^{9}$
	360h	39.01	2.47		$1.67×10^{10}$
	630h	33.20	2.46	0	$5.22×10^{9}$

3.1.15 6061+XF06-1+吸波涂料+TS96-71防护涂层

3.1.15.1 试验样件信息

6061+XF06-1+吸波涂料+TS96-71防护涂层试验样件信息见表3-113。

表3-113 6061+XF06-1+吸波涂料+TS96-71防护涂层试验样件信息

序号	基材	底漆	中间漆	面漆	干膜厚度/μm
1-15	6061铝镁硅合金	XF06-1	吸波涂料	TS96-71	320～380

6061+XF06-1+吸波涂料+TS96-71 防护涂层采用底漆+中间漆+面漆三层体系，底漆为 XF06-1，中间漆为吸波涂料，面漆为 TS96-71，涂层总厚度为 320～380μm。

3.1.15.2 试验条件

6061+XF06-1+吸波涂料+TS96-71 防护涂层自然环境试验条件见表 3-114，实验室环境试验条件见表 3-115。

表 3-114　6061+XF06-1+吸波涂料+TS96-71 防护涂层自然环境试验条件

环境类型	试验地点	试验方式
湿热海洋大气环境	西沙	棚下暴露
亚湿热工业大气环境	江津	棚下暴露
干热沙漠大气环境	敦煌	棚下暴露
寒冷乡村大气环境	漠河	棚下暴露

表 3-115　6061+XF06-1+吸波涂料+TS96-71 防护涂层实验室环境试验条件

试验项目	试验条件
高温	温度：70℃。 升温速率：≤10℃/min
湿热	温度：47℃±1℃。 湿度：96%±2%
中性盐雾	温度：35℃±2℃。 NaCl 溶液浓度：50g/L±10g/L。 pH 值：6.0～7.0。 盐雾沉降率：1.0～2.0mL/(80cm²·h)。 试验循环：盐雾 2h 后干燥 22h，为 1 个循环
中性盐雾+湿热循环	中性盐雾试验： 　温度：35℃±2℃。 　NaCl 溶液浓度：50g/L±10g/L。 　pH 值：6.0～7.0。 　盐雾沉降率：1.0～2.0mL/(80cm²·h)。 　试验时长：2h。 恒定湿热试验： 　温度：60℃±2℃。 　相对湿度：91%～96%。 　试验时长：22h。 试验循环：中性盐雾 2h+恒定湿热试验 22h，为 1 个循环

3.1.15.3 测试项目及参照标准

6061+XF06-1+吸波涂料+TS96-71 防护涂层的测试项目及参照标准见表 3-116。

表3-116　6061+XF06-1+吸波涂料+TS96-71防护涂层测试项目及参照标准

测试项目	参照标准
外观评级	GB/T 1766—2008《色漆和清漆 涂层老化的评级方法》
光泽度	GB/T 9754—2007《色漆和清漆 不含金属颜料的色漆漆膜的20°、60°和85°镜面光泽的测定》
色差	GB/T 11186.2—1989《涂膜颜色的测量方法 第2部分：颜色测量》
附着力	GB/T 9286—2021《色漆和清漆 划格试验》 GB/T 5210—2006《色漆和清漆 拉开法附着力试验》
电化学交流阻抗	ISO 16773-2: 2016 Electrochemical impedance spectroscopy (EIS) on coated and uncoated metallic specimens-Part 2: Collection of data

3.1.15.4　环境适应性数据

1. 自然环境试验结果

（1）外观评级结果（见表3-117）

表3-117　6061+XF06-1+吸波涂料+TS96-71防护涂层自然环境试验外观评级结果

环境类型	试验时间/月	外观评级					综合评级
		粉化	开裂	起泡	生锈	剥落	
湿热海洋大气环境	0	0	0（S0）	0（S0）	0（S0）	0（S0）	0
	6	0	0（S0）	0（S0）	0（S0）	0（S0）	0
	12	0	0（S0）	0（S0）	0（S0）	0（S0）	0
	24	0	0（S0）	0（S0）	0（S0）	0（S0）	0
	36	0	0（S0）	0（S0）	0（S0）	0（S0）	0
亚湿热工业大气环境	0	0	0（S0）	0（S0）	0（S0）	0（S0）	0
	6	0	0（S0）	0（S0）	0（S0）	0（S0）	0
	12	0	0（S0）	0（S0）	0（S0）	0（S0）	0
	24	0	0（S0）	0（S0）	0（S0）	0（S0）	0
	36	0	0（S0）	0（S0）	0（S0）	0（S0）	0
干热沙漠大气环境	0	0	0（S0）	0（S0）	0（S0）	0（S0）	0
	6	0	0（S0）	0（S0）	0（S0）	0（S0）	0
	12	0	0（S0）	0（S0）	0（S0）	0（S0）	0
	24	0	0（S0）	0（S0）	0（S0）	0（S0）	0
	36	0	0（S0）	0（S0）	0（S0）	0（S0）	0

续表

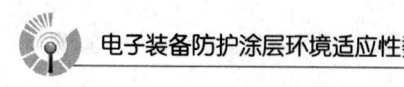

环境类型	试验时间/月	外观评级					综合评级
		粉化	开裂	起泡	生锈	剥落	
寒冷乡村大气环境	0	0	0（S0）	0（S0）	0（S0）	0（S0）	0
	6	0	0（S0）	0（S0）	0（S0）	0（S0）	0
	12	0	0（S0）	0（S0）	0（S0）	0（S0）	0
	24	0	0（S0）	0（S0）	0（S0）	0（S0）	0
	36	0	0（S0）	0（S0）	0（S0）	0（S0）	0

（2）性能测试结果（见表3-118）

表3-118　6061+XF06-1+吸波涂料+TS96-71防护涂层自然环境试验性能测试结果

环境类型	试验时间/月	色差	附着力等级	低频阻抗模值/$\Omega \cdot cm^2$
湿热海洋大气环境	0	0	1	5.21×10^{10}
	6	0.09	2	3.27×10^{10}
	12	0.25	1	6.22×10^{10}
	24	0.23	1	3.54×10^{10}
	36	0.49	1	4.06×10^{10}
亚湿热工业大气环境	0	0	1	5.21×10^{10}
	6	0.11	1	6.35×10^{10}
	12	0.29	1	3.64×10^{10}
	24	0.48	1	5.35×10^{10}
	36	0.77	1	4.46×10^{10}
干热沙漠大气环境	0	0	1	5.21×10^{10}
	6	0.16	1	5.84×10^{10}
	12	0.17	1	2.23×10^{10}
	24	0.15	2	1.73×10^{10}
	36	0.10	1	3.86×10^{10}
寒冷乡村大气环境	0	0	1	5.21×10^{10}
	6	0.24	1	1.33×10^{10}
	12	0.21	1	6.95×10^{9}
	24	0.09	1	5.58×10^{10}
	36	0.25	0	6.58×10^{10}

2. 实验室环境试验结果

（1）外观评级结果（见表3-119）

表 3-119　6061+XF06-1+吸波涂料+TS96-71 防护涂层实验室环境试验外观评级结果

试验项目	试验时间	外观评级					综合评级
		粉化	开裂	起泡	生锈	剥落	
高温	0	0	0（S0）	0（S0）	0（S0）	0（S0）	0
	240h	0	0（S0）	0（S0）	0（S0）	0（S0）	0
	480h	0	0（S0）	0（S0）	0（S0）	0（S0）	0
	560h	0	0（S0）	0（S0）	0（S0）	0（S0）	0
湿热	0	0	0（S0）	0（S0）	0（S0）	0（S0）	0
	240h	0	0（S0）	0（S0）	0（S0）	0（S0）	0
	480h	0	0（S0）	0（S0）	0（S0）	0（S0）	0
	560h	0	0（S0）	0（S0）	0（S0）	0（S0）	0
	720h	0	0（S0）	0（S0）	0（S0）	0（S0）	0
中性盐雾	0	0	0（S0）	0（S0）	0（S0）	0（S0）	0
	25d	0	0（S0）	0（S0）	0（S0）	0（S0）	0
	50d	0	0（S0）	4（S5）	0（S0）	0（S0）	4
中性盐雾+湿热循环	0	0	0（S0）	0（S0）	0（S0）	0（S0）	0
	10d	0	0（S0）	0（S0）	0（S0）	0（S0）	0
	22d	0	0（S0）	0（S0）	0（S0）	0（S0）	0
	30d	0	0（S0）	0（S0）	0（S0）	0（S0）	0
	38d	0	0（S0）	0（S0）	0（S0）	0（S0）	0

（2）性能测试结果（见表 3-120）

表 3-120　6061+XF06-1+吸波涂料+TS96-71 防护涂层实验室环境试验性能测试结果

试验项目	试验时间	失光率/%	色差	附着力等级	低频阻抗模值/$\Omega \cdot cm^2$
高温	0	0	0	1	5.21×10^{10}
	240h	2.20	0.22		9.79×10^9
	480h	−1.36	0.16		1.08×10^{10}
	560h	−8.07	0.12	1	
湿热	0	0	0	1	5.21×10^{10}
	240h	5.37	0.13		3.81×10^{10}
	480h	1.28	0.22		9.39×10^{10}
	560h	5.15	0.19		3.07×10^{10}
	720h	3.63	0.38	1	1.46×10^{10}

续表

试验项目	试验时间	失光率/%	色差	附着力等级	低频阻抗模值/$\Omega \cdot cm^2$
中性盐雾	0	0	0	1	5.21×10^{10}
	25d	1.23	0.49		1.30×10^{10}
	50d	4.94	0.63	1	1.55×10^{10}
中性盐雾+湿热循环	0	0	0	1	5.21×10^{10}
	10d	0.16	0.23		2.13×10^{10}
	22d	0.10	0.17		1.16×10^{10}
	30d	0.07	0.46		2.92×10^{9}
	38d	0.24	0.27	1	1.06×10^{10}

3.1.16 6061+环氧聚酯粉末防护涂层

3.1.16.1 试验样件信息

6061+环氧聚酯粉末防护涂层试验样件信息见表3-121。

表3-121 6061+环氧聚酯粉末防护涂层试验样件信息

序号	基材	面漆	干膜厚度/μm	涂层颜色
1-16	6061铝镁硅合金	环氧聚酯粉末	30~60	中绿灰

6061+环氧聚酯粉末防护涂层为单层体系，面漆为中绿灰环氧聚酯粉末（阿克苏诺贝尔），涂层总厚度为30~60μm。

3.1.16.2 试验条件

6061+环氧聚酯粉末防护涂层自然环境试验条件见表3-122，实验室环境试验条件见表3-123。

表3-122 6061+环氧聚酯粉末防护涂层自然环境试验条件

环境类型	试验地点	试验方式
湿热海洋大气环境	西沙	棚下暴露
亚湿热工业大气环境	江津	棚下暴露
干热沙漠大气环境	敦煌	棚下暴露
寒冷乡村大气环境	漠河	棚下暴露

表 3-123　6061+环氧聚酯粉末防护涂层实验室环境试验条件

试验项目	试验条件
高温	温度：70℃。 升温速率：≤10℃/min
湿热	温度：47℃±1℃。 湿度：96%±2%
中性盐雾	温度：35℃±2℃。 NaCl 溶液浓度：50g/L±10g/L。 pH 值：6.0～7.0。 盐雾沉降率：1.0～2.0mL/(80cm^2·h)。 试验循环：盐雾 2h 后干燥 22h，为 1 个循环
中性盐雾+湿热循环	中性盐雾试验： 　温度：35℃±2℃。 　NaCl 溶液浓度：50g/L±10g/L。 　pH 值：6.0～7.0。 　盐雾沉降率：1.0～2.0mL/(80cm^2·h)。 　试验时长：2h。 恒定湿热试验： 　温度：60℃±2℃。 　相对湿度：91%～96%。 　试验时长：22h。 试验循环：中性盐雾 2h+恒定湿热试验 22h，为 1 个循环

3.1.16.3　测试项目及参照标准

6061+环氧聚酯粉末防护涂层测试项目及参照标准见表 3-124。

表 3-124　6061+环氧聚酯粉末防护涂层测试项目及参照标准

测试项目	参照标准
外观评级	GB/T 1766—2008《色漆和清漆　涂层老化的评级方法》
光泽度	GB/T 9754—2007《色漆和清漆　不含金属颜料的色漆漆膜的 20°、60°和 85°镜面光泽的测定》
色差	GB/T 11186.2—1989《涂膜颜色的测量方法　第 2 部分：颜色测量》
附着力	GB/T 9286—2021《色漆和清漆　划格试验》 GB/T 5210—2006《色漆和清漆　拉开法附着力试验》
电化学交流阻抗	ISO 16773-2: 2016 *Electrochemical impedance spectroscopy (EIS) on coated and uncoated metallic specimens-Part 2: Collection of data*

3.1.16.4　环境适应性数据

1. 自然环境试验结果

（1）外观评级结果（见表 3-125）

表 3-125 6061+环氧聚酯粉末防护涂层自然环境试验外观评级结果

环境类型	试验时间/月	外观评级					综合评级
		粉化	开裂	起泡	生锈	剥落	
湿热海洋大气环境	0	0	0（S0）	0（S0）	0（S0）	0（S0）	0
	6	0	0（S0）	0（S0）	0（S0）	0（S0）	0
	12	0	0（S0）	0（S0）	0（S0）	0（S0）	0
	24	0	0（S0）	0（S0）	0（S0）	0（S0）	0
	36	0	0（S0）	0（S0）	0（S0）	0（S0）	0
亚湿热工业大气环境	0	0	0（S0）	0（S0）	0（S0）	0（S0）	0
	6	0	0（S0）	0（S0）	0（S0）	0（S0）	0
	12	0	0（S0）	0（S0）	0（S0）	0（S0）	0
	24	0	0（S0）	0（S0）	0（S0）	0（S0）	0
	36	0	0（S0）	0（S0）	0（S0）	0（S0）	0
干热沙漠大气环境	0	0	0（S0）	0（S0）	0（S0）	0（S0）	0
	6	0	0（S0）	0（S0）	0（S0）	0（S0）	0
	12	0	0（S0）	0（S0）	0（S0）	0（S0）	0
	24	0	0（S0）	0（S0）	0（S0）	0（S0）	0
	36	0	0（S0）	0（S0）	0（S0）	0（S0）	0
寒冷乡村大气环境	0	0	0（S0）	0（S0）	0（S0）	0（S0）	0
	6	0	0（S0）	0（S0）	0（S0）	0（S0）	0
	12	0	0（S0）	0（S0）	0（S0）	0（S0）	0
	24	0	0（S0）	0（S0）	0（S0）	0（S0）	0
	36	0	0（S0）	0（S0）	0（S0）	0（S0）	0

（2）性能测试结果（见表 3-126）

表 3-126 6061+环氧聚酯粉末防护涂层自然环境试验性能测试结果

环境类型	试验时间/月	色差	附着力等级	低频阻抗模值/$\Omega \cdot cm^2$
湿热海洋大气环境	0	0	0	1.07×10^{11}
	6	0.25	0	3.72×10^{10}
	12	0.17	0	3.35×10^{10}
	24	0.37	0	3.85×10^{10}
	36	0.39	0	4.29×10^{10}

续表

环境类型	试验时间/月	色差	附着力等级	低频阻抗模值/$\Omega \cdot cm^2$
亚湿热工业大气环境	0	0	0	1.07×10^{11}
	6	0.20	0	6.12×10^{10}
	12	0.23	0	4.42×10^{10}
	24	0.10	0	3.52×10^{10}
	36	0.15	0	6.30×10^{10}
干热沙漠大气环境	0	0	0	1.07×10^{11}
	6	0.10	0	4.96×10^{10}
	12	0.18	0	4.73×10^{10}
	24	0.09	1	4.23×10^{10}
	36	0.13	1	1.84×10^{9}
寒冷乡村大气环境	0	0	0	1.07×10^{11}
	6	0.19	1	
	12	0.19	0	5.70×10^{10}
	24	0.19	1	4.8×10^{10}
	36	0.60	0	4.84×10^{10}

2．实验室环境试验结果

（1）外观评级结果（见表 3-127）

表 3-127　6061+环氧聚酯粉末防护涂层实验室环境试验外观评级结果

试验项目	试验时间	外观评级					综合评级
		粉化	开裂	起泡	生锈	剥落	
高温	0	0	0（S0）	0（S0）	0（S0）	0（S0）	0
	240h	0	0（S0）	0（S0）	0（S0）	0（S0）	0
	480h	0	0（S0）	0（S0）	0（S0）	0（S0）	0
	560h	0	0（S0）	0（S0）	0（S0）	0（S0）	0
湿热	0	0	0（S0）	0（S0）	0（S0）	0（S0）	0
	240h	0	0（S0）	0（S0）	0（S0）	0（S0）	0
	480h	0	0（S0）	0（S0）	0（S0）	0（S0）	0
	560h	0	0（S0）	0（S0）	0（S0）	0（S0）	0
	720h	0	0（S0）	0（S0）	0（S0）	0（S0）	0
中性盐雾	0	0	0（S0）	0（S0）	0（S0）	0（S0）	0
	25d	0	0（S0）	0（S0）	0（S0）	0（S0）	0
	50d	0	0（S0）	0（S0）	0（S0）	0（S0）	0

续表

试验项目	试验时间	外观评级					综合评级
		粉化	开裂	起泡	生锈	剥落	
中性盐雾+湿热循环	0	0	0（S0）	0（S0）	0（S0）	0（S0）	0
	10d	0	0（S0）	0（S0）	0（S0）	0（S0）	0
	22d	0	0（S0）	0（S0）	0（S0）	0（S0）	0
	30d	0	0（S0）	0（S0）	0（S0）	0（S0）	0
	38d	0	0（S0）	0（S0）	0（S0）	0（S0）	0

（2）性能测试结果（见表 3-128）

表 3-128　6061+环氧聚酯粉末防护涂层实验室环境试验性能测试结果

试验项目	试验时间	失光率/%	色差	附着力等级	低频阻抗模值/$\Omega \cdot cm^2$
高温	0	0	0	0	1.07×10^{11}
	240h	1.43	0.28	0	5.32×10^{9}
	480h	4.37	0.32	0	1.93×10^{10}
	560h	−5.89	0.43	0	4.11×10^{9}
湿热	0	0	0	0	1.07×10^{11}
	240h	4.55	0.31	0	3.10×10^{9}
	480h	3.03	0.16	0	3.62×10^{10}
	560h	5.97	0.68	0	3.68×10^{10}
	720h	3.03	0.85	1	3.01×10^{10}
中性盐雾	0	0	0	0	1.07×10^{11}
	25d	6.92	0.32	0	2.54×10^{10}
	50d	9.55	0.61	0	6.74×10^{7}
中性盐雾+湿热循环	0	0	0	0	1.07×10^{11}
	10d	0.14	0.39	0	2.06×10^{10}
	22d	0.12	0.45	0	1.21×10^{10}
	30d	0.12	0.69	0	9.34×10^{9}
	38d	0.12	0.79	0	9.53×10^{9}

3.1.17　6061+环氧聚酯粉末（B03）防护涂层

3.1.17.1　试验样件信息

6061+环氧聚酯粉末（B03）防护涂层试验样件信息见表 3-129。

表 3-129 6061+环氧聚酯粉末（B03）防护涂层试验样件信息

序号	基材	面漆	干膜厚度/μm	颜色
1-17	6061 铝镁硅合金	环氧聚酯粉末	30～60	中绿灰

6061+环氧聚酯粉末（B03）防护涂层为单层体系，面漆为中绿灰环氧聚酯粉末（阿克苏诺贝尔），涂层总厚度为 30～60μm。

3.1.17.2 试验条件

6061+环氧聚酯粉末（B03）防护涂层自然环境试验条件见表 3-130，实验室环境试验条件见表 3-131。

表 3-130 6061+环氧聚酯粉末（B03）防护涂层自然环境试验条件

环境类型	试验地点	试验方式
湿热海洋大气环境	西沙	棚下暴露
亚湿热工业大气环境	江津	棚下暴露
干热沙漠大气环境	敦煌	棚下暴露
寒冷乡村大气环境	漠河	棚下暴露

表 3-131 6061+环氧聚酯粉末（B03）防护涂层实验室环境试验条件

试验项目	试验条件
高温	温度：70℃。 升温速率：≤10℃/min
湿热	温度：47℃±1℃。 湿度：96%±2%
中性盐雾	温度：35℃±2℃。 NaCl 溶液浓度：50g/L±10g/L。 pH 值：6.0～7.0。 盐雾沉降率：1.0～2.0mL/(80cm²·h)。 试验循环：盐雾 2h 后干燥 22h，为 1 个循环
中性盐雾+湿热循环	中性盐雾试验： 　温度：35℃±2℃。 　NaCl 溶液浓度：50g/L±10g/L。 　pH 值：6.0～7.0。 　盐雾沉降率：1.0～2.0mL/(80cm²·h)。 　试验时长：2h。 恒定湿热试验： 　温度：60℃±2℃。 　相对湿度：91%～96%。 　试验时长：22h。 试验循环：中性盐雾 2h+恒定湿热试验 22h，为 1 个循环

3.1.17.3 测试项目及参照标准

6061+环氧聚酯粉末（B03）防护涂层测试项目及参照标准见表3-132。

表3-132　6061+环氧聚酯粉末（B03）防护涂层测试项目及参照标准

测试项目	参照标准
外观评级	GB/T 1766—2008《色漆和清漆 涂层老化的评级方法》
光泽度	GB/T 9754—2007《色漆和清漆 不含金属颜料的色漆漆膜的20°、60°和85°镜面光泽的测定》
色差	GB/T 11186.2—1989《涂膜颜色的测量方法 第2部分：颜色测量》
附着力	GB/T 9286—2021《色漆和清漆 划格试验》
	GB/T 5210—2006《色漆和清漆 拉开法附着力试验》
电化学交流阻抗	ISO 16773-2: 2016 Electrochemical impedance spectroscopy (EIS) on coated and uncoated metallic specimens-Part 2: Collection of data

3.1.17.4 环境适应性数据

1. 自然环境试验结果

（1）外观评级结果（见表3-133）

表3-133　6061+环氧聚酯粉末（B03）防护涂层自然环境试验外观评级结果

环境类型	试验时间/月	外观评级					综合评级
		粉化	开裂	起泡	生锈	剥落	
湿热海洋大气环境	0	0	0（S0）	0（S0）	0（S0）	0（S0）	0
	6	0	0（S0）	0（S0）	0（S0）	0（S0）	0
	12	0	0（S0）	0（S0）	0（S0）	0（S0）	0
	24	0	0（S0）	0（S0）	0（S0）	0（S0）	0
	36	0	0（S0）	0（S0）	0（S0）	0（S0）	0
亚湿热工业大气环境	0	0	0（S0）	0（S0）	0（S0）	0（S0）	0
	6	0	0（S0）	0（S0）	0（S0）	0（S0）	0
	12	0	0（S0）	0（S0）	0（S0）	0（S0）	0
	24	0	0（S0）	0（S0）	0（S0）	0（S0）	0
	36	0	0（S0）	0（S0）	0（S0）	0（S0）	0
干热沙漠大气环境	0	0	0（S0）	0（S0）	0（S0）	0（S0）	0
	6	0	0（S0）	0（S0）	0（S0）	0（S0）	0
	12	0	0（S0）	0（S0）	0（S0）	0（S0）	0

续表

环境类型	试验时间/月	外观评级					综合评级
		粉化	开裂	起泡	生锈	剥落	
干热沙漠大气环境	24	0	0（S0）	0（S0）	0（S0）	0（S0）	0
	36	0	0（S0）	0（S0）	0（S0）	0（S0）	0
寒冷乡村大气环境	0	0	0（S0）	0（S0）	0（S0）	0（S0）	0
	6	0	0（S0）	0（S0）	0（S0）	0（S0）	0
	12	0	0（S0）	0（S0）	0（S0）	0（S0）	0
	24	0	0（S0）	0（S0）	0（S0）	0（S0）	0
	36	0	0（S0）	0（S0）	0（S0）	0（S0）	0

（2）性能测试结果（见表3-134）

表3-134　6061+环氧聚酯粉末（B03）防护涂层自然环境试验性能测试结果

环境类型	试验时间/月	失光率/%	色差	附着力等级	低频阻抗模值/$\Omega \cdot cm^2$
湿热海洋大气环境	0	0	0	0	5.22×10^{10}
	6	7.1	0.26	0	2.29×10^{10}
	12	6.1	0.29	1	2.71×10^{8}
	24	-1.2	0.66	1	1.51×10^{9}
	36	-0.3	0.85	1	4.64×10^{10}
亚湿热工业大气环境	0	0	0	0	5.22×10^{10}
	6	0.35	0.14	1	4.34×10^{10}
	12	2.11	0.22	1	2.37×10^{10}
	24	0.93	0.17	1	5.92×10^{10}
	36	1.6	0.34	1	4.10×10^{10}
干热沙漠大气环境	0	0	0	0	5.22×10^{10}
	6	-2.91	0.17	1	8.58×10^{10}
	12	1.40	0.09	1	3.84×10^{10}
	24	2.97	0.15	1	1.19×10^{10}
	36	6.45	0.13	1	3.24×10^{9}
寒冷乡村大气环境	0	0	0	0	5.22×10^{10}
	6	-0.80	0.26	0	4.11×10^{10}
	12	-0.38	0.10	1	4.20×10^{10}
	24	3.3	0.42	1	4.38×10^{10}
	36	0.8	0.76	1	3.28×10^{10}

2. 实验室环境试验结果

(1) 外观评级结果（见表 3-135）

表 3-135 6061+环氧聚酯粉末（B03）防护涂层实验室环境试验外观评级结果

试验项目	试验时间	外观评级					综合评级
		粉化	开裂	起泡	生锈	剥落	
高温	0	0	0 (S0)	0 (S0)	0 (S0)	0 (S0)	0
	240h	0	0 (S0)	0 (S0)	0 (S0)	0 (S0)	0
	480h	0	0 (S0)	0 (S0)	0 (S0)	0 (S0)	0
	560h	0	0 (S0)	0 (S0)	0 (S0)	0 (S0)	0
湿热	0	0	0 (S0)	0 (S0)	0 (S0)	0 (S0)	0
	240h	0	0 (S0)	0 (S0)	0 (S0)	0 (S0)	0
	480h	0	0 (S0)	0 (S0)	0 (S0)	0 (S0)	0
	560h	0	0 (S0)	0 (S0)	0 (S0)	0 (S0)	0
	720h	0	0 (S0)	0 (S0)	0 (S0)	0 (S0)	0
中性盐雾	0	0	0 (S0)	0 (S0)	0 (S0)	0 (S0)	0
	25d	0	0 (S0)	0 (S0)	0 (S0)	0 (S0)	0
	50d	0	0 (S0)	0 (S0)	0 (S0)	0 (S0)	0
中性盐雾+湿热循环	0	0	0 (S0)	0 (S0)	0 (S0)	0 (S0)	0
	10d	0	0 (S0)	0 (S0)	0 (S0)	0 (S0)	0
	22d	0	0 (S0)	0 (S0)	0 (S0)	0 (S0)	0
	30d	0	0 (S0)	0 (S0)	0 (S0)	0 (S0)	0
	38d	0	0 (S0)	0 (S0)	0 (S0)	0 (S0)	0

(2) 性能测试结果（见表 3-136）

表 3-136 6061+环氧聚酯粉末（B03）防护涂层实验室环境试验性能测试结果

试验项目	试验时间	失光率/%	色差	附着力等级	低频阻抗模值/$\Omega\cdot cm^2$
高温	0	0	0	0	5.22×10^{10}
	240h	4.42	0.23		3.56×10^{9}
	480h	9.67	0.39		3.41×10^{9}
	560h	7.36	0.14	1	7.15×10^{9}
湿热	0	0	0	0	5.22×10^{10}
	240h	9.32	0.17		3.97×10^{10}
	480h	6.32	0.22		3.63×10^{10}

续表

试验项目	试验时间	失光率/%	色差	附着力等级	低频阻抗模值/Ω·cm²
湿热	560h	15.66	0.45		2.74×10^{10}
	720h	9.76	0.40	0	4.04×10^{10}
中性盐雾	0	0	0	0	5.22×10^{10}
	25d	6.52	0.10		4.78×10^{10}
	50d	6.58	0.06	1	8.33×10^{10}
中性盐雾+湿热循环	0	0	0		5.22×10^{10}
	10d	0.08	0.09		4.05×10^{10}
	22d	0.19	0.55		2.34×10^{10}
	30d	0.09	0.65		2.65×10^{10}
	38d	0.21	0.78	0	3.01×10^{10}

3.1.18　6061+纯聚酯粉末防护涂层

3.1.18.1　试验样件信息

6061+纯聚酯粉末防护涂层试验样件信息见表3-137。

表3-137　6061+纯聚酯粉末防护涂层试验样件信息

序号	基材	面漆	干膜厚度/μm	涂层颜色
1-18	6061铝镁硅合金	纯聚酯粉末	40～60	黑色

6061+纯聚酯粉末防护涂层为单层体系，面漆为黑色纯聚酯粉末（阿克苏诺贝尔），涂层总厚度为40～60μm。

3.1.18.2　试验条件

6061+纯聚酯粉末防护涂层自然环境试验条件见表3-138，实验室环境试验条件见表3-139。

表3-138　6061+纯聚酯粉末防护涂层自然环境试验条件

环境类型	试验地点	试验方式
湿热海洋大气环境	西沙	棚下暴露
亚湿热工业大气环境	江津	棚下暴露
干热沙漠大气环境	敦煌	棚下暴露
寒冷乡村大气环境	漠河	棚下暴露

表 3-139　6061+纯聚酯粉末防护涂层实验室环境试验条件

试验项目	试验条件
高温	温度：70℃。 升温速率：≤10℃/min
湿热	温度：47℃±1℃。 湿度：96%±2%
中性盐雾	温度：35℃±2℃。 NaCl 溶液浓度：50g/L±10g/L。 pH 值：6.0～7.0。 盐雾沉降率：1.0～2.0mL/(80cm^2·h)。 试验循环：盐雾 2h 后干燥 22h，为 1 个循环
中性盐雾+湿热循环	中性盐雾试验： 　温度：35℃±2℃。 　NaCl 溶液浓度：50g/L±10g/L。 　pH 值：6.0～7.0。 　盐雾沉降率：1.0～2.0mL/(80cm^2·h)。 　试验时长：2h。 恒定湿热试验： 　温度：60℃±2℃。 　相对湿度：91%～96%。 　试验时长：22h。 试验循环：中性盐雾 2h+恒定湿热试验 22h，为 1 个循环

3.1.18.3　测试项目及参照标准

6061+纯聚酯粉末防护涂层测试项目及参照标准见表 3-140。

表 3-140　6061+纯聚酯粉末防护涂层测试项目及参照标准

测试项目	参照标准
外观评级	GB/T 1766—2008《色漆和清漆　涂层老化的评级方法》
光泽度	GB/T 9754—2007《色漆和清漆　不含金属颜料的色漆漆膜的 20°、60°和 85°镜面光泽的测定》
色差	GB/T 11186.2—1989《涂膜颜色的测量方法　第 2 部分：颜色测量》
附着力	GB/T 9286—2021《色漆和清漆　划格试验》
	GB/T 5210—2006《色漆和清漆　拉开法附着力试验》
电化学交流阻抗	ISO 16773-2: 2016 *Electrochemical impedance spectroscopy (EIS) on coated and uncoated metallic specimens-Part 2: Collection of data*

3.1.18.4 环境适应性数据

1. 自然环境试验结果

(1) 外观评级结果（见表3-141）

表3-141 6061+纯聚酯粉末防护涂层自然环境试验外观评级结果

环境类型	试验时间/月	外观评级					综合评级
		粉化	开裂	起泡	生锈	剥落	
湿热海洋大气环境	0	0	0（S0）	0（S0）	0（S0）	0（S0）	0
	6	0	0（S0）	0（S0）	0（S0）	0（S0）	0
	12	0	0（S0）	0（S0）	0（S0）	0（S0）	0
	24	0	0（S0）	0（S0）	0（S0）	0（S0）	0
	36	0	0（S0）	0（S0）	0（S0）	0（S0）	0
亚湿热工业大气环境	0	0	0（S0）	0（S0）	0（S0）	0（S0）	0
	6	0	0（S0）	0（S0）	0（S0）	0（S0）	0
	12	0	0（S0）	0（S0）	0（S0）	0（S0）	0
	24	0	0（S0）	0（S0）	0（S0）	0（S0）	0
	36	0	0（S0）	0（S0）	0（S0）	0（S0）	0
干热沙漠大气环境	0	0	0（S0）	0（S0）	0（S0）	0（S0）	0
	6	0	0（S0）	0（S0）	0（S0）	0（S0）	0
	12	0	0（S0）	0（S0）	0（S0）	0（S0）	0
	24	0	0（S0）	0（S0）	0（S0）	0（S0）	0
	36	0	0（S0）	0（S0）	0（S0）	0（S0）	0
寒冷乡村大气环境	0	0	0（S0）	0（S0）	0（S0）	0（S0）	0
	6	0	0（S0）	0（S0）	0（S0）	0（S0）	0
	12	0	0（S0）	0（S0）	0（S0）	0（S0）	0
	24	0	0（S0）	0（S0）	0（S0）	0（S0）	0
	36	0	0（S0）	0（S0）	0（S0）	0（S0）	0

(2) 性能测试结果（见表3-142）

表3-142 6061+纯聚酯粉末防护涂层自然环境试验性能测试结果

环境类型	试验时间/月	色差	附着力等级	低频阻抗模值/$\Omega \cdot cm^2$
湿热海洋大气环境	0	0	0	4.32×10^{10}
	6	0.49	0	3.74×10^{10}

续表

环境类型	试验时间/月	色差	附着力等级	低频阻抗模值/$\Omega \cdot cm^2$
湿热海洋大气环境	12	0.56	0	7.08×10^{10}
	24	0.88	0	5.58×10^{9}
	36	1.51	0	1.27×10^{10}
亚湿热工业大气环境	0	0	0	4.32×10^{10}
	6	0.27	0	4.33×10^{10}
	12	0.49	0	6.54×10^{10}
	24	0.47	0	4.32×10^{10}
	36	0.63	0	3.76×10^{10}
干热沙漠大气环境	0	0	0	4.32×10^{10}
	6	0.18	0	1.37×10^{11}
	12	0.52	0	4.78×10^{10}
	24	0.67	1	4.38×10^{10}
	36	0.79	1	3.12×10^{9}
寒冷乡村环境	0	0	0	4.32×10^{10}
	6	0.39	0	8.93×10^{10}
	12	0.64	0	4.13×10^{10}
	24	0.79	0	3.71×10^{10}
	36	1.03	1	3.06×10^{10}

2．实验室环境试验结果

（1）外观评级结果（见表 3-143）

表 3-143　6061+纯聚酯粉末防护涂层实验室环境试验外观评级结果

试验项目	试验时间	外观评级					综合评级
		粉化	开裂	起泡	生锈	剥落	
高温	0	0	0（S0）	0（S0）	0（S0）	0（S0）	0
	240h	0	0（S0）	0（S0）	0（S0）	0（S0）	0
	480h	0	0（S0）	0（S0）	0（S0）	0（S0）	0
	560h	0	0（S0）	0（S0）	0（S0）	0（S0）	0
湿热	0	0	0（S0）	0（S0）	0（S0）	0（S0）	0
	240h	0	0（S0）	0（S0）	0（S0）	0（S0）	0
	480h	0	0（S0）	0（S0）	0（S0）	0（S0）	0

续表

试验项目	试验时间	外观评级					综合评级
		粉化	开裂	起泡	生锈	剥落	
湿热	560h	0	0（S0）	0（S0）	0（S0）	0（S0）	0
	720h	0	0（S0）	0（S0）	0（S0）	0（S0）	0
中性盐雾	0	0	0（S0）	0（S0）	0（S0）	0（S0）	0
	25d	0	0（S0）	0（S0）	0（S0）	0（S0）	0
	50d	0	0（S0）	0（S0）	0（S0）	0（S0）	0
中性盐雾+湿热循环	0	0	0（S0）	0（S0）	0（S0）	0（S0）	0
	10d	0	0（S0）	0（S0）	0（S0）	0（S0）	0
	22d	0	0（S0）	0（S0）	0（S0）	0（S0）	0
	30d	0	0（S0）	0（S0）	0（S0）	0（S0）	0
	38d	0	0（S0）	0（S0）	0（S0）	0（S0）	0

（2）性能测试结果（见表3-144）

表3-144　6061+纯聚酯粉末防护涂层实验室环境试验性能测试结果

试验项目	试验时间	失光率/%	色差	附着力等级	低频阻抗模值/$\Omega \cdot cm^2$
高温	0	0	0	0	4.32×10^{10}
	240h	5.57	0.24		2.45×10^9
	480h	4.82	0.12		4.97×10^9
	560h	−4.73	1.07	0	3.86×10^9
湿热	0	0	0	0	4.32×10^{10}
	240h	4.17	0.22		2.30×10^{10}
	480h	4.27	0.30		2.26×10^{10}
	560h	6.65	0.88		2.46×10^{10}
	720h	3.47	1.19	1	2.13×10^{10}
中性盐雾	0	0	0	0	4.32×10^{10}
	25d	10.72	0.53		2.55×10^{10}
	50d	9.02	0.38	0	3.25×10^{10}
中性盐雾+湿热循环	0	0	0	0	4.32×10^{10}
	10d	0.15	0.24		3.59×10^{10}
	22d	0.09	1.31		2.78×10^{10}
	30d	0.10	2.49		1.47×10^{10}
	38d	0.13	2.30	0	1.34×10^{10}

3.1.19　2A12+S06-N-2+S04-80 防护涂层

3.1.19.1　试验样件信息

2A12+S06-N-2+S04-80 防护涂层试验样件信息见表 3-145。

表 3-145　2A12+S06-N-2+S04-80 防护涂层试验样件信息

序号	基材	底漆	面漆	干膜厚度/μm
1-19	2A12 铝铜合金	S06-N-2 环氧聚氨酯底漆	S04-80 丙烯酸聚氨酯面漆	30～60

2A12+S06-N-2+S04-80 防护涂层采用底漆+面漆双层体系，底漆为 S06-N-2 环氧聚氨酯底漆，面漆为 S04-80 丙烯酸聚氨酯面漆，涂层总厚度为 30～60μm。

3.1.19.2　试验条件

2A12+S06-N-2+S04-80 防护涂层自然环境试验条件见表 3-146，实验室环境试验条件见表 3-147。

表 3-146　2A12+S06-N-2+S04-80 防护涂层自然环境试验条件

环境类型	试验地点	试验方式
湿热海洋大气环境	西沙	棚下暴露
亚湿热工业大气环境	江津	棚下暴露
干热沙漠大气环境	敦煌	棚下暴露
寒冷乡村大气环境	漠河	棚下暴露

表 3-147　2A12+S06-N-2+S04-80 防护涂层实验室环境试验条件

试验项目	试验条件
高温	温度：70℃。 升温速率：≤10℃/min
湿热	温度：47℃±1℃。 湿度：96%±2%
中性盐雾	温度：35℃±2℃。 NaCl 溶液浓度：50g/L±10g/L。 pH 值：6.0～7.0。 盐雾沉降率：1.0～2.0mL/(80cm^2·h)。 试验循环：盐雾 2h 后干燥 22h，为 1 个循环
中性盐雾+湿热循环	中性盐雾试验： 　温度：35℃±2℃。 　NaCl 溶液浓度：50g/L±10g/L。

续表

试验项目	试验条件
中性盐雾+湿热循环	pH 值：6.0～7.0。 盐雾沉降率：1.0～2.0mL/(80cm^2·h)。 试验时长：2h。 恒定湿热试验： 温度：60℃±2℃。 相对湿度：91%～96%。 试验时长：22h。 试验循环：中性盐雾 2h+恒定湿热试验 22h，为 1 个循环

3.1.19.3 测试项目及参照标准

2A12+S06-N-2+S04-80 防护涂层测试项目及参照标准见表 3-148。

表 3-148　2A12+S06-N-2+S04-80 防护涂层测试项目及参照标准

测试项目	参照标准
外观评级	GB/T 1766—2008《色漆和清漆 涂层老化的评级方法》
光泽度	GB/T 9754—2007《色漆和清漆 不含金属颜料的色漆漆膜的20°、60°和85°镜面光泽的测定》
色差	GB/T 11186.2—1989《涂膜颜色的测量方法 第 2 部分：颜色测量》
附着力	GB/T 9286—2021《色漆和清漆 划格试验》
	GB/T 5210—2006《色漆和清漆 拉开法附着力试验》
电化学交流阻抗	ISO 16773-2: 2016 Electrochemical impedance spectroscopy (EIS) on coated and uncoated metallic specimens-Part 2: Collection of data

3.1.19.4 环境适应性数据

1. 自然环境试验结果

（1）外观评级结果（见表 3-149）

表 3-149　2A12+S06-N-2+S04-80 防护涂层实验室环境试验外观评级结果

环境类型	试验时间/月	外观评级					综合评级
		粉化	开裂	起泡	生锈	剥落	
湿热海洋大气环境	0	0	0（S0）	0（S0）	0（S0）	0（S0）	0
	6	0	0（S0）	0（S0）	0（S0）	0（S0）	0
	12	0	0（S0）	0（S0）	0（S0）	0（S0）	0
	24	0	0（S0）	0（S0）	0（S0）	0（S0）	0
	36	0	0（S0）	0（S0）	0（S0）	0（S0）	0

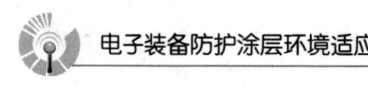

续表

环境类型	试验时间/月	外观评级					综合评级
		粉化	开裂	起泡	生锈	剥落	
亚湿热工业大气环境	0	0	0（S0）	0（S0）	0（S0）	0（S0）	0
	6	0	0（S0）	0（S0）	0（S0）	0（S0）	0
	12	0	0（S0）	0（S0）	0（S0）	0（S0）	0
	24	0	0（S0）	0（S0）	0（S0）	0（S0）	0
	36	0	0（S0）	0（S0）	0（S0）	0（S0）	0
干热沙漠大气环境	0	0	0（S0）	0（S0）	0（S0）	0（S0）	0
	6	0	0（S0）	0（S0）	0（S0）	0（S0）	0
	12	0	0（S0）	0（S0）	0（S0）	0（S0）	0
	24	0	0（S0）	0（S0）	0（S0）	0（S0）	0
	36	0	0（S0）	0（S0）	0（S0）	0（S0）	0
寒冷乡村环境	0	0	0（S0）	0（S0）	0（S0）	0（S0）	0
	6	0	0（S0）	0（S0）	0（S0）	0（S0）	0
	12	0	0（S0）	0（S0）	0（S0）	0（S0）	0
	24	0	0（S0）	0（S0）	0（S0）	0（S0）	0
	36	0	0（S0）	0（S0）	0（S0）	0（S0）	0

（2）性能测试结果（见表3-150）

表3-150　2A12+S06-N-2+S04-80防护涂层自然环境试验性能测试结果

环境类型	试验时间/月	色差	附着力等级	低频阻抗模值/$\Omega \cdot cm^2$
湿热海洋大气环境	0	0	2	1.35×10^{10}
	6	0.66	0	1.19×10^{10}
	12	0.58	3	8.25×10^{9}
	24	0.89	1	8.06×10^{9}
	36	1.48	1	7.31×10^{9}
亚湿热工业大气环境	0	0	2	1.12×10^{10}
	6	0.12	1	1.29×10^{10}
	12	0.56	1	1.35×10^{10}
	24	0.65	1	3.01×10^{10}
	36	0.35	1	1.12×10^{10}
干热沙漠大气环境	0	0	2	7.71×10^{9}
	6	0.33	5	2.13×10^{10}

续表

环境类型	试验时间/月	色差	附着力等级	低频阻抗模值/$\Omega\cdot cm^2$
干热沙漠大气环境	12	0.64	1	1.26×10^{10}
	24	0.68	1	2.10×10^{10}
	36	0.40	1	7.75×10^{9}
寒冷乡村大气环境	0	0	2	7.71×10^{9}
	6	0.26	1	2.42×10^{10}
	12	0.76	1	1.14×10^{10}
	24	0.66	1	3.40×10^{10}
	36	0.98	1	1.71×10^{10}

2. 实验室环境试验结果

（1）外观评级结果（见表 3-151）

表 3-151 2A12+S06-N-2+S04-80 防护涂层实验室环境试验外观评级结果

试验项目	试验时间	外观评级					综合评级
		粉化	开裂	起泡	生锈	剥落	
高温	0	0	0（S0）	0（S0）	0（S0）	0（S0）	0
	240h	0	0（S0）	0（S0）	0（S0）	0（S0）	0
	480h	0	0（S0）	0（S0）	0（S0）	0（S0）	0
	560h	0	0（S0）	0（S0）	0（S0）	0（S0）	0
湿热	0	0	0（S0）	0（S0）	0（S0）	0（S0）	0
	240h	0	0（S0）	0（S0）	0（S0）	0（S0）	0
	480h	0	0（S0）	0（S0）	0（S0）	0（S0）	0
	560h	0	0（S0）	0（S0）	0（S0）	0（S0）	0
	720h	0	0（S0）	0（S0）	0（S0）	0（S0）	0
中性盐雾	0	0	0（S0）	0（S0）	0（S0）	0（S0）	0
	25d	0	0（S0）	0（S0）	0（S0）	0（S0）	0
	50d	0	0（S0）	0（S0）	0（S0）	0（S0）	0
中性盐雾+湿热循环	0	0	0（S0）	0（S0）	0（S0）	0（S0）	0
	10d	0	0（S0）	0（S0）	0（S0）	0（S0）	0
	22d	0	0（S0）	0（S0）	0（S0）	0（S0）	0
	30d	0	0（S0）	0（S0）	0（S0）	0（S0）	0
	38d	0	0（S0）	0（S0）	0（S0）	0（S0）	0

（2）性能测试结果（见表 3-152）

表 3-152　2A12+S06-N-2+S04-80 防护涂层实验室环境试验性能测试结果

试验项目	试验时间	失光率/%	色差	附着力等级	低频阻抗模值/Ω·cm²
高温	0	0	0	1	7.71×10^9
	240h	−11.27	0.27		3.79×10^9
	480h	−15.22	0.75		1.93×10^9
	560h	−26.89	0.46	1	1.43×10^9
湿热	0	0	0	1	7.71×10^9
	240h	40.39	0.43		2.03×10^{10}
	480h	35.65	0.47		2.18×10^{10}
	560h	30.81	0.75		8.87×10^9
	720h	38.12	0.83	1	1.31×10^{10}
中性盐雾	0	0	0	1	7.71×10^9
	25d	−7.83	1.50		5.26×10^9
	50d	0.30	0.74	1	1.11×10^{10}
中性盐雾+湿热循环	0	0	0	1	7.71×10^9
	10d	0.04	0.17		1.30×10^{10}
	22d	0.07	0.36		6.32×10^9
	30d	0.07	1.30		1.69×10^9
	38d	0.09	1.40	1	2.99×10^9

3.1.20　2A12+H06-2+H04-68 防护涂层

3.1.20.1　试验样件信息

2A12+H06-2+H04-68 防护涂层试验样件信息见表 3-153。

表 3-153　2A12+H06-2+H04-68 防护涂层试验样件信息

序号	基材	底漆	面漆	干膜厚度/μm
1-20	2A12 铝铜合金	H06-2 锌黄丙烯酸聚氨酯底漆	H04-68 色环氧聚酰胺磁漆	40～70

2A12+H06-2+H04-68 防护涂层采用底漆+面漆双层体系，底漆为 H06-2 锌黄丙烯酸聚氨酯底漆，面漆为 H04-68 色环氧聚酰胺磁漆，涂层总厚度为 40～70μm。

3.1.20.2　试验条件

2A12+H06-2+H04-68 防护涂层自然环境试验条件见表 3-154，实验室环境试验条件见表 3-155。

表 3-154　2A12+H06-2+H04-68 防护涂层自然环境试验条件

环境类型	试验地点	试验方式
湿热海洋大气环境	西沙	棚下暴露
亚湿热工业大气环境	江津	棚下暴露
干热沙漠大气环境	敦煌	棚下暴露
寒冷乡村大气环境	漠河	棚下暴露

表 3-155　2A12+H06-2+H04-68 防护涂层实验室环境试验条件

试验项目	试验条件
高温	温度：70℃。 升温速率：≤10℃/min
湿热	温度：47℃±1℃。 湿度：96%±2%
中性盐雾	温度：35℃±2℃。 NaCl 溶液浓度：50g/L±10g/L。 pH 值：6.0～7.0。 盐雾沉降率：1.0～2.0mL/(80cm^2·h)。 试验循环：盐雾 2h 后干燥 22h，为 1 个循环
中性盐雾+湿热循环	中性盐雾试验： 　温度：35℃±2℃。 　NaCl 溶液浓度：50g/L±10g/L。 　pH 值：6.0～7.0。 　盐雾沉降率：1.0～2.0mL/(80cm^2·h)。 　试验时长：2h。 恒定湿热试验： 　温度：60℃±2℃。 　相对湿度：91%～96%。 　试验时长：22h。 试验循环：中性盐雾 2h+恒定湿热试验 22h，为 1 个循环

3.1.20.3　测试项目及参照标准

2A12+H06-2+H04-68 防护涂层测试项目及参照标准见表 3-156。

表 3-156　2A12+H06-2+H04-68 防护涂层测试项目及参照标准

测试项目	参照标准
外观评级	GB/T 1766—2008《色漆和清漆　涂层老化的评级方法》
光泽度	GB/T 9754—2007《色漆和清漆　不含金属颜料的色漆漆膜的 20°、60°和 85°镜面光泽的测定》
色差	GB/T 11186.2—1989《涂膜颜色的测量方法　第 2 部分：颜色测量》

续表

测试项目	参照标准
附着力	GB/T 9286—2021《色漆和清漆 划格试验》
	GB/T 5210—2006《色漆和清漆 拉开法附着力试验》
电化学交流阻抗	ISO 16773-2: 2016 Electrochemical impedance spectroscopy (EIS) on coated and uncoated metallic specimens-Part 2: Collection of data

3.1.20.4 环境适应性数据

1. 自然环境试验结果

（1）外观评级结果（见表 3-157）

表 3-157　2A12+H06-2+H04-68 防护涂层自然环境试验外观评级结果

环境类型	试验时间/月	外观评级					综合评级
		粉化	开裂	起泡	生锈	剥落	
湿热海洋大气环境	0	0	0（S0）	0（S0）	0（S0）	0（S0）	0
	6	0	0（S0）	0（S0）	0（S0）	0（S0）	0
	12	0	0（S0）	0（S0）	0（S0）	0（S0）	0
	24	0	0（S0）	0（S0）	0（S0）	0（S0）	0
	36	0	0（S0）	0（S0）	0（S0）	0（S0）	0
亚湿热工业大气环境	0	0	0（S0）	0（S0）	0（S0）	0（S0）	0
	6	0	0（S0）	0（S0）	0（S0）	0（S0）	0
	12	0	0（S0）	0（S0）	0（S0）	0（S0）	0
	24	0	0（S0）	0（S0）	0（S0）	0（S0）	0
	36	0	0（S0）	0（S0）	0（S0）	0（S0）	0
干热沙漠大气环境	0	0	0（S0）	0（S0）	0（S0）	0（S0）	0
	6	0	0（S0）	0（S0）	0（S0）	0（S0）	0
	12	0	0（S0）	0（S0）	0（S0）	0（S0）	0
	24	0	0（S0）	0（S0）	0（S0）	0（S0）	0
	36	0	0（S0）	0（S0）	0（S0）	0（S0）	0
寒冷乡村大气环境	0	0	0（S0）	0（S0）	0（S0）	0（S0）	0
	6	0	0（S0）	0（S0）	0（S0）	0（S0）	0
	12	0	0（S0）	0（S0）	0（S0）	0（S0）	0
	24	0	0（S0）	0（S0）	0（S0）	0（S0）	0
	36	0	0（S0）	0（S0）	0（S0）	0（S0）	0

(2)性能测试结果(见表3-158)

表3-158　2A12+H06-2+H04-68防护涂层自然环境试验性能测试结果

环境类型	试验时间	失光率/%	色差	附着力等级	低频阻抗模值/$\Omega \cdot cm^2$
湿热海洋大气环境	0	0	0	2	5.37×10^{10}
	6	7.3	0.32	3	4.35×10^{10}
	12	5.1	0.48	3	1.33×10^{10}
	24	8.4	0.71	3	1.41×10^{10}
	36	23.0	0.72	3	8.89×10^{9}
亚湿热工业大气环境	0	0	0	2	2.46×10^{10}
	6	3.93	0.17	4	2.65×10^{10}
	12	1.83	0.54	2	5.36×10^{10}
	24	0.62	0.64	2	2.73×10^{10}
	36	3.29	0.85	3	2.17×10^{10}
干热沙漠大气环境	0	0	0	2	3.73×10^{10}
	6	13.28	0.19	3	9.08×10^{9}
	12	8.55	0.29	3	1.22×10^{10}
	24	5.41	0.31	1	3.73×10^{9}
	36	6.71	0.52	3	6.31×10^{9}
寒冷乡村大气环境	0	0	0	2	3.73×10^{10}
	6	2.44	0.40	2	6.08×10^{10}
	12	-0.24	0.32	3	1.93×10^{10}
	24	3.5	0.44	2	4.82×10^{10}
	36	3.3	0.75	1	2.11×10^{10}

2.实验室环境试验结果

(1)外观评级结果(见表3-159)

表3-159　2A12+H06-2+H04-68防护涂层实验室环境试验外观评级结果

试验项目	试验时间	外观评级					综合评级
		粉化	开裂	起泡	生锈	剥落	
高温	0	0	0(S0)	0(S0)	0(S0)	0(S0)	0
	240h	0	0(S0)	0(S0)	0(S0)	0(S0)	0
	480h	0	0(S0)	0(S0)	0(S0)	0(S0)	0
	560h	0	0(S0)	0(S0)	0(S0)	0(S0)	0
湿热	0	0	0(S0)	0(S0)	0(S0)	0(S0)	0

续表

试验项目	试验时间	外观评级					综合评级
		粉化	开裂	起泡	生锈	剥落	
湿热	240h	0	0（S0）	0（S0）	0（S0）	0（S0）	0
	480h	0	0（S0）	0（S0）	0（S0）	0（S0）	0
	560h	0	0（S0）	0（S0）	0（S0）	0（S0）	0
	720h	0	0（S0）	0（S0）	0（S0）	0（S0）	0
中性盐雾	0	0	0（S0）	0（S0）	0（S0）	0（S0）	0
	25d	0	0（S0）	0（S0）	0（S0）	0（S0）	0
	50d	0	0（S0）	0（S0）	0（S0）	0（S0）	0
中性盐雾+湿热循环	0	0	0（S0）	0（S0）	0（S0）	0（S0）	0
	10d	0	0（S0）	0（S0）	0（S0）	0（S0）	0
	22d	0	0（S0）	0（S0）	0（S0）	0（S0）	0
	30d	0	0（S0）	0（S0）	0（S0）	0（S0）	0
	38d	0	0（S0）	0（S0）	0（S0）	0（S0）	0

（2）性能测试结果（见表3-160）

表3-160　2A12+H06-2+H04-68防护涂层实验室环境试验性能测试结果

试验项目	试验时间	失光率/%	色差	附着力等级	低频阻抗模值/$\Omega \cdot cm^2$
高温	0	0	0	2	3.73×10^{10}
	240h	4.00	0.59		5.73×10^{9}
	480h	6.18	0.62		5.60×10^{9}
	560h	3.71	0.78	3	2.62×10^{9}
湿热	0	0	0	2	3.73×10^{10}
	240h	9.87	0.44		3.19×10^{9}
	480h	10.73	0.51		1.73×10^{10}
	560h	8.31	0.71		2.63×10^{9}
	720h	12.16	0.85	3	1.50×10^{9}
中性盐雾	0	0	0	2	3.73×10^{10}
	25d	−5.60	2.12		4.35×10^{7}
	50d	−2.33	3.04	3	1.98×10^{9}
中性盐雾+湿热循环	0	0	0	2	3.73×10^{10}
	10d	0.00	0.71		4.79×10^{9}

续表

试验项目	试验时间	失光率/%	色差	附着力等级	低频阻抗模值/Ω·cm²
中性盐雾+湿热循环	22d	0.13	0.67		1.89×10⁹
	30d	0.07	0.58		1.61×10⁹
	38d	0.06	0.86	3	1.93×10⁹

3.1.21 2A12+H06-3+F04-80 防护涂层

3.1.21.1 试验样件信息

2A12+H06-3+F04-80 防护涂层试验样件信息见表 3-161。

表 3-161 2A12+H06-3+F04-80 防护涂层试验样件信息

序号	基材	底漆	面漆	干膜厚度/μm
1-21	2A12 铝铜合金	H06-3 环氧锌黄底漆	F04-80	40~70

2A12+H06-3+F04-80 防护涂层采用底漆+面漆双层体系，底漆为 H06-3 环氧锌黄底漆，面漆为 F04-80，涂层总厚度为 40~70μm。

3.1.21.2 试验条件

2A12+H06-2+H04-68 防护涂层自然环境试验条件见表 3-162，实验室环境试验条件见表 3-163。

表 3-162 2A12+H06-3+F04-80 防护涂层自然环境试验条件

环境类型	试验地点	试验方式
湿热海洋大气环境	西沙	棚下暴露
亚湿热工业大气环境	江津	棚下暴露
干热沙漠大气环境	敦煌	棚下暴露
寒冷乡村大气环境	漠河	棚下暴露

表 3-163 2A12+H06-3+F04-80 防护涂层实验室环境试验条件

试验项目	试验条件
高温	温度：70℃。 升温速率：≤10℃/min
湿热	温度：47℃±1℃。 湿度：96%±2%

续表

试验项目	试验条件
中性盐雾	温度：35℃±2℃。 NaCl 溶液浓度：50g/L±10g/L。 pH 值：6.0～7.0。 盐雾沉降率：1.0～2.0mL/(80cm^2·h)。 试验循环：盐雾 2h 后干燥 22h，为 1 个循环
中性盐雾+湿热循环	中性盐雾试验： 　温度：35℃±2℃。 　NaCl 溶液浓度：50g/L±10g/L。 　pH 值：6.0～7.0。 　盐雾沉降率：1.0～2.0mL/(80cm^2·h)。 　试验时长：2h。 恒定湿热试验： 　温度：60℃±2℃。 　相对湿度：91%～96%。 　试验时长：22h。 试验循环：中性盐雾 2h+恒定湿热试验 22h，为 1 个循环

3.1.21.3 测试项目及参照标准

2A12+H06-3+F04-80 防护涂层测试项目及参照标准见表 3-164。

表 3-164　2A12+H06-3+F04-80 防护涂层测试项目及参照标准

测试项目	参照标准
外观评级	GB/T 1766—2008《色漆和清漆 涂层老化的评级方法》
光泽度	GB/T 9754—2007《色漆和清漆 不含金属颜料的色漆漆膜的 20°、60°和 85°镜面光泽的测定》
色差	GB/T 11186.2—1989《涂膜颜色的测量方法 第 2 部分：颜色测量》
附着力	GB/T 9286—2021《色漆和清漆 划格试验》
	GB/T 5210—2006《色漆和清漆 拉开法附着力试验》
电化学交流阻抗	ISO 16773-2: 2016 *Electrochemical impedance spectroscopy (EIS) on coated and uncoated metallic specimens-Part 2: Collection of data*

3.1.21.4 环境适应性数据

1. 自然环境试验结果

（1）外观评级结果（见表 3-165）

表 3-165　2A12+H06-3+F04-80 防护涂层自然环境试验外观评级结果

环境类型	试验时间/月	外观评级					综合评级
		粉化	开裂	起泡	生锈	剥落	
湿热海洋大气环境	0	0	0（S0）	0（S0）	0（S0）	0（S0）	0
	6	0	0（S0）	0（S0）	0（S0）	0（S0）	0
	12	0	0（S0）	0（S0）	0（S0）	0（S0）	0
	24	0	0（S0）	0（S0）	0（S0）	0（S0）	0
	36	0	0（S0）	0（S0）	0（S0）	0（S0）	0
亚湿热工业大气环境	0	0	0（S0）	0（S0）	0（S0）	0（S0）	0
	6	0	0（S0）	0（S0）	0（S0）	0（S0）	0
	12	0	0（S0）	0（S0）	0（S0）	0（S0）	0
	24	0	0（S0）	0（S0）	0（S0）	0（S0）	0
	36	0	0（S0）	0（S0）	0（S0）	0（S0）	0
干热沙漠大气环境	0	0	0（S0）	0（S0）	0（S0）	0（S0）	0
	6	0	0（S0）	0（S0）	0（S0）	0（S0）	0
	12	0	0（S0）	0（S0）	0（S0）	0（S0）	0
	24	0	0（S0）	0（S0）	0（S0）	0（S0）	0
	36	0	0（S0）	0（S0）	0（S0）	0（S0）	0
寒冷乡村大气环境	0	0	0（S0）	0（S0）	0（S0）	0（S0）	0
	6	0	0（S0）	0（S0）	0（S0）	0（S0）	0
	12	0	0（S0）	0（S0）	0（S0）	0（S0）	0
	24	0	0（S0）	0（S0）	0（S0）	0（S0）	0
	36	0	0（S0）	0（S0）	0（S0）	0（S0）	0

（2）性能测试结果（见表 3-166）

表 3-166　2A12+H06-3+F04-80 防护涂层自然环境试验性能测试结果

环境类型	试验时间/月	色差	附着力等级	低频阻抗模值/$\Omega \cdot cm^2$
湿热海洋大气环境	0	0	2	1.23×10^{10}
	6	0.50	1	4.92×10^{9}
	12	0.61	1	1.71×10^{8}
	24	0.81	1	1.60×10^{10}
	36	0.70	2	4.73×10^{9}
亚湿热工业大气环境	0	0	2	1.23×10^{10}

续表

环境类型	试验时间/月	色差	附着力等级	低频阻抗模值/$\Omega \cdot cm^2$
亚湿热工业大气环境	6	0.15	1	8.66×10^9
	12	0.58	2	1.34×10^{10}
	24	0.58	1	1.42×10^{10}
	36	0.53	1	7.70×10^9
干热沙漠大气环境	0	0	2	1.24×10^{10}
	6	1.08	1	2.09×10^9
	12	0.48	2	4.98×10^8
	24	0.50	1	6.52×10^9
	36	0.54	1	1.02×10^{10}
寒冷乡村大气环境	0	0	2	1.24×10^{10}
	6	0.53	1	1.57×10^{10}
	12	0.68	2	7.31×10^9
	24	0.50	1	1.20×10^{10}
	36	0.49	1	1.61×10^{10}

2．实验室环境试验结果

（1）外观评级结果（见表 3-167）

表 3-167　2A12+H06-3+F04-80 防护涂层实验室环境试验外观评级结果

试验项目	试验时间	外观评级					综合评级
		粉化	开裂	起泡	生锈	剥落	
高温	0	0	0（S0）	0（S0）	0（S0）	0（S0）	0
	240h	0	0（S0）	0（S0）	0（S0）	0（S0）	0
	480h	0	0（S0）	0（S0）	0（S0）	0（S0）	0
	560h	0	0（S0）	0（S0）	0（S0）	0（S0）	0
湿热	0	0	0（S0）	0（S0）	0（S0）	0（S0）	0
	240h	0	0（S0）	0（S0）	0（S0）	0（S0）	0
	480h	0	0（S0）	0（S0）	0（S0）	0（S0）	0
	560h	0	0（S0）	0（S0）	0（S0）	0（S0）	0
	720h	0	0（S0）	0（S0）	0（S0）	0（S0）	0
中性盐雾	0	0	0（S0）	0（S0）	0（S0）	0（S0）	0
	25d	0	0（S0）	0（S0）	0（S0）	0（S0）	0
	50d	0	0（S0）	0（S0）	0（S0）	0（S0）	0

续表

试验项目	试验时间	外观评级					综合评级
		粉化	开裂	起泡	生锈	剥落	
中性盐雾+湿热循环	0	0	0（S0）	0（S0）	0（S0）	0（S0）	0
	10d	0	0（S0）	0（S0）	0（S0）	0（S0）	0
	22d	0	0（S0）	0（S0）	0（S0）	0（S0）	0
	30d	0	0（S0）	0（S0）	0（S0）	0（S0）	0
	38d	0	0（S0）	0（S0）	0（S0）	0（S0）	0

（2）性能测试结果（见表 3-168）

表 3-168　2A12+H06-3+F04-80 防护涂层实验室环境试验性能测试结果

试验项目	试验时间	失光率/%	色差	附着力等级	低频阻抗模值/$\Omega \cdot cm^2$
高温	0	0	0	2	1.24×10^{10}
	240h	−48.50	0.30		2.17×10^{9}
	480h	5.56	0.27		2.81×10^{9}
	560h	−8.55	1.04	2	2.22×10^{9}
湿热	0	0	0	2	1.24×10^{10}
	240h	32.20	0.24		1.90×10^{9}
	480h	27.94	0.30		1.33×10^{10}
	560h	19.54	1.07		1.86×10^{9}
	720h	29.92	1.30	3	2.32×10^{9}
中性盐雾	0	0	0	2	1.24×10^{10}
	25d	−18.25	0.38		1.23×10^{10}
	50d	−17.98	0.59	2	5.25×10^{8}
中性盐雾+湿热循环	0	0	0	2	1.24×10^{10}
	10d	−0.05	0.34		3.38×10^{9}
	22d	−0.07	0.5		1.38×10^{9}
	30d	−0.16	1.10		1.25×10^{9}
	38d	−0.12	0.79	3	7.81×10^{8}

3.1.22　2A12+HFC-901 防护涂层

3.1.22.1　试验样件信息

2A12+HFC-901 防护涂层试验样件信息见表 3-169。

表 3-169 2A12+HFC-901 防护涂层试验样件信息

序号	基材	底漆	面漆	干膜厚度/μm
1-22	2A12 铝铜合金	EP506 铝红丙烯酸聚氨酯底漆	HFC-901 氟碳聚氨酯磁漆	120～150

2A12+HFC-901 防护涂层采用底漆+面漆双层体系，底漆为 EP506 铝红丙烯酸聚氨酯底漆，面漆为 HFC-901 氟碳聚氨酯磁漆，涂层总厚度为 120～150μm。

3.1.22.2 试验条件

2A12+HFC-901 防护涂层自然环境试验条件见表 3-170，实验室环境试验条件见表 3-171。

表 3-170 2A12+HFC-901 防护涂层自然环境试验条件

环境类型	试验地点	试验方式
湿热海洋大气环境	西沙	户外暴露
亚湿热工业大气环境	江津	户外暴露
干热沙漠大气环境	敦煌	户外暴露
寒冷乡村大气环境	漠河	户外暴露

表 3-171 2A12+HFC-901 防护涂层实验室环境试验条件

试验项目	试验条件
高温	温度：70℃。 升温速率：≤10℃/min
湿热	温度：47℃±1℃。 湿度：96%±2%
紫外光老化	灯源：UVA 340nm。 辐照度：0.98W/m^2@340nm。 黑板温度：65℃±3℃。 试验方式：连续光照
氙灯光老化	低温状态：-55℃，保持 30min。 高温状态：70℃，保持 30min。 温度变化速率：≤1min
温冲	试验温度：35℃。 pH 值：4.02。 沉降率：1.0～3.0mL/(80cm^2·h)。 试验循环：喷雾 2h，贮存 7h，为 1 个循环
酸性大气	低温状态：-55℃，保持 30min。 高温状态：70℃，保持 30min。 温度变化速率：≤1min
温冲+氙灯循环	温冲试验： 低温状态：-55℃，保持 0.5h。 高温状态：70℃，保持 0.5h。

续表

试验项目	试验条件
温冲+氙灯循环	温度变化速率：≤1min。 试验时长：1h 为 1 个周期，循环 10 个周期进入氙灯试验。 氙灯试验： 灯源：UVA 300～400nm。 辐照度：0.53W/m^2@300～400nm。 BST（黑标温度）：65℃±2℃。 相对湿度：50%±5%。 试验时长：光照 108min，润湿 18min，共 80h。 试验循环：温冲试验 10h+氙灯试验 80h，为 1 个循环

3.1.22.3 测试项目及参照标准

2A12+HFC-901 防护涂层测试项目及参照标准见表 3-172。

表 3-172 2A12+HFC-901 防护涂层测试项目及参照标准

测试项目	参照标准
外观评级	GB/T 1766—2008《色漆和清漆 涂层老化的评级方法》
光泽度	GB/T 9754—2007《色漆和清漆 不含金属颜料的色漆漆膜的20°、60°和85°镜面光泽的测定》
色差	GB/T 11186.2—1989《涂膜颜色的测量方法 第 2 部分：颜色测量》
附着力	GB/T 9286—2021《色漆和清漆 划格试验》
	GB/T 5210—2006《色漆和清漆 拉开法附着力试验》
电化学交流阻抗	ISO 16773-2: 2016 *Electrochemical impedance spectroscopy (EIS) on coated and uncoated metallic specimens-Part 2: Collection of data*

3.1.22.4 环境适应性数据

1. 自然环境试验结果

（1）外观评级结果（见表 3-173）

表 3-173 2A12+HFC-901 防护涂层自然环境试验外观评级结果

环境类型	试验时间/月	外观评级					综合评级
		粉化	开裂	起泡	生锈	剥落	
湿热海洋大气环境	0	0	0（S0）	0（S0）	0（S0）	0（S0）	0
	6	0	0（S0）	0（S0）	0（S0）	0（S0）	0
	12	0	0（S0）	0（S0）	0（S0）	0（S0）	0
	24	2	0（S0）	0（S0）	0（S0）	0（S0）	2
	36	5	0（S0）	0（S0）	0（S0）	0（S0）	5

续表

环境类型	试验时间/月	外观评级					综合评级
		粉化	开裂	起泡	生锈	剥落	
亚湿热工业大气环境	0	0	0（S0）	0（S0）	0（S0）	0（S0）	0
	6	0	0（S0）	0（S0）	0（S0）	0（S0）	0
	12	0	0（S0）	0（S0）	0（S0）	0（S0）	0
	24	0	0（S0）	0（S0）	0（S0）	0（S0）	0
	36	2	0（S0）	0（S0）	0（S0）	0（S0）	2
干热沙漠大气环境	0	0	0（S0）	0（S0）	0（S0）	0（S0）	0
	6	0	0（S0）	0（S0）	0（S0）	0（S0）	0
	12	0	0（S0）	0（S0）	0（S0）	0（S0）	0
	24	2	0（S0）	0（S0）	0（S0）	0（S0）	2
	36	2	0（S0）	0（S0）	0（S0）	0（S0）	2
寒冷乡村大气环境	0	0	0（S0）	0（S0）	0（S0）	0（S0）	0
	6	0	0（S0）	0（S0）	0（S0）	0（S0）	0
	12	0	0（S0）	0（S0）	0（S0）	0（S0）	0
	24	0	0（S0）	0（S0）	0（S0）	0（S0）	0
	36	0	0（S0）	0（S0）	0（S0）	0（S0）	0

（2）性能测试结果（见表3-174）

表3-174　2A12+HFC-901防护涂层自然环境试验性能测试结果

环境类型	试验时间/月	失光率/%	色差	附着力等级	低频阻抗模值/$\Omega \cdot cm^2$
湿热海洋大气环境	0	0	0	2	1.81×10^{10}
	6	2.0	1.91	2	9.07×10^{10}
	12	24.5	2.32	1	8.11×10^{10}
	24	74.2	3.06	2	6.15×10^{10}
	36	77.8	3.84	3	6.34×10^{10}
亚湿热工业大气环境	0	0	0	2	1.82×10^{10}
	6	5.00	1.22	3	6.11×10^{10}
	12	1.92	2.15	3	1.31×10^{11}
	24	59.04	2.73	1	2.60×10^{10}
	36	82.06	2.79	1	5.14×10^{10}
干热沙漠大气环境	0	0	0	2	1.82×10^{10}

续表

环境类型	试验时间/月	失光率/%	色差	附着力等级	低频阻抗模值/$\Omega\cdot cm^2$
干热沙漠大气环境	6	5.74	1.09	2	3.07×10^{10}
	12	5.18	2.68	2	2.34×10^{10}
	24	1.90	2.78	2	3.00×10^{10}
	36	8.03	2.87	1	9.90×10^{9}
寒冷乡村大气环境	0	0	0	2	1.82×10^{10}
	6	3.67	2.04	1	1.26×10^{11}
	12	7.99	2.51	2	3.66×10^{10}
	24	−3.1	2.97	2	4.19×10^{10}
	36	16.1	2.99	2	4.90×10^{10}

2. 实验室环境试验结果

（1）外观评级结果（见表 3-175）

表 3-175　2A12+HFC-901 防护涂层实验室环境试验外观评级结果

试验项目	试验时间	外观评级					综合评级
		粉化	开裂	起泡	生锈	剥落	
高温	0	0	0（S0）	0（S0）	0（S0）	0（S0）	0
	240h	0	0（S0）	0（S0）	0（S0）	0（S0）	0
	480h	0	0（S0）	0（S0）	0（S0）	0（S0）	0
	560h	0	0（S0）	0（S0）	0（S0）	0（S0）	0
湿热	0	0	0（S0）	0（S0）	0（S0）	0（S0）	0
	240h	0	0（S0）	0（S0）	0（S0）	0（S0）	0
	480h	0	0（S0）	0（S0）	0（S0）	0（S0）	0
	560h	0	0（S0）	0（S0）	0（S0）	0（S0）	0
	720h	0	0（S0）	0（S0）	0（S0）	0（S0）	0
紫外光老化	0	0	0（S0）	0（S0）	0（S0）	0（S0）	0
	12d	0	0（S0）	0（S0）	0（S0）	0（S0）	0
	24d	0	0（S0）	0（S0）	0（S0）	0（S0）	0
	36d	0	0（S0）	0（S0）	0（S0）	0（S0）	0
	42d	0	0（S0）	0（S0）	0（S0）	0（S0）	0
氙灯光老化	0	0	0（S0）	0（S0）	0（S0）	0（S0）	0
	10d	0	0（S0）	0（S0）	0（S0）	0（S0）	0

续表

试验项目	试验时间	外观评级					综合评级
		粉化	开裂	起泡	生锈	剥落	
氙灯光老化	20d	0	0（S0）	0（S0）	0（S0）	0（S0）	0
	30d	0	0（S0）	0（S0）	0（S0）	0（S0）	0
	35d	0	0（S0）	0（S0）	0（S0）	0（S0）	0
温冲	0	0	0（S0）	0（S0）	0（S0）	0（S0）	0
	35 个循环	0	0（S0）	0（S0）	0（S0）	0（S0）	0
	70 个循环	0	0（S0）	0（S0）	0（S0）	0（S0）	0
酸性大气	0	0	0（S0）	0（S0）	0（S0）	0（S0）	0
	14d	0	0（S0）	0（S0）	0（S0）	0（S0）	0
	28d	0	0（S0）	0（S0）	0（S0）	0（S0）	0
	35d	0	0（S0）	0（S0）	0（S0）	0（S0）	0
温冲+氙灯循环	0	0	0（S0）	0（S0）	0（S0）	0（S0）	0
	180h	0	0（S0）	0（S0）	0（S0）	0（S0）	0
	360h	0	0（S0）	0（S0）	0（S0）	0（S0）	0
	450h	0	0（S0）	0（S0）	0（S0）	0（S0）	0
	540h	0	0（S0）	0（S0）	0（S0）	0（S0）	0
	630h	0	0（S0）	0（S0）	0（S0）	0（S0）	0

（2）性能测试结果（见表 3-176）

表 3-176　2A12+HFC-901 防护涂层实验室环境试验性能测试结果

试验项目	试验时间	色差	附着力等级	低频阻抗模值/$\Omega \cdot cm^2$
高温	0	0	2	1.82×10^{10}
	240h	0.25		7.67×10^{9}
	480h	0.27		
	560h	0.34	3	1.61×10^{10}
湿热	0	0	2	1.82×10^{10}
	240h	0.18		3.17×10^{10}
	480h	0.47		6.04×10^{10}
	560h	0.43		4.47×10^{10}
	720h	0.38	3	1.04×10^{11}
紫外光老化	0	0	2	1.82×10^{10}
	12d	0.85		6.58×10^{10}

续表

试验项目	试验时间	色差	附着力等级	低频阻抗模值/$\Omega \cdot cm^2$
紫外光老化	24d	1.03		1.03×10^{10}
	36d	1.19		9.24×10^{10}
	42d	1.23	2	2.98×10^{10}
氙灯光老化	0	0	2	1.82×10^{10}
	10d	0.18		8.70×10^{10}
	20d	0.55		3.29×10^{10}
	30d	0.77		6.52×10^{10}
	35d	0.89	2	1.51×10^{11}
温冲	0	0	2	1.82×10^{10}
	35个循环	0.51		1.18×10^{11}
	70个循环	0.36	3	1.08×10^{11}
酸性大气	0	0	2	1.82×10^{10}
	14d	0.18		1.82×10^{10}
	35d	0.52	3	1.07×10^{11}
温冲+氙灯循环	0	0	2	1.82×10^{10}
	180h	1.65		3.30×10^{10}
	360h	1.85		8.34×10^{10}
	450h	1.94		2.68×10^{10}
	540h	1.53		5.89×10^{9}
	630h	2.18	3	6.18×10^{10}

3.1.23　2A12+H06-1012+T.421.Ⅱ.Y 防护涂层

3.1.23.1　试验样件信息

2A12+H06-1012+T.421.Ⅱ.Y 防护涂层试验样件信息见表 3-177。

表 3-177　2A12+H06-1012+T.421.Ⅱ.Y 防护涂层试验样件信息

序号	基材	底漆	面漆	干膜厚度/μm
1-23	2A12 铝铜合金	H06-1012 锶黄环氧聚酰胺底漆	T.浅灰半光 421 丙烯酸聚氨酯面漆.Ⅱ（桔纹）.Y	30～60

2A12+H06-1012+T.421.Ⅱ.Y 防护涂层采用底漆+面漆双层体系,底漆为 H06-1012 锶黄环氧聚酰胺底漆,面漆为 T.浅灰半光 421 丙烯酸聚氨酯面漆.Ⅱ（桔纹）.Y,涂

层总厚度为 30～60μm。

3.1.23.2 试验条件

2A12+H06-1012+T.421.Ⅱ.Y 防护涂层自然环境试验条件见表 3-178，实验室环境试验条件见表 3-179。

表 3-178　2A12+H06-1012+T.421.Ⅱ.Y 防护涂层自然环境试验条件

环境类型	试验地点	试验方式
湿热海洋大气环境	西沙	棚下暴露
亚湿热工业大气环境	江津	棚下暴露
干热沙漠大气环境	敦煌	棚下暴露
寒冷乡村大气环境	漠河	棚下暴露

表 3-179　2A12+H06-1012+T.421.Ⅱ.Y 防护涂层实验室环境试验条件

试验项目	试验条件
高温	温度：70℃。 升温速率：≤10℃/min
湿热	温度：47℃±1℃。 湿度：96%±2%
中性盐雾	温度：35℃±2℃。 NaCl 溶液浓度：50g/L±10g/L。 pH 值：6.0～7.0。 盐雾沉降率：1.0～2.0mL/(80cm²·h)。 试验循环：盐雾 2h 后干燥 22h，为 1 个循环
中性盐雾+湿热循环	中性盐雾试验： 　温度：35℃±2℃。 　NaCl 溶液浓度：50g/L±10g/L。 　pH 值：6.0～7.0。 　盐雾沉降率：1.0～2.0mL/(80cm²·h)。 　试验时长：2h。 恒定湿热试验： 　温度：60℃±2℃。 　相对湿度：91%～96%。 　试验时长：22h。 试验循环：中性盐雾 2h+恒定湿热试验 22h，为 1 个循环

3.1.23.3 测试项目及参照标准

A12+H06-1012+T.421.Ⅱ.Y 防护涂层测试项目及参照标准见表 3-180。

表 3-180　2A12+H06-1012+T.421.Ⅱ.Y 防护涂层测试项目及参照标准

测试项目	参照标准
外观评级	GB/T 1766—2008《色漆和清漆 涂层老化的评级方法》
光泽度	GB/T 9754—2007《色漆和清漆 不含金属颜料的色漆漆膜的20°、60°和85°镜面光泽的测定》
色差	GB/T 11186.2—1989《涂膜颜色的测量方法 第2部分：颜色测量》
附着力	GB/T 9286—2021《色漆和清漆 划格试验》
	GB/T 5210—2006《色漆和清漆 拉开法附着力试验》
电化学交流阻抗	ISO 16773-2: 2016 Electrochemical impedance spectroscopy (EIS) on coated and uncoated metallic specimens-Part 2: Collection of data

3.1.23.4　环境适应性数据

1. 自然环境试验结果

（1）外观评级结果（见表3-181）

表 3-181　2A12+H06-1012+T.421.Ⅱ.Y 防护涂层自然环境试验外观评级结果

环境类型	试验时间/月	外观评级					综合评级
		粉化	开裂	起泡	生锈	剥落	
湿热海洋大气环境	0	0	0（S0）	0（S0）	0（S0）	0（S0）	0
	6	0	0（S0）	0（S0）	0（S0）	0（S0）	0
	12	0	0（S0）	0（S0）	0（S0）	0（S0）	0
	24	0	0（S0）	0（S0）	0（S0）	0（S0）	0
	36	0	0（S0）	0（S0）	0（S0）	0（S0）	0
亚湿热工业大气环境	0	0	0（S0）	0（S0）	0（S0）	0（S0）	0
	6	0	0（S0）	0（S0）	0（S0）	0（S0）	0
	12	0	0（S0）	0（S0）	0（S0）	0（S0）	0
	24	0	0（S0）	0（S0）	0（S0）	0（S0）	0
	36	0	0（S0）	0（S0）	0（S0）	0（S0）	0
干热沙漠大气环境	0	0	0（S0）	0（S0）	0（S0）	0（S0）	0
	6	0	0（S0）	0（S0）	0（S0）	0（S0）	0
	12	0	0（S0）	0（S0）	0（S0）	0（S0）	0
	24	0	0（S0）	0（S0）	0（S0）	0（S0）	0
	36	0	0（S0）	0（S0）	0（S0）	0（S0）	0

续表

环境类型	试验时间/月	外观评级					综合评级
		粉化	开裂	起泡	生锈	剥落	
寒冷乡村大气环境	0	0	0（S0）	0（S0）	0（S0）	0（S0）	0
	6	0	0（S0）	0（S0）	0（S0）	0（S0）	0
	12	0	0（S0）	0（S0）	0（S0）	0（S0）	0
	24	0	0（S0）	0（S0）	0（S0）	0（S0）	0
	36	0	0	1S1	0	0	1

（2）性能测试结果（见表 3-182）

表 3-182　2A12+H06-1012+T.421.Ⅱ.Y 防护涂层自然环境试验性能测试结果

环境类型	试验时间/月	失光率/%	色差	附着力等级	低频阻抗模值/$\Omega \cdot cm^2$
湿热海洋大气环境	0	0	0	0	4.17×10^9
	6	5.7	0.46	0	8.02×10^9
	12	7.3	0.65	0	2.78×10^9
	24	5.2	1.61	1	4.68×10^7
	36	11.5	2.62	2	4.69×10^8
亚湿热工业大气环境	0	0	0	0	4.16×10^9
	6	6.39	0.22	1	2.88×10^{10}
	12	8.92	0.32	1	3.00×10^{10}
	24	8.47	0.27	1	1.30×10^{10}
	36	8.33	0.22	1	2.08×10^{10}
干热沙漠大气环境	0	0	0	0	4.17×10^9
	6	6.85	0.29	1	1.58×10^{10}
	12	5.91	0.62	0	1.60×10^{10}
	24	6.74	0.19	1	1.76×10^{10}
	36	8.11	0.21	1	2.56×10^9
寒冷乡村大气环境	0	0	0	0	4.17×10^9
	6	2.4	0.25	0	3.50×10^{10}
	12	5.6	1.08	0	3.45×10^{10}
	24	6.3	1.4	1	1.79×10^{10}
	36	5.63	0.89	1	9.79×10^9

2. 实验室环境试验结果

（1）外观评级结果（见表3-183）

表3-183 2A12+H06-1012+T.421.Ⅱ.Y 防护涂层实验室环境试验外观评级结果

试验项目	试验时间	外观评级					综合评级
		粉化	开裂	起泡	生锈	剥落	
高温	0	0	0（S0）	0（S0）	0（S0）	0（S0）	0
	240h	0	0（S0）	0（S0）	0（S0）	0（S0）	0
	480h	0	0（S0）	0（S0）	0（S0）	0（S0）	0
	560h	0	0（S0）	0（S0）	0（S0）	0（S0）	0
湿热	0	0	0（S0）	0（S0）	0（S0）	0（S0）	0
	240h	0	0（S0）	0（S0）	0（S0）	0（S0）	0
	480h	0	0（S0）	0（S0）	0（S0）	0（S0）	0
	560h	0	0（S0）	0（S0）	0（S0）	0（S0）	0
	720h	0	0（S0）	0（S0）	0（S0）	0（S0）	0
中性盐雾	0	0	0（S0）	0（S0）	0（S0）	0（S0）	0
	25d	0	0（S0）	0（S0）	0（S0）	0（S0）	0
	50d	0	0（S0）	0（S0）	0（S0）	0（S0）	0
中性盐雾+湿热循环	0	0	0（S0）	0（S0）	0（S0）	0（S0）	0
	10d	0	0（S0）	0（S0）	0（S0）	0（S0）	0
	22d	0	0（S0）	0（S0）	0（S0）	0（S0）	0
	30d	0	0（S0）	0（S0）	0（S0）	0（S0）	0
	38d	0	0（S0）	0（S0）	0（S0）	0（S0）	0

（2）性能测试结果（见表3-184）

表3-184 2A12+H06-1012+T.421.Ⅱ.Y 防护涂层实验室环境试验性能测试结果

试验项目	试验时间	失光率/%	色差	附着力等级	低频阻抗模值/$\Omega \cdot cm^2$
高温	0	0	0	0	4.17×10^9
	240h	0	0.28		3.05×10^9
	480h	0	0.26		4.42×10^9
	560h	−10.10	0.45	1	4.81×10^9
湿热	0	0	0	0	4.17×10^9
	240h	14.85	0.15		1.63×10^{10}

续表

试验项目	试验时间	失光率/%	色差	附着力等级	低频阻抗模值/Ω·cm^2
湿热	480h	11.85	0.25		2.36×10^{10}
	560h	−3.83	0.09		9.62×10^9
	720h	14.29	0.23	1	1.08×10^{10}
中性盐雾	0	0	0	0	4.17×10^9
	25d	3.73	0.30		5.18×10^9
	50d	−4.82	0.43	1	1.17×10^8
中性盐雾+湿热循环	0	0	0	0	4.17×10^9
	10d	0.06	0.21		3.29×10^9
	22d	0.11	0.71		2.27×10^8
	30d	0.00	0.99		9.19×10^8
	38d	0.07	0.89	1	1.44×10^8

3.1.24　3A21+H06-23+TS96-71防护涂层

3.1.24.1　试验样件信息

3A21+H06-23+TS96-71防护涂层试验样件信息见表3-185。

表3-185　3A21+H06-23+TS96-71防护涂层试验样件信息

序号	基材	底漆	中间漆	面漆	干膜厚度/μm
1-24	3A21铝锰合金	锌黄底漆	H06-23云铁环氧中涂	TS96-71黑色氟聚氨酯无光磁漆	100～160

3A21+H06-23+TS96-71防护涂层采用底漆+中间漆+面漆三层体系，底漆为锌黄底漆，中间漆为H06-23云铁环氧中涂，面漆为TS96-71黑色氟聚氨酯无光磁漆，涂层总厚度为100～160μm。

3.1.24.2　试验条件

3A21+H06-23+TS96-71防护涂层自然环境试验条件见表3-186，实验室环境试验条件见表3-187。

表3-186　3A21+H06-23+TS96-71防护涂层自然环境试验条件

环境类型	试验地点	试验方式
湿热海洋大气环境	西沙	户外暴露

表 3-187　3A21+H06-23+TS96-71 防护涂层实验室环境试验条件

试样项目	试验条件
紫外光老化	灯源：UVA 340nm。 辐照度：0.98W/m^2@340nm。 黑板温度：65℃±3℃。 试验方式：连续光照
紫外/冷凝+盐雾/干燥循环	紫外/冷凝试验： 　灯源：UVA 340nm。 　光照阶段黑板温度：60℃±3℃。 　辐照度：0.89W/m^2@340nm，光照 8h。 　冷凝阶段黑板温度：50℃±3℃，冷凝 4h。 　试验时长：12h 为 1 个周期，循环 6 个周期后进入盐雾/干燥试验。 盐雾/干燥试验： 　喷雾阶段温度：35℃±2℃。 　盐溶液浓度：5%±1%。 　pH 值：6.5～7.2。 　沉降量：1.0～3.0mL/(80cm^2·h)，喷雾 12h。 　干燥阶段温度：50℃±2℃，干燥 12h。 　升温、降温速率：3℃/min。 　试验时长：24h 为 1 个周期，循环 3 个周期。 试验循环：紫外/冷凝试验 72h+盐雾/干燥试验 72h，为 1 个循环
盐雾+SO$_2$ 循环	盐雾试验： 　温度：35℃±2℃。 　NaCl 溶液浓度：50g/L±10g/L。 　盐雾沉降率：1.0～2.0mL/(80cm^2·h)。 　试验时长：0.5h，进入 SO$_2$ 试验。 SO$_2$ 试验： 　SO$_2$ 流速：35cm^3/min·m^3。 　收集液 pH 值：2.5～3.2。 　试验时长：0.5h。 试验循环：盐雾试验 0.5h+SO$_2$ 试验 0.5h+静置 2h，为 1 个循环

3.1.24.3　测试项目及参照标准

3A21+H06-23+TS96-71 防护涂层测试项目及参照标准见表 3-188。

表 3-188　3A21+H06-23+TS96-71 防护涂层测试项目及参照标准

测试项目	参照标准
外观评级	GB/T 1766—2008《色漆和清漆　涂层老化的评级方法》
光泽度	GB/T 9754—2007《色漆和清漆　不含金属颜料的色漆漆膜的 20°、60°和 85°镜面光泽的测定》
色差	GB/T 11186.2—1989《涂膜颜色的测量方法　第 2 部分：颜色测量》

续表

测试项目	参照标准
附着力	GB/T 9286—2021《色漆和清漆 划格试验》
	GB/T 5210—2006《色漆和清漆 拉开法附着力试验》
电化学交流阻抗	ISO 16773-2: 2016 Electrochemical impedance spectroscopy (EIS) on coated and uncoated metallic specimens-Part 2: Collection of data

3.1.24.4 环境适应性数据

1. 自然环境试验结果

（1）外观评级结果（见表 3-189）

表 3-189　3A21+H06-23+TS96-71 防护涂层自然环境试验外观评级结果

环境类型	试验时间/月	外观评级					综合评级
		粉化	开裂	起泡	生锈	剥落	
湿热海洋大气环境	0	0	0（S0）	0（S0）	0（S0）	0（S0）	0
	6	2	0（S0）	0（S0）	0（S0）	0（S0）	2
	12	2	0（S0）	0（S0）	0（S0）	0（S0）	2
	24	2	0（S0）	0（S0）	0（S0）	0（S0）	2
	36	2	0（S0）	0（S0）	0（S0）	0（S0）	2

（2）性能测试结果（见表 3-190）

表 3-190　3A21+H06-23+TS96-71 防护涂层自然环境试验性能测试结果

环境类型	试验时间/月	色差	附着力等级	低频阻抗模值/$\Omega \cdot cm^2$
湿热海洋大气环境	0	0	0	6.17×10^{10}
	6	0.29	1	1.37×10^{10}
	12	0.89	1	1.53×10^{10}
	24	0.80	3	4.48×10^{10}
	36	1.41	1	1.90×10^{10}

2. 实验室环境试验结果

（1）外观评级结果（见表 3-191）

表 3-191　3A21+H06-23+TS96-71 防护涂层实验室环境试验外观评级结果

试验项目	试验时间	外观评级					综合评级
		粉化	开裂	起泡	生锈	剥落	
紫外光老化	0	0	0（S0）	0（S0）	0（S0）	0（S0）	0
	12d	0	0（S0）	0（S0）	0（S0）	0（S0）	0
	24d	0	0（S0）	0（S0）	0（S0）	0（S0）	0
	36d	0	0（S0）	0（S0）	0（S0）	0（S0）	0
	42d	0	0（S0）	0（S0）	0（S0）	0（S0）	0
紫外/冷凝+盐雾/干燥循环	0	0	0（S0）	0（S0）	0（S0）	0（S0）	0
	12d	0	0（S0）	0（S0）	0（S0）	0（S0）	0
	24d	0	0（S0）	0（S0）	0（S0）	0（S0）	0
	36d	0	0（S0）	0（S0）	0（S0）	0（S0）	0
	42d	0	0（S0）	0（S0）	0（S0）	0（S0）	0
盐雾+SO_2循环	0	0	0（S0）	0（S0）	0（S0）	0（S0）	0
	192h	0	0（S0）	2(S2)	0（S0）	0（S0）	2
	384h	0	0（S0）	4(S3)	0（S0）	0（S0）	4

注：参试样品"非划痕处"涂层未出现起泡、开裂、剥落等破坏现象，"划痕处"涂层出现起泡现象。

（2）性能测试结果（见表 3-192）

表 3-192　3A21+H06-23+TS96-71 防护涂层实验室环境试验性能测试结果

试验项目	试验时间	色差	附着力等级	低频阻抗模值/$\Omega \cdot cm^2$
紫外光老化	0	0	0	6.17×10^{10}
	12d	0.13		9.04×10^{10}
	24d	0.23		1.04×10^{11}
	36d	1.28		5.92×10^{10}
	42d	0.56	2	1.52×10^{10}
紫外/冷凝+盐雾/干燥循环	0	0	0	6.17×10^{10}
	12d	0.38		3.15×10^{10}
	24d	0.68		1.67×10^{10}
	36d	1.03		3.35×10^{10}
	42d	1.18	1	8.56×10^{10}
盐雾+SO_2循环	0	0	0	6.17×10^{10}
	192h	2.16		4.46×10^{10}
	384h	2.24	1	5.34×10^{9}

3.1.25 3A21+85-C+H06-23+TS70-11 防护涂层

3.1.25.1 试验样件信息

3A21+85-C+H06-23+TS70-11 防护涂层试验样件信息见表 3-193。

表 3-193 3A21+85-C+H06-23+TS70-11 防护涂层试验样件信息

序号	基材	底漆	中间漆	面漆	干膜厚度/μm
1-25	3A21 铝锰合金	85-C 锌黄底漆	H06-23 云铁环氧中涂	TS70-11 军绿色聚氨酯无光磁漆	90～110

3A21+85-C+H06-23+TS70-11 防护涂层采用底漆+中间漆+面漆三层体系,底漆为 85-C 锌黄底漆,中间漆为 H06-23 云铁环氧中涂,面漆为 TS70-11 军绿色聚氨酯无光磁漆,涂层总厚度为 90～110μm。

3.1.25.2 试验条件

3A21+85-C+H06-23+TS70-11 防护涂层自然环境试验条件见表 3-194,实验室环境试验条件见表 3-195。

表 3-194 3A21+85-C+H06-23+TS70-11 防护涂层自然环境试验条件

环境类型	试验地点	试验方式
湿热海洋大气环境	西沙	户外暴露

表 3-195 3A21+85-C+H06-23+TS70-1 防护涂层实验室环境试验条件

试验项目	试验条件
紫外光老化	灯源:UVA 340nm。 辐照度:0.98W/m^2@340nm。 黑板温度:65℃±3℃。 试验方式:连续光照
紫外/冷凝+盐雾/干燥循环	紫外/冷凝试验: 灯源:UVA 340nm。 光照阶段黑板温度:60℃±3℃。 辐照度:0.89W/m^2@340nm,光照 8h。 冷凝阶段黑板温度:50℃±3℃,冷凝 4h。 试验时长:12h 为 1 个周期,循环 6 个周期后进入盐雾/干燥试验。 盐雾/干燥试验: 喷雾阶段温度:35℃±2℃。 盐溶液浓度:5%±1%。 pH 值:6.5～7.2。 沉降量:1.0～3.0mL/(80cm^2·h),喷雾 12h。 干燥阶段温度:50℃±2℃,干燥 12h。 升温、降温速率:3℃/min。 试验时长:24h 为 1 个周期,循环 3 个周期。 试验循环:紫外/冷凝试验 72h+盐雾/干燥试验 72h,为 1 个循环

续表

试验项目	试验条件
盐雾+SO₂循环试验	盐雾试验： 　温度：35℃±2℃。 　NaCl溶液浓度：50g/L±10g/L。 　盐雾沉降率：1.0～2.0mL/(80cm²·h)。 　试验时长：0.5h，进入SO₂试验。 SO₂试验： 　SO₂流速：35cm³/min·m³。 　收集液pH值：2.5～3.2。 　试验时长：0.5h。 　试验循环：盐雾试验0.5h+SO₂试验0.5h+静置2h，为1个循环

3.1.25.3　测试项目及参照标准

3A21+85-C+H06-23+TS70-11防护涂层测试项目及参照标准见表3-196。

表3-196　3A21+85-C+H06-23+TS70-11防护涂层测试项目及参照标准

测试项目	参照标准
外观评级	GB/T 1766—2008《色漆和清漆　涂层老化的评级方法》
光泽度	GB/T 9754—2007《色漆和清漆　不含金属颜料的色漆漆膜的20°、60°和85°镜面光泽的测定》
色差	GB/T 11186.2—1989《涂膜颜色的测量方法　第2部分：颜色测量》
附着力	GB/T 9286—2021《色漆和清漆　划格试验》
	GB/T 5210—2006《色漆和清漆　拉开法附着力试验》
电化学交流阻抗	ISO 16773-2: 2016 Electrochemical impedance spectroscopy (EIS) on coated and uncoated metallic specimens-Part 2: Collection of data

3.1.25.4　环境适应性数据

1. 自然环境试验结果

（1）外观评级结果（见表3-197）

表3-197　3A21+85-C+H06-23+TS70-11防护涂层自然环境试验外观评级结果

环境类型	试验时间/月	失光率/%	外观评级					综合评级
			粉化	开裂	起泡	生锈	剥落	
湿热海洋大气环境	0	0	0	0（S0）	0（S0）	0（S0）	0（S0）	0
	6	8.3	0	0（S0）	0（S0）	0（S0）	0（S0）	0
	12	27.8	0	0（S0）	0（S0）	0（S0）	0（S0）	0
	24	28.6	2	0（S0）	0（S0）	0（S0）	0（S0）	2
	36	54.9	2	0（S0）	0（S0）	0（S0）	0（S0）	2

（2）性能测试结果（见表 3-198）

表 3-198　3A21+85-C+H06-23+TS70-11 防护涂层自然环境试验性能测试结果

环境类型	试验时间/月	色差	附着力等级	低频阻抗模值/$\Omega \cdot cm^2$
湿热海洋大气环境	0	0	0	6.17×10^{10}
	6	1.07	1	2.67×10^{10}
	12	1.85	1	1.89×10^{10}
	24	1.56	1	2.41×10^{10}
	36	2.10	1	5.49×10^{10}

2. 实验室环境试验结果

（1）外观结果（见表 3-199）

表 3-199　3A21+85-C+H06-23+TS70-11 防护涂层实验室环境试验外观评级结果

试验项目	试验时间	外观评级					综合评级
		粉化	开裂	起泡	生锈	剥落	
紫外光老化	0	0	0（S0）	0（S0）	0（S0）	0（S0）	0
	12d	0	0（S0）	0（S0）	0（S0）	0（S0）	0
	24d	0	0（S0）	0（S0）	0（S0）	0（S0）	0
	36d	0	0（S0）	0（S0）	0（S0）	0（S0）	0
	42d	0	0（S0）	0（S0）	0（S0）	0（S0）	0
紫外/冷凝+盐雾/干燥循环	0	0	0（S0）	0（S0）	0（S0）	0（S0）	0
	12d	0	0（S0）	0（S0）	0（S0）	0（S0）	0
	24d	0	0（S0）	0（S0）	0（S0）	0（S0）	0
	36d	0	0（S0）	0（S0）	0（S0）	0（S0）	0
	42d	0	0（S0）	0（S0）	0（S0）	0（S0）	0
盐雾+SO_2循环	0	0	0（S0）	0（S0）	0（S0）	0（S0）	0
	192h	0	0	3（S4）	0	0	3
	384h	0	0	3（S5）	0	0	3

注：参试样品"非划痕处"涂层未出现起泡、开裂、剥落等破坏现象，"划痕处"涂层出现起泡现象。

（2）性能测试结果（见表 3-200）

表 3-200 3A21+85-C+H06-23+TS70-11 防护涂层实验室环境试验性能测试结果

环境类型	试验时间	失光率/%	色差	附着力等级	低频阻抗模值/$\Omega\cdot cm^2$
紫外光老化	0	0	0	0	6.17×10^{10}
	12d	7.78	0.26		4.94×10^{10}
	24d	5.65	0.40		4.32×10^{10}
	36d	2.55	0.51		2.79×10^{10}
	42d	4.53	0.57	0	4.83×10^{10}
紫外+冷凝、盐雾/干燥循环	0	0	0	0	6.17×10^{10}
	12d	−6.07	0.25		3.97×10^{10}
	24d	−5.12	0.29		4.45×10^{10}
	36d	−1.63	0.44		4.63×10^{10}
	42d	−2.00	0.42	1	6.06×10^{10}
盐雾+SO_2循环	0	0	0	0	6.17×10^{10}
	192h	6.34	3.15		5.18×10^{10}
	384h	24.93	6.52	0	2.29×10^{10}

3.1.26 3A21+TB06-9+TS96-71 防护涂层

3.1.26.1 试验样件信息

3A21+TB06-9+TS96-71 防护涂层试验样件信息见表 3-201。

表 3-201 3A21+TB06-9+TS96-71 防护涂层试验样件信息

序号	基材	底漆	面漆	干膜厚度/μm
1-26	3A21 铝锰合金	TB06-9 锌黄丙烯酸聚氨酯底漆	TS96-71 黑色氟聚氨酯无光磁漆	60～90

3A21+TB06-9+TS96-71 防护涂层采用底漆+面漆双层体系,底漆为 TB06-9 锌黄丙烯酸聚氨酯底漆,面漆为 TS96-71 黑色氟聚氨酯无光磁漆,涂层总厚度为 60～90μm。

3.1.26.2 试验条件

3A21+TB06-9+TS96-71 防护涂层自然环境试验条件见表 3-202,实验室环境试验条件见表 3-203。

表 3-202　3A21+TB06-9+TS96-71 防护涂层自然环境试验条件

环境类型	试验地点	试验方式
湿热海洋大气环境	西沙	户外暴露

表 3-203　3A21+TB06-9+TS96-71 防护涂层实验室环境试验条件

试验项目	试验条件
紫外光老化	灯源：UVA 340nm。 辐照度：0.98W/m^2@340nm。 黑板温度：65℃±3℃。 试验方式：连续光照
紫外/冷凝+盐雾/干燥循环	紫外/冷凝试验： 　灯源：UVA 340nm。 　光照阶段黑板温度：60℃±3℃。 　辐照度：0.89W/m^2@340nm，光照 8h。 　冷凝阶段黑板温度：50℃±3℃，冷凝 4h。 　试验时长：12h 为 1 个周期，循环 6 个周期后进入盐雾/干燥试验。 盐雾/干燥试验： 　喷雾阶段温度：35℃±2℃。 　盐溶液浓度：5%±1%。 　pH 值：6.5～7.2。 　沉降量：1.0～3.0mL/(80cm^2·h)，喷雾 12h。 　干燥阶段温度：50℃±2℃，干燥 12h。 　升温、降温速率：3℃/min。 　试验时长：24h 为 1 个周期，循环 3 个周期。 试验循环：紫外/冷凝试验 72h+盐雾/干燥试验 72h，为 1 个循环
盐雾+SO$_2$ 循环	盐雾试验： 　温度：35℃±2℃。 　NaCl 溶液浓度：50g/L±10g/L。 　盐雾沉降率：1.0～2.0mL/(80cm^2·h)。 　试验时长：0.5h，进入 SO$_2$ 试验。 SO$_2$ 试验： 　SO$_2$ 流速：35cm^3/min·m^3。 　收集液 pH 值：2.5～3.2。 　试验时长：0.5h。 试验循环：盐雾试验 0.5h+SO$_2$ 试验 0.5h+静置 2h，为 1 个循环

3.1.26.3　测试项目及参照标准

3A21+TB06-9+TS96-71 防护涂层测试项目及参照标准见表 3-204。

表 3-204　3A21+TB06-9+TS96-71 防护涂层测试项目及参照标准

测试项目	参照标准
外观评级	GB/T 1766—2008《色漆和清漆 涂层老化的评级方法》
光泽度	GB/T 9754—2007《色漆和清漆 不含金属颜料的色漆漆膜的20°、60°和85°镜面光泽的测定》
色差	GB/T 11186.2—1989《涂膜颜色的测量方法 第2部分：颜色测量》
附着力	GB/T 9286—2021《色漆和清漆 划格试验》
	GB/T 5210—2006《色漆和清漆 拉开法附着力试验》
电化学交流阻抗	ISO 16773-2: 2016 Electrochemical impedance spectroscopy (EIS) on coated and uncoated metallic specimens-Part 2: Collection of data

3.1.26.4　环境适应性数据

1. 自然环境试验结果

（1）外观评级结果（见表 3-205）

表 3-205　3A21+TB06-9+TS96-71 防护涂层自然环境试验外观评级结果

环境类型	试验时间/月	外观评级					综合评级
		粉化	开裂	起泡	生锈	剥落	
湿热海洋大气环境	0	0	0（S0）	0（S0）	0（S0）	0（S0）	0
	6	0	0（S0）	0（S0）	0（S0）	0（S0）	0
	12	0	0（S0）	0（S0）	0（S0）	0（S0）	0
	24	2	0（S0）	0（S0）	0（S0）	0（S0）	2
	36	2	0（S0）	0（S0）	0（S0）	0（S0）	2

（2）性能测试结果（见表 3-206）

表 3-206　3A21+TB06-9+TS96-71 防护涂层自然环境试验性能测试结果

环境类型	试验时间/月	色差	附着力等级	低频阻抗模值/$\Omega \cdot cm^2$
湿热海洋大气环境	0	0	0	7.94×10^{10}
	6	0.90	0	1.96×10^{10}
	12	0.49	1	6.14×10^{10}
	24	0.75	1	1.69×10^{10}
	36	1.03	1	2.38×10^{10}

2. 实验室环境试验结果

（1）外观评级结果（见表 3-207）

表3-207　3A21+TB06-9+TS96-71防护涂层实验室环境试验外观评级结果

试验项目	试验时间	外观评级					综合评级
		粉化	开裂	起泡	生锈	剥落	
紫外光老化	0	0	0（S0）	0（S0）	0（S0）	0（S0）	0
	12d	0	0（S0）	0（S0）	0（S0）	0（S0）	0
	24d	0	0（S0）	0（S0）	0（S0）	0（S0）	0
	36d	0	0（S0）	0（S0）	0（S0）	0（S0）	0
	42d	0	0（S0）	0（S0）	0（S0）	0（S0）	0
紫外/冷凝+盐雾/干燥循环	0	0	0（S0）	0（S0）	0（S0）	0（S0）	0
	12d	0	0（S0）	0（S0）	0（S0）	0（S0）	0
	24d	0	0（S0）	0（S0）	0（S0）	0（S0）	0
	36d	0	0（S0）	0（S0）	0（S0）	0（S0）	0
	42d	0	0（S0）	0（S0）	0（S0）	0（S0）	0
盐雾+SO_2循环	0	0	0（S0）	0（S0）	0（S0）	0（S0）	0
	192h	0	0（S0）	3（S4）	0（S0）	0（S0）	3
	384h	0	0（S0）	3（S5）	0（S0）	0（S0）	3

注：参试样品"非划痕处"涂层未出现起泡、开裂、剥落等破坏现象，"划痕处"涂层出现起泡现象。

（2）性能测试结果（见表3-208）

表3-208　3A21+TB06-9+TS96-71防护涂层实验室环境试验性能测试结果

试验项目	试验时间	失光率/%	色差	附着力等级	低频阻抗模值/$\Omega \cdot cm^2$
紫外光老化	0	0	0	0	7.94×10^{10}
	12d	-3.79	0.16		5.50×10^{10}
	24d	-6.43	0.22		1.06×10^{10}
	36d	-8.91	0.30		1.45×10^{10}
	42d	-18.11	0.29	1	1.08×10^{10}
紫外/冷凝+盐雾/干燥循环	0	0	0	0	7.94×10^{10}
	12d	-41.88	0.94		1.57×10^{10}
	24d	-46.75	0.72		2.43×10^{10}
	36d	-73.21	0.93		2.50×10^{10}
	42d	-85.57	0.89	1	3.28×10^{10}
盐雾+SO_2循环	0	0	0	0	7.94×10^{10}
	192h	-16.49	2.24		5.92×10^{10}
	384h	-21.56	2.18	1	2.03×10^{9}

3.1.27　3A21+TB06-9+TB04-62 防护涂层

3.1.27.1　试验样件信息

3A21+TB06-9+TB04-62 防护涂层试验样件信息见表 3-209。

表 3-209　3A21+TB06-9+TB04-62 防护涂层试验样件信息

序号	基材	底漆	面漆	干膜厚度/μm
1-27	3A21 铝锰合金	TB06-9 锌黄丙烯酸聚氨酯底漆	TB04-62 军绿色丙烯酸聚氨酯半光磁漆	60～90

3A21+TB06-9+TB04-62 防护涂层采用底漆+面漆双层体系，底漆为 TB06-9 锌黄丙烯酸聚氨酯底漆，面漆为 TB04-62 军绿色丙烯酸聚氨酯半光磁漆，涂层总厚度为 60～90μm。

3.1.27.2　试验条件

3A21+TB06-9+TB04-62 防护涂层自然环境试验条件见表 3-210，实验室环境试验条件见表 3-211。

表 3-210　3A21+TB06-9+TB04-62 防护涂层自然环境试验条件

环境类型	试验地点	试验方式
湿热海洋大气环境	西沙	户外暴露

表 3-211　3A21+TB06-9+TB04-62 防护涂层实验室环境试验条件

试验项目	试验条件
紫外光老化	灯源：UVA 340nm。 辐照度：0.98W/m^2@340nm。 黑板温度：65℃±3℃。 试验方式：连续光照
紫外/冷凝+盐雾/干燥循环	紫外/冷凝试验： 　灯源：UVA 340nm。 　光照阶段黑板温度：60℃±3℃。 　辐照度：0.89W/m^2@340nm，光照 8h。 　冷凝阶段黑板温度：50℃±3℃，冷凝 4h。 　试验时长：12h 为 1 个周期，循环 6 个周期后进入盐雾/干燥试验。 盐雾/干燥试验： 　喷雾阶段温度：35℃±2℃。 　盐溶液浓度：5%±1%。 　pH 值：6.5～7.2。 　沉降量：1.0～3.0mL/(80cm^2·h)，喷雾 12h。 　干燥阶段温度：50℃±2℃，干燥 12h。 　升温、降温速率：3℃/min。 　试验时长：24h 为 1 个周期，循环 3 个周期。 试验循环：紫外/冷凝试验 72h+盐雾/干燥试验 72h，为 1 个循环

续表

试验项目	试验条件
盐雾+SO$_2$循环	盐雾试验： 　温度：35℃±2℃。 　NaCl 溶液浓度：50g/L±10g/L。 　盐雾沉降率：1.0～2.0mL/(80cm^2·h)。 　试验时长：0.5h，进入 SO$_2$ 试验。 SO$_2$ 试验： 　SO$_2$ 流速：35cm^3/min·m^3。 　收集液 pH 值：2.5～3.2。 　试验时长：0.5h。 　试验循环：盐雾试验 0.5h+SO$_2$ 试验 0.5h+静置 2h，为 1 个循环

3.1.27.3　测试项目及参照标准

3A21+TB06-9+TB04-62 防护涂层测试项目及参照标准见表 3-212。

表 3-212　3A21+TB06-9+TB04-62 防护涂层测试项目及参照标准

测试项目	参照标准
外观评级	GB/T 1766—2008《色漆和清漆 涂层老化的评级方法》
光泽度	GB/T 9754—2007《色漆和清漆 不含金属颜料的色漆漆膜的20°、60°和85°镜面光泽的测定》
色差	GB/T 11186.2—1989《涂膜颜色的测量方法 第 2 部分：颜色测量》
附着力	GB/T 9286—2021《色漆和清漆 划格试验》
	GB/T 5210—2006《色漆和清漆 拉开法附着力试验》
电化学交流阻抗	ISO 16773-2: 2016 *Electrochemical impedance spectroscopy (EIS) on coated and uncoated metallic specimens-Part 2: Collection of data*

3.1.27.4　环境适应性数据

1. 自然环境试验结果

（1）外观评级结果（见表 3-213）

表 3-213　3A21+TB06-9+TB04-62 防护涂层自然环境试验外观评级结果

环境类型	试验时间/月	外观评级					综合评级
		粉化	开裂	起泡	生锈	剥落	
湿热海洋大气环境	0	0	0（S0）	0（S0）	0（S0）	0（S0）	0
	6	1	0（S0）	0（S0）	0（S0）	0（S0）	1
	12	1	0（S0）	0（S0）	0（S0）	0（S0）	1
	24	2	0（S0）	0（S0）	0（S0）	0（S0）	2
	36	2	0（S0）	0（S0）	0（S0）	0（S0）	2

(2) 性能测试结果（见表 3-214）

表 3-214　3A21+TB06-9+TB04-62 防护涂层自然环境试验性能测试结果

自然环境类型	试验时间/月	失光率/%	色差	附着力等级	低频阻抗模值/$\Omega \cdot cm^2$
湿热海洋大气环境	0	0	0	1	1.19×10^{11}
	6	10.3	0.37	0	1.87×10^{10}
	12	43.1	1.30	1	3.76×10^{10}
	24	53.9	0.92	1	6.13×10^{10}
	36	87.5		1	4.27×10^{10}

2. 实验室环境试验结果

(1) 外观评级结果（见表 3-215）

表 3-215　3A21+TB06-9+TB04-62 防护涂层实验室环境试验外观评级结果

试验项目	试验时间	外观评级					综合评级
		粉化	开裂	起泡	生锈	剥落	
紫外光老化	0	0	0（S0）	0（S0）	0（S0）	0（S0）	0
	12d	0	0（S0）	0（S0）	0（S0）	0（S0）	0
	24d	0	0（S0）	0（S0）	0（S0）	0（S0）	0
	36d	0	0（S0）	0（S0）	0（S0）	0（S0）	0
	42d	0	0（S0）	0（S0）	0（S0）	0（S0）	0
紫外/冷凝+盐雾/干燥循环	0	0	0（S0）	0（S0）	0（S0）	0（S0）	0
	12d	0	0（S0）	0（S0）	0（S0）	0（S0）	0
	24d	0	0（S0）	0（S0）	0（S0）	0（S0）	0
	36d	0	0（S0）	0（S0）	0（S0）	0（S0）	0
	42d	0	0（S0）	0（S0）	0（S0）	0（S0）	0
盐雾+SO_2循环	0	0	0（S0）	0（S0）	0（S0）	0（S0）	0
	192h	0	0（S0）	2（S3）	0（S0）	0（S0）	2
	384h	0	0（S0）	3（S3）	0（S0）	0（S0）	3

注：参试样品"非划痕处"涂层未出现起泡、开裂、剥落等破坏现象，"划痕处"涂层出现起泡现象。

(2) 性能测试结果（见表 3-216）

表 3-216 3A21+TB06-9+TB04-62 防护涂层实验室环境试验性能测试结果

试验项目	试验时间	失光率/%	色差	附着力等级	低频阻抗模值/Ω·cm^2
紫外光老化	0	0	0	1	$1.19×10^{11}$
	12d	8.64	0.18		$5.58×10^{10}$
	24d	5.58	0.30		$7.86×10^{10}$
	36d	12.07	0.37		$8.40×10^{10}$
	42d	12.46	0.42	1	$2.95×10^{10}$
紫外/冷凝+盐雾/干燥循环	0	0	0	1	$1.20×10^{11}$
	12d	0.14	0.23		$9.56×10^{10}$
	24d	0.20	0.29		$2.04×10^{10}$
	36d	0.51	0.36		$1.35×10^{11}$
	42d	0.42	0.51	1	$1.91×10^{11}$
盐雾+SO$_2$ 循环	0	0	0	1	$1.19×10^{11}$
	384h	33.98	1.24	1	$4.69×10^{10}$

3.2 碳钢/不锈钢基材防护涂层环境适应性数据

碳钢/不锈钢底材防护涂层主要应用在天伺馈系统结构件中，表面防护涂层主要采用双层或三层涂层，钢基材常用的配套底漆主要是铁红环氧底漆、铁红醇酸底漆、铁红酚醛底漆、铁红过氯乙烯底漆、磷化底漆、富锌底漆、氨基底漆；随着涂层工艺的进步，现行钢基材常用的配套底漆有锌黄丙烯酸涂、环氧聚氨酯底漆、环氧富锌底漆、飞机蒙皮底漆、环氧锌磷底漆等。

3.2.1 10#+Zn30.DC+TB06-9+TB04-62 防护涂层

3.2.1.1 试验样件信息

10#+Zn30.DC+TB06-9+TB04-62 防护涂层试验样件信息见表 3-217。

表 3-217 10#+Zn30.DC+TB06-9+TB04-62 防护涂层试验样件信息

序号	基材	前处理	底漆	面漆	干膜厚度/μm
2-1	10#优质碳素结构钢	D.Zn30.DC 镀锌氧化	TB06-9 锌黄丙烯酸聚氨酯底漆	TB04-62 丙烯酸聚氨酯磁漆	60～90

10#+Zn30.DC+TB06-9+TB04-62 防护涂层采用底漆+面漆双层体系，底漆为

TB06-9 锌黄丙烯酸聚氨酯底漆，面漆为 TB04-62 丙烯酸聚氨酯磁漆，涂层总厚度为 60~90μm。

3.2.1.2 试验条件

10#+Zn30.DC+TB06-9+TB04-62 防护涂层自然环境试验条件见表 3-218，实验室环境试验条件见表 3-219。

表 3-218　10#+Zn30.DC+TB06-9+TB04-62 防护涂层自然环境试验条件

环境类型	试验地点	试验方式
湿热海洋大气环境	西沙	户外暴露
亚湿热工业大气环境	江津	户外暴露

表 3-219　10#+Zn30.DC+TB06-9+TB04-62 防护涂层实验室环境试验条件

试验项目	试验条件
高温	温度：70℃。 升温速率：≤10℃/min
湿热	温度：47℃±1℃。 湿度：96%±2%
紫外光老化	灯源：UVA 340nm。 辐照度：0.98W/m^2@340nm。 黑板温度：65℃±3℃。 试验方式：连续光照
氙灯光老化	灯源：UVA 300~400nm。 辐照度：0.53W/m^2@300~400nm。 BST（黑标温度）：65℃±2℃。 相对湿度：50%±5%。 试验循环：光照 108min，润湿 18min，为 1 个循环
温冲	低温状态：-55℃，保持 30min。 高温状态：70℃，保持 30min。 温度变化速率：≤1min
酸性大气	试验温度：35℃。 pH 值：4.02。 沉降率：1.0~3.0mL/(80cm^2·h)。 试验循环：喷雾 2h，贮存 7h，为 1 个循环
紫外/冷凝+盐雾/干燥循环	紫外/冷凝试验： 灯源：UVA 340nm。 光照阶段黑板温度：60℃±3℃。 辐照度：0.89W/m^2@340nm，光照 8h。 冷凝阶段黑板温度：50℃±3℃，冷凝 4h。

续表

试验项目	试验条件
紫外/冷凝+盐雾/干燥循环	试验时长：12h 为 1 个周期，循环 6 个周期后进入盐雾/干燥试验。 盐雾/干燥试验： 　喷雾阶段温度：35℃±2℃。 　盐溶液浓度：5%±1%。 　pH 值：6.5～7.2。 　沉降量：1.0～3.0mL/(80cm^2·h)，喷雾 12h。 　干燥阶段温度：50℃±2℃，干燥 12h。 　升温、降温速率：3℃/min。 　试验时长：24h 为 1 个周期，循环 3 个周期。 试验循环：紫外/冷凝试验 72h+盐雾/干燥试验 72h，为 1 个循环

3.2.1.3　测试项目及参照标准

10#+Zn30.DC+TB06-9+TB04-62 防护涂层测试项目及参照标准见表 3-220。

表 3-220　10#+Zn30.DC+TB06-9+TB04-62 防护涂层测试项目及参照标准

测试项目	参照标准
外观评级	GB/T 1766—2008《色漆和清漆 涂层老化的评级方法》
光泽度	GB/T 9754—2007《色漆和清漆 不含金属颜料的色漆漆膜的 20°、60°和 85°镜面光泽的测定》
色差	GB/T 11186.2—1989《涂膜颜色的测量方法 第 2 部分：颜色测量》
附着力	GB/T 9286—2021《色漆和清漆 划格试验》
	GB/T 5210—2006《色漆和清漆 拉开法附着力试验》
电化学交流阻抗	ISO 16773-2: 2016 *Electrochemical impedance spectroscopy (EIS) on coated and uncoated metallic specimens-Part 2: Collection of data*

3.2.1.4　环境适应性数据

1．自然环境试验结果

（1）外观评级结果（见表 3-221）

表 3-221　10#+Zn30.DC+TB06-9+TB04-62 防护涂层自然环境试验外观评级结果

| 环境类型 | 试验时间/月 | 外观评级 ||||| 综合评级 |
		粉化	开裂	起泡	生锈	剥落	
湿热海洋大气环境	0	0	0（S0）	0（S0）	0（S0）	0（S0）	0
	6	0	0（S0）	0（S0）	0（S0）	0（S0）	0
	12	0	0（S0）	0（S0）	0（S0）	0（S0）	0

续表

环境类型	试验时间/月	外观评级					综合评级
		粉化	开裂	起泡	生锈	剥落	
湿热海洋大气环境	24	2	0（S0）	0（S0）	0（S0）	0（S0）	2
	36	3	0（S0）	0（S0）	0（S0）	0（S0）	3
亚湿热工业大气环境	0	0	0（S0）	0（S0）	0（S0）	0（S0）	0
	6	0	0（S0）	0（S0）	0（S0）	0（S0）	0
	12	0	0（S0）	0（S0）	0（S0）	0（S0）	0
	24	1	0（S0）	0（S0）	0（S0）	0（S0）	1
	36	1	0（S0）	0（S0）	0（S0）	0（S0）	1

（2）性能测试结果（见表3-222）

表3-222　10#+Zn30.DC+TB06-9+TB04-62 防护涂层自然环境试验性能测试结果

环境类型	试验时间/月	失光率/%	色差	附着力等级	低频阻抗模值/$\Omega \cdot cm^2$
湿热海洋大气环境	0	0	0	0	1.38×10^{11}
	6	13.5	1.02	1	1.23×10^{8}
	12	44.3	1.68	1	6.79×10^{10}
	24	64.2	2.12	1	1.46×10^{10}
	36	83.9	3.10	2	3.45×10^{10}
亚湿热工业大气环境	0	0	0	0	1.38×10^{10}
	6	−0.90	1.53	1	4.83×10^{10}
	12	9.91	1.07	1	2.83×10^{10}
	24	29.14	1.50	1	9.90×10^{10}
	36	30.81	1.38	1	4.17×10^{10}

2．实验室环境试验结果

（1）外观评级结果（见表3-223）

表3-223　10#+Zn30.DC+TB06-9+TB04-62 防护涂层实验室环境试验外观评级结果

试验项目	试验时间	外观评级					综合评级
		粉化	开裂	起泡	生锈	剥落	
高温	0	0	0（S0）	0（S0）	0（S0）	0（S0）	0
	240h	0	0（S0）	0（S0）	0（S0）	0（S0）	0
	480h	0	0（S0）	0（S0）	0（S0）	0（S0）	0
	560h	0	0（S0）	0（S0）	0（S0）	0（S0）	0

续表

试验项目	试验时间	外观评级					综合评级
		粉化	开裂	起泡	生锈	剥落	
湿热	0	0	0（S0）	0（S0）	0（S0）	0（S0）	0
	240h	0	0（S0）	0（S0）	0（S0）	0（S0）	0
	480h	0	0（S0）	0（S0）	0（S0）	0（S0）	0
	560h	0	0（S0）	0（S0）	0（S0）	0（S0）	0
	720h	0	0（S0）	0（S0）	0（S0）	0（S0）	0
紫外光老化	0	0	0（S0）	0（S0）	0（S0）	0（S0）	0
	12d	0	0（S0）	0（S0）	0（S0）	0（S0）	0
	24d	0	0（S0）	0（S0）	0（S0）	0（S0）	0
	36d	0	0（S0）	0（S0）	0（S0）	0（S0）	0
	42d	0	0（S0）	0（S0）	0（S0）	0（S0）	0
氙灯光老化	0	0	0（S0）	0（S0）	0（S0）	0（S0）	0
	10d	0	0（S0）	0（S0）	0（S0）	0（S0）	0
	20d	0	0（S0）	0（S0）	0（S0）	0（S0）	0
	30d	0	0（S0）	0（S0）	0（S0）	0（S0）	0
	35d	0	0（S0）	0（S0）	0（S0）	0（S0）	0
温冲	0	0	0（S0）	0（S0）	0（S0）	0（S0）	0
	35个循环	0	0（S0）	0（S0）	0（S0）	0（S0）	0
	70个循环	0	0（S0）	0（S0）	0（S0）	0（S0）	0
酸性大气	0	0	0（S0）	0（S0）	0（S0）	0（S0）	0
	14d	0	0（S0）	0（S0）	0（S0）	0（S0）	0
	35d	0	0（S0）	0（S0）	0（S0）	0（S0）	0
紫外/冷凝+盐雾/干燥循环	0	0	0（S0）	0（S0）	0（S0）	0（S0）	0
	12d	0	0（S0）	0（S0）	0（S0）	0（S0）	0
	24d	0	0（S0）	0（S0）	0（S0）	0（S0）	0
	36d	0	0（S0）	0（S0）	0（S0）	0（S0）	0
	42d	0	0（S0）	0（S0）	0（S0）	0（S0）	0

（2）性能测试结果（见表3-224）

表 3-224　10#+Zn30.DC+TB06-9+TB04-62 防护涂层实验室环境试验性能测试结果

试验项目	试验时间	色差	附着力等级	低频阻抗模值/$\Omega \cdot cm^2$
高温	0	0	0	1.10×10^{10}
	240h	0.38		5.42×10^9
	480h	0.30		5.66×10^9
	560h	0.90	1	5.32×10^9
湿热	0	0	0	1.38×10^{11}
	240h	0.46		1.74×10^9
	480h	0.59		6.75×10^{10}
	560h	0.75		2.09×10^9
	720h	0.84	1	1.42×10^9
紫外光老化	0	0	0	1.38×10^{11}
	12d	0.51		7.81×10^{10}
	24d	0.83		1.31×10^{11}
	36d	1.28		5.91×10^{10}
	42d	1.53	1	4.20×10^{10}
氙灯光老化	0	0	0	1.38×10^{11}
	10d	0.20		8.10×10^{10}
	20d	0.38		8.45×10^{10}
	30d	0.51		2.62×10^{10}
	35d	0.87	1	8.12×10^{10}
温冲	0	0	0	1.22×10^{11}
	35 个循环	0.59		5.70×10^{10}
	70 个循环	0.52	1	1.14×10^{11}
酸性大气	0	0	0	1.22×10^{11}
	14d	0.13		3.39×10^{10}
	35d	0.25	1	6.15×10^{10}
紫外/冷凝+盐雾/干燥循环	0	0	0	5.55×10^{10}
	12d	0.23		3.71×10^{10}
	24d	0.32		3.11×10^{10}
	36d	3.35		7.44×10^9
	42d	0.50	1	1.34×10^{10}

3.2.2 10#+Ct·ZnPh+TB06-9+TB04-62 防护涂层

3.2.2.1 试验样件信息

10#+Ct·ZnPh+TB06-9+TB04-62 防护涂层试验样件信息见表 3-225。

表 3-225　10#+Ct·ZnPh+TB06-9+TB04-62 防护涂层试验样件信息

序号	基材	前处理	底漆	面漆	干膜厚度/μm
2-2	10#优质碳素结构钢	Ct·ZnPh 化学镀锌	TB06-9 锌黄丙烯酸聚氨酯底漆	TB04-62 丙烯酸聚氨酯磁漆	60～100

10#+Ct·ZnPh+TB06-9+TB04-62 防护涂层采用底漆+面漆双层体系，底漆为 TB06-9 锌黄丙烯酸聚氨酯底漆，面漆为 TB04-62 丙烯酸聚氨酯磁漆，涂层总厚度为 60～100μm。

3.2.2.2 试验条件

10#+Ct·ZnPh+TB06-9+TB04-62 防护涂层自然环境试验条件见表 3-226，实验室环境试验条件见表 3-227。

表 3-226　10#+Ct·ZnPh+TB06-9+TB04-62 防护涂层自然环境试验条件

环境类型	试验地点	试验方式
湿热海洋大气环境	西沙	户外暴露
亚湿热工业大气环境	江津	户外暴露

表 3-227　10#+Ct·ZnPh+TB06-9+TB04-62 防护涂层实验室环境试验条件

试验项目	试验条件
高温	温度：70℃。 升温速率：≤10℃/min
湿热	温度：47℃±1℃。 湿度：96%±2%
紫外光老化	灯源：UVA 340nm。 辐照度：0.98W/m^2@340nm。 黑板温度：65℃±3℃。 试验方式：连续光照
氙灯光老化	灯源：UVA 300～400nm。 辐照度：0.53W/m^2@300～400nm。 BST（黑标温度）：65℃±2℃。 相对湿度：50%±5%。 试验循环：光照 108min，润湿 18min，为 1 个循环
温冲	低温状态：-55℃，保持 30min。

续表

试验项目	试验条件
温冲	高温状态:70℃,保持30min。 温度变化速率:≤1min
酸性大气	试验温度:35℃。 pH 值:4.02。 沉降率:1.0~3.0mL/(80cm^2·h)。 试验循环:喷雾 2h,贮存 7h,为 1 个循环
紫外/冷凝+盐雾/干燥循环	紫外/冷凝试验: 　灯源:UVA 340nm。 　光照阶段黑板温度:60℃±3℃。 　辐照度:0.89W/m^2@340nm,光照 8h。 　冷凝阶段黑板温度:50℃±3℃,冷凝 4h。 　试验时长:12h 为 1 个周期,循环 6 个周期后进入盐雾/干燥试验。 盐雾/干燥试验: 　喷雾阶段温度:35℃±2℃。 　盐溶液浓度:5%±1%。 　pH 值:6.5~7.2。 　沉降量:1.0~3.0mL/(80cm^2·h),喷雾 12h。 　干燥阶段温度:50℃±2℃,干燥 12h。 　升温、降温速率:3℃/min。 　试验时长:24h 为 1 个周期,循环 3 个周期。 试验循环:紫外/冷凝试验 72h+盐雾/干燥试验 72h,为 1 个循环

3.2.2.3 测试项目及参照标准

10#+Ct·ZnPh+TB06-9+TB04-62 防护涂层测试项目及参照标准见表 3-228。

表 3-228　10#+Ct·ZnPh+TB06-9+TB04-62 防护涂层测试项目及参照标准

测试项目	参照标准
外观评级	GB/T 1766—2008《色漆和清漆 涂层老化的评级方法》
光泽度	GB/T 9754—2007《色漆和清漆 不含金属颜料的色漆漆膜的 20°、60°和 85°镜面光泽的测定》
色差	GB/T 11186.2—1989《涂膜颜色的测量方法 第 2 部分:颜色测量》
附着力	GB/T 9286—2021《色漆和清漆 划格试验》
	GB/T 5210—2006《色漆和清漆 拉开法附着力试验》
电化学交流阻抗	ISO 16773-2: 2016 *Electrochemical impedance spectroscopy (EIS) on coated and uncoated metallic specimens-Part 2: Collection of data*

3.2.2.4 环境适应性数据

1. 自然环境试验结果

(1) 外观评级结果(见表 3-229)

表 3-229　10#+Ct·ZnPh+TB06-9+TB04-62 防护涂层自然环境试验外观评级结果

环境类型	试验时间/月	外观评级					综合评级
		粉化	开裂	起泡	生锈	剥落	
湿热海洋大气环境	0	0	0（S0）	0（S0）	0（S0）	0（S0）	0
	6	0	0（S0）	0（S0）	0（S0）	0（S0）	0
	12	2	0（S0）	0（S0）	0（S0）	0（S0）	0
	24	2	0（S0）	0（S0）	0（S0）	0（S0）	0
	36	2	0（S0）	2（S4）	2（S3）	0	4
亚湿热工业大气环境	0	0	0（S0）	0（S0）	0（S0）	0（S0）	0
	6	0	0（S0）	0（S0）	0（S0）	0（S0）	0
	12	0	0（S0）	0（S0）	0（S0）	0（S0）	0
	24	0	0（S0）	0（S0）	0（S0）	0（S0）	0
	36	1	0（S0）	0（S0）	0（S0）	0（S0）	0

（2）性能测试结果（见表 3-230）

表 3-230　10#+Ct·ZnPh+TB06-9+TB04-62 防护涂层自然环境试验性能测试结果

环境类型	试验时间/月	失光率/%	色差	附着力等级	低频阻抗模值/$\Omega \cdot cm^2$
湿热海洋大气环境	0	0	0	0	3.47×10^{10}
	6	4.4	0.93	0	1.60×10^{10}
	12	39.4	1.54	2	3.23×10^{10}
	24	64.5	2.01	1	5.04×10^{6}
	36	85.6	3.16	1	9.20×10^{6}
亚湿热工业大气环境	0	0	0	0	3.47×10^{10}
	6	-1.46	1.15	1	7.59×10^{6}
	12	11.43	1.12	1	9.61×10^{9}
	24	36.37	1.59	1	2.61×10^{9}
	36	54.40	1.33	1	3.01×10^{10}

2．实验室环境试验结果

（1）外观评级结果（见表 3-231）

表 3-231 10#+Ct·ZnPh+TB06-9+TB04-62 防护涂层实验室环境试验外观评级结果

试验项目	试验时间	外观评级					综合评级
		粉化	开裂	起泡	生锈	剥落	
高温	0	0	0（S0）	0（S0）	0（S0）	0（S0）	0
	240h	0	0（S0）	0（S0）	0（S0）	0（S0）	0
	480h	0	0（S0）	0（S0）	0（S0）	0（S0）	0
	560h	0	0（S0）	0（S0）	0（S0）	0（S0）	0
湿热	0	0	0（S0）	0（S0）	0（S0）	0（S0）	0
	240h	0	0（S0）	0（S0）	0（S0）	0（S0）	0
	480h	0	0（S0）	0（S0）	0（S0）	0（S0）	0
	560h	0	0（S0）	0（S0）	0（S0）	0（S0）	0
	720h	0	0（S0）	0（S0）	0（S0）	0（S0）	0
紫外光老化	0	0	0（S0）	0（S0）	0（S0）	0（S0）	0
	12d	0	0（S0）	0（S0）	0（S0）	0（S0）	0
	24d	0	0（S0）	0（S0）	0（S0）	0（S0）	0
	36d	0	0（S0）	0（S0）	0（S0）	0（S0）	0
	42d	0	0（S0）	0（S0）	0（S0）	0（S0）	0
氙灯光老化	0	0	0（S0）	0（S0）	0（S0）	0（S0）	0
	10d	0	0（S0）	0（S0）	0（S0）	0（S0）	0
	20d	0	0（S0）	0（S0）	0（S0）	0（S0）	0
	30d	0	0（S0）	0（S0）	0（S0）	0（S0）	0
	35d	0	0（S0）	0（S0）	0（S0）	0（S0）	0
温冲	0	0	0（S0）	0（S0）	0（S0）	0（S0）	0
	35 个循环	0	0（S0）	0（S0）	0（S0）	0（S0）	0
	70 个循环	0	0（S0）	0（S0）	0（S0）	0（S0）	0
酸性大气	0	0	0（S0）	0（S0）	0（S0）	0（S0）	0
	14d	0	0（S0）	0（S0）	0（S0）	0（S0）	0
	35d	0	0（S0）	0（S0）	0（S0）	0（S0）	0
紫外/冷凝+盐雾/干燥循环	0	0	0（S0）	0（S0）	0（S0）	0（S0）	0
	12d	0	0（S0）	0（S0）	0（S0）	0（S0）	0
	24d	0	0（S0）	0（S0）	0（S0）	0（S0）	0
	36d	0	0（S0）	0（S0）	0（S0）	0（S0）	0
	42d	0	0（S0）	0（S0）	0（S0）	0（S0）	0

（2）性能测试结果（见表 3-232）

表 3-232　10#+Ct·ZnPh+TB06-9+TB04-62 防护涂层实验室环境试验性能测试结果

试验项目	试验时间	失光率/%	色差	附着力等级	低频阻抗模值/$\Omega \cdot cm^2$
高温	0	0	0	0	2.76×10^9
	240h	-0.31	0.60		7.99×10^9
	480h	3.08	0.73		5.14×10^9
	560h	-0.62	1.05	1	9.47×10^9
湿热	0	0	0	0	3.47×10^{10}
	240h	3.51	0.46		4.63×10^{10}
	480h	1.29	0.53		2.17×10^{10}
	560h	2.22	0.75		2.47×10^7
	720h	4.02	0.87	1	7.63×10^9
紫外光老化	0	0	0	0	3.47×10^{10}
	12d	7.89	0.47		5.13×10^{10}
	24d	12.05	0.82		7.15×10^{10}
	36d	21.14	1.38		2.67×10^9
	42d	29.82	1.57	1	
氙灯光老化	0	0	0	0	3.47×10^{10}
	10d	-11.34	0.22		8.43×10^{10}
	20d		0.37		5.63×10^{10}
	30d	-13.70	0.51		3.74×10^{10}
	35d	-10.59	0.61	1	1.12×10^{11}
温冲	0	0	0	0	7.76×10^{10}
	35 个循环	-45.99	0.84		3.24×10^{10}
	70 个循环	-42.93	0.91	1	4.24×10^{10}
酸性大气	0	0	0	0	7.76×10^{10}
	14d	-24.60	0.50		1.32×10^{10}
	35d	-27.82	0.54	1	2.08×10^8
紫外/冷凝+盐雾/干燥循环	0	0	0	0	4.10×10^{10}
	12d	0.23	0.21		1.82×10^{10}
	24d	1.84	0.35		3.68×10^9
	36d	2.76	3.37		9.13×10^9
	42d	8.08	0.57	1	5.52×10^9

3.2.3 10#+达克罗+TB06-9+TB04-62 防护涂层

3.2.3.1 试验样件信息

10#+达克罗+TB06-9+TB04-62 防护涂层试验样件信息见表 3-233。

表 3-233 10#+达克罗+TB06-9+TB04-62 防护涂层试验样件信息

序号	基材	前处理	底漆	面漆	干膜厚度/μm
2-3	10#优质碳素结构钢	达克罗	TB06-9 锌黄丙烯酸聚氨酯底漆	TB04-62 丙烯酸聚氨酯磁漆	70～90

10#+达克罗+TB06-9+TB04-62 防护涂层采用底漆+面漆双层体系，底漆为 TB06-9 锌黄丙烯酸聚氨酯底漆，面漆为 TB04-62 丙烯酸聚氨酯磁漆，涂层总厚度为 70～90μm。

3.2.3.2 试验条件

10#+达克罗+TB06-9+TB04-62 防护涂层自然环境试验条件见表 3-234，实验室环境试验条件见表 3-235。

表 3-234 10#+达克罗+TB06-9+TB04-62 防护涂层自然环境试验条件

大气环境类型	试验地点	试验方式
湿热海洋大气环境	西沙	户外暴露
亚湿热工业大气环境	江津	户外暴露

表 3-235 10#+达克罗+TB06-9+TB04-62 防护涂层实验室环境试验条件

试验项目	试验条件
高温	温度：70℃。 升温速率：≤10℃/min
湿热	温度：47℃±1℃。 湿度：96%±2%
紫外光老化	灯源：UVA 340nm。 辐照度：0.98W/m²@340nm。 黑板温度：65℃±3℃。 试验方式：连续光照
氙灯光老化	灯源：UVA 300～400nm。 辐照度：0.53W/m²@300～400nm。 BST（黑标温度）：65℃±2℃。 相对湿度：50%±5%。 试验循环：光照 108min，润湿 18min，为 1 个循环

续表

试验项目	试验条件
温冲	低温状态：-55℃，保持 30min。 高温状态：70℃，保持 30min。 温度变化速率：≤1min
酸性大气	试验温度：35℃。 pH 值：4.02。 沉降率：1.0～3.0mL/(80cm^2·h)。 试验循环：喷雾 2h，贮存 7h，为 1 个循环
紫外/冷凝+盐雾/干燥循环	紫外/冷凝试验： 灯源：UVA 340nm。 光照阶段黑板温度：60℃±3℃。 辐照度：0.89W/m^2@340nm，光照 8h。 冷凝阶段黑板温度：50℃±3℃，冷凝 4h。 试验时长：12h 为 1 个周期，循环 6 个周期后进入盐雾/干燥试验。 盐雾/干燥试验： 喷雾阶段温度：35℃±2℃。 盐溶液浓度：5%±1%。 pH 值：6.5～7.2。 沉降量：1.0～3.0mL/(80cm^2·h)，喷雾 12h。 干燥阶段温度：50℃±2℃，干燥 12h。 升温、降温速率：3℃/min。 试验时长：24h 为 1 个周期，循环 3 个周期。 试验循环：紫外/冷凝试验 72h+盐雾/干燥试验 72h，为 1 个循环

3.2.3.3 测试项目及参照标准

10#+达克罗+TB06-9+TB04-62 防护涂层测试项目及参照标准见表 3-236。

表 3-236　10#+达克罗+TB06-9+TB04-62 防护涂层测试项目及参照标准

测试项目	参照标准
外观评级	GB/T 1766—2008《色漆和清漆 涂层老化的评级方法》
光泽度	GB/T 9754—2007《色漆和清漆 不含金属颜料的色漆漆膜的 20°、60°和 85°镜面光泽的测定》
色差	GB/T 11186.2—1989《涂膜颜色的测量方法 第 2 部分：颜色测量》
附着力	GB/T 9286—2021《色漆和清漆 划格试验》
	GB/T 5210—2006《色漆和清漆 拉开法附着力试验》
电化学交流阻抗	ISO 16773-2: 2016 *Electrochemical impedance spectroscopy (EIS) on coated and uncoated metallic specimens-Part 2: Collection of data*

3.2.3.4 环境适应性数据

1. 自然环境试验结果

（1）外观评级结果（见表 3-237）

表 3-237　10#+达克罗+TB06-9+TB04-62 防护涂层自然环境试验外观评级结果

环境类型	试验时间/月	外观评级					综合评级
		粉化	开裂	起泡	生锈	剥落	
湿热海洋大气环境	0	0	0（S0）	0（S0）	0（S0）	0（S0）	0
	6	0	0（S0）	0（S0）	0（S0）	0（S0）	0
	12	2	0（S0）	0（S0）	0（S0）	0（S0）	2
	24	2	0（S0）	0（S0）	0（S0）	0（S0）	2
	36	2	0（S0）	0（S0）	0（S0）	0（S0）	2
亚湿热工业大气环境	0	0	0（S0）	0（S0）	0（S0）	0（S0）	0
	6	0	0（S0）	0（S0）	0（S0）	0（S0）	0
	12	0	0（S0）	0（S0）	0（S0）	0（S0）	0
	24	0	0（S0）	0（S0）	0（S0）	0（S0）	0
	36	0	0（S0）	0（S0）	0（S0）	0（S0）	0

（2）性能测试结果（见表 3-238）

表 3-238　10#+达克罗+TB06-9+TB04-62 防护涂层自然环境试验性能测试结果

环境类型	试验时间/月	失光率/%	色差	附着力等级	低频阻抗模值/$\Omega \cdot cm^2$
湿热海洋大气环境	0	0	0	1	4.56×10^{10}
	6	12.1	0.88	1	1.14×10^{10}
	12	46.2	1.86	1	1.34×10^{10}
	24	64.5	2.13	2	1.67×10^{10}
	36	86.3	3.09	2	2.26×10^{10}
亚湿热工业大气环境	0	0	0	1	4.56×10^{10}
	6	1.15	1.09	2	4.90×10^{10}
	12	16.37	1.04	2	3.45×10^{10}
	24	39.89	1.42	2	1.99×10^{10}
	36	57.53	1.37	3	3.02×10^{10}

2. 实验室环境试验结果

（1）外观评级结果（见表 3-239）

表 3-239　10#+达克罗+TB06-9+TB04-62 防护涂层实验室环境试验外观评级结果

试验项目	试验时间	外观评级					综合评级
		粉化	开裂	起泡	生锈	剥落	
高温	0	0	0（S0）	0（S0）	0（S0）	0（S0）	0
	240h	0	0（S0）	0（S0）	0（S0）	0（S0）	0
	480h	0	0（S0）	0（S0）	0（S0）	0（S0）	0
	560h	0	0（S0）	0（S0）	0（S0）	0（S0）	0
湿热	0	0	0（S0）	0（S0）	0（S0）	0（S0）	0
	240h	0	0（S0）	0（S0）	0（S0）	0（S0）	0
	480h	0	0（S0）	0（S0）	0（S0）	0（S0）	0
	560h	0	0（S0）	0（S0）	0（S0）	0（S0）	0
	720h	0	0（S0）	0（S0）	0（S0）	0（S0）	0
紫外光老化	0	0	0（S0）	0（S0）	0（S0）	0（S0）	0
	12d	0	0（S0）	0（S0）	0（S0）	0（S0）	0
	24d	0	0（S0）	0（S0）	0（S0）	0（S0）	0
	36d	0	0（S0）	0（S0）	0（S0）	0（S0）	0
	42d	0	0（S0）	0（S0）	0（S0）	0（S0）	0
氙灯光老化	0	0	0（S0）	0（S0）	0（S0）	0（S0）	0
	10d	0	0（S0）	0（S0）	0（S0）	0（S0）	0
	20d	0	0（S0）	0（S0）	0（S0）	0（S0）	0
	30d	0	0（S0）	0（S0）	0（S0）	0（S0）	0
	35d	0	0（S0）	0（S0）	0（S0）	0（S0）	0
温冲	0	0	0（S0）	0（S0）	0（S0）	0（S0）	0
	35 个循环	0	0（S0）	0（S0）	0（S0）	0（S0）	0
	70 个循环	0	0（S0）	0（S0）	0（S0）	0（S0）	0
酸性大气	0	0	0（S0）	0（S0）	0（S0）	0（S0）	0
	14d	0	0（S0）	0（S0）	0（S0）	0（S0）	0
	35d	0	0（S0）	0（S0）	0（S0）	0（S0）	0
紫外/冷凝+盐雾/干燥循环	0	0	0（S0）	0（S0）	0（S0）	0（S0）	0
	12d	0	0（S0）	0（S0）	0（S0）	0（S0）	0
	24d	0	0（S0）	0（S0）	0（S0）	0（S0）	0
	36d	0	0（S0）	0（S0）	0（S0）	0（S0）	1
	42d	0	0（S0）	0（S0）	0（S0）	0（S0）	1

（2）性能测试结果（见表 3-240）

表 3-240　10#+达克罗+TB06-9+TB04-62 防护涂层实验室环境试验性能测试结果

试验项目	试验时间	色差	附着力等级	低频阻抗模值/$\Omega \cdot cm^2$
高温	0	0	1	3.63×10^9
	240h	0.14		2.19×10^9
	480h	0.73		3.59×10^9
	560h	1.05	1	3.94×10^9
湿热	0	0	1	4.56×10^{10}
	240h	0.54		6.25×10^{10}
	480h	0.55		4.31×10^{10}
	560h	0.85		3.27×10^{10}
	720h	0.96	2	8.44×10^{10}
紫外光老化	0	0	1	4.56×10^{10}
	12d	0.17		4.91×10^{10}
	24d	0.51		1.08×10^{10}
	36d	0.68		2.46×10^{10}
	42d	0.86	1	4.26×10^{10}
氙灯光老化	0	0	1	4.56×10^{10}
	10d	0.17		7.66×10^{10}
	20d	0.36		5.90×10^{10}
	30d	0.52		3.86×10^{10}
	35d	0.71	2	6.59×10^{10}
温冲	0	0	1	1.04×10^{11}
	35 个循环	0.76		4.78×10^{10}
	70 个循环	0.52		6.82×10^{10}
酸性大气	0	0	1	1.04×10^{11}
	14d	0.10		1.31×10^7
	35d	0.20	2	4.72×10^9
紫外/冷凝+盐雾/干燥循环	0	0	1	2.62×10^{10}
	12d	0.21		2.68×10^{10}
	24d	0.31		1.98×10^{10}
	36d	3.40		2.87×10^{10}
	42d	0.54	2	2.14×10^9

3.2.4　20#+EP506+HFC-901 防护涂层

3.2.4.1　试验样件信息

20#+EP506+HFC-901 防护涂层试验样件信息见表 3-241。

表 3-241　20#+EP506+HFC-901 防护涂层试验样件信息

序号	基材	底漆	面漆	干膜厚度/μm
2-4	20#优质碳素结构钢	EP506 铝红丙烯酸聚氨酯底漆	HFC-901 氟碳聚氨酯磁漆	120～150

20#+EP506+HFC-901 防护涂层采用底漆+面漆双层体系，底漆为 EP506 铝红丙烯酸聚氨酯底漆，面漆为 HFC-901 氟碳聚氨酯磁漆，涂层总厚度为 120～150μm。

3.2.4.2　试验条件

20#+EP506+HFC-901 防护涂层自然环境试验条件见表 3-242，实验室环境试验条件见表 3-243。

表 3-242　20#+EP506+HFC-901 防护涂层自然环境试验条件

环境类型	试验地点	试验方式
湿热海洋大气环境	西沙	户外暴露
亚湿热工业大气环境	江津	户外暴露
干热沙漠大气环境	敦煌	户外暴露
寒冷乡村大气环境	漠河	户外暴露

表 3-243　20#+EP506+HFC-901 防护涂层实验室环境试验条件

试验项目	试验条件
高温	温度：70℃。 升温速率：≤10℃/min
湿热	温度：47℃±1℃。 湿度：96%±2%
紫外光老化	灯源：UVA 340nm。 辐照度：0.98W/m^2@340nm。 黑板温度：65℃±3℃。 试验方式：连续光照
氙灯光老化	灯源：UVA 300～400nm。 辐照度：0.53W/m^2@300～400nm。

续表

试验项目	试验条件
氙灯光老化	BST（黑标温度）：65℃±2℃。 相对湿度：50%±5%。 试验循环：光照108min，润湿18min，为1个循环
温冲	低温状态：-55℃，保持30min。 高温状态：70℃，保持30min。 温度变化速率：≤1min
酸性大气	试验温度：35℃。 pH值：4.02。 沉降率：1.0～3.0mL/(80cm²·h)。 试验循环：喷雾2h，贮存7h，为1个循环
温冲+氙灯循环	紫外/冷凝试验： 灯源：UVA 340nm。 光照阶段黑板温度：60℃±3℃。 辐照度：0.89W/m²@340nm，光照8h。 冷凝阶段黑板温度：50℃±3℃，冷凝4h。 试验时长：12h为1个周期，循环6个周期后进入盐雾/干燥试验。 盐雾/干燥试验： 喷雾阶段温度：35℃±2℃。 盐溶液浓度：5%±1%。 pH值：6.5～7.2。 沉降量：1.0～3.0mL/(80cm²·h)，喷雾12h。 干燥阶段温度：50℃±2℃，干燥12h。 升温、降温速率：3℃/min。 试验时长：24h为1个周期，循环3个周期。 试验循环：紫外/冷凝试验72h+盐雾/干燥试验72h，为1个循环

3.2.4.3 测试项目及参照标准

20#+EP506+HFC-901防护涂层测试项目及参照标准见表3-244。

表3-244　20#+EP506+HFC-901防护涂层测试项目及参照标准

测试项目	参照标准
外观评级	GB/T 1766—2008《色漆和清漆 涂层老化的评级方法》
光泽度	GB/T 9754—2007《色漆和清漆 不含金属颜料的色漆漆膜的20°、60°和85°镜面光泽的测定》
色差	GB/T 11186.2—1989《涂膜颜色的测量方法 第2部分：颜色测量》
附着力	GB/T 9286—2021《色漆和清漆 划格试验》
	GB/T 5210—2006《色漆和清漆 拉开法附着力试验》
电化学交流阻抗	ISO 16773-2: 2016 *Electrochemical impedance spectroscopy (EIS) on coated and uncoated metallic specimens-Part 2: Collection of data*

3.2.4.4 环境适应性数据

1. 自然环境试验结果

（1）外观评级结果（见表 3-245）

表 3-245　20#+EP506+HFC-901 防护涂层自然环境试验外观评级结果

环境类型	试验时间/月	外观评级					综合评级
		粉化	开裂	起泡	生锈	剥落	
湿热海洋大气环境	0	0	0（S0）	0（S0）	0（S0）	0（S0）	0
	6	0	0（S0）	0（S0）	0（S0）	0（S0）	0
	12	0	0（S0）	0（S0）	0（S0）	0（S0）	0
	24	2	0（S0）	0（S0）	0（S0）	0（S0）	2
	36	2	0（S0）	0（S0）	0（S0）	0（S0）	2
亚湿热工业大气环境	0	0	0（S0）	0（S0）	0（S0）	0（S0）	0
	6	0	0（S0）	0（S0）	0（S0）	0（S0）	0
	12	0	0（S0）	0（S0）	0（S0）	0（S0）	0
	24	0	0（S0）	0（S0）	0（S0）	0（S0）	0
	36	1	0（S0）	0（S0）	0（S0）	0（S0）	1
干热沙漠大气环境	0	0	0（S0）	0（S0）	0（S0）	0（S0）	0
	6	0	0（S0）	0（S0）	0（S0）	0（S0）	0
	12	0	0（S0）	0（S0）	0（S0）	0（S0）	0
	24	2	0（S0）	0（S0）	0（S0）	0（S0）	2
	36	2	0（S0）	0（S0）	0（S0）	0（S0）	2
寒冷乡村大气环境	0	0	0（S0）	0（S0）	0（S0）	0（S0）	0
	6	0	0（S0）	0（S0）	0（S0）	0（S0）	0
	12	0	0（S0）	0（S0）	0（S0）	0（S0）	0
	24	0	0（S0）	0（S0）	0（S0）	0（S0）	0
	36	0	0（S0）	0（S0）	0（S0）	0（S0）	0

(2) 性能测试结果（见表 3-246）

表 3-246　20#+EP506+HFC-901 防护涂层自然环境试验性能测试结果

环境类型	试验时间/月	失光率/%	色差	附着力等级	低频阻抗模值/Ω·cm²
湿热海洋大气环境	0	0	0	2	3.80×10^{10}
	6	2.4	1.06	1	3.00×10^{10}
	12	28.0	2.02	1	4.52×10^{10}
	24	31.7	4.24	2	3.84×10^{10}
	36	44.6	5.87	2	3.93×10^{10}
亚湿热工业大气环境	0	0	0	2	3.80×10^{10}
	6	6.85	0.75	0	7.96×10^{10}
	12	7.01	0.81	2	1.42×10^{11}
	24	11.89	1.77	1	1.24×10^{11}
	36	39.14	2.72	1	6.81×10^{10}
干热沙漠大气环境	0	0	0	2	3.80×10^{10}
	6	0.57	0.26	1	2.66×10^{10}
	12	3.37	0.28	2	2.83×10^{10}
	24	−0.25	0.83	1	2.83×10^{10}
	36	4.09	1.24	2	2.09×10^{9}
寒冷乡村大气环境	0	0	0	2	3.80×10^{10}
	6	0.23	2.04	2	1.11×10^{11}
	12	5.11	0.41	2	4.78×10^{10}
	24	2.6	0.91	2	2.45×10^{10}
	36	8.6	1.34	0	5.10×10^{10}

2. 实验室环境试验结果

(1) 外观评级结果（见表 3-247）

表 3-247　20#+EP506+HFC-901 防护涂层实验室环境试验外观评级结果

试验项目	试验时间	外观评级					综合评级
		粉化	开裂	起泡	生锈	剥落	
高温	0	0	0（S0）	0（S0）	0（S0）	0（S0）	0
	240h	0	0（S0）	0（S0）	0（S0）	0（S0）	0

续表

试验项目	试验时间	外观评级					综合评级
		粉化	开裂	起泡	生锈	剥落	
高温	480h	0	0（S0）	0（S0）	0（S0）	0（S0）	0
	560h	0	0（S0）	0（S0）	0（S0）	0（S0）	0
湿热	0	0	0（S0）	0（S0）	0（S0）	0（S0）	0
	240h	0	0（S0）	0（S0）	0（S0）	0（S0）	0
	480h	0	0（S0）	0（S0）	0（S0）	0（S0）	0
	560h	0	0（S0）	0（S0）	0（S0）	0（S0）	0
	720h	0	0（S0）	0（S0）	0（S0）	0（S0）	0
紫外光老化	0	0	0（S0）	0（S0）	0（S0）	0（S0）	0
	12d	0	0（S0）	0（S0）	0（S0）	0（S0）	0
	24d	0	0（S0）	0（S0）	0（S0）	0（S0）	0
	36d	0	0（S0）	0（S0）	0（S0）	0（S0）	0
	42d	0	0（S0）	0（S0）	0（S0）	0（S0）	0
氙灯光老化	0	0	0（S0）	0（S0）	0（S0）	0（S0）	0
	10d	0	0（S0）	0（S0）	0（S0）	0（S0）	0
	20d	0	0（S0）	0（S0）	0（S0）	0（S0）	0
	30d	0	0（S0）	0（S0）	0（S0）	0（S0）	0
	35d	0	0（S0）	0（S0）	0（S0）	0（S0）	0
温冲	0	0	0（S0）	0（S0）	0（S0）	0（S0）	0
	35个循环	0	0（S0）	0（S0）	0（S0）	0（S0）	0
	70个循环	0	0（S0）	0（S0）	0（S0）	0（S0）	0
酸性大气	0	0	0（S0）	0（S0）	0（S0）	0（S0）	0
	14d	0	0（S0）	0（S0）	0（S0）	0（S0）	0
	35d	0	0（S0）	0（S0）	0（S0）	0（S0）	0
温冲+氙灯循环	0	0	0（S0）	0（S0）	0（S0）	0（S0）	0
	180h	0	0（S0）	0（S0）	0（S0）	0（S0）	0
	360h	0	0（S0）	0（S0）	0（S0）	0（S0）	0
	540h	0	0（S0）	0（S0）	0（S0）	0（S0）	0
	630h	0	0（S0）	0（S0）	0（S0）	0（S0）	0

（2）性能测试结果（见表 3-248）

表 3-248 20#+EP506+HFC-901 防护涂层实验室环境试验性能测试结果

试验项目	试验时间	失光率/%	色差	附着力等级	低频阻抗模值/$\Omega \cdot cm^2$
高温	0	0	0	2	3.80×10^{10}
	240h	1.12	0.16		9.56×10^9
	480h	−0.56	0.18		8.41×10^9
	560h	−3.35	0.14	2	6.01×10^9
湿热	0	0	0	2	3.80×10^{10}
	240h	8.20	0.19		3.77×10^{10}
	480h	−4.75	0.36		1.40×10^{11}
	560h	5.46	0.32		8.14×10^{10}
	720h	0.30	0.09	2	1.43×10^{11}
紫外光老化	0	0	0	2	3.80×10^{10}
	12d	5.48	0.17		6.20×10^{10}
	24d	−3.24	0.25		1.29×10^{10}
	36d	−3.72	0.30		1.08×10^{10}
	42d	−6.93	0.22	2	1.02×10^{10}
氙灯光老化	0	0	0	2	3.80×10^{10}
	10d	−29.06	1.09		1.31×10^{11}
	20d		0.13		2.49×10^{10}
	30d	−33.09	0.13		5.76×10^{10}
	35d	−25.95	0.13	2	1.39×10^{11}
温冲	0	0	0	2	3.80×10^{10}
	35 个循环	1.34	0.28		8.35×10^{10}
	70 个循环	1.17	0.18	2	1.09×10^{11}
酸性大气	0	0	0	2	3.80×10^{10}
	14d	1.74	0.32		2.91×10^{10}
	35d	0.58	0.60	2	5.88×10^{10}
温冲+氙灯循环	0	0	0	2	3.80×10^{10}
	180h	57.81	0.31		3.66×10^9
	360h	53.05	0.28		1.08×10^{11}
	540h	55.52	0.51		7.41×10^9
	630h	36.96	0.25	2	5.75×10^{10}

3.2.5 A3+H06-2+TB04-62 防护涂层

3.2.5.1 试验样件信息

A3+H06-2+TB04-62 防护涂层试验样件信息见表 3-249。

表 3-249 A3+H06-2+TB04-62 防护涂层试验样件信息

序号	基材	底漆	面漆	干膜厚度/μm	涂层颜色
2-5	A3 碳素结构钢	H06-2 铁红环氧底漆	TB04-62 丙烯酸聚氨酯磁漆	80～120	军绿

A3+H06-2+TB04-62 防护涂层采用底漆+面漆双层体系,底漆为 H06-2 铁红,面漆为 TB04-62 丙烯酸聚氨酯磁漆（军绿）,涂层总厚度为 80～120μm。

3.2.5.2 试验条件

A3+H06-2+TB04-62 防护涂层自然环境试验条件见表 3-250,实验室环境试验条件见表 3-251。

表 3-250 A3+H06-2+TB04-62 防护涂层自然环境试验条件

环境类型	试验地点	试验方式
湿热海洋大气环境	西沙	户外暴露
亚湿热工业大气环境	江津	户外暴露
干热沙漠大气环境	敦煌	户外暴露
寒冷乡村大气环境	漠河	户外暴露

表 3-251 A3+H06-2+TB04-62 防护涂层实验室环境试验条件

试验项目	试验条件
紫外光老化	灯源：UVA 340nm。 辐照度：0.98W/m^2@340nm。 黑板温度：65℃±3℃。 试验方式：连续光照
氙灯光老化	灯源：UVA 300～400nm。 辐照度：0.53W/m^2@300～400nm。 BST（黑标温度）：65℃±2℃。 相对湿度：50%±5%。 试验循环：光照 108min,润湿 18min,为 1 个循环
紫外/冷凝+盐雾/干燥循环	紫外/冷凝试验： 灯源：UVA 340nm。 光照阶段黑板温度：60℃±3℃。

续表

试验项目	试验条件
紫外/冷凝+盐雾/干燥循环	辐照度：0.89W/m^2@340nm，光照 8h。 冷凝阶段黑板温度：50℃±3℃，冷凝 4h。 试验时长：12h 为 1 个周期，循环 6 个周期后进入盐雾/干燥试验。 盐雾/干燥试验： 喷雾阶段温度：35℃±2℃。 盐溶液浓度：5%±1%。 pH 值：6.5～7.2。 沉降量：1.0～3.0mL/(80cm^2·h)，喷雾 12h。 干燥阶段温度：50℃±2℃，干燥 12h。 升温、降温速率：3℃/min。 试验时长：24h 为 1 个周期，循环 3 个周期。 试验循环：紫外/冷凝试验 72h+盐雾/干燥试验 72h，为 1 个循环

3.2.5.3 测试项目及参照标准

A3+H06-2+TB04-62 防护涂层测试项目及参照标准见表 3-252。

表 3-252　A3+H06-2+TB04-62 防护涂层测试项目及参照标准

测试项目	参照标准
外观评级	GB/T 1766—2008《色漆和清漆 涂层老化的评级方法》
光泽度	GB/T 9754—2007《色漆和清漆 不含金属颜料的色漆漆膜的 20°、60°和 85°镜面光泽的测定》
色差	GB/T 11186.2—1989《涂膜颜色的测量方法 第 2 部分：颜色测量》
附着力	GB/T 9286—2021《色漆和清漆 划格试验》 GB/T 5210—2006《色漆和清漆 拉开法附着力试验》
电化学交流阻抗	ISO 16773-2: 2016 *Electrochemical impedance spectroscopy (EIS) on coated and uncoated metallic specimens-Part 2: Collection of data*

3.2.5.4 环境适应性数据

1. 自然环境试验结果

（1）外观评级结果（见表 3-253）

表 3-253　A3+H06-2+TB04-62 防护涂层自然环境试验外观评级结果

| 环境类型 | 试验时间/月 | 外观评级 ||||| 综合评级 |
		粉化	开裂	起泡	生锈	剥落	
湿热海洋大气环境	0	0	0	0（S0）	0（S0）	0（S0）	0
	6	0	0	0（S0）	0（S0）	0（S0）	0

续表

环境类型	试验时间/月	外观评级					综合评级
		粉化	开裂	起泡	生锈	剥落	
湿热海洋大气环境	12	0	0 (S0)	0 (S0)	0 (S0)	0 (S0)	0
	24	2	0 (S0)	0 (S0)	0 (S0)	0 (S0)	2
	36	2	0 (S0)	0 (S0)	0 (S0)	0 (S0)	2
亚湿热工业大气环境	0	0	0 (S0)	0 (S0)	0 (S0)	0 (S0)	0
	6	0	0 (S0)	0 (S0)	0 (S0)	0 (S0)	0
	12	0	0 (S0)	0 (S0)	0 (S0)	0 (S0)	0
	24	0	0 (S0)	0 (S0)	0 (S0)	0 (S0)	0
	36	0	0 (S0)	0 (S0)	0 (S0)	0 (S0)	0
干热沙漠大气环境	0	0	0 (S0)	0 (S0)	0 (S0)	0 (S0)	0
	6	0	0 (S0)	0 (S0)	0 (S0)	0 (S0)	0
	12	0	0 (S0)	0 (S0)	0 (S0)	0 (S0)	0
	24	2	0 (S0)	0 (S0)	0 (S0)	0 (S0)	2
	36	2	0 (S0)	0 (S0)	0 (S0)	0 (S0)	2
寒冷乡村大气环境	0	0	0 (S0)	0 (S0)	0 (S0)	0 (S0)	0
	6	0	0 (S0)	0 (S0)	0 (S0)	0 (S0)	0
	12	0	0 (S0)	0 (S0)	0 (S0)	0 (S0)	0
	24	0	0 (S0)	0 (S0)	0 (S0)	0 (S0)	0
	36	0	0 (S0)	0 (S0)	0 (S0)	0 (S0)	0

（2）性能测试结果（见表 3-254）

表 3-254　A3+H06-2+TB04-62 防护涂层自然环境试验性能测试结果

环境类型	试验时间/月	失光率/%	色差	附着力等级	低频阻抗模值/$\Omega \cdot cm^2$
湿热海洋大气环境	0	0	0	2	9.21×10^{10}
	6	26.8	0.67	2	3.19×10^{10}
	12	96.9	1.23	2	4.01×10^{10}
	24	89.3	1.08	3	2.60×10^{10}
	36	98.3	1.77	3	9.95×10^{10}
亚湿热工业大气环境	0	0	0	2	9.21×10^{10}
	6	20.13	1.23	1	5.93×10^{10}
	12	43.66	0.81	1	6.96×10^{10}

续表

环境类型	试验时间/月	失光率/%	色差	附着力等级	低频阻抗模值/$\Omega \cdot cm^2$
亚湿热工业大气环境	24	72.77	0.96	1	5.23×10^{10}
	36	89.96	0.51	1	3.71×10^{10}
干热沙漠大气环境	0	0	0	2	9.21×10^{10}
	6	1.45	0.36	2	1.83×10^{10}
	12	8.80	0.62	2	4.54×10^{10}
	24	58.14	1.76	1	2.25×10^{10}
	36	90.79	2.83	2	9.39×10^{9}
寒冷乡村大气环境	0	0	0	2	9.21×10^{10}
	6	3.92	0.80	1	1.83×10^{10}
	12	5.33	0.40	1	4.54×10^{10}
	24	27.7	0.70	2	2.25×10^{10}
	36	54.8	1.41	2	9.39×10^{9}

2．实验室环境试验结果

（1）外观评级结果（见表 3-255）

表 3-255　A3+H06-2+TB04-62 防护涂层实验室环境试验外观评级结果

试验项目	试验时间	外观评级					综合评级
		粉化	开裂	起泡	生锈	剥落	
紫外光老化	0	0	0（S0）	0（S0）	0（S0）	0（S0）	0
	12d	0	0（S0）	0（S0）	0（S0）	0（S0）	0
	24d	0	0（S0）	0（S0）	0（S0）	0（S0）	0
	36d	0	0（S0）	0（S0）	0（S0）	0（S0）	0
	42d	0	0（S0）	0（S0）	0（S0）	0（S0）	0
氙灯光老化	0	0	0（S0）	0（S0）	0（S0）	0（S0）	0
	10d	0	0（S0）	0（S0）	0（S0）	0（S0）	0
	20d	0	0（S0）	0（S0）	0（S0）	0（S0）	0
	30d	0	0（S0）	0（S0）	0（S0）	0（S0）	0
	35d	0	0（S0）	0（S0）	0（S0）	0（S0）	0

续表

试验项目	试验时间	外观评级					综合评级
		粉化	开裂	起泡	生锈	剥落	
紫外/冷凝+盐雾/干燥循环	0	0	0（S0）	0（S0）	0（S0）	0（S0）	0
	12d	0	0（S0）	0（S0）	0（S0）	0（S0）	0
	24d	0	0（S0）	0（S0）	0（S0）	0（S0）	0
	36d	0	0（S0）	0（S0）	0（S0）	0（S0）	0
	42d	0	0（S0）	0（S0）	0（S0）	0（S0）	0

（2）性能测试结果（见表3-256）

表3-256　A3+H06-2+TB04-62防护涂层实验室环境试验性能测试结果

试验项目	试验时间	失光率/%	色差	附着力等级	低频阻抗模值/$\Omega \cdot cm^2$
紫外光老化	0	0	0	2	6.80×10^{10}
	12d	6.76	0.15		7.02×10^{10}
	24d	8.23	0.28		7.26×10^{10}
	36d	5.05	0.26		8.80×10^{10}
	42d	5.44	0.32	2	6.80×10^{10}
氙灯光老化	0	0	0	2	6.80×10^{10}
	10d	−6.97	0.15		1.47×10^{11}
	20d		0.29		7.09×10^{10}
	30d	−3.14	0.31		4.02×10^{10}
	35d	2.79	0.41	2	1.61×10^{11}
紫外/冷凝+盐雾/干燥循环	0	0	0	2	3.77×10^{10}
	12d	16.08	0.42		4.52×10^{10}
	24d	12.23	0.37		4.62×10^{10}
	36d	11.91	0.45		6.16×10^{10}
	42d	12.96	0.37	2	5.06×10^{10}

3.2.6　A3+TB06-9+TB04-62 防护涂层

3.2.6.1　试验样件信息

A3+TB06-9+TB04-62 防护涂层试验样件信息见表 3-257。

表 3-257　A3+TB06-9+TB04-62 防护涂层试验样件信息

序号	基材	底漆	面漆	干膜厚度/μm	涂层颜色
2-6	A3 碳素结构钢	TB06-9 锌黄丙烯酸聚氨酯底漆	TB04-62 丙烯酸聚氨酯磁漆	80～120	军绿

A3+TB06-9+TB04-62 防护涂层采用底漆+面漆双层体系，底漆为 TB06-9 锌黄丙烯酸聚氨酯底漆，面漆为 TB04-62 丙烯酸聚氨酯磁漆（军绿），涂层总厚度为 80～120μm。

3.2.6.2　试验条件

A3+TB06-9+TB04-62 防护涂层自然环境试验条件见表 3-258，实验室环境试验条件见表 3-259。

表 3-258　A3+TB06-9+TB04-62 防护涂层自然环境试验条件

环境类型	试验地点	试验方式
湿热海洋大气环境	西沙	户外暴露
亚湿热工业大气环境	江津	户外暴露
干热沙漠大气环境	敦煌	户外暴露
寒冷乡村大气环境	漠河	户外暴露

表 3-259　A3+TB06-9+TB04-62 防护涂层实验室环境试验条件

试验项目	试验条件
紫外光老化	灯源：UVA 340nm。 辐照度：0.98W/m^2@340nm。 黑板温度：65℃±3℃。 试验方式：连续光照
氙灯光老化	灯源：UVA 300～400nm。 辐照度：0.53W/m^2@300～400nm。 BST（黑标温度）：65℃±2℃。 相对湿度：50%±5%。 试验循环：光照 108min，润湿 18min，为 1 个循环
紫外/冷凝+盐雾/干燥循环	紫外/冷凝试验： 　灯源：UVA 340nm。 　光照阶段黑板温度：60℃±3℃。

续表

试验项目	试验条件
紫外/冷凝+盐雾/干燥循环	辐照度：0.89W/m^2@340nm，光照 8h。 冷凝阶段黑板温度：50℃±3℃，冷凝 4h。 试验时长：12h 为 1 个周期，循环 6 个周期后进入盐雾/干燥试验。 盐雾/干燥试验： 喷雾阶段温度：35℃±2℃。 盐溶液浓度：5%±1%。 pH 值：6.5～7.2。 沉降量：1.0～3.0mL/(80cm^2·h)，喷雾 12h。 干燥阶段温度：50℃±2℃，干燥 12h。 升温、降温速率：3℃/min。 试验时长：24h 为 1 个周期，循环 3 个周期。 试验循环：紫外/冷凝试验 72h+盐雾/干燥试验 72h，为 1 个循环

3.2.6.3 测试项目及参照标准

A3+TB06-9+TB04-62 防护涂层测试项目及参照标准见表 3-260。

表 3-260　A3+TB06-9+TB04-62 防护涂层测试项目及参照标准

测试项目	参照标准
外观评级	GB/T 1766—2008《色漆和清漆 涂层老化的评级方法》
光泽度	GB/T 9754—2007《色漆和清漆 不含金属颜料的色漆漆膜的 20°、60°和 85°镜面光泽的测定》
色差	GB/T 11186.2—1989《涂膜颜色的测量方法 第 2 部分：颜色测量》
附着力	GB/T 9286—2021《色漆和清漆 划格试验》
附着力	GB/T 5210—2006《色漆和清漆 拉开法附着力试验》
电化学交流阻抗	ISO 16773-2: 2016 *Electrochemical impedance spectroscopy (EIS) on coated and uncoated metallic specimens-Part 2: Collection of data*

3.2.6.4 环境适应性数据

1. 自然环境试验结果

（1）外观评级结果（见表 3-261）

表 3-261　A3+TB06-9+TB04-62 防护涂层自然环境试验外观评级结果

环境类型	试验时间/月	外观评级					综合评级
		粉化	开裂	起泡	生锈	剥落	
湿热海洋大气环境	0	0	0	0（S0）	0（S0）	0（S0）	0
湿热海洋大气环境	6	0	0	0（S0）	0（S0）	0（S0）	0

续表

环境类型	试验时间/月	外观评级					综合评级
		粉化	开裂	起泡	生锈	剥落	
湿热海洋大气环境	12	1	0（S0）	0（S0）	0（S0）	0（S0）	1
	24	2	0（S0）	0（S0）	0（S0）	0（S0）	2
	36	2	0（S0）	0（S0）	0（S0）	0（S0）	2
亚湿热工业大气环境	0	0	0（S0）	0（S0）	0（S0）	0（S0）	0
	6	0	0（S0）	0（S0）	0（S0）	0（S0）	0
	12	0	0（S0）	0（S0）	0（S0）	0（S0）	0
	24	2	0（S0）	0（S0）	0（S0）	0（S0）	2
	36	2	0（S0）	0（S0）	0（S0）	0（S0）	2
干热沙漠大气环境	0	0	0（S0）	0（S0）	0（S0）	0（S0）	0
	6	0	0（S0）	0（S0）	0（S0）	0（S0）	0
	12	0	0（S0）	0（S0）	0（S0）	0（S0）	0
	24	2	0（S0）	0（S0）	0（S0）	0（S0）	2
	36	2	0（S0）	0（S0）	0（S0）	0（S0）	2
寒冷乡村大气环境	0	0	0（S0）	0（S0）	0（S0）	0（S0）	0
	6	0	0（S0）	0（S0）	0（S0）	0（S0）	0
	12	0	0（S0）	0（S0）	0（S0）	0（S0）	0
	24	1	0（S0）	0（S0）	0（S0）	0（S0）	1
	36	1	0（S0）	0（S0）	0（S0）	0（S0）	1

（2）性能测试结果（见表 3-262）

表 3-262　A3+TB06-9+TB04-62 防护涂层自然环境试验性能测试结果

环境类型	试验时间/月	失光率/%	色差	附着力等级	低频阻抗模值/$\Omega \cdot cm^2$
湿热海洋大气环境	0	0	0	2	6.74×10^{10}
	6	13.4	0.61	2	1.24×10^{10}
	12	72.8	1.56	1	1.06×10^{10}
	24	89.4	0.91	1	6.23×10^{10}
	36	98.1	2.06	5	7.64×10^{10}
亚湿热工业大气环境	0	0	0	2	6.74×10^{10}
	6	18.57	1.09	3	6.19×10^{10}
	12	43.30	0.81	1	5.38×10^{10}

续表

环境类型	试验时间/月	失光率/%	色差	附着力等级	低频阻抗模值/$\Omega \cdot cm^2$
亚湿热工业大气环境	24	71.75	0.86	2	1.75×10^{10}
	36	91.45	0.45	1	5.52×10^{10}
干热沙漠大气环境	0	0	0	2	6.74×10^{10}
	6	16.04	0.49	2	3.66×10^{9}
	12	15.22	0.54	2	1.89×10^{10}
	24	40.68	1.48	1	1.97×10^{10}
	36	87.65	2.46	3	9.30×10^{7}
寒冷乡村大气环境	0	0	0	2	6.80×10^{10}
	6	-4.07	0.95	0	7.93×10^{10}
	12	1.70	0.34	2	7.44×10^{10}
	24	20.8	0.59	1	5.11×10^{10}
	36	49.5	1.22	2	7.29×10^{10}

2．实验室环境试验结果

（1）外观评级结果（见表3-263）

表3-263　A3+TB06-9+TB04-62防护涂层实验室环境试验外观评级结果

环境类型	试验时间	外观评级					综合评级
		粉化	开裂	起泡	生锈	剥落	
紫外光老化	0	0	0（S0）	0（S0）	0（S0）	0（S0）	0
	12d	0	0（S0）	0（S0）	0（S0）	0（S0）	0
	24d	0	0（S0）	0（S0）	0（S0）	0（S0）	0
	36d	0	0（S0）	0（S0）	0（S0）	0（S0）	0
	42d	0	0（S0）	0（S0）	0（S0）	0（S0）	0
氙灯光老化	0	0	0（S0）	0（S0）	0（S0）	0（S0）	0
	10d	0	0（S0）	0（S0）	0（S0）	0（S0）	0
	20d	0	0（S0）	0（S0）	0（S0）	0（S0）	0
	25d	0	0（S0）	0（S0）	0（S0）	0（S0）	0
	35d	0	0（S0）	0（S0）	0（S0）	0（S0）	0

续表

环境类型	试验时间	外观评级					综合评级
		粉化	开裂	起泡	生锈	剥落	
紫外/冷凝+盐雾/干燥循环	0	0	0（S0）	0（S0）	0（S0）	0（S0）	0
	12d	0	0（S0）	0（S0）	0（S0）	0（S0）	0
	24d	0	0（S0）	0（S0）	0（S0）	0（S0）	0
	36d	0	0（S0）	0（S0）	0（S0）	0（S0）	0
	42d	0	0（S0）	0（S0）	0（S0）	0（S0）	0

（2）性能测试结果（见表3-264）

表3-264　A3+TB06-9+TB04-62防护涂层实验室环境试验性能测试结果

环境类型	试验时间	失光率/%	色差	附着力等级	低频阻抗模值/$\Omega \cdot cm^2$
紫外光老化	0	0	0	2	6.80×10^{10}
	12d	6.76	0.15		6.69×10^{10}
	24d	8.23	0.28		7.26×10^{10}
	36d	5.05	0.26		8.80×10^{10}
	42d	5.44	0.32	2	6.80×10^{10}
氙灯光老化	0	0	0	2	6.80×10^{10}
	10d	−6.97	0.15		1.47×10^{11}
	20d		0.29		7.09×10^{10}
	30d	−6.62	0.28		4.02×10^{10}
	35d	2.79	0.41	2	1.61×10^{11}
紫外/冷凝+盐雾/干燥循环	0	0	0	2	3.77×10^{10}
	12d	16.08	0.42		4.52×10^{10}
	24d	12.23	0.37		4.62×10^{10}
	36d	11.91	0.45		6.16×10^{10}
	42d	12.96	0.37	2	5.06×10^{10}

3.2.7　Q235+BZN9030-7200037+SD防护涂层

3.2.7.1　试验样件信息

Q235+BZN9030-7200037+SD防护涂层试验样件信息见表3-265。

表 3-265 Q235+BZN9030-7200037+SD 防护涂层试验样件信息

序号	基材	底漆	面漆	干膜厚度/μm
2-7	Q235 碳素结构钢	BZN9030-7200037	SD 超耐候粉末涂料（艾仕得华佳）	80～120

Q235+BZN9030-7200037+SD 防护涂层采用底漆＋面漆双层体系，底漆为 BZN9030-7200037，面漆为 SD 超耐候粉末涂料（艾仕得华佳），涂层总厚度为 80～120μm。

3.2.7.2 试验条件

Q235+BZN9030-7200037+SD 防护涂层自然环境试验条件见表 3-266，实验室环境试验条件见表 3-267。

表 3-266 Q235+BZN9030-7200037+SD 防护涂层自然环境试验条件

大气环境类型	试验地点	试验方式
湿热海洋大气环境	西沙	户外暴露

表 3-267 Q235+BZN9030-7200037+SD 实验室环境试验条件

试验项目	试验条件
紫外光老化	灯源：UVA 340nm。 辐照度：0.98W/m^2@340nm。 黑板温度：65℃±3℃。 试验方式：连续光照
紫外/冷凝＋盐雾/干燥循环	紫外/冷凝试验： 灯源：UVA 340nm。 光照阶段黑板温度：60℃±3℃。 辐照度：0.89W/m^2@340nm，光照 8h。 冷凝阶段黑板温度：50℃±3℃，冷凝 4h。 试验时长：12h 为 1 个周期，循环 6 个周期后进入盐雾/干燥试验。 盐雾/干燥试验： 喷雾阶段温度：35℃±2℃。 盐溶液浓度：5%±1%。 pH 值：6.5～7.2。 沉降量：1.0～3.0mL/(80cm^2·h)，喷雾 12h。 干燥阶段温度：50℃±2℃，干燥 12h。 升温、降温速率：3℃/min。 试验时长：24h 为 1 个周期，循环 3 个周期。 试验循环：紫外/冷凝试验 72h＋盐雾/干燥试验 72h，为 1 个循环

续表

试验项目	试验条件
盐雾+SO₂循环	盐雾试验： 　　温度：35℃±2℃。 　　NaCl 溶液浓度：50g/L±10g/L。 　　盐雾沉降率：1.0～2.0mL/(80cm^2·h)。 　　试验时长：0.5h，进入 SO$_2$ 试验。 SO$_2$ 试验： 　　SO$_2$ 流速：35cm^3/min·m^3。 　　收集液 pH 值：2.5～3.2。 　　试验时长：0.5h。 试验循环：盐雾试验 0.5h+SO$_2$ 试验 0.5h+静置 2h，为 1 个循环

3.2.7.3 测试项目及参照标准

Q235+BZN9030-7200037+SD 防护涂层测试项目及参照标准见表 3-268。

表 3-268　Q235+BZN9030-7200037+SD 防护涂层测试项目及参照标准

测试项目	参照标准
外观评级	GB/T 1766—2008《色漆和清漆 涂层老化的评级方法》
光泽度	GB/T 9754—2007《色漆和清漆 不含金属颜料的色漆漆膜的 20°、60°和 85°镜面光泽的测定》
色差	GB/T 11186.2—1989《涂膜颜色的测量方法 第 2 部分：颜色测量》
附着力	GB/T 9286—2021《色漆和清漆 划格试验》
	GB/T 5210—2006《色漆和清漆 拉开法附着力试验》
电化学交流阻抗	ISO 16773-2: 2016 *Electrochemical impedance spectroscopy (EIS) on coated and uncoated metallic specimens-Part 2: Collection of data*

3.2.7.4 环境适应性数据

1. 自然环境试验结果

（1）外观评级结果（见表 3-269）

表 3-269　Q235+BZN9030-7200037+SD 防护涂层自然环境试验外观评级结果

环境类型	试验时间/月	外观评级					综合评级
		粉化	开裂	起泡	生锈	剥落	
湿热海洋大气环境	0	0	0（S0）	0（S0）	0（S0）	0（S0）	0
	6	0	0（S0）	0（S0）	2S3	0（S0）	4
	12	0	0（S0）	0（S0）	3S4	2	4
	24	1	0（S0）	0（S0）	5S5	4	5

（2）性能测试结果（见表 3-270）

表 3-270　Q235+BZN9030-7200037+SD 防护涂层自然环境试验性能测试结果

环境类型	试验时间/月	失光率/%	色差	附着力等级	低频阻抗模值/$\Omega \cdot cm^2$
湿热海洋大气环境	0	0	0	0	1.12×10^{11}
	1	4.8	0.36	0	
	3	36.8	2.29	0	2.99×10^6
	6			5	

2. 实验室环境试验结果

（1）外观评级结果（见表 3-271）

表 3-271　Q235+BZN9030-7200037+SD 防护涂层实验室环境试验外观评级结果

环境类型	试验时间	外观评级					综合评级
		粉化	开裂	起泡	生锈	剥落	
紫外光老化	0	0	0（S0）	0（S0）	0（S0）	0（S0）	0
	12d	0	0（S0）	0（S0）	0（S0）	0（S0）	0
	24d	0	0（S0）	0（S0）	0（S0）	0（S0）	0
	36d	0	0（S0）	0（S0）	0（S0）	0（S0）	0
	42d	0	0（S0）	0（S0）	0（S0）	0（S0）	0
紫外/冷凝+盐雾/干燥循环	0	0	0（S0）	0（S0）	0（S0）	0（S0）	0
	12d	0	0（S0）	0（S0）	0（S0）	0（S0）	0
	24d	0	0（S0）	0（S0）	0（S0）	0（S0）	0
	36d	0	0（S0）	0（S0）	0（S0）	0（S0）	0
	42d	0	0（S0）	0（S0）	0（S0）	0（S0）	0
盐雾+SO_2循环	0	0	0（S0）	0（S0）	0（S0）	0（S0）	0
	192h	0	0（S0）	0（S0）	0（S0）	0（S0）	0
	384h	0	0（S0）	0（S0）	0（S0）	2（S4）	2

注：参试样件表面"非划痕处"涂层未出现起泡、开裂、剥落等破坏现象；"划痕处"涂层出现剥落，剥落等级见表中。

（2）性能测试结果（见表 3-272）

表 3-272　Q235+BZN9030-7200037+SD 防护涂层实验室环境试验性能测试结果

环境类型	试验时间	失光率/%	色差	附着力等级	低频阻抗模值/Ω·cm²
紫外光老化	0	0	0	0	1.13×10^{11}
	12d	-1.05	0.24		9.04×10^{10}
	24d	-0.12	0.34		2.80×10^{11}
	36d	5.67	0.43		1.59×10^{11}
	42d	6.58	0.43	0	
紫外/冷凝+盐雾/干燥循环	0	0	0	0	8.33×10^{10}
	12d	-2.07	0.15		1.48×10^{11}
	24d	-2.37	0.19		1.58×10^{11}
	36d	-2.49	0.08		2.78×10^{7}
	42d	7.77	0.18	0	4.48×10^{7}
盐雾+SO₂ 循环	0	0	0	0	1.13×10^{11}
	384h	8.86	0.30	0	1.36×10^{11}

3.2.8　Q235+SD 防护涂层

3.2.8.1　试验样件信息

Q235+SD 防护涂层试验样件信息见表 3-273。

表 3-273　Q235+SD 防护涂层试验样件信息

序号	基材	表面处理方法	面漆	干膜厚度/μm
2-8	Q235 碳素结构钢	镀锌 15μm	SD 超耐候粉末涂料	60～90

Q235+SD 防护涂层采用为单层体系，面漆为 SD 超耐候粉末涂料（艾仕得华佳），涂层总厚度为 60～90μm。

3.2.8.2　试验条件

Q235+SD 防护涂层自然环境试验条件见表 3-274，实验室环境试验条件见表 3-275。

表 3-274　Q235+SD 防护涂层自然环境试验条件

环境类型	试验地点	试验方式
湿热海洋大气环境	西沙	户外暴露

表 3-275　Q235+SD 防护涂层实验室环境试验条件

试验项目	试验条件
紫外光老化	灯源：UVA 340nm。 辐照度：0.98W/m^2@340nm。 黑板温度：65℃±3℃。 试验方式：连续光照
紫外/冷凝+盐雾/干燥循环	紫外/冷凝试验： 　　灯源：UVA 340nm。 　　光照阶段黑板温度：60℃±3℃。 　　辐照度：0.89W/m^2@340nm，光照 8h。 　　冷凝阶段黑板温度：50℃±3℃，冷凝 4h。 　　试验时长：12h 为 1 个周期，循环 6 个周期后进入盐雾/干燥试验。 盐雾/干燥试验： 　　喷雾阶段温度：35℃±2℃。 　　盐溶液浓度：5%±1%。 　　pH 值：6.5～7.2。 　　沉降量：1.0～3.0mL/(80cm^2·h)，喷雾 12h。 　　干燥阶段温度：50℃±2℃，干燥 12h。 　　升温、降温速率：3℃/min。 　　试验时长：24h 为 1 个周期，循环 3 个周期。 试验循环：紫外/冷凝试验 72h+盐雾/干燥试验 72h，为 1 个循环
盐雾+SO$_2$ 循环	盐雾试验： 　　温度：35℃±2℃。 　　NaCl 溶液浓度：50g/L±10g/L。 　　盐雾沉降率：1.0～2.0mL/(80cm^2·h)。 　　试验时长：0.5h，进入 SO$_2$ 试验。 SO$_2$ 试验： 　　SO$_2$ 流速：35cm^3/min·m^3。 　　收集液 pH 值：2.5～3.2。 　　试验时长：0.5h。 试验循环：盐雾试验 0.5h+SO$_2$ 试验 0.5h+静置 2h，为 1 个循环

3.2.8.3　测试项目及参照标准

Q235+SD 防护涂层测试项目及参照标准见表 3-276。

表 3-276　Q235+SD 防护涂层测试项目及参照标准

测试项目	参照标准
外观评级	GB/T 1766—2008《色漆和清漆　涂层老化的评级方法》
光泽度	GB/T 9754—2007《色漆和清漆　不含金属颜料的色漆漆膜的 20°、60°和 85°镜面光泽的测定》
色差	GB/T 11186.2—1989《涂膜颜色的测量方法　第 2 部分：颜色测量》

续表

测试项目	参照标准
附着力	GB/T 9286—2021《色漆和清漆 划格试验》
	GB/T 5210—2006《色漆和清漆 拉开法附着力试验》
电化学交流阻抗	ISO 16773-2: 2016 Electrochemical impedance spectroscopy (EIS) on coated and uncoated metallic specimens-Part 2: Collection of data

3.2.8.4 环境适应性数据

1. 自然环境试验结果

（1）外观评级结果（见表3-277）

表3-277 Q235+SD防护涂层自然环境试验外观评级结果

环境类型	试验时间/月	外观评级					综合评级
		粉化	开裂	起泡	生锈	剥落	
湿热海洋大气环境	0	0	0（S0）	0（S0）	0（S0）	0（S0）	0
	6	0	0（S0）	0（S0）	0（S0）	0（S0）	0
	12	1	0（S0）	0（S0）	1	0（S0）	1
	24	1	0（S0）	0（S0）	3	0（S0）	3
	36	1	0（S0）	0（S0）	3	0（S0）	3

（2）性能测试结果（见表3-278）

表3-278 Q235+SD防护涂层自然环境试验性能测试结果

环境类型	试验时间/月	失光率/%	色差	附着力等级	低频阻抗模值/$\Omega\cdot cm^2$
湿热海洋大气环境	0	0	0	0	1.03×10^{10}
	6	11.7	0.43	0	2.31×10^6
	12	27.4	1.68	0	7.75×10^8
	24	20.1	1.51	0	6.38×10^5
	36	31.5	1.17	5	1.72×10^5

2. 实验室环境试验结果

（1）外观评级结果（见表3-279）

表 3-279 Q235+SD 防护涂层实验室环境试验外观评级结果

试验项目	试验时间	外观评级					综合评级
		粉化	开裂	起泡	生锈	剥落	
紫外光老化	0	0	0（S0）	0（S0）	0（S0）	0（S0）	0
	12d	0	0（S0）	0（S0）	0（S0）	0（S0）	0
	24d	0	0（S0）	0（S0）	0（S0）	0（S0）	0
	36d	0	0（S0）	0（S0）	0（S0）	0（S0）	0
	42d	0	0（S0）	0（S0）	0（S0）	0（S0）	0
紫外/冷凝+盐雾/干燥循环	0	0	0（S0）	0（S0）	0（S0）	0（S0）	0
	12d	0	0（S0）	0（S0）	0（S0）	0（S0）	0
	24d	0	0（S0）	0（S0）	0（S0）	0（S0）	0
	36d	0	0（S0）	0（S0）	0（S0）	0（S0）	0
	42d	0	0（S0）	0（S0）	0（S0）	0（S0）	0
盐雾+SO$_2$循环	0	0	0（S0）	0（S0）	0（S0）	0（S0）	0
	192h	0	0（S0）	0（S0）	0（S0）	0（S0）	0
	384h	0	0（S0）	0（S0）	0（S0）	2（S4）	2

注：参试样件表面"非划痕处"涂层未出现起泡、开裂、剥落等破坏现象；"划痕处"涂层出现剥落，剥落等级见表中。

（2）性能测试结果（见表 3-280）

表 3-280 Q235+SD 防护涂层实验室环境试验性能测试结果

环境类型	试验时间	失光率/%	色差	附着力等级	低频阻抗模值/$\Omega \cdot cm^2$
紫外光老化	0	0	0	0	1.03×10^{10}
	12d	−1.22	0.34		1.38×10^{10}
	24d	−0.79	0.37		1.13×10^{10}
	36d	1.58	0.48		1.95×10^{8}
	42d	4.05	0.40	0	5.88×10^{6}
紫外/冷凝+盐雾/干燥循环	0	0	0	0	6.20×10^{10}
	12d	−2.68	0.10		1.13×10^{10}
	24d	0.02	0.53		5.24×10^{6}
	36d	−0.62	0.30		5.04×10^{10}
	42d	8.62	0.24	0	1.71×10^{9}
盐雾+SO$_2$循环	0	0	0	0	1.03×10^{10}
	384h	8.02	0.37	0	2.59×10^{10}

3.2.9 Q235+BZN9030-7200037+UD 防护涂层

3.2.9.1 试验样件信息

Q235+BZN9030-7200037+UD 防护涂层试验样件信息见表 3-281。

表 3-281 Q235+BZN9030-7200037+UD 防护涂层试验样件信息

序号	基材	底漆	面漆	干膜厚度/μm
2-9	Q235 碳素结构钢	BZN9030-7200037	UD 含氟粉末涂料	40～70

Q235+BZN9030-7200037+UD 防护涂层采用底漆+面漆双层体系，底漆为 BZN9030-7200037，面漆为 UD 含氟粉末涂料（艾仕得华佳），涂层总厚度为 40～70μm。

3.2.9.2 试验条件

Q235+BZN9030-7200037+UD 防护涂层自然环境试验条件见表 3-282，实验室环境试验条件见表 3-283。

表 3-282 Q235+BZN9030-7200037+UD 防护涂层自然环境试验条件

环境类型	试验地点	试验方式
湿热海洋大气环境	西沙	户外暴露

表 3-283 Q235+BZN9030-7200037+UD 防护涂层实验室环境试验条件

试验项目	试验条件
紫外光老化	灯源：UVA 340nm。 辐照度：0.98W/m^2@340nm。 黑板温度：65℃±3℃。 试验方式：连续光照
紫外/冷凝+盐雾/干燥循环	紫外/冷凝试验： 灯源：UVA 340nm。 光照阶段黑板温度：60℃±3℃。 辐照度：0.89W/m^2@340nm，光照 8h。 冷凝阶段黑板温度：50℃±3℃，冷凝 4h。 试验时长：12h 为 1 个周期，循环 6 个周期后进入盐雾/干燥试验。 盐雾/干燥试验： 喷雾阶段温度：35℃±2℃。 盐溶液浓度：5%±1%。 pH 值：6.5～7.2。

续表

试验项目	试验条件
紫外/冷凝+盐雾/干燥循环	沉降量：1.0～3.0mL/(80cm^2·h)，喷雾 12h。 干燥阶段温度：50℃±2℃，干燥 12h。 升温、降温速率：3℃/min。 试验时长：24h 为 1 个周期，循环 3 个周期。 试验循环：紫外/冷凝试验 72h+盐雾/干燥试验 72h，为 1 个循环
盐雾+SO$_2$ 循环	盐雾试验： 温度：35℃±2℃。 NaCl 溶液浓度：50g/L±10g/L。 盐雾沉降率：1.0～2.0mL/(80cm^2·h)。 试验时长：0.5h，进入 SO2 试验。 SO$_2$ 试验： SO$_2$ 流速：35cm^3/min·m^3。 收集液 pH 值：2.5～3.2。 试验时长：0.5h。 试验循环：盐雾试验 0.5h+SO$_2$ 试验 0.5h+静置 2h，为 1 个循环

3.2.9.3 测试项目及参照标准

Q235+BZN9030-7200037+UD 防护涂层测试项目及参照标准见表 3-284。

表 3-284 Q235+BZN9030-7200037+UD 防护涂层测试项目及参照标准

测试项目	参照标准
外观评级	GB/T 1766—2008《色漆和清漆 涂层老化的评级方法》
光泽度	GB/T 9754—2007《色漆和清漆 不含金属颜料的色漆漆膜的 20°、60°和 85°镜面光泽的测定》
色差	GB/T 11186.2—1989《涂膜颜色的测量方法 第 2 部分：颜色测量》
附着力	GB/T 9286—2021《色漆和清漆 划格试验》
	GB/T 5210—2006《色漆和清漆 拉开法附着力试验》
电化学交流阻抗	ISO 16773-2: 2016 *Electrochemical impedance spectroscopy (EIS) on coated and uncoated metallic specimens-Part 2: Collection of data*

3.2.9.4 环境适应性数据

1. 自然环境试验结果

（1）外观评级结果（见表 3-285）

表 3-285　Q235+BZN9030-7200037+UD 防护涂层自然环境试验外观评级结果

环境类型	试验时间/月	外观评级					综合评级
		粉化	开裂	起泡	生锈	剥落	
湿热海洋大气环境	0	0	0（S0）	0（S0）	0（S0）	0（S0）	0
	6	0	0（S0）	0（S0）	0（S0）	0（S0）	0
	12	0	0（S0）	0	2	0（S0）	2
	24	2	0（S0）	3	4	0（S0）	4

（2）性能测试结果（见表 3-286）

表 3-286　Q235+BZN9030-7200037+UD 防护涂层自然环境试验性能测试结果

环境类型	试验时间/月	失光率/%	色差	附着力等级	低频阻抗模值/$\Omega \cdot cm^2$
湿热海洋大气环境	0	0	0	0	7.52×10^{10}
	6	9.2	0.31	0	4.92×10^{6}
	12	21.9	0.77	1	1.45×10^{9}
	24	47.0	0.45	1	3.65×10^{10}

2．实验室环境试验结果

（1）外观评级结果（见表 3-287）

表 3-287　Q235+BZN9030-7200037+UD 防护涂层实验室环境试验外观评级结果

试验项目	试验时间	外观评级					综合评级
		粉化	开裂	起泡	生锈	剥落	
紫外光老化	0	0	0（S0）	0（S0）	0（S0）	0（S0）	0
	12d	0	0（S0）	0（S0）	0（S0）	0（S0）	0
	24d	0	0（S0）	0（S0）	0（S0）	0（S0）	1
	36d	0	0（S0）	0（S0）	0（S0）	0（S0）	1
	42d	0	0（S0）	0（S0）	0（S0）	0（S0）	1
紫外/冷凝+盐雾/干燥循环	0	0	0（S0）	0（S0）	0（S0）	0（S0）	0
	12d	0	0（S0）	0（S0）	0（S0）	0（S0）	0
	24d	0	0（S0）	0（S0）	0（S0）	0（S0）	0
	36d	0	0（S0）	0（S0）	0（S0）	0（S0）	0
	42d	0	0（S0）	0（S0）	0（S0）	0（S0）	0

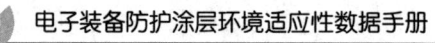

续表

试验项目	试验时间	外观评级					综合评级
		粉化	开裂	起泡	生锈	剥落	
盐雾+SO$_2$ 循环	0	0	0（S0）	0（S0）	0（S0）	0（S0）	0
	192h	0	0（S0）	0（S0）	0（S0）	0（S0）	0
	384h	0	0（S0）	3（S4）	0（S0）	2（S3）	3

注：参试样件表面"非划痕处"涂层未出现起泡、开裂、剥落等破坏现象；"划痕处"涂层出现起泡和剥落，起泡和剥落等级见表中。

（2）性能测试结果（见表 3-288）

表 3-288　Q235+BZN9030-7200037+UD 防护涂层实验室环境试验性能测试结果

试验项目	试验时间	失光率/%	色差	附着力等级	低频阻抗模值/$\Omega \cdot cm^2$
紫外光老化	0	0	0	0	7.53×10^{10}
	12d	79.46	5.13		3.31×10^{8}
	24d	89.69	6.21		4.80×10^{7}
	36d	92.44	4.88		1.38×10^{7}
	42d	93.89	4.54	3	1.50×10^{6}
紫外/冷凝+盐雾/干燥循环	0	0	0	0	7.53×10^{10}
	12d	−9.58	0.15		3.30×10^{11}
	24d	−12.61	0.13		1.58×10^{11}
	36d	−13.46	0.07		1.25×10^{11}
	42d	−22.41	0.11	1	7.24×10^{10}
盐雾+SO$_2$循环	0	0	0	0	7.53×10^{10}
	192h	39.41	3.53		5.12×10^{10}
	384h	63.06	3.10	2	2.51×10^{10}

3.2.10　Q235+TB06-9+TS04-81 防护涂层

3.2.10.1　试验样件信息

Q235+TB06-9+TS04-81 防护涂层试验样件信息见表 3-289。

表 3-289 Q235+TB06-9+TS04-81 防护涂层试验样件信息

序号	基材	底漆	面漆	干膜厚度/μm	涂层颜色
2-10	Q235 碳素结构钢	TB06-9 锌黄丙烯酸聚氨酯底漆	TS04-81 丙烯酸聚氨酯无光磁漆	20~50	中绿灰色

Q235+TB06-9+TS04-81 防护涂层采用底漆+面漆双层体系，底漆为 TB06-9 锌黄丙烯酸聚氨酯底漆，面漆为 TS04-81 丙烯酸聚氨酯无光磁漆（中绿灰色），涂层总厚度为 20~50μm。

3.2.10.2 试验条件

Q235+TB06-9+TS04-81 防护涂层自然环境试验条件见表 3-290，实验室环境试验条件见表 3-291。

表 3-290 Q235+TB06-9+TS04-81 防护涂层自然环境试验条件

环境类型	试验地点	试验方式
湿热海洋大气环境	西沙	棚下暴露
亚湿热工业大气环境	江津	棚下暴露
干热沙漠大气环境	敦煌	棚下暴露
寒冷乡村大气环境	漠河	棚下暴露

表 3-291 Q235+TB06-9+TS04-81 防护涂层实验室环境试验条件

试验项目	试验条件
高温	温度：70℃。 升温速率：≤10℃/min
湿热	温度：47℃±1℃。 湿度：96%±2%
中性盐雾	温度：35℃±2℃。 NaCl 溶液浓度：50g/L±10g/L。 pH 值：6.0~7.0。 盐雾沉降率：1.0~2.0mL/(80cm²·h)。 试验循环：盐雾 2h 后干燥 22h，为 1 个循环
中性盐雾+湿热循环	中性盐雾试验： 　温度：35℃±2℃。 　NaCl 溶液浓度：50g/L±10g/L。 　pH 值：6.0~7.0。 　盐雾沉降率：1.0~2.0mL/(80cm²·h)。 　试验时长：2h。

续表

试验项目	试验条件
中性盐雾+湿热循环	恒定湿热试验： 温度：60℃±2℃。 相对湿度：91%～96%。 试验时长：22h。 试验循环：中性盐雾2h+恒定湿热试验22h，为1个循环

3.2.10.3 测试项目及参照标准

Q235+TB06-9+TS04-81防护涂层测试项目及参照标准见表3-282。

表3-292　Q235+TB06-9+TS04-81防护涂层测试项目及参照标准

测试项目	参照标准
外观评级	GB/T 1766—2008《色漆和清漆 涂层老化的评级方法》
光泽度	GB/T 9754—2007《色漆和清漆 不含金属颜料的色漆漆膜的20°、60°和85°镜面光泽的测定》
色差	GB/T 11186.2—1989《涂膜颜色的测量方法 第2部分：颜色测量》
附着力	GB/T 9286—2021《色漆和清漆 划格试验》 GB/T 5210—2006《色漆和清漆 拉开法附着力试验》
电化学交流阻抗	ISO 16773-2: 2016 *Electrochemical impedance spectroscopy (EIS) on coated and uncoated metallic specimens-Part 2: Collection of data*

3.2.10.4 环境适应性数据

1. 自然环境试验结果

（1）外观评级结果（见表3-293）

表3-293　Q235+TB06-9+TS04-81防护涂层自然环境试验外观评级结果

环境类型	试验时间/月	外观评级					综合评级
		粉化	开裂	起泡	生锈	剥落	
湿热海洋大气环境	0	0	0（S0）	0（S0）	0（S0）	0（S0）	0
	6	0	0（S0）	0（S0）	0（S0）	0（S0）	0
	12	0	0（S0）	0（S0）	0（S0）	0（S0）	0
	24	0	0（S0）	0（S0）	1（S1）	0（S0）	2
	36	0	0（S0）	0（S0）	5（S1）	0（S0）	5

续表

环境类型	试验时间/月	外观评级					综合评级
		粉化	开裂	起泡	生锈	剥落	
亚湿热工业大气环境	0	0	0（S0）	0（S0）	0（S0）	0（S0）	0
	6	0	0（S0）	0（S0）	0（S0）	0（S0）	0
	12	0	0（S0）	0（S0）	0（S0）	0（S0）	0
	24	0	0（S0）	0（S0）	0（S0）	0（S0）	0
	36	0	0（S0）	0（S0）	1（S1）	0（S0）	2
干热沙漠大气环境	0	0	0（S0）	0（S0）	0（S0）	0（S0）	0
	6	0	0（S0）	0（S0）	0（S0）	0（S0）	0
	12	0	0（S0）	0（S0）	0（S0）	0（S0）	0
	24	0	0（S0）	0（S0）	0（S0）	0（S0）	0
	36	0	0（S0）	0（S0）	0（S0）	0（S0）	0
寒冷乡村大气环境	0	0	0（S0）	0（S0）	0（S0）	0（S0）	0
	6	0	0（S0）	0（S0）	0（S0）	0（S0）	0
	12	0	0（S0）	0（S0）	0（S0）	0（S0）	0
	24	0	0（S0）	0（S0）	0（S0）	0（S0）	0
	36	0	0（S0）	0（S0）	0（S0）	0（S0）	0

（2）性能测试结果（见表 3-294）

表 3-294　Q235+TB06-9+TS04-81 防护涂层自然环境试验性能测试结果

环境类型	试验时间/月	失光率/%	色差	附着力等级	低频阻抗模值/$\Omega \cdot cm^2$
湿热海洋大气环境	0	0	0	1	1.70×10^8
	6	14.1	0.53	1	
	12	14.7	0.62	1	4.71×10^5
	24	10.8	1.55	5	1.82×10^6
	36	14.3	1.83	5	4.61×10^6
亚湿热工业大气环境	0	0	0		1.71×10^8
	6	6.12	0.22	1	7.87×10^9
	12	4.34	0.51	1	1.38×10^{10}
	24	3.44	0.40	1	2.08×10^{10}
	36	8.43	0.34	1	9.76×10^7

续表

环境类型	试验时间/月	失光率/%	色差	附着力等级	低频阻抗模值/Ω·cm^2
干热沙漠大气环境	0	0	0	1	$1.71×10^8$
	6	−0.17	0.18	1	$1.29×10^{10}$
	12	7.68	0.50	1	$4.31×10^9$
	24	2.52	0.31	1	$7.99×10^9$
	36	4.17	0.36	0	$3.03×10^9$
寒冷乡村大气环境	0	0	0	1	$1.71×10^8$
	6	0.28	0.40	1	$1.96×10^{10}$
	12	8.01	1.55	1	$9.61×10^9$
	24	8.12	1.63	1	$8.58×10^8$
	36	8.45	3.04	1	$1.40×10^7$

2. 实验室环境试验结果

（1）外观评级结果（见表 3-295）

表 3-295　Q235+TB06-9+TS04-81 防护涂层实验室环境试验外观评级结果

试验项目	试验时间	外观评级					综合评级
		粉化	开裂	起泡	生锈	剥落	
高温	0	0	0（S0）	0（S0）	0（S0）	0（S0）	0
	240h	0	0（S0）	0（S0）	0（S0）	0（S0）	0
	480h	0	0（S0）	0（S0）	0（S0）	0（S0）	0
	560h	0	0（S0）	0（S0）	0（S0）	0（S0）	0
湿热	0	0	0（S0）	0（S0）	0（S0）	0（S0）	0
	240h	0	0（S0）	0（S0）	0（S0）	0（S0）	0
	480h	0	0（S0）	0（S0）	2（S4）	0（S0）	5
	560h	0	0（S0）	0（S0）	2（S4）	0（S0）	5
	720h	0	0（S0）	0（S0）	2（S4）	0（S0）	5
中性盐雾	0	0	0（S0）	0（S0）	0（S0）	0（S0）	0
	25d	0	0（S0）	0（S0）	0（S0）	0（S0）	0
	50d	0	0（S0）	0（S0）	0（S0）	0（S0）	0
中性盐雾+湿热循环	0	0	0（S0）	0（S0）	0（S0）	0（S0）	0
	10d	0	0（S0）	0（S0）	0（S0）	0（S0）	0
	30d	0	0（S0）	0（S0）	2（S3）	0（S0）	4
	38d	0	0（S0）	0（S0）	3（S4）	0（S0）	5

（2）性能测试结果（见表3-296）

表3-296　Q235+TB06-9+TS04-81防护涂层实验室环境试验性能测试结果

试验项目	试验时间	失光率/%	色差	附着力等级	低频阻抗模值/$\Omega\cdot cm^2$
高温	0	0	0	1	1.71×10^8
	240h	33.24	0.22		1.33×10^9
	480h	31.47	0.29		9.61×10^7
	560h	27.15	0.06	1	1.90×10^9
湿热	0	0	0	1	1.71×10^8
	240h	7.93	0.17		4.15×10^9
	480h	0.74	0.22		2.57×10^9
	560h	-8.46	0.25		3.50×10^9
	720h	4.16	0.20	1	6.30×10^9
中性盐雾	0	0	0	1	1.71×10^8
	25d	-4.89	0.26		3.33×10^9
	50d	10.19	1.03	1	1.29×10^8
中性盐雾+湿热循环	0	0	0	1	1.71×10^8
	10d	0.01	0.14		1.11×10^6
	30d	0.02	1.87		1.23×10^7
	38d	0.14	4.27	2	8.12×10^6

3.2.11　SUS316+T.清漆.Ⅱ.E+H52-33防护涂层

3.2.11.1　试验样件信息

SUS316+T.清漆.Ⅱ.E+H52-33防护涂层试验样件信息见表3-297。

表3-297　SUS316+T.清漆.Ⅱ.E+H52-33防护涂层试验样件信息

序号	基材	面漆	干膜厚度/μm
2-11	SUS316不锈钢	H52-33环氧防锈清漆（双组份）	50～70

SUS316+T.清漆.Ⅱ.E+H52-33防护涂层采用单层体系，面漆为H52-33（清漆，双组份），涂层总厚度为50～70μm。

3.2.11.2 试验条件

SUS316+T.清漆.Ⅱ.E+H52-33 防护涂层自然环境试验条件见表 3-298，实验室环境试验条件见表 3-299。

表 3-298　SUS316+T.清漆.Ⅱ.E+H52-33 防护涂层自然环境试验条件

环境类型	试验地点	试验方式
湿热海洋大气环境	西沙	棚下暴露
亚湿热工业大气环境	江津	棚下暴露
干热沙漠大气环境	敦煌	棚下暴露
寒冷乡村大气环境	漠河	棚下暴露

表 3-299　SUS316+T.清漆.Ⅱ.E+H52-33 防护涂层实验室环境试验条件

试验项目	试验条件
高温	温度：70℃。 升温速率：≤10℃/min
湿热	温度：47℃±1℃。 湿度：96%±2%
中性盐雾	温度：35℃±2℃。 NaCl 溶液浓度：50g/L±10g/L。 pH 值：6.0～7.0。 盐雾沉降率：1.0～2.0mL/(80cm^2·h)。 试验循环：盐雾 2h 后干燥 22h，为 1 个循环
中性盐雾+湿热循环	中性盐雾试验： 　温度：35℃±2℃。 　NaCl 溶液浓度：50g/L±10g/L。 　pH 值：6.0～7.0。 　盐雾沉降率：1.0～2.0mL/(80cm^2·h)。 　试验时长：2h。 恒定湿热试验： 　温度：60℃±2℃。 　相对湿度：91%～96%。 　试验时长：22h。 试验循环：中性盐雾 2h+恒定湿热试验 22h，为 1 个循环

3.2.11.3　测试项目及参照标准

SUS316+T.清漆.Ⅱ.E+H52-33 防护涂层测试项目及参照标准见表 3-300。

表 3-300 SUS316+T.清漆.Ⅱ.E+H52-33 防护涂层测试项目及参照标准

测试项目	参照标准
外观评级	GB/T 1766—2008《色漆和清漆 涂层老化的评级方法》
光泽度	GB/T 9754—2007《色漆和清漆 不含金属颜料的色漆漆膜的20°、60°和85°镜面光泽的测定》
色差	GB/T 11186.2—1989《涂膜颜色的测量方法 第2部分：颜色测量》
附着力	GB/T 9286—2021《色漆和清漆 划格试验》 GB/T 5210—2006《色漆和清漆 拉开法附着力试验》
电化学交流阻抗	ISO 16773-2: 2016 Electrochemical impedance spectroscopy (EIS) on coated and uncoated metallic specimens-Part 2: Collection of data

3.2.11.4 环境适应性数据

1. 自然环境试验结果

（1）外观评级结果（见表 3-301）

表 3-301 SUS316+T.清漆.Ⅱ.E+H52-33 防护涂层自然环境试验外观评级结果

环境类型	试验时间/月	外观评级					综合评级
		粉化	开裂	起泡	生锈	剥落	
湿热海洋大气环境	0	0	0（S0）	0（S0）	0（S0）	0（S0）	0
	6	0	0（S0）	0（S0）	0（S0）	0（S0）	0
	12	0	0（S0）	0（S0）	0（S0）	0（S0）	0
	24	0	0（S0）	0（S0）	0（S0）	0（S0）	0
	36	0	0（S0）	0（S0）	0（S0）	0（S0）	0
亚湿热工业大气环境	0	0	0（S0）	0（S0）	0（S0）	0（S0）	0
	6	0	0（S0）	0（S0）	0（S0）	0（S0）	0
	12	0	0（S0）	0（S0）	0（S0）	0（S0）	0
	24	0	0（S0）	0（S0）	0（S0）	0（S0）	0
	36	0	0（S0）	0（S0）	0（S0）	0（S0）	0
干热沙漠大气环境	0	0	0（S0）	0（S0）	0（S0）	0（S0）	0
	6	0	0（S0）	0（S0）	0（S0）	0（S0）	0
	12	0	0（S0）	0（S0）	0（S0）	0（S0）	0
	24	0	0（S0）	0（S0）	0（S0）	0（S0）	0
	36	0	0（S0）	0（S0）	0（S0）	0（S0）	0

续表

环境类型	试验时间/月	外观评级					综合评级
		粉化	开裂	起泡	生锈	剥落	
寒冷乡村大气环境	0	0	0（S0）	0（S0）	0（S0）	0（S0）	0
	6	0	0（S0）	0（S0）	0（S0）	0（S0）	0
	12	0	0（S0）	0（S0）	0（S0）	0（S0）	0
	24	0	0（S0）	0（S0）	0（S0）	0（S0）	0
	36	0	0（S0）	0（S0）	0（S0）	0（S0）	0

（2）性能测试结果（见表 3-302）

表 3-302　SUS316+T.清漆.Ⅱ.E+H52-33 防护涂层自然环境试验性能测试结果

环境类型	试验时间/月	失光率/%	色差	附着力等级	低频阻抗模值/$\Omega \cdot cm^2$
湿热海洋大气环境	0	0	0	0	6.68×10^{10}
	6	12.1	1.03	0	1.72×10^{10}
	12	15.9	0.82	0	2.12×10^{10}
	24	17	0.99	0	3.54×10^{10}
	36	18.6	1.42	0	6.16×10^{9}
亚湿热工业大气环境	0	0	0	0	6.86×10^{10}
	6	15.94	0.6	0	2.41×10^{10}
	12	14.38	0.83	0	1.27×10^{10}
	24	12.19	1.05	0	4.92×10^{10}
	36	16.5	1.15	1	5.77×10^{9}
干热沙漠大气环境	0	0	0	0	6.86×10^{10}
	6	14.77	0.7	0	6.83×10^{9}
	12	17.42	0.83	0	4.20×10^{10}
	24	17.61	0.77	0	3.97×10^{9}
	36	19.34	0.82	0	2.28×10^{8}
寒冷乡村大气环境	0	0	0	0	6.86×10^{10}
	6	8.96	0.73	0	4.47×10^{10}
	12	8.01	0.83	0	3.00×10^{10}
	24	10.4	1.15	0	3.78×10^{10}
	36	12.6	1.11	0	2.11×10^{10}

2. 实验室环境试验结果

（1）外观评级结果（见表3-303）

表3-303 SUS316+T.清漆.Ⅱ.E+H52-33防护涂层实验室环境试验外观评级结果

试验项目	试验时间	外观评级					综合评级
		粉化	开裂	起泡	生锈	剥落	
高温	0	0	0（S0）	0（S0）	0（S0）	0（S0）	0
	240h	0	0（S0）	0（S0）	0（S0）	0（S0）	0
	480h	0	0（S0）	0（S0）	0（S0）	0（S0）	0
	560h	0	0（S0）	0（S0）	0（S0）	0（S0）	0
湿热	0	0	0（S0）	0（S0）	0（S0）	0（S0）	0
	240h	0	0（S0）	0（S0）	0（S0）	0（S0）	0
	480h	0	0（S0）	0（S0）	0（S0）	0（S0）	0
	560h	0	0（S0）	0（S0）	0（S0）	0（S0）	0
	720h	0	0（S0）	0（S0）	0（S0）	0（S0）	0
中性盐雾	0	0	0（S0）	0（S0）	0（S0）	0（S0）	0
	25d	0	0（S0）	0（S0）	0（S0）	0（S0）	0
	50d	0	0（S0）	0（S0）	0（S0）	0（S0）	0
中性盐雾+湿热循环	0	0	0（S0）	0（S0）	0（S0）	0（S0）	0
	10d	0	0（S0）	0（S0）	0（S0）	0（S0）	0
	22d	0	0（S0）	0（S0）	0（S0）	0（S0）	0
	30d	0	0（S0）	0（S0）	0（S0）	0（S0）	0
	38d	0	0（S0）	0（S0）	0（S0）	0（S0）	0

（2）性能测试结果（见表3-304）

表3-304 SUS316+T.清漆.Ⅱ.E+H52-33防护涂层实验室环境试验性能测试结果

试验项目	试验时间	失光率/%	色差	附着力等级	低频阻抗模值/$\Omega \cdot cm^2$
高温	0	0	0	0	3.26×10^{10}
	240h	7.73	1.22		
	480h	10.04	2.25		3.81×10^9
	560h	15.85	2.09	0	4.95×10^9
湿热	0	0	0	0	3.26×10^{10}
	240h	8.98	0.53		2.17×10^{10}

续表

试验项目	试验时间	失光率/%	色差	附着力等级	低频阻抗模值/$\Omega \cdot cm^2$
湿热	480h	4.53	0.70		3.53×10^{10}
	560h	15.74	0.55		2.10×10^{10}
	720h	9.38	0.57	0	2.76×10^{10}
中性盐雾	0	0	0	0	3.26×10^{10}
	25d	8.31	0.46		1.98×10^{8}
	50d	7.34	1.05	0	7.45×10^{10}
中性盐雾+湿热循环	0	0	0	0	3.26×10^{10}
	10d	0.07	0.77		4.46×10^{10}
	22d	0.07	0.86		1.47×10^{10}
	30d	0.15	1.18		1.13×10^{10}
	38d	0.12	1.55	1	4.24×10^{9}

3.2.12　316+TB06-9+TB04-62 防护涂层

3.2.12.1　试验样件信息

316+TB06-9+TB04-62 防护涂层试验样件信息见表 3-305。

表 3-305　316+TB06-9+TB04-62 防护涂层试验样件信息

序号	基材	底漆	面漆	干膜厚度/μm
2-12	316 不锈钢	B06-9 锌黄丙烯酸聚氨酯底漆	TB04-62 丙烯酸聚氨酯磁漆	50～70

316+TB06-9+TB04-62 防护涂层采用底漆+面漆双层体系，底漆为 TB06-9 锌黄丙烯酸聚氨酯底漆，面漆为 TB04-62 丙烯酸聚氨酯磁漆，涂层总厚度为 50～70μm。

3.2.12.2　试验条件

316+TB06-9+TB04-62 防护涂层自然环境试验条件见表 3-306，实验室环境试验条件见表 3-307。

表 3-306　316+TB06-9+TB04-62 防护涂层自然环境试验条件

环境类型	试验地点	试验方式
湿热海洋大气环境	西沙	户外暴露
亚湿热工业大气环境	江津	户外暴露

表 3-307　316+TB06-9+TB04-62 防护涂层实验室环境试验条件

试验项目	试验条件
高温	温度：70℃。 升温速率：≤10℃/min
湿热	温度：47℃±1℃。 湿度：96%±2%
紫外光老化	灯源：UVA 340nm。 辐照度：0.98W/m²@340nm。 黑板温度：65℃±3℃。 试验方式：连续光照
氙灯光老化	灯源：UVA 300～400nm。 辐照度：0.53W/m²@300～400nm。 BST（黑标温度）：65℃±2℃。 相对湿度：50%±5%。 试验循环：光照 108min，润湿 18min，为 1 个循环
温冲	低温状态：−55℃，保持 30min。 高温状态：70℃，保持 30min。 温度变化速率：≤1min
酸性大气	试验温度：35℃。 pH 值：4.02。 沉降率：1.0～3.0mL/(80cm²·h)。 试验循环：喷雾 2h，贮存 7h，为 1 个循环
紫外/冷凝、盐雾/干燥循环	紫外/冷凝试验： 　灯源：UVA 340nm。 　光照阶段黑板温度：60℃±3℃。 　辐照度：0.89W/m²@340nm，光照 8h。 　冷凝阶段黑板温度：50℃±3℃，冷凝 4h。 　试验时长：12h 为 1 个周期，循环 6 个周期后进入盐雾/干燥试验。 盐雾/干燥试验： 　喷雾阶段温度：35℃±2℃。 　盐溶液浓度：5%±1%。 　pH 值：6.5～7.2。 　沉降量：1.0～3.0mL/(80cm²·h)，喷雾 12h。 　干燥阶段温度：50℃±2℃，干燥 12h。 　升温、降温速率：3℃/min。 　试验时长：24h 为 1 个周期，循环 3 个周期。 　试验循环：紫外/冷凝试验 72h+盐雾/干燥试验 72h，为 1 个循环

3.2.12.3　测试项目及参照标准

316+TB06-9+TB04-62 防护涂层测试项目及参照标准见表 3-308。

表 3-308　316+TB06-9+TB04-62 防护涂层测试项目及参照标准

测试项目	参照标准
外观评级	GB/T 1766—2008《色漆和清漆 涂层老化的评级方法》
光泽度	GB/T 9754—2007《色漆和清漆 不含金属颜料的色漆漆膜的20°、60°和85°镜面光泽的测定》
色差	GB/T 11186.2—1989《涂膜颜色的测量方法 第2部分：颜色测量》
附着力	GB/T 9286—2021《色漆和清漆 划格试验》
	GB/T 5210—2006《色漆和清漆 拉开法附着力试验》
电化学交流阻抗	ISO 16773-2: 2016 *Electrochemical impedance spectroscopy (EIS) on coated and uncoated metallic specimens-Part 2: Collection of data*

3.2.12.4　环境适应性数据

1. 自然环境试验结果

（1）外观评级结果（见表 3-309）

表 3-309　316+TB06-9+TB04-62 防护涂层自然环境试验外观评级结果

环境类型	试验时间/月	外观评级					综合评级
		粉化	开裂	起泡	生锈	剥落	
湿热海洋大气环境	0	0	0（S0）	0（S0）	0（S0）	0（S0）	0
	6	0	0（S0）	0（S0）	0（S0）	0（S0）	0
	12	0	0（S0）	0（S0）	0（S0）	0（S0）	0
	24	2	0（S0）	0（S0）	0（S0）	0（S0）	2
	36	2	0（S0）	0（S0）	0（S0）	0（S0）	2
亚湿热工业大气环境	0	0	0（S0）	0（S0）	0（S0）	0（S0）	0
	6	0	0（S0）	0（S0）	0（S0）	0（S0）	0
	12	0	0（S0）	0（S0）	0（S0）	0（S0）	0
	24	0	0（S0）	0（S0）	0（S0）	0（S0）	0
	36	1	0（S0）	0（S0）	0（S0）	0（S0）	1

（2）性能测试结果（见表 3-310）

表 3-310　316+TB06-9+TB04-62 防护涂层自然环境试验性能测试结果

环境类型	试验时间/月	失光率/%	色差	附着力等级	低频阻抗模值/$\Omega \cdot cm^2$
湿热海洋大气环境	0	0	0	1	7.53×10^{10}
	6	15.3	0.93	1	2.11×10^{10}
	12	49.6	1.60	1	1.58×10^{9}
	24	69.1	2.14	2	1.44×10^{9}
	36	87.3	10.37	2	2.26×10^{10}
亚湿热工业大气环境	0	0	0	1	7.53×10^{10}
	6	3.25	1.25	1	3.78×10^{10}
	12	16.96	1.17	1	2.67×10^{10}
	24	41.57	1.67	1	4.33×10^{10}
	36	59.89	1.60	1	1.83×10^{10}

2．实验室环境试验结果

（1）外观评级结果（见表 3-311）

表 3-311　316+TB06-9+TB04-62 防护涂层实验室环境试验外观评级结果

试验项目	试验时间	外观评级					综合评级
		粉化	开裂	起泡	生锈	剥落	
高温	0	0	0（S0）	0（S0）	0（S0）	0（S0）	0
	240h	0	0（S0）	0（S0）	0（S0）	0（S0）	0
	480h	0	0（S0）	0（S0）	0（S0）	0（S0）	0
	560h	0	0（S0）	0（S0）	0（S0）	0（S0）	0
湿热	0	0	0（S0）	0（S0）	0（S0）	0（S0）	0
	240h	0	0（S0）	0（S0）	0（S0）	0（S0）	0
	480h	0	0（S0）	0（S0）	0（S0）	0（S0）	0
	560h	0	0（S0）	0（S0）	0（S0）	0（S0）	0
	720h	0	0（S0）	0（S0）	0（S0）	0（S0）	0
紫外光老化	0	0	0（S0）	0（S0）	0（S0）	0（S0）	0
	18d	0	0（S0）	0（S0）	0（S0）	0（S0）	0
	24d	0	0（S0）	0（S0）	0（S0）	0（S0）	0
	36d	0	0（S0）	0（S0）	0（S0）	0（S0）	0
	42d	0	0（S0）	0（S0）	0（S0）	0（S0）	0

续表

试验项目	试验时间	外观评级					综合评级
		粉化	开裂	起泡	生锈	剥落	
氙灯光老化	0	0	0（S0）	0（S0）	0（S0）	0（S0）	0
	10d	0	0（S0）	0（S0）	0（S0）	0（S0）	0
	20d	0	0（S0）	0（S0）	0（S0）	0（S0）	0
	30d	0	0（S0）	0（S0）	0（S0）	0（S0）	0
	35d	0	0（S0）	0（S0）	0（S0）	0（S0）	0
温冲	0	0	0（S0）	0（S0）	0（S0）	0（S0）	0
	35 个循环	0	0（S0）	0（S0）	0（S0）	0（S0）	0
	70 个循环	0	0（S0）	0（S0）	0（S0）	0（S0）	0
酸性大气	0	0	0（S0）	0（S0）	0（S0）	0（S0）	0
	14d	0	0（S0）	0（S0）	0（S0）	0（S0）	0
	35d	0	0（S0）	0（S0）	0（S0）	0（S0）	0
紫外/冷凝+盐雾/干燥循环	0	0	0（S0）	0（S0）	0（S0）	0（S0）	0
	12d	0	0（S0）	0（S0）	0（S0）	0（S0）	0
	24d	0	0（S0）	0（S0）	0（S0）	0（S0）	0
	36d	0	0（S0）	0（S0）	0（S0）	0（S0）	0
	42d	0	0（S0）	0（S0）	0（S0）	0（S0）	0

（2）性能测试结果（见表 3-312）

表 3-312　316+TB06-9+TB04-62 防护涂层实验室环境试验性能测试结果

试验项目	试验时间	失光率/%	色差	附着力等级	低频阻抗模值/$\Omega \cdot cm^2$
高温	0	0	0	1	6.00×10^9
	240h	7.87	0.24		2.19×10^9
	480h	6.53	0.26		5.89×10^9
	560h	5.69	0.58	1	7.49×10^9
湿热	0	0	0	1	7.53×10^{10}
	240h	6.49	0.54		4.54×10^{10}
	480h	−5.36	0.59		6.06×10^{10}
	560h	3.57	0.81		7.43×10^9
	720h	−1.43	0.99	1	3.30×10^9
紫外光老化	0	0	0	1	7.53×10^{10}

续表

试验项目	试验时间	失光率/%	色差	附着力等级	低频阻抗模值/$\Omega \cdot cm^2$
紫外光老化	12d	0.39	0.50		3.45×10^{10}
	24d	4.42	0.60		2.10×10^{10}
	36d	−0.05	0.61		6.41×10^{10}
	42d	2.31	0.94	1	2.05×10^{10}
氙灯光老化	0	0	0	1	7.53×10^{10}
	10d	−12.40	0.19		6.56×10^{10}
	20d		0.40		3.51×10^{10}
	30d	−12.00	0.59		3.41×10^{10}
	35d	−7.53	0.72	2	7.93×10^{10}
温冲	0	0	0	1	9.04×10^{10}
	35 个循环	−31.18	0.72		6.66×10^{10}
	70 个循环	−33.04	0.71	1	1.08×10^{11}
酸性大气	0	0	0	1	9.04×10^{10}
	14d	−32.14	0.27		1.87×10^{10}
	35d	−31.49	0.35	1	2.69×10^{10}
紫外/冷凝+盐雾/干燥循环	0	0	0	1	4.91×10^{10}
	12d	4.42	0.40		2.06×10^{10}
	24d	3.41	0.39		3.69×10^9
	36d	1.40	/		5.12×10^9
	42d	5.55	0.59	2	1.18×10^{10}

3.3 其他金属基材防护涂层环境适应性数据

其他金属基材防护涂层主要以铜合金基材防护涂层为代表。铜及铜合金表面氧化皮和锈迹主要成分为 CuO（黑）、Cu_2O（红棕色）、$Cu_2(OH)CO_3$（绿色）等。一般去除氧化皮的方法有预浸蚀和光亮浸蚀工序。铜及铜合金表面主要的底漆有锌黄丙烯酸聚氨酯底漆、锌黄环氧底漆、铁红环氧酯底漆、氨基底漆、磷化底漆、醇酸底漆等。

3.3.1　T2+TB06-9+TS96-71 防护涂层

3.3.1.1　试验样件信息

T2+TB06-9+TS96-71 防护涂层试验样件信息见表 3-313。

表 3-313 T2+TB06-9+TS96-71 防护涂层试验样件信息

序号	基材	底漆	面漆	干膜厚度/μm
3-1	T2 紫铜	TB06-9 锌黄丙烯酸聚氨酯底漆	TS96-71 氟聚氨酯磁漆	60～90

T2+TB06-9+TS96-71 防护涂层采用底漆+面漆双层体系，底漆为 TB06-9 锌黄丙烯酸聚氨酯底漆，面漆为 TS96-71 氟聚氨酯磁漆，涂层总厚度为 60～90μm。

3.3.1.2 试验条件

T2+TB06-9+TS96-71 防护涂层自然环境试验条件见表 3-314，实验室环境试验条件见表 3-315。

表 3-314 T2+TB06-9+TS96-71 防护涂层自然环境试验条件

环境类型	试验地点	试验方式
湿热海洋大气环境	西沙	棚下暴露
亚湿热工业大气环境	江津	棚下暴露

表 3-315 T2+TB06-9+TS96-71 防护涂层实验室环境试验条件

试验项目	试验条件
高温	温度：70℃。 升温速率：≤10℃/min
湿热	温度：47℃±1℃。 湿度：96%±2%
中性盐雾	温度：35℃±2℃。 NaCl 溶液浓度：50g/L±10g/L。 pH 值：6.0～7.0。 盐雾沉降率：1.0～2.0mL/(80cm^2·h)。 试验循环：盐雾 2h 后干燥 22h，为 1 个循环
中性盐雾+湿热循环	中性盐雾试验： 　温度：35℃±2℃。 　NaCl 溶液浓度：50g/L±10g/L。 　pH 值：6.0～7.0。 　盐雾沉降率：1.0～2.0mL/(80cm^2·h)。 　试验时长：2h。 恒定湿热试验： 　温度：60℃±2℃。 　相对湿度：91%～96%。 　试验时长：22h。 试验循环：中性盐雾 2h+恒定湿热试验 22h，为 1 个循环

3.3.1.3 测试项目及参照标准

T2+TB06-9+TS96-71 防护涂层测试项目及参照标准见表 3-316。

表 3-316　T2+TB06-9+TS96-71 防护涂层测试项目及参照标准

测试项目	参照标准
外观评级	GB/T 1766—2008《色漆和清漆 涂层老化的评级方法》
光泽度	GB/T 9754—2007《色漆和清漆 不含金属颜料的色漆漆膜的 20°、60°和 85°镜面光泽的测定》
色差	GB/T 11186.2—1989《涂膜颜色的测量方法 第 2 部分：颜色测量》
附着力	GB/T 9286—2021《色漆和清漆 划格试验》
	GB/T 5210—2006《色漆和清漆 拉开法附着力试验》
电化学交流阻抗	ISO 16773-2: 2016 *Electrochemical impedance spectroscopy (EIS) on coated and uncoated metallic specimens-Part 2: Collection of data*

3.3.1.4 环境适应性数据

1. 自然环境试验结果

（1）外观评级结果（见表 3-317）

表 3-317　T2+TB06-9+TS96-71 防护涂层自然环境试验外观评级结果

环境类型	试验时间/月	色差	外观评级					综合评级
			粉化	开裂	起泡	生锈	剥落	
湿热海洋大气环境	0	0	0	0（S0）	0（S0）	0（S0）	0（S0）	0
	6	0.13	0	0（S0）	0（S0）	0（S0）	0（S0）	0
	12	0.19	0	0（S0）	0（S0）	0（S0）	0（S0）	0
	24	0.25	0	0（S0）	0（S0）	0（S0）	0（S0）	0
	36	0.66	0	0（S0）	0（S0）	0（S0）	0（S0）	0
亚湿热工业大气环境	0	0	0	0（S0）	0（S0）	0（S0）	0（S0）	0
	6	0.10	0	0（S0）	0（S0）	0（S0）	0（S0）	0
	12	0.44	0	0（S0）	0（S0）	0（S0）	0（S0）	0
	24	0.28	0	0（S0）	0（S0）	0（S0）	0（S0）	0
	36	0.39	0	0（S0）	0（S0）	0（S0）	0（S0）	0

(2) 性能测试结果（见表 3-318）

表 3-318 T2+TB06-9+TS96-71 防护涂层自然环境试验性能测试结果

自然环境类型	试验时间/月	色差	附着力等级	低频阻抗模值/$\Omega \cdot cm^2$
湿热海洋大气环境	0	0	1	5.11×10^{10}
	6	0.13	1	5.66×10^9
	12	0.19	1	5.61×10^{10}
	24	0.25	1	4.77×10^{10}
	36	0.66	1	3.60×10^{10}
亚湿热工业大气环境	0	0	1	5.11×10^{10}
	6	0.10	1	5.45×10^{10}
	12	0.44	1	7.08×10^{10}
	24	0.28	1	1.02×10^{10}
	36	0.39	1	4.77×10^{10}

2. 实验室环境试验结果

(1) 外观评级结果（见表 3-319）

表 3-319 T2+TB06-9+TS96-71 防护涂层实验室环境试验外观评级结果

试验项目	试验时间	外观评级					综合评级
		粉化	开裂	起泡	生锈	剥落	
高温	0	0	0（S0）	0（S0）	0（S0）	0（S0）	0
	240h	0	0（S0）	0（S0）	0（S0）	0（S0）	0
	480h	0	0（S0）	0（S0）	0（S0）	0（S0）	0
	560h	0	0（S0）	0（S0）	0（S0）	0（S0）	0
湿热	0	0	0（S0）	0（S0）	0（S0）	0（S0）	0
	240h	0	0（S0）	0（S0）	0（S0）	0（S0）	0
	480h	0	0（S0）	0（S0）	0（S0）	0（S0）	0
	560h	0	0（S0）	0（S0）	0（S0）	0（S0）	0
	720h	0	0（S0）	0（S0）	0（S0）	0（S0）	0
中性盐雾	0	0	0（S0）	0（S0）	0（S0）	0（S0）	0
	25d	0	0（S0）	0（S0）	0（S0）	0（S0）	0
	50d	0	0（S0）	0（S0）	0（S0）	0（S0）	0

续表

试验项目	试验时间	外观评级					综合评级
		粉化	开裂	起泡	生锈	剥落	
中性盐雾+湿热循环	0	0	0（S0）	0（S0）	0（S0）	0（S0）	0
	10d	0	0（S0）	0（S0）	0（S0）	0（S0）	0
	22d	0	0（S0）	0（S0）	0（S0）	0（S0）	0
	30d	0	0（S0）	0（S0）	0（S0）	0（S0）	0
	38d	0	0（S0）	0（S0）	0（S0）	0（S0）	0

（2）性能测试结果（见表3-320）

表3-320 T2+TB06-9+TS96-71防护涂层实验室环境试验性能测试结果

试验项目	试验时间	色差	附着力等级	低频阻抗模值/$\Omega \cdot cm^2$
高温	0	0	1	4.07×10^9
	240h	0.24		2.30×10^9
	480h	0.31		1.20×10^{10}
	560h	1.06	1	3.33×10^9
湿热	0	0	1	5.11×10^{10}
	240h	0.82		5.84×10^{10}
	480h	0.79		5.61×10^{10}
	560h	0.51		2.85×10^{10}
	720h	1.09	5	3.14×10^{10}
中性盐雾	0	0	1	5.11×10^{10}
	25d	0.28		8.99×10^8
	50d	0.85	1	9.77×10^8
中性盐雾+湿热循环	0	0	1	5.11×10^{10}
	10d	0.32		3.92×10^{10}
	22d	1.27		1.03×10^9
	30d	1.22		5.08×10^9
	38d	0.46	5	1.53×10^9

3.3.2 H96+306防护涂层

3.3.2.1 试验样件信息

H96+306防护涂层试验样件信息见表3-321。

表 3-321 H96+306 防护涂层试验样件信息

序号	基材	底漆	面漆	干膜厚度/μm
3-2	H96 黄铜		306	10～30

H96+306 防护涂层采用为单层体系，面漆为涂 306，涂层总厚度为 10～30μm。

3.3.2.2 试验条件

H96+306 防护涂层自然环境试验条件见表 3-322。

表 3-322 H96+306 防护涂层自然环境试验条件

环境类型	试验地点	试验方式
湿热海洋大气环境	西沙	棚下暴露
寒冷乡村大气环境	漠河	棚下暴露

3.3.2.3 测试项目及参照标准

H96+306 防护涂层测试项目及参照标准见表 3-323。

表 3-323 H96+306 防护涂层测试项目及参照标准

测试项目	参照标准
外观评级	GB/T 1766—2008《色漆和清漆 涂层老化的评级方法》
光泽度	GB/T 9754—2007《色漆和清漆 不含金属颜料的色漆漆膜的 20°、60°和 85°镜面光泽的测定》
色差	GB/T 11186.2—1989《涂膜颜色的测量方法 第 2 部分：颜色测量》

3.3.2.4 环境适应性数据

H96+306 防护涂层自然环境试验外观评级结果见表 3-324。

表 3-324 H96+306 防护涂层自然环境试验外观评级结果

环境类型	试验时间/月	失光率/%	色差	外观评级					综合评级
				粉化	开裂	起泡	生锈	剥落	
湿热海洋大气环境	0	0	0	0（S0）	0（S0）	0（S0）	0（S0）	0（S0）	0
	6	17.0	6.43	0（S0）	0（S0）	0（S0）	0（S0）	0（S0）	0
	12	21.1	7.42	0（S0）	0（S0）	0（S0）	0（S0）	0（S0）	0
	24	24.9	9.60	0（S0）	0（S0）	0（S0）	0（S0）	0（S0）	0
	36	63.9	11.93	0（S0）	0（S0）	0（S0）	0（S0）	0（S0）	0

续表

环境类型	试验时间/月	失光率/%	色差	外观评级					综合评级
				粉化	开裂	起泡	生锈	剥落	
寒冷乡村大气环境	0	0	0	0（S0）	0（S0）	0（S0）	0（S0）	0（S0）	0
	6	8.37	2.30	0（S0）	0（S0）	0（S0）	0（S0）	0（S0）	0
	12	8.46	2.70	0（S0）	0（S0）	0（S0）	0（S0）	0（S0）	0
	24	9.0	3.20	0（S0）	0（S0）	0（S0）	0（S0）	0（S0）	0

3.3.3 MB3+TB06-9+TS04-81 防护涂层

3.3.3.1 试验样件信息

MB3+TB06-9+TS04-81 防护涂层试验样件信息见表 3-325。

表 3-325 MB3+TB06-9+TS04-81 防护涂层试验样件信息

序号	基材	底漆	面漆	干膜厚度/μm
3-3	MB3 镁锰合金	TB06-9 锌黄丙烯酸聚氨酯底漆	TS04-81 丙烯酸聚氨酯无光磁漆（黑色）	30～50

MB3+TB06-9+TS04-81 防护涂层采用底漆+面漆双层体系，底漆为 TB06-9 锌黄丙烯酸聚氨酯底漆，面漆为 TS04-81 丙烯酸聚氨酯无光磁漆（黑色），涂层总厚度为 30～50μm。

3.3.3.2 试验条件

MB3+TB06-9+TS04-81 防护涂层自然环境试验条件见表 3-326，实验室环境试验条件见表 3-327。

表 3-326 MB3+TB06-9+TS04-81 防护涂层自然环境试验条件

环境类型	试验地点	试验方式
湿热海洋大气环境	西沙	户外暴露
亚湿热工业大气环境	江津	户外暴露
干热沙漠大气环境	敦煌	户外暴露
寒冷乡村大气环境	漠河	户外暴露

表 3-327　MB3+TB06-9+TS04-81 防护涂层实验室环境试验条件

试验项目	试验条件
高温	温度：70℃。 升温速率：≤10℃/min
湿热	温度：47℃±1℃。 湿度：96%±2%
紫外光老化	灯源：UVA 340nm。 辐照度：0.98W/m^2@340nm。 黑板温度：65℃±3℃。 试验方式：连续光照
氙灯光老化	灯源：UVA 300～400nm。 辐照度：0.53W/m^2@300～400nm。 BST（黑标温度）：65℃±2℃。 相对湿度：50%±5%。 试验循环：光照108min，润湿18min，为1个循环
温冲	低温状态：-55℃，保持30min。 高温状态：70℃，保持30min。 温度变化速率：≤1min
酸性大气	试验温度：35℃。 pH 值：4.02。 沉降率：1.0～3.0mL/(80cm^2·h)。 试验循环：喷雾2h，贮存7h，为1个循环
温冲+氙灯循环	温冲试验： 　低温状态：-55℃，保持0.5h。 　高温状态：70℃，保持0.5h。 　温度变化速率：≤1min。 　试验时长：1h为1个周期，循环10个周期进入氙灯试验。 氙灯试验： 　灯源：UVA 300～400nm。 　辐照度：0.53W/m^2@300～400nm。 　BST（黑标温度）：65℃±2℃。 　相对湿度：50%±5%。 　试验时长：光照108min，润湿18min，共80h。 试验循环：温冲试验10h+氙灯试验80h，为1个循环

3.3.3.3　测试项目及参照标准

MB3+TB06-9+TS04-81 防护涂层测试项目及参照标准见表 3-328。

表 3-328　MB3+TB06-9+TS04-81 防护涂层测试项目及参照标准

测试项目	参照标准
外观评级	GB/T 1766—2008《色漆和清漆　涂层老化的评级方法》
光泽度	GB/T 9754—2007《色漆和清漆　不含金属颜料的色漆漆膜的20°、60°和85°镜面光泽的测定》

续表

测试项目	参照标准
色差	GB/T 11186.2—1989《涂膜颜色的测量方法 第2部分：颜色测量》
附着力	GB/T 9286—2021《色漆和清漆 划格试验》
	GB/T 5210—2006《色漆和清漆 拉开法附着力试验》
电化学交流阻抗	ISO 16773-2: 2016 Electrochemical impedance spectroscopy (EIS) on coated and uncoated metallic specimens-Part 2: Collection of data

3.3.3.4 环境适应性数据

1. 自然环境试验结果

（1）外观评级结果（见表 3-329）

表 3-329　MB3+TB06-9+TS04-81 防护涂层自然环境试验外观评级结果

| 环境类型 | 试验时间/月 | 外观评级 | | | | | 综合评级 |
		粉化	开裂	起泡	生锈	剥落	
湿热海洋大气环境	0	0	0（S0）	0（S0）	0（S0）	0（S0）	0
	6	1	0（S0）	0（S0）	0（S0）	0（S0）	1
	12	2	0（S0）	0（S0）	0（S0）	0（S0）	2
	24	2	0（S0）	0（S0）	0（S0）	0（S0）	3
	36	3	0（S0）	0（S0）	0（S0）	0（S0）	3
亚湿热工业大气环境	0	0	0（S0）	0（S0）	0（S0）	0（S0）	0
	6	1	0（S0）	0（S0）	0（S0）	0（S0）	1
	12	1	0（S0）	0（S0）	0（S0）	0（S0）	1
	24	1	0（S0）	0（S0）	0（S0）	0（S0）	1
	36	2	0（S0）	0（S0）	0（S0）	0（S0）	2
干热沙漠大气环境	0	0	0（S0）	0（S0）	0（S0）	0（S0）	0
	6	0	0（S0）	0（S0）	0（S0）	0（S0）	0
	12	0	0（S0）	0（S0）	0（S0）	0（S0）	0
	24	2	0（S0）	0（S0）	0（S0）	0（S0）	2
	36	3	0（S0）	0（S0）	0（S0）	0（S0）	3
寒冷乡村大气环境	0	0	0（S0）	0（S0）	0（S0）	0（S0）	0
	6	0	0（S0）	0（S0）	0（S0）	0（S0）	0
	12	0	0（S0）	0（S0）	0（S0）	0（S0）	0

续表

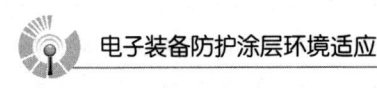

环境类型	试验时间/月	外观评级					综合评级
		粉化	开裂	起泡	生锈	剥落	
寒冷乡村大气环境	24	0	0（S0）	0（S0）	0（S0）	0（S0）	0
	36	0	0（S0）	0（S0）	0（S0）	0（S0）	0

（2）性能测试结果（见表3-330）

表3-330 MB3+TB06-9+TS04-81防护涂层自然环境试验性能测试结果

环境类型	试验时间/月	失光率/%	色差	附着力等级	低频阻抗模值/Ω·cm^2
湿热海洋大气环境	0	0	0	1	2.39×10^{10}
	6	12.5	0.20	5	3.68×10^{10}
	12	21.0	2.03	5	4.17×10^{6}
	24	21.70	2.85	5	1.52×10^{6}
	36	20.4	2.07	5	3.23×10^{7}
亚湿热工业大气环境	0	0	0	1	2.39×10^{10}
	6	7.89	0.41	5	4.11×10^{9}
	12	6.77	0.40	5	4.70×10^{9}
	24	7.67	2.03	5	5.02×10^{6}
	36	11.07	3.23	5	1.67×10^{9}
干热沙漠大气环境	0	0	0	1	2.39×10^{10}
	6	8.00	0.27	5	7.16×10^{8}
	12	6.54	1.52	5	5.31×10^{8}
	24	9.50	3.75	5	8.60×10^{9}
	36	9.98	3.06	5	2.75×10^{6}
寒冷乡村大气环境	0	0	0	1	2.39×10^{10}
	6	9.99	0.74	4	4.40×10^{10}
	12	4.60	0.32	5	3.63×10^{10}
	24	8.6	0.77	5	1.92×10^{10}
	36	12.9	0.87	5	4.50×10^{9}

2．实验室环境试验结果

（1）外观评级结果（见表3-331）

表 3-331 MB3+TB06-9+TS04-81 防护涂层实验室环境试验外观评级结果

试验项目	试验时间	外观评级					综合评级
		粉化	开裂	起泡	生锈	剥落	
高温	0	0	0（S0）	0（S0）	0（S0）	0（S0）	0
	240h	0	0（S0）	0（S0）	0（S0）	0（S0）	0
	480h	0	0（S0）	0（S0）	0（S0）	0（S0）	0
	560h	0	0（S0）	0（S0）	0（S0）	0（S0）	0
湿热	0	0	0（S0）	0（S0）	0（S0）	0（S0）	0
	240h	0	0（S0）	4（S4）	4（S4）	0（S0）	5
	480h	0	0（S0）	4（S4）	4（S4）	0（S0）	5
	560h	0	0（S0）	4（S4）	4（S4）	0（S0）	5
	720h	0	0（S0）	4（S4）	4（S4）	0（S0）	5
紫外光老化	0	0	0（S0）	0（S0）	0（S0）	0（S0）	0
	12d	0	0（S0）	0（S0）	0（S0）	0（S0）	0
	24d	0	0（S0）	0（S0）	0（S0）	0（S0）	0
	36d	0	0（S0）	0（S0）	0（S0）	0（S0）	0
	42d	0	0（S0）	0（S0）	0（S0）	0（S0）	0
氙灯光老化	0	0	0（S0）	0（S0）	0（S0）	0（S0）	0
	10d	0	0（S0）	0（S0）	0（S0）	0（S0）	0
	20d	0	0（S0）	0（S0）	0（S0）	0（S0）	0
	30d	0	0（S0）	0（S0）	0（S0）	0（S0）	0
	35d	0	0（S0）	0（S0）	0（S0）	0（S0）	0
温冲	0	0	0（S0）	0（S0）	0（S0）	0（S0）	0
	35个循环	0	0（S0）	0（S0）	0（S0）	0（S0）	0
	70个循环	0	0（S0）	0（S0）	0（S0）	0（S0）	0
酸性大气	0	0	0（S0）	0（S0）	0（S0）	0（S0）	0
	14d	0	0（S0）	0（S0）	0（S0）	0（S0）	0
	35d	0	0（S0）	0（S0）	0（S0）	0（S0）	0
温冲+氙灯循环	0	0	0（S0）	0（S0）	0（S0）	0（S0）	0
	180h	0	0（S0）	0（S0）	0（S0）	0（S0）	0
	360h	0	0（S0）	0（S0）	0（S0）	0（S0）	0
	540h	0	0（S0）	0（S0）	0（S0）	0（S0）	0
	630h	0	0（S0）	0（S0）	0（S0）	0（S0）	0

（2）性能测试结果（见表 3-332）

表 3-332　MB3+TB06-9+TS04-81 防护涂层实验室环境试验性能测试结果

试验项目	试验时间	色差	附着力等级	低频阻抗模值/$\Omega \cdot cm^2$
高温	0	0	1	2.39×10^{10}
	240h	0.29		2.63×10^9
	480h	0.52		2.75×10^9
	560h	0.65	1	3.57×10^9
湿热	0	0	1	2.39×10^{10}
	240h	0.58		1.44×10^6
	480h	0.34		1.37×10^9
	560h	0.72		8.38×10^8
	720h	0.80	5	1.24×10^9
紫外光老化	0	0	1	2.39×10^{10}
	12d	0.20		3.85×10^9
	24d	0.33		3.00×10^8
	36d	0.19		2.79×10^8
	42d	0.31	1	5.07×10^8
氙灯光老化	0	0	1	2.39×10^{10}
	10d	0.67		1.49×10^{10}
	20d	0.10		9.79×10^9
	30d	0.25		3.34×10^9
	35d	0.21	3	2.97×10^{10}
温冲	0	0	1	3.61×10^{10}
	35 个循环	1.09		2.52×10^{10}
	70 个循环	0.90	3	1.71×10^{10}
酸性大气	0	0	1	2.39×10^{10}
	14d	0.07		1.82×10^{10}
	35d	0.12	2	3.87×10^{10}
温冲+氙灯循环	0	0	1	2.39×10^{10}
	180h	2.91		2.55×10^9
	360h	3.66		1.28×10^{10}
	540h	3.66		1.79×10^{10}
	630h	4.29	3	7.67×10^8

3.3.4 ZK61M+S06-N-2+S04-80 防护涂层

3.3.4.1 试验样件信息

ZK61M+S06-N-2+S04-80 防护涂层试验样件信息见表 3-333。

表 3-333 ZK61M+S06-N-2+S04-80 防护涂层试验样件信息

序号	基材	底漆	面漆	干膜厚度/μm
3-4	ZK61M 镁合金	S06-N-2 锌黄底漆	S04-80 丙烯酸聚氨酯面漆	60～90

ZK61M+S06-N-2+S04-80 防护涂层采用底漆+面漆双层体系,底漆为锌黄 S06-N-2,面漆为 S04-80 丙烯酸聚氨酯面漆,涂层总厚度为 60～90μm。

3.3.4.2 试验条件

ZK61M+S06-N-2+S04-80 防护涂层自然环境试验条件见表 3-334。

表 3-334 ZK61M+S06-N-2+S04-80 防护涂层自然环境试验条件

环境类型	试验地点	试验方式
湿热海洋大气环境	西沙	棚下暴露
寒冷乡村大气环境	漠河	棚下暴露

3.3.4.3 测试项目及参照标准

ZK61M+S06-N-2+S04-80 防护涂层测试项目及参照标准见表 3-335。

表 3-335 ZK61M+S06-N-2+S04-80 防护涂层测试项目及参照标准

测试项目	参照标准
外观评级	GB/T 1766—2008《色漆和清漆 涂层老化的评级方法》
光泽度	GB/T 9754—2007《色漆和清漆 不含金属颜料的色漆漆膜的 20°、60°和 85°镜面光泽的测定》
色差	GB/T 11186.2—1989《涂膜颜色的测量方法 第 2 部分:颜色测量》
附着力	GB/T 9286—2021《色漆和清漆 划格试验》
	GB/T 5210—2006《色漆和清漆 拉开法附着力试验》
电化学交流阻抗	ISO 16773-2: 2016 *Electrochemical impedance spectroscopy (EIS) on coated and uncoated metallic specimens-Part 2: Collection of data*

3.3.4.4 环境适应性数据

ZK61M+S06-N-2+S04-80 防护涂层自然环境试验结果如下。

（1）外观评级结果（见表 3-336）

表 3-336 ZK61M+S06-N-2+S04-80 防护涂层自然环境试验外观评级结果

环境类型	试验时间/月	外观评级					综合评级
		粉化	开裂	起泡	生锈	剥落	
湿热海洋大气环境	0	0	0（S0）	0（S0）	0（S0）	0（S0）	0
	6	0	0（S0）	0（S0）	0（S0）	0（S0）	0
	12	0	0（S0）	0（S0）	0（S0）	0（S0）	0
	24	0	0（S0）	0（S0）	0（S0）	0（S0）	0
	36	0	0（S0）	0（S0）	0（S0）	0（S0）	0
寒冷乡村大气环境	0	0	0（S0）	0（S0）	0（S0）	0（S0）	0
	6	0	0（S0）	0（S0）	0（S0）	0（S0）	0
	12	0	0（S0）	0（S0）	0（S0）	0（S0）	0
	24	0	0（S0）	0（S0）	0（S0）	0（S0）	0
	36	0	0（S0）	0（S0）	0（S0）	0（S0）	0

（2）性能测试结果（见表 3-337）

表 3-337 ZK61M+S06-N-2+S04-80 防护涂层自然环境试验性能测试结果

环境类型	试验时间/月	色差	附着力等级
湿热海洋大气环境	0	0	2
	6	0.48	2
	12	0.49	2
	24	0.71	2
	36	0.97	3
寒冷乡村大气环境	0	0	4
	6	0.26	2
	12	0.32	2
	24	0.45	2
	36	0.39	2

3.4 复合材料防护涂层环境适应性数据

玻璃钢表面常用的防护涂层包括聚氨酯抗静电涂料、聚氨酯磁漆等。

3.4.1 环氧玻璃布板+H01-101+TB04-62 防护涂层

3.4.1.1 试验样件信息

环氧玻璃布板+H01-101+TB04-6 防护涂层试验样件信息见表 3-338。

表 3-338 环氧玻璃布板+H01-101+TB04-62 防护涂层试验样件信息

序号	基材	底漆	面漆	干膜厚度/μm	涂层颜色
4-1	环氧玻璃布板	H01-101 环氧聚酰胺底漆	TB04-62	100～200	军绿

ZK61M+S06-N-2+S04-80 防护涂层采用底漆+面漆双层体系，底漆为 H01-101 丙烯酸聚氨酯磁漆，面漆为军绿 TB04-62，涂层总厚度为 100～200μm。

3.4.1.2 试验条件

环氧玻璃布板+H01-101+TB04-62 防护涂层自然环境试验条件见表 3-339，实验室环境试验条件见表 3-340。

表 3-339 环氧玻璃布板+H01-101+TB04-62 防护涂层自然环境试验条件

环境类型	试验地点	试验方式
湿热海洋大气环境	西沙	户外暴露
亚湿热工业大气环境	江津	户外暴露
干热沙漠大气环境	敦煌	户外暴露
寒冷乡村大气环境	漠河	户外暴露

表 3-340 环氧玻璃布板+H01-101+TB04-62 防护涂层实验室环境试验条件

试验项目	试验条件
高温	温度：70℃。 升温速率：≤10℃/min
湿热	温度：47℃±1℃。 湿度：96%±2%
温冲	低温状态：-55℃，保持 30min。 高温状态：70℃，保持 30min。 温度变化速率：≤1min
酸性大气	试验温度：35℃。 pH 值：4.02。 沉降率：1.0～3.0mL/(80cm^2·h)。 试验循环：喷雾 2h，贮存 7h，为 1 个循环

续表

试验项目	试验条件
温冲+氙灯循环	温冲试验： 　　低温状态：−55℃，保持0.5h。 　　高温状态：70℃，保持0.5h。 　　温度变化速率：≤1min。 　　试验时长：1h为1个周期，循环10个周期进入氙灯试验。 氙灯试验： 　　灯源：UVA 300～400nm。 　　辐照度：0.53W/m^2@300～400nm。 　　BST（黑标温度）：65℃±2℃。 　　相对湿度：50%±5%。 　　试验时长：光照108min，润湿18min，共80h。 试验循环：温冲试验10h+氙灯试验80h，为1个循环

3.4.1.3 测试项目及参照标准

环氧玻璃布板+H01-101+TB04-62防护涂层测试项目及参照标准见表3-341。

表3-341 环氧玻璃布板+H01-101+TB04-62防护涂层测试项目及参照标准

测试项目	参照标准
外观评级	GB/T 1766—2008《色漆和清漆 涂层老化的评级方法》
光泽度	GB/T 9754—2007《色漆和清漆 不含金属颜料的色漆漆膜的20°、60°和85°镜面光泽的测定》
色差	GB/T 11186.2—1989《涂膜颜色的测量方法 第2部分：颜色测量》
附着力	GB/T 9286—2021《色漆和清漆 划格试验》
	GB/T 5210—2006《色漆和清漆 拉开法附着力试验》

3.4.1.4 环境适应性数据

1．自然环境试验结果

（1）外观评级结果（见表3-342）

表3-342 环氧玻璃布板+H01-101+TB04-62防护涂层自然环境试验外观评级结果

环境类型	试验时间/月	外观评级					综合评级
		粉化	开裂	起泡	生锈	剥落	
湿热海洋大气环境	0	0	0	0（S0）	0（S0）	0（S0）	0
	6	0	0（S0）	0（S0）	0（S0）	0（S0）	0

续表

环境类型	试验时间/月	外观评级					综合评级
		粉化	开裂	起泡	生锈	剥落	
湿热海洋大气环境	12	1	0（S0）	0（S0）	0（S0）	0（S0）	1
	24	2	0（S0）	0（S0）	0（S0）	0（S0）	2
	36	2	0（S0）	0（S0）	0（S0）	0（S0）	2
亚湿热工业大气环境	0	0	0（S0）	0（S0）	0（S0）	0（S0）	0
	6	0	0（S0）	0（S0）	0（S0）	0（S0）	0
	12	0	0（S0）	0（S0）	0（S0）	0（S0）	0
	24	0	0（S0）	0（S0）	0（S0）	0（S0）	0
	36	0	0（S0）	0（S0）	0（S0）	0（S0）	0
干热沙漠大气环境	0	0	0（S0）	0（S0）	0（S0）	0（S0）	0
	6	0	0（S0）	0（S0）	0（S0）	0（S0）	0
	12	0	0（S0）	0（S0）	0（S0）	0（S0）	0
	24	2	0（S0）	0（S0）	0（S0）	0（S0）	2
	36	2	0（S0）	0（S0）	0（S0）	0（S0）	2
寒冷乡村大气环境	0	0	0（S0）	0（S0）	0（S0）	0（S0）	0
	6	0	0（S0）	0（S0）	0（S0）	0（S0）	0
	12	0	0（S0）	0（S0）	0（S0）	0（S0）	0
	24	0	0（S0）	0（S0）	0（S0）	0（S0）	0
	36	0	0（S0）	0（S0）	0（S0）	0（S0）	0

（2）性能测试结果（见表 3-343）

表 3-343　环氧玻璃布板+H01-101+TB04-62 防护涂层自然环境试验性能测试结果

环境类型	试验时间/月	失光率/%	色差	附着力等级
湿热海洋大气环境	0	0	0	0
	6	5.8	0.55	1
	12	41.8	1.05	1
	24	56.6	1.09	1
	36	86.6	1.68	1
亚湿热工业大气环境	0	0	0	0
	6	7.65	1.32	0
	12	19.29	0.76	0

续表

环境类型	试验时间/月	失光率/%	色差	附着力等级
亚湿热工业大气环境	24	34.86	0.80	0
	36	57.43	0.36	0
干热沙漠大气环境	0	0	0	0
	6	4.38	0.65	0
	12	5.70	0.43	0
	24	28.21	1.54	0
	36	67.33	2.68	0
寒冷乡村大气环境	0	0	0	0
	6	2.71	0.85	0
	12	3.11	0.29	0
	24	10.1	0.44	0
	36	22.2	1.04	0

2．实验室环境试验结果

（1）外观评级结果（见表3-344）

表3-344　环氧玻璃布板+H01-101+TB04-62防护涂层实验室环境试验外观评级结果

试验项目	试验时间	外观评级					综合评级
		粉化	开裂	起泡	生锈	剥落	
高温	0	0	0（S0）	0（S0）	0（S0）	0（S0）	0
	240h	0	0（S0）	0（S0）	0（S0）	0（S0）	0
	480h	0	0（S0）	0（S0）	0（S0）	0（S0）	0
	560h	0	0（S0）	0（S0）	0（S0）	0（S0）	0
湿热	0	0	0（S0）	0（S0）	0（S0）	0（S0）	0
	240h	0	0（S0）	0（S0）	0（S0）	0（S0）	0
	480h	0	0（S0）	0（S0）	0（S0）	0（S0）	0
	560h	0	0（S0）	0（S0）	0（S0）	0（S0）	0
	720h	0	0（S0）	0（S0）	0（S0）	0（S0）	0
温冲	0	0	0（S0）	0（S0）	0（S0）	0（S0）	0
	35个循环	0	0（S0）	0（S0）	0（S0）	0（S0）	0
	70个循环	0	0（S0）	0（S0）	0（S0）	0（S0）	0
酸性大气	0	0	0（S0）	0（S0）	0（S0）	0（S0）	0

续表

试验项目	试验时间	外观评级					综合评级
		粉化	开裂	起泡	生锈	剥落	
酸性大气	14d	0	0（S0）	0（S0）	0（S0）	0（S0）	0
	35d	0	0（S0）	0（S0）	0（S0）	0（S0）	0
温冲+氙灯循环	0	0	0（S0）	0（S0）	0（S0）	0（S0）	0
	180h	0	0（S0）	0（S0）	0（S0）	0（S0）	0
	360h	0	0（S0）	0（S0）	0（S0）	0（S0）	0
	450h	0	0（S0）	0（S0）	0（S0）	0（S0）	0
	540h	0	0（S0）	0（S0）	0（S0）	0（S0）	0
	630h	0	0（S0）	0（S0）	0（S0）	0（S0）	0

（2）性能测试结果（见表 3-345）

表 3-345　环氧玻璃布板+H01-101+TB04-62 防护涂层实验室环境试验性能测试结果

试验项目	试验时间	失光率/%	色差	附着力等级
高温	0	0	0	0
	240h	7.98	0.12	
	480h	8.32	0.11	
	560h	3.99	0.69	1
湿热	0	0	0	0
	240h	3.59	0.31	
	480h	1.48	0.39	
	560h	11.62	0.65	
	720h	4.52	0.81	1
温冲	0	0	0	0
	35 个循环	-2.46	0.74	
	70 个循环	-1.20	0.72	1/
酸性大气	0	0	0	0
	14d	8.5	0.17	
	35d	11.5	0.15	1
温冲+氙灯循环	0	0	0	0
	180h	76.20	1.62	
	360h	89.51	2.17	

续表

试验项目	试验时间	失光率/%	色差	附着力等级
温冲+氙灯循环	450h	93.68	2.02	
	540h	95.03	3.76	
	630h	95.72	2.54	1

3.4.2　环氧玻璃布板+H01-101+SBS04-33防护涂层

3.4.2.1　试验样件信息

环氧玻璃布板+H01-101+SBS04-33防护涂层试验样件信息见表3-346。

表3-346　环氧玻璃布板+H01-101+SBS04-33防护涂层试验样件信息

序号	基材	底漆	面漆	干膜厚度/μm	涂层颜色
4-2	环氧玻璃布板	H01-101环氧聚酰胺底漆	SBS04-33无光聚氨酯透波磁漆	100～200	海灰

环氧玻璃布板+H01-101+SBS04-33防护涂层采用底漆+面漆双层体系,底漆为H01-101环氧聚酰胺底漆,面漆为SBS04-33无光聚氨酯透波磁漆(海灰),涂层总厚度为100～200μm。

3.4.2.2　试验条件

环氧玻璃布板+H01-101+SBS04-33防护涂层自然环境试验条件见表3-347,实验室环境试验条件见表3-348。

表3-347　环氧玻璃布板+H01-101+SBS04-33防护涂层自然环境试验条件

环境类型	试验地点	试验方式
湿热海洋大气环境	西沙	户外暴露
亚湿热工业大气环境	江津	户外暴露
干热沙漠大气环境	敦煌	户外暴露
寒冷乡村大气环境	漠河	户外暴露

表3-348　环氧玻璃布板+H01-101+SBS04-33防护涂层实验室环境试验条件

试验项目	试验条件
高温	温度:70℃。 升温速率:≤10℃/min
湿热	温度:47℃±1℃。 湿度:96%±2%

续表

试验项目	试验条件
温冲	低温状态：-55℃，保持 30min。 高温状态：70℃，保持 30min。 温度变化速率：≤1min
酸性大气	试验温度：35℃。 pH 值：4.02。 沉降率：1.0～3.0mL/(80cm^2·h)。 试验循环：喷雾 2h，贮存 7h，为 1 个循环
温冲+氙灯循环	温冲试验： 　低温状态：-55℃，保持 0.5h。 　高温状态：70℃，保持 0.5h。 　温度变化速率：≤1min。 　试验时长：1h 为 1 个周期，循环 10 个周期进入氙灯试验。 氙灯试验： 　灯源：UVA 300～400nm。 　辐照度：0.53W/m^2@300～400nm。 　BST（黑标温度）：65℃±2℃。 　相对湿度：50%±5%。 　试验时长：光照 108min，润湿 18min，共 80h。 试验循环：温冲试验 10h+氙灯试验 80h，为 1 个循环

3.4.2.3　测试项目及参照标准

环氧玻璃布板+H01-101+SBS04-33 防护涂层测试项目及参照标准见表 3-349。

表 3-349　环氧玻璃布板+H01-101+SBS04-33 防护涂层测试项目及参照标准

测试项目	参照标准
外观评级	GB/T 1766—2008《色漆和清漆 涂层老化的评级方法》
光泽度	GB/T 9754—2007《色漆和清漆 不含金属颜料的色漆漆膜的 20°、60°和 85°镜面光泽的测定》
色差	GB/T 11186.2—1989《涂膜颜色的测量方法 第 2 部分：颜色测量》
附着力	GB/T 9286—2021《色漆和清漆 划格试验》 GB/T 5210—2006《色漆和清漆 拉开法附着力试验》

3.4.2.4　环境适应性数据

1. 自然环境试验结果

（1）外观评级结果（见表 3-350）

表 3-350　环氧玻璃布板+H01-101+SBS04-33 防护涂层自然环境试验外观评级结果

环境类型	试验时间/月	外观评级					综合评级
		粉化	开裂	起泡	生锈	剥落	
湿热海洋大气环境	0	0	0（S0）	0（S0）	0（S0）	0（S0）	0
	6	2	0（S0）	0（S0）	0（S0）	0（S0）	2
	12	2	0（S0）	0（S0）	0（S0）	0（S0）	2
	24	4	0（S0）	0（S0）	0（S0）	0（S0）	4
	36	5	0（S0）	0（S0）	0（S0）	0（S0）	5
亚湿热工业大气环境	0	0	0（S0）	0（S0）	0（S0）	0（S0）	0
	6	2	0（S0）	0（S0）	0（S0）	0（S0）	2
	12	2	0（S0）	0（S0）	0（S0）	0（S0）	2
	24	2	0（S0）	0（S0）	0（S0）	0（S0）	2
	36	2	0（S0）	0（S0）	0（S0）	0（S0）	2
干热沙漠大气环境	0	0	0（S0）	0（S0）	0（S0）	0（S0）	0
	6	0	0（S0）	0（S0）	0（S0）	0（S0）	0
	12	0	0（S0）	0（S0）	0（S0）	0（S0）	0
	24	2	0（S0）	0（S0）	0（S0）	0（S0）	2
	36	4	0（S0）	0（S0）	0（S0）	0（S0）	4
寒冷乡村大气环境	0	0	0（S0）	0（S0）	0（S0）	0（S0）	0
	6	0	0（S0）	0（S0）	0（S0）	0（S0）	0
	12	0	0（S0）	0（S0）	0（S0）	0（S0）	0
	24	2	0（S0）	0（S0）	0（S0）	0（S0）	2
	36	2	0（S0）	0（S0）	0（S0）	0（S0）	2

（2）性能测试结果（见表 3-351）

表 3-351　环氧玻璃布板+H01-101+SBS04-33 防护涂层自然环境试验性能测试结果

环境类型	试验时间/月	色差	附着力等级
湿热海洋大气环境	0	0	0
	6	1.62	1
	12	5.22	1
	24	4.79	1
	36	6.62	1

续表

环境类型	试验时间/月	色差	附着力等级
亚湿热工业大气环境	0	0	0
	6	2.82	0
	12	2.27	0
	24	3.67	0
	36	5.11	0
干热沙漠大气环境	0	0	0
	6	0.14	0
	12	0.90	0
	24	3.06	0
	36	2.14	1
寒冷乡村大气环境	0	0	0
	6	0.39	1
	12	1.40	1
	24	3.36	1
	36	4.09	1

2. 实验室环境试验结果

（1）外观评级结果（见表3-352）

表3-352　环氧玻璃布板+H01-101+SBS04-33防护涂层实验室环境试验外观评级结果

试验项目	试验时间	外观评级					综合评级
		粉化	开裂	起泡	生锈	剥落	
高温	0	0	0（S0）	0（S0）	0（S0）	0（S0）	0
	240h	0	0（S0）	0（S0）	0（S0）	0（S0）	0
	480h	0	0（S0）	0（S0）	0（S0）	0（S0）	0
	560h	0	0（S0）	0（S0）	0（S0）	0（S0）	0
湿热	0	0	0（S0）	0（S0）	0（S0）	0（S0）	0
	240h	0	0（S0）	0（S0）	0（S0）	0（S0）	0
	480h	0	0（S0）	0（S0）	0（S0）	0（S0）	0
	560h	0	0（S0）	0（S0）	0（S0）	0（S0）	0
	720h	0	0（S0）	0（S0）	0（S0）	0（S0）	0

续表

试验项目	试验时间	外观评级					综合评级
		粉化	开裂	起泡	生锈	剥落	
温冲	0	0	0（S0）	0（S0）	0（S0）	0（S0）	0
	35个循环	0	0（S0）	0（S0）	0（S0）	0（S0）	0
	70个循环	0	0（S0）	0（S0）	0（S0）	0（S0）	0
酸性大气	0	0	0（S0）	0（S0）	0（S0）	0（S0）	0
	14d	0	0（S0）	0（S0）	0（S0）	0（S0）	0
	35d	0	0（S0）	0（S0）	0（S0）	0（S0）	0
温冲+氙灯循环	0	0	0（S0）	0（S0）	0（S0）	0（S0）	0
	180h	0	0（S0）	0（S0）	0（S0）	0（S0）	0
	360h	0	0（S0）	0（S0）	0（S0）	0（S0）	0
	450h	0	0（S0）	0（S0）	0（S0）	0（S0）	0
	540h	0	0（S0）	0（S0）	0（S0）	0（S0）	0
	630h	0	0（S0）	0（S0）	0（S0）	0（S0）	0

（2）性能测试结果（见表3-353）

表3-353 环氧玻璃布板+H01-101+SBS04-33防护涂层实验室环境试验性能测试结果

环境类型	试验时间	色差	附着力等级
高温	0	0	0
	240h	0.28	
	480h	0.39	
	560h	0.40	1
湿热	0	0	0
	240h	1.02	
	480h	1.54	
	560h	1.62	
	720h	1.63	1
温冲	0	0	0
	35个循环	0.10	
	70个循环	0.20	1
酸性大气	0	0	0
	14d	0.26	

续表

环境类型	试验时间	色差	附着力等级
酸性大气	35d		1
温冲+氙灯循环	0	0	0
	180h	0.57	
	360h	0.92	
	450h	1.10	
	540h	1.09	
	630h	2.52	1

3.4.3 环氧玻璃布板+H01-101+S04-13 防护涂层

3.4.3.1 试验样件信息

环氧玻璃布板+H01-101+S04-13 防护涂层试验样件信息见表 3-354。

表 3-354 环氧玻璃布板+H01-101+S04-13 防护涂层试验样件信息

序号	基材	底漆	面漆	干膜厚度/μm	涂层颜色
4-3	环氧玻璃布板	H01-101 环氧聚酰胺底漆	S04-13 弹性聚氨酯磁漆	100~200	黑色

环氧玻璃布板+H01-101+S04-13 防护涂层采用底漆+面漆双层体系，底漆为 H01-101 环氧聚酰胺底漆，面漆为 S04-13 弹性聚氨酯磁漆（黑色），涂层总厚度为 100~200μm。

3.4.3.2 试验条件

环氧玻璃布板+H01-101+S04-13 防护涂层自然环境试验条件见表 3-355，实验室环境试验条件见表 3-356。

表 3-355 环氧玻璃布板+H01-101+S04-13 防护涂层自然环境试验条件

环境类型	试验地点	试验方式
湿热海洋大气环境	西沙	户外暴露
亚湿热工业大气环境	江津	户外暴露
干热沙漠大气环境	敦煌	户外暴露
寒冷乡村大气环境	漠河	户外暴露

表 3-356　环氧玻璃布板+H01-101+S04-13 防护涂层实验室环境试验条件

试验项目	试验条件
高温	温度：70℃。 升温速率：≤10℃/min
湿热	温度：47℃±1℃。 湿度：96%±2%
温冲	低温状态：-55℃，保持 30min。 高温状态：70℃，保持 30min。 温度变化速率：≤1min
酸性大气	试验温度：35℃。 pH 值：4.02。 沉降率：1.0～3.0mL/(80cm²·h)。 试验循环：喷雾 2h，贮存 7h，为 1 个循环
温冲+氙灯循环	温冲试验： 　低温状态：-55℃，保持 0.5h。 　高温状态：70℃，保持 0.5h。 　温度变化速率：≤1min。 　试验时长：1h 为 1 个周期，循环 10 个周期进入氙灯试验。 氙灯试验： 　灯源：UVA 300～400nm。 　辐照度：0.53W/m²@300～400nm。 　BST（黑标温度）：65℃±2℃。 　相对湿度：50%±5%。 　试验时长：光照 108min，润湿 18min，共 80h。 试验循环：温冲试验 10h+氙灯试验 80h，为 1 个循环

3.4.3.3　测试项目及参照标准

环氧玻璃布板+H01-101+S04-13 防护涂层测试项目及参照标准见表 3-357。

表 3-357　环氧玻璃布板+H01-101+S04-13 防护涂层测试项目及参照标准

测试项目	参照标准
外观评级	GB/T 1766—2008《色漆和清漆　涂层老化的评级方法》
光泽度	GB/T 9754—2007《色漆和清漆　不含金属颜料的色漆漆膜的 20°、60°和 85°镜面光泽的测定》
色差	GB/T 11186.2—1989《涂膜颜色的测量方法　第 2 部分：颜色测量》
附着力	GB/T 9286—2021《色漆和清漆　划格试验》
	GB/T 5210—2006《色漆和清漆　拉开法附着力试验》

3.4.3.4 环境适应性数据

1．自然环境试验结果

（1）外观评级结果（见表3-358）

表3-358 环氧玻璃布板+H01-101+S04-13防护涂层自然环境试验外观评级结果

环境类型	试验时间/月	外观评级					综合评级
		粉化	开裂	起泡	生锈	剥落	
湿热海洋大气环境	0	0	0（S0）	0（S0）	0（S0）	0（S0）	0
	6	0	0（S0）	0（S0）	0（S0）	0（S0）	0
	12	2	0（S0）	0（S0）	0（S0）	0（S0）	2
	24	2	0（S0）	0（S0）	0（S0）	0（S0）	2
	36	2	0（S0）	0（S0）	0（S0）	0（S0）	2
亚湿热工业大气环境	0	0	0（S0）	0（S0）	0（S0）	0（S0）	0
	6	1	0（S0）	0（S0）	0（S0）	0（S0）	1
	12	1	0（S0）	0（S0）	0（S0）	0（S0）	1
	24	1	0（S0）	0（S0）	0（S0）	0（S0）	1
	36	2	0（S0）	0（S0）	0（S0）	0（S0）	2
干热沙漠大气环境	0	0	0（S0）	0（S0）	0（S0）	0（S0）	0
	6	0	0（S0）	0（S0）	0（S0）	0（S0）	0
	12	0	0（S0）	0（S0）	0（S0）	0（S0）	0
	24	3	0（S0）	0（S0）	0（S0）	0（S0）	3
	36	3	0（S0）	0（S0）	0（S0）	0（S0）	3
寒冷乡村大气环境	0	0	0（S0）	0（S0）	0（S0）	0（S0）	0
	6	0	0（S0）	0（S0）	0（S0）	0（S0）	0
	12	0	0（S0）	0（S0）	0（S0）	0（S0）	0
	24	0	0（S0）	0（S0）	0（S0）	0（S0）	0
	36	0	0（S0）	0（S0）	0（S0）	0（S0）	0

（2）性能测试结果（见表3-359）

表3-359 环氧玻璃布板+H01-101+S04-13防护涂层自然环境试验性能测试结果

环境类型	试验时间/月	色差	附着力等级
湿热海洋大气环境	0	0	0
	6	1.54	1

续表

环境类型	试验时间/月	色差	附着力等级
湿热海洋大气环境	12	2.54	1
	24	3.25	1
	36	3.26	1
亚湿热工业大气环境	0	0	0
	6	0.76	0
	12	1.90	0
	24	2.06	0
	36	3.65	0
干热沙漠大气环境	0	0	0
	6	0.24	0
	12	2.81	0
	24	2.99	0
	36	2.91	0
寒冷乡村大气环境	0	0	0
	6	2.72	0
	12	3.18	0
	24	3.35	0
	36	3.20	0

2．实验室环境试验结果

（1）外观评级结果（见表3-360）

表3-360　环氧玻璃布板+H01-101+S04-13防护涂层实验室环境试验外观评级结果

试验项目	试验时间	外观评级					综合评级
		粉化	开裂	起泡	生锈	剥落	
高温	0	0	0（S0）	0（S0）	0（S0）	0（S0）	0
	240h	0	0（S0）	0（S0）	0（S0）	0（S0）	0
	480h	0	0（S0）	0（S0）	0（S0）	0（S0）	0
	560h	0	0（S0）	0（S0）	0（S0）	0（S0）	0
湿热	0	0	0（S0）	0（S0）	0（S0）	0（S0）	0
	240h	0	0（S0）	0（S0）	0（S0）	0（S0）	0
	480h	0	0（S0）	0（S0）	0（S0）	0（S0）	0

续表

试验项目	试验时间	外观评级					综合评级
		粉化	开裂	起泡	生锈	剥落	
湿热	560h	0	0（S0）	0（S0）	0（S0）	0（S0）	0
	720h	0	0（S0）	0（S0）	0（S0）	0（S0）	0
温冲	0	0	0（S0）	0（S0）	0（S0）	0（S0）	0
	35个循环	0	0（S0）	0（S0）	0（S0）	0（S0）	0
	70个循环	0	0（S0）	0（S0）	0（S0）	0（S0）	0
酸性大气	0	0	0（S0）	0（S0）	0（S0）	0（S0）	0
	14d	0	0（S0）	0（S0）	0（S0）	0（S0）	0
	35d	0	0（S0）	0（S0）	0（S0）	0（S0）	0
温冲+氙灯循环	0	0	0（S0）	0（S0）	0（S0）	0（S0）	0
	180h	0	0（S0）	0（S0）	0（S0）	0（S0）	0
	360h	0	0（S0）	0（S0）	0（S0）	0（S0）	0
	450h	0	0（S0）	0（S0）	0（S0）	0（S0）	0
	540h	0	0（S0）	0（S0）	0（S0）	0（S0）	0
	630h	0	0（S0）	0（S0）	0（S0）	0（S0）	0

（2）性能测试结果（见表3-361）

表3-361 环氧玻璃布板+H01-101+S04-13防护涂层实验室环境试验性能测试结果

试验项目	试验时间	失光率/%	色差	附着力等级
高温	0	0	0	0
	240h	2.43	0.17	
	480h	3.97	0.16	
	560h	1.38	1.38	1
湿热	0	0	0	0
	240h	1.86	0.51	
	480h	0.02	0.41	
	560h	2.40	0.78	
	720h	4.62	1.06	1
温冲	0	0	0	0
	35个循环	2.38	0.84	
	70个循环	-0.68	0.81	1

续表

试验项目	试验时间	失光率/%	色差	附着力等级
酸性大气	0	0	0	0
	14d	19.3	0.45	
	35d	19.3	0.38	1
温冲+氙灯循环	0	0	0	0
	180h	48.12	1.61	
	360h	47.64	1.77	
	450h	50.34	1.75	
	540h	25.74	0.61	
	630h	49.89	2.79	1

3.4.4 环氧玻璃布板+H01-101+TS96-71 防护涂层

3.4.4.1 试验样件信息

环氧玻璃布板+H01-101+TS96-71 防护涂层试验样件信息见表 3-362。

表 3-362 环氧玻璃布板+H01-101+TS96-71 防护涂层试验样件信息

序号	基材	底漆	面漆	干膜厚度/μm	涂层颜色
4-4	环氧玻璃布板	H01-101 环氧聚酰胺底漆	TS96-71 氟聚氨酯无光磁漆	100～200	浅灰

环氧玻璃布板+H01-101+TS96-71 防护涂层采用底漆+面漆双层体系，底漆为 H01-101 环氧聚酰胺底漆，面漆为 TS96-71 氟聚氨酯无光磁漆（浅灰），涂层总厚度为 100～200μm。

3.4.4.2 试验条件

环氧玻璃布板+H01-101+TS96-71 防护涂层自然环境试验条件见表 3-363，实验室环境试验条件见表 3-364。

表 3-363 环氧玻璃布板+H01-101+TS96-71 防护涂层自然环境试验条件

环境类型	试验地点	试验方式
湿热海洋大气环境	西沙	户外暴露
亚湿热工业大气环境	江津	户外暴露
干热沙漠大气环境	敦煌	户外暴露
寒冷乡村大气环境	漠河	户外暴露

表 3-364　环氧玻璃布板+H01-101+TS96-71 防护涂层实验室环境试验条件

试验项目	试验条件
高温	温度：70℃。 升温速率：≤10℃/min
湿热	温度：47℃±1℃。 湿度：96%±2%
温冲	低温状态：-55℃，保持 30min。 高温状态：70℃，保持 30min。 温度变化速率：≤1min
酸性大气	试验温度：35℃。 pH 值：4.02。 沉降率：1.0～3.0mL/(80cm^2·h)。 试验循环：喷雾 2h，贮存 7h，为 1 个循环
温冲+氙灯循环	温冲试验： 　低温状态：-55℃，保持 0.5h。 　高温状态：70℃，保持 0.5h。 　温度变化速率：≤1min。 　试验时长：1h 为 1 个周期，循环 10 个周期进入氙灯试验。 氙灯试验： 　灯源：UVA 300～400nm。 　辐照度：0.53W/m^2@300～400nm。 　BST（黑标温度）：65℃±2℃。 　相对湿度：50%±5%。 　试验时长：光照 108min，润湿 18min，共 80h。 试验循环：温冲试验 10h+氙灯试验 80h，为 1 个循环

3.4.4.3　测试项目及参照标准

环氧玻璃布板+H01-101+TS96-71 防护涂层测试项目及参照标准见表 3-365。

表 3-365　环氧玻璃布板+H01-101+TS96-71 防护涂层测试项目及参照标准

测试项目	参照标准
外观评级	GB/T 1766—2008《色漆和清漆　涂层老化的评级方法》
光泽度	GB/T 9754—2007《色漆和清漆　不含金属颜料的色漆漆膜的 20°、60°和 85°镜面光泽的测定》
色差	GB/T 11186.2—1989《涂膜颜色的测量方法　第 2 部分：颜色测量》
附着力	GB/T 9286—2021《色漆和清漆　划格试验》 GB/T 5210—2006《色漆和清漆　拉开法附着力试验》

3.4.4.4 环境适应性数据

1. 自然环境试验结果

（1）外观评级结果（见表3-366）

表3-366 环氧玻璃布板+H01-101+TS96-71防护涂层自然环境试验外观评级结果

环境类型	试验时间/月	外观评级					综合评级
		粉化	开裂	起泡	生锈	剥落	
湿热海洋大气环境	0	0	0（S0）	0（S0）	0（S0）	0（S0）	0
	6	0	0（S0）	0（S0）	0（S0）	0（S0）	0
	12	0	0（S0）	0（S0）	0（S0）	0（S0）	0
	24	2	0（S0）	0（S0）	0（S0）	0（S0）	2
	36	2	0（S0）	0（S0）	0（S0）	0（S0）	2
亚湿热工业大气环境	0	0	0（S0）	0（S0）	0（S0）	0（S0）	0
	6	0	0（S0）	0（S0）	0（S0）	0（S0）	0
	12	0	0（S0）	0（S0）	0（S0）	0（S0）	0
	24	1	0（S0）	0（S0）	0（S0）	0（S0）	1
	36	2	0（S0）	0（S0）	0（S0）	0（S0）	2
干热沙漠大气环境	0	0	0（S0）	0（S0）	0（S0）	0（S0）	0
	6	0	0（S0）	0（S0）	0（S0）	0（S0）	0
	12	0	0（S0）	0（S0）	0（S0）	0（S0）	0
	24	1	0（S0）	0（S0）	0（S0）	0（S0）	1
	36	1	0（S0）	0（S0）	0（S0）	0（S0）	1
寒冷乡村大气环境	0	0	0（S0）	0（S0）	0（S0）	0（S0）	0
	6	0	0（S0）	0（S0）	0（S0）	0（S0）	0
	12	0	0（S0）	0（S0）	0（S0）	0（S0）	0
	24	0	0（S0）	0（S0）	0（S0）	0（S0）	0
	36	0	0（S0）	0（S0）	0（S0）	0（S0）	0

（2）性能测试结果（见表3-367）

表3-367 环氧玻璃布板+H01-101+TS96-71防护涂层自然环境试验性能测试结果

环境类型	试验时间/月	色差	附着力等级
湿热海洋大气环境	0	0	0
	6	0.17	1

续表

环境类型	试验时间/月	色差	附着力等级
湿热海洋大气环境	12	0.56	1
	24	1.94	1
	36	3.10	1
亚湿热工业大气环境	0	0	0
	6	0.88	1
	12	0.91	1
	24	0.52	1
	36	1.05	1
干热沙漠大气环境	0	0	0
	6	0.21	0
	12	0.30	0
	24	0.42	0
	36	0.49	0
寒冷乡村大气环境	0	0	0
	6	0.25	0
	12	0.19	0
	24	0.45	0
	36	0.62	0

2．实验室环境试验结果

（1）外观评级结果（见表 3-368）

表 3-368　环氧玻璃布板+H01-101+TS96-71 防护涂层实验室环境试验外观评级结果

试验项目	试验时间	外观评级					综合评级
		粉化	开裂	起泡	生锈	剥落	
高温	0	0	0	0	0	0	0
	240h	0	0（S0）	0（S0）	0（S0）	0（S0）	0
	480h	0	0（S0）	0（S0）	0（S0）	0（S0）	0
	560h	0	0（S0）	0（S0）	0（S0）	0（S0）	0
湿热	0	0	0（S0）	0（S0）	0（S0）	0（S0）	0
	240h	0	0（S0）	0（S0）	0（S0）	0（S0）	0
	480h	0	0（S0）	0（S0）	0（S0）	0（S0）	0

续表

试验项目	试验时间	外观评级					综合评级
		粉化	开裂	起泡	生锈	剥落	
湿热	560h	0	0（S0）	0（S0）	0（S0）	0（S0）	0
	720h	0	0（S0）	0（S0）	0（S0）	0（S0）	0
温冲	0	0	0（S0）	0（S0）	0（S0）	0（S0）	0
	35 个循环	0	0（S0）	0（S0）	0（S0）	0（S0）	0
	70 个循环	0	0（S0）	0（S0）	0（S0）	0（S0）	0
酸性大气	0	0	0（S0）	0（S0）	0（S0）	0（S0）	0
	14d	0	0（S0）	0（S0）	0（S0）	0（S0）	0
	35d	0	0（S0）	0（S0）	0（S0）	0（S0）	0
温冲+氙灯循环	0	0	0（S0）	0（S0）	0（S0）	0（S0）	0
	180h	0	0（S0）	0（S0）	0（S0）	0（S0）	0
	360h	0	0（S0）	0（S0）	0（S0）	0（S0）	0
	450h	0	0（S0）	0（S0）	0（S0）	0（S0）	0
	540h	0	0（S0）	0（S0）	0（S0）	0（S0）	0
	630h	0	0（S0）	0（S0）	0（S0）	0（S0）	0

（2）性能测试结果（见表 3-369）

表 3-369　环氧玻璃布板+H01-101+TS96-71 防护涂层实验室环境试验性能测试结果

试验项目	试验时间	失光率/%	色差	附着力等级
高温	0	0	0	0
	240h	2.79	0.22	
	480h	2.80	0.28	
	560h	5.56	0.22	1
湿热	0	0	0	0
	240h	1.74	0.19	
	480h	1.05	0.25	
	560h	2.35	0.30	
	720h	3.90	0.42	1
温冲	0	0	0	0
	35 个循环	2.32	0.23	
	70 个循环	0.05	0.21	1

续表

试验项目	试验时间	失光率/%	色差	附着力等级
酸性大气	0	0	0	0
	14d	5.9	0.09	
	35d	14.8	0.12	1
温冲+氙灯循环	0	0	0	0
	180h	42.81	0.32	
	360h	48.49	0.28	
	450h	48.00	0.34	
	540h	55.78	0.46	
	630h	45.21	0.45	1

3.4.5 玻璃钢+雷达罩底漆+T脂肪族涂料防护涂层

3.4.5.1 试验样件信息

玻璃钢+雷达罩底漆+T脂肪族涂料防护涂层试验样件信息见表3-370。

表3-370 玻璃钢+雷达罩底漆+T脂肪族涂料防护涂层试验样件信息

序号	基材	底漆	面漆	干膜厚度/μm
4-5	玻璃钢	雷达罩底漆	T脂肪族雷达罩	

玻璃钢+雷达罩底漆+T脂肪族涂料防护涂层采用底漆+面漆双层体系，底漆为雷达罩底漆，面漆为T脂肪族雷达罩涂料。

3.4.5.2 试验条件

玻璃钢+雷达罩底漆+T脂肪族涂料防护涂层自然环境试验条件见表3-371。

表3-371 玻璃钢+雷达罩底漆+T脂肪族涂料防护涂层自然环境试验条件

环境类型	试验地点	试验方式
湿热海洋大气环境	西沙	户外暴露
亚湿热工业大气环境	江津	户外暴露
干热沙漠大气环境	敦煌	户外暴露
寒冷乡村大气环境	漠河	户外暴露

3.4.5.3 测试项目及参照标准

玻璃钢+雷达罩底漆+T 脂肪族涂料防护涂层测试项目及参照标准见表 3-372。

表 3-372 玻璃钢+雷达罩底漆+T 脂肪族涂料防护涂层测试项目及参照标准

测试项目	参照标准
外观评级	GB/T 1766—2008《色漆和清漆 涂层老化的评级方法》
光泽度	GB/T 9754—2007《色漆和清漆 不含金属颜料的色漆漆膜的 20°、60°和 85°镜面光泽的测定》
色差	GB/T 11186.2—1989《涂膜颜色的测量方法 第 2 部分：颜色测量》
附着力	GB/T 9286—2021《色漆和清漆 划格试验》
	GB/T 5210—2006《色漆和清漆 拉开法附着力试验》

3.4.5.4 环境适应性数据

玻璃钢+雷达罩底漆+T 脂肪族涂料防护涂层自然环境试验结果如下：
（1）外观评级结果（见表 3-373）

表 3-373 玻璃钢+雷达罩底漆+T 脂肪族涂料防护涂层自然环境试验外观评级结果

环境类型	试验时间/月	外观评级					综合评级
		粉化	开裂	起泡	生锈	剥落	
湿热海洋大气环境	0	0	0（S0）	0（S0）	0（S0）	0（S0）	0
	6	0	0（S0）	0（S0）	0（S0）	0（S0）	0
	12	2	0（S0）	0（S0）	0（S0）	0（S0）	2
	24	2	0（S0）	0（S0）	0（S0）	0（S0）	2
	36	3	0（S0）	0（S0）	0（S0）	0（S0）	3
亚湿热工业大气环境	0	0	0（S0）	0（S0）	0（S0）	0（S0）	0
	6	0	0（S0）	0（S0）	0（S0）	0（S0）	0
	12	0	0（S0）	0（S0）	0（S0）	0（S0）	0
	24	0	0（S0）	0（S0）	0（S0）	0（S0）	0
	36	2	0（S0）	0（S0）	0（S0）	0（S0）	2
干热沙漠大气环境	0	0	0（S0）	0（S0）	0（S0）	0（S0）	0
	6	0	0（S0）	0（S0）	0（S0）	0（S0）	0
	12	0	0（S0）	0（S0）	0（S0）	0（S0）	0
	24	2	0（S0）	0（S0）	0（S0）	0（S0）	2
	36	2	0（S0）	0（S0）	0（S0）	0（S0）	2

续表

环境类型	试验时间/月	外观评级					综合评级
		粉化	开裂	起泡	生锈	剥落	
寒冷乡村大气环境	0	0	0（S0）	0（S0）	0（S0）	0（S0）	0
	6	0	0（S0）	0（S0）	0（S0）	0（S0）	0
	12	0	0（S0）	0（S0）	0（S0）	0（S0）	0
	24	0	0（S0）	0（S0）	0（S0）	0（S0）	0
	36	0	0（S0）	0（S0）	0（S0）	0（S0）	0

（2）性能测试结果（见表 3-374）

表 3-374 玻璃钢+雷达罩底漆+T 脂肪族涂料防护涂层自然环境试验性能测试结果

环境类型	试验时间/月	失光率/%	色差	附着力等级
湿热海洋大气环境	0	0	0	0
	6	57.2	4.98	1
	12	89.9	13.42	1
	24	92.5	3.61	1
	36	94.5	2.81	1
亚湿热工业大气环境	0	0	0	0
	6	31.72	5.07	0
	12	36.69	9.83	0
	24	87.74	12.96	2
	36	90.79	7.74	2
干热沙漠大气环境	0	0	0	0
	6	46.80	0.39	0
	12	54.26	1.34	2
	24	81.82	0.81	2
	36	84.66	1.52	2
寒冷乡村大气环境	0	0	0	0
	6	28.82	0.46	0
	12	22.55	1.06	1
	24	78.5	0.68	2
	36	79.2	0.83	2

3.4.6 玻璃钢+H01-101H+S04-9501H.Y+S04-A1 防护涂层

3.4.6.1 试验样件信息

玻璃钢+H01-101H+S04-9501H.Y+S04-A1 防护涂层试验样件信息见表 3-375。

表 3-375 玻璃钢+H01-101H+S04-9501H.Y+S04-A1 防护涂层试验样件信息

序号	基材	底漆	中间漆	面漆	干膜厚度/μm
4-6	玻璃钢	H01-101H 清漆	S04-9501H.Y 抗雨蚀涂料	S04-A1 抗静电涂料	150～230

玻璃钢+H01-101H+S04-9501H.Y+S04-A1 防护涂层采用底漆+中间漆+面漆三层体系，底漆为 H01-101H 清漆，中间漆为 S04-9501H.Y 抗雨蚀涂料，面漆为 S04-A1 抗静电涂料，涂层总厚度为 150～230μm。

3.4.6.2 试验条件

玻璃钢+H01-101H+S04-9501H.Y+S04-A1 防护涂层自然环境试验条件见表 3-376，实验室环境试验条件见表 3-377。

表 3-376 玻璃钢+H01-101H+S04-9501H.Y+S04-A1 防护涂层自然环境试验条件

环境类型	试验地点	试验方式
湿热海洋大气环境	西沙	户外暴露
亚湿热工业大气环境	江津	户外暴露
干热沙漠大气环境	敦煌	户外暴露
寒冷乡村大气环境	漠河	户外暴露

表 3-377 玻璃钢+H01-101H+S04-9501H.Y+S04-A1 防护涂层实验室环境试验条件

试验项目	试验条件
温冲	低温状态：-55℃，保持 30min。 高温状态：70℃，保持 30min。 温度变化速率：≤1min
酸性大气	试验温度：35℃。 pH 值：4.02。 沉降率：1.0～3.0mL/(80cm^2·h)。 试验循环：喷雾 2h，贮存 7h，为 1 个循环
温冲+氙灯循环	温冲试验： 低温状态：-55℃，保持 0.5h。 高温状态：70℃，保持 0.5h。 温度变化速率：≤1min。

续表

试验项目	试验条件
温冲+氙灯循环	试验时长：1h 为 1 个周期，循环 10 个周期进入氙灯试验。 氙灯试验： 灯源：UVA 300～400nm。 辐照度：0.53W/m^2@300～400nm。 BST（黑标温度）：65℃±2℃。 相对湿度：50%±5%。 试验时长：光照 108min，润湿 18min，共 80h。 试验循环：温冲试验 10h+氙灯试验 80h，为 1 个循环

3.4.6.3 测试项目及参照标准

玻璃钢+H01-101H+S04-9501H.Y+S04-A1 防护涂层测试项目及参照标准见表 3-378。

表 3-378 玻璃钢+H01-101H+S04-9501H.Y+S04-A1 防护涂层测试项目及参照标准

测试项目	参照标准
外观评级	GB/T 1766—2008《色漆和清漆 涂层老化的评级方法》
光泽度	GB/T 9754—2007《色漆和清漆 不含金属颜料的色漆漆膜的 20°、60°和 85°镜面光泽的测定》
色差	GB/T 11186.2—1989《涂膜颜色的测量方法 第 2 部分：颜色测量》
附着力	GB/T 9286—2021《色漆和清漆 划格试验》
	GB/T 5210—2006《色漆和清漆 拉开法附着力试验》

3.4.6.4 环境适应性数据

1．自然环境试验结果

（1）外观评级结果（见表 3-379）

表 3-379 玻璃钢+H01-101H+S04-9501H.Y+S04-A1 防护涂层自然环境试验外观评级结果

环境类型	试验时间/月	外观评级					综合评级
		粉化	开裂	起泡	生锈	剥落	
湿热海洋大气环境	0	0	0（S0）	0（S0）	0（S0）	0（S0）	0
	6	0	0（S0）	0（S0）	0（S0）	0（S0）	0
	12	0	0（S0）	0（S0）	0（S0）	0（S0）	0
	24	2	0（S0）	0（S0）	0（S0）	0（S0）	2
	36	3	0（S0）	0（S0）	0（S0）	0（S0）	3

续表

环境类型	试验时间/月	外观评级					综合评级
		粉化	开裂	起泡	生锈	剥落	
亚湿热工业大气环境	0	0	0 (S0)	0 (S0)	0 (S0)	0 (S0)	0
	6	0	0 (S0)	0 (S0)	0 (S0)	0 (S0)	0
	12	0	0 (S0)	0 (S0)	0 (S0)	0 (S0)	0
	24	1	0 (S0)	0 (S0)	0 (S0)	0 (S0)	1
	36	1	0 (S0)	0 (S0)	0 (S0)	0 (S0)	1
干热沙漠大气环境	0	0	0 (S0)	0 (S0)	0 (S0)	0 (S0)	0
	6	2	0 (S0)	0 (S0)	0 (S0)	0 (S0)	2
	12	2	0 (S0)	0 (S0)	0 (S0)	0 (S0)	2
	24	2	0 (S0)	0 (S0)	0 (S0)	0 (S0)	2
	36	2	0 (S0)	0 (S0)	0 (S0)	0 (S0)	2
寒冷乡村大气环境	0	0	0 (S0)	0 (S0)	0 (S0)	0 (S0)	0
	6	0	0 (S0)	0 (S0)	0 (S0)	0 (S0)	0
	12	0	0 (S0)	0 (S0)	0 (S0)	0 (S0)	0
	24	0	0 (S0)	0 (S0)	0 (S0)	0 (S0)	0
	36	0	0 (S0)	0 (S0)	0 (S0)	0 (S0)	0

（2）性能测试结果（见表3-380）

表3-380 玻璃钢+H01-101H+S04-9501H.Y+S04-A1防护涂层自然环境试验性能测试结果

环境类型	试验时间/月	色差	附着力等级
湿热海洋大气环境	0	0	0
	6	1.37	0
	12	2.39	0
	24	0.89	0
	36	1.20	0
亚湿热工业大气环境	0	0	0
	6	2.53	0
	12	3.46	0
	24	3.08	0
	36	3.16	0

续表

环境类型	试验时间/月	色差	附着力等级
干热沙漠大气环境	0	0	0
	6	0.18	0
	12	0.77	0
	24	0.74	0
	36	0.86	0
寒冷乡村大气环境	0	0	0
	6	0.93	0
	12	1.00	0
	24	0.62	0
	36	0.71	0

2．实验室环境试验结果

（1）外观评级结果（见表3-381）

表3-381　玻璃钢+H01-101H+S04-9501H.Y+S04-A1防护涂层实验室环境试验外观评级结果

| 试验项目 | 试验时间 | 外观评级 | | | | | 综合评级 |
		粉化	开裂	起泡	生锈	剥落	
温冲	0	0	0（S0）	0（S0）	0（S0）	0（S0）	0
	35个循环	0	0（S0）	0（S0）	0（S0）	0（S0）	0
	70个循环	0	0（S0）	0（S0）	0（S0）	0（S0）	0
酸性大气	0	0	0（S0）	0（S0）	0（S0）	0（S0）	0
	14d	0	0（S0）	0（S0）	0（S0）	0（S0）	0
	35d	0	0（S0）	0（S0）	0（S0）	0（S0）	0
温冲+氙灯循环	0	0	0（S0）	0（S0）	0（S0）	0（S0）	0
	180h	0	0（S0）	0（S0）	0（S0）	0（S0）	0
	360h	0	0（S0）	0（S0）	0（S0）	0（S0）	0
	450h	0	0（S0）	0（S0）	0（S0）	0（S0）	0
	540h	0	0（S0）	0（S0）	0（S0）	0（S0）	0
	630h	0	0（S0）	0（S0）	0（S0）	0（S0）	0

(2)性能测试结果(见表 3-382)

表 3-382　玻璃钢+H01-101H+S04-9501H.Y+S04-A1 防护涂层实验室环境试验性能测试结果

试验项目	试验时间	失光率/%	色差	附着力等级
温冲	0	0	0	0
	35 个循环	−1.32	0.15	
	70 个循环	2.10	0.11	0
酸性大气	0	0	0	0
	14d	4.95	0.04	
	35d	9.46	0.16	0
温冲+氙灯循环	0	0	0	0
	180h	49.56	0.15	
	360h	60.81	0.47	
	450h	62.48	0.37	
	540h	59.33	0.40	
	630h	60.13	0.66	0

3.4.7　玻璃钢+H01-89+SF55-49+SDT99-49 防护涂层

3.4.7.1　试验样件信息

玻璃钢+H01-89+SF55-49+SDT99-49 防护涂层试验样件信息见表 3-383。

表 3-383　玻璃钢+H01-89+SF55-49+SDT99-49 防护涂层试验样件信息

序号	基材	底漆	中间漆	面漆	干膜厚度/μm
4-7	玻璃钢	H01-89 底漆	SF55-49 脂肪族耐雨蚀涂料	SDT99-49 脂肪族抗静电涂料	150～230

玻璃钢+H01-89+SF55-49+SDT99-49 防护涂层采用底漆+中间漆+面漆三层体系，底漆为 H01-89 底漆，中间漆为 SF55-49 脂肪族耐雨蚀涂料，面漆为 SDT99-49 脂肪族抗静电涂料，涂层总厚度为 150～230μm。

3.4.7.2　试验条件

玻璃钢+H01-89+SF55-49+SDT99-49 防护涂层自然环境试验条件见表 3-384，实验室环境试验条件见表 3-385。

表 3-384 玻璃钢+H01-89+SF55-49+SDT99-49 防护涂层自然环境试验条件

环境类型	试验地点	试验方式
湿热海洋大气环境	西沙	户外暴露
亚湿热工业大气环境	江津	户外暴露
干热沙漠大气环境	敦煌	户外暴露
寒冷乡村大气环境	漠河	户外暴露

表 3-385 玻璃钢+H01-89+SF55-49+SDT99-49 防护涂层实验室环境试验条件

试验项目	试验条件
温冲	低温状态：-55℃，保持 30min。 高温状态：70℃，保持 30min。 温度变化速率：≤1min
酸性大气	试验温度：35℃。 pH 值：4.02。 沉降率：1.0～3.0mL/(80cm^2·h)。 试验循环：喷雾 2h，贮存 7h，为 1 个循环
温冲+氙灯循环	温冲试验： 　低温状态：-55℃，保持 0.5h。 　高温状态：70℃，保持 0.5h。 　温度变化速率：≤1min。 　试验时长：1h 为 1 个周期，循环 10 个周期进入氙灯试验。 氙灯试验： 　灯源：UVA 300～400nm。 　辐照度：0.53W/m^2@300～400nm； 　BST（黑标温度）：65℃±2℃。 　相对湿度：50%±5%。 　试验时长：光照 108min，润湿 18min，共 80h。 　试验循环：温冲试验 10h+氙灯试验 80h，为 1 个循环

3.4.7.3　测试项目及参照标准

玻璃钢+H01-89+SF55-49+SDT99-49 防护涂层测试项目及参照标准见表 3-386。

表 3-386 玻璃钢+H01-89+SF55-49+SDT99-49 防护涂层测试项目及参照标准

测试项目	参照标准
外观评级	GB/T 1766—2008《色漆和清漆 涂层老化的评级方法》
光泽度	GB/T 9754—2007《色漆和清漆 不含金属颜料的色漆漆膜的 20°、60°和 85°镜面光泽的测定》
色差	GB/T 11186.2—1989《涂膜颜色的测量方法 第 2 部分：颜色测量》
附着力	GB/T 9286—2021《色漆和清漆 划格试验》 GB/T 5210—2006《色漆和清漆 拉开法附着力试验》

3.4.7.4 环境适应性数据

1. 自然环境试验结果

（1）外观评级结果（见表 3-387）

表 3-387 玻璃钢+H01-89+SF55-49+SDT99-49 防护涂层
自然环境试验外观评级结果

环境类型	试验时间/月	外观评级					综合评级
		粉化	开裂	起泡	生锈	剥落	
湿热海洋大气环境	0	0	0（S0）	0（S0）	0（S0）	0（S0）	0
	6	0	0（S0）	0（S0）	0（S0）	0（S0）	0
	12	5	0（S0）	0（S0）	0（S0）	0（S0）	5
	24	5	0（S0）	0（S0）	0（S0）	0（S0）	5
	36	5	0（S0）	0（S0）	0（S0）	0（S0）	5
亚湿热工业大气环境	0	0	0（S0）	0（S0）	0（S0）	0（S0）	0
	6	2	0（S0）	0（S0）	0（S0）	0（S0）	2
	12	2	0（S0）	0（S0）	0（S0）	0（S0）	2
	24	2	0（S0）	0（S0）	0（S0）	0（S0）	2
	36	3	0（S0）	0（S0）	0（S0）	0（S0）	3
干热沙漠大气环境	0	0	0（S0）	0（S0）	0（S0）	0（S0）	0
	6	1	0（S0）	0（S0）	0（S0）	0（S0）	1
	12	2	0（S0）	0（S0）	0（S0）	0（S0）	2
	24	2	0（S0）	0（S0）	0（S0）	0（S0）	2
	36	3	0（S0）	0（S0）	0（S0）	0（S0）	3
寒冷乡村大气环境	0	0	0（S0）	0（S0）	0（S0）	0（S0）	0
	6	0	0（S0）	0（S0）	0（S0）	0（S0）	0
	12	0	0（S0）	0（S0）	0（S0）	0（S0）	0
	24	2	0（S0）	0（S0）	0（S0）	0（S0）	2
	36	4	0（S0）	0（S0）	0（S0）	0（S0）	4

（2）性能测试结果（见表 3-388）

表 3-388 玻璃钢+H01-89+SF55-49+SDT99-49 防护涂层自然环境试验性能测试结果

环境类型	试验时间/月	失光率/%	色差	附着力等级
湿热海洋大气环境	0	0	0	0
	6	28	1.10	0
	12	42	15.24	0
	24	61.1	6.27	0
	36	75.9	35.19	0
亚湿热工业大气环境	0	0	0	0
	6	12.57	8.24	0
	12	22.70	9.91	0
	24	60.88	1.59	0
	36	65.13	4.28	0
干热沙漠大气环境	0	0	0	0
	6	67.90	0.30	0
	12	76.86	1.22	0
	24	82.11	3.31	0
	36	78.90	2.27	0
寒冷乡村大气环境	0	0	0	0
	6	34.84		0
	12	72.33	0.74	0
	24	88.1	4.81	0
	36	89.2	13.93	0

2．实验室环境试验结果

（1）外观评级结果（见表 3-389）

表 3-389 玻璃钢+H01-89+SF55-49+SDT99-49 防护涂层实验室环境试验外观评级结果

试验项目	试验时间	外观评级					综合评级
		粉化	开裂	起泡	生锈	剥落	
温冲	0	0	0（S0）	0（S0）	0（S0）	0（S0）	0
	35 个循环	0	0（S0）	0（S0）	0（S0）	0（S0）	0
	70 个循环	0	0（S0）	0（S0）	0（S0）	0（S0）	0

续表

试验项目	试验时间	外观评级					综合评级
		粉化	开裂	起泡	生锈	剥落	
酸性大气	0	0	0（S0）	0（S0）	0（S0）	0（S0）	0
	14d	0	0（S0）	0（S0）	0（S0）	0（S0）	0
	35d	0	0（S0）	0（S0）	0（S0）	0（S0）	0
温冲+氙灯循环	0	0	0（S0）	0（S0）	0（S0）	0（S0）	0
	180h	0	0（S0）	0（S0）	0（S0）	0（S0）	0
	360h	0	0（S0）	0（S0）	0（S0）	0（S0）	0
	450h	0	0（S0）	0（S0）	0（S0）	0（S0）	0
	540h	0	0（S0）	0（S0）	0（S0）	0（S0）	0
	630h	0	0（S0）	0（S0）	0（S0）	0（S0）	0

（2）性能测试结果（见表 3-390）

表 3-390 玻璃钢+H01-89+SF55-49+SDT99-49 防护涂层实验室环境试验性能测试结果

试验项目	试验时间	失光率/%	色差	综合评级
温冲	0	0	0	0
	35 个循环	1.46	0.31	
	70 个循环	2.05	0.36	
酸性大气	0	0	0	0
	14d	5.93	0.10	
	35d	5.08	0.06	0
温冲+氙灯循环	0	0	0	0
	180h	48.52	0.70	
	360h	64.62	0.96	
	450h	74.55	0.87	
	540h	65.67	0.94	
	630h	73.76	1.10	0

3.4.8 玻璃钢+H06-0371+耐雨蚀涂料+抗静电涂料防护涂层

3.4.8.1 试验样件信息

玻璃钢+H06-0371+耐雨蚀涂料+抗静电涂料防护涂层试验样件信息见表 3-391。

表 3-391 玻璃钢+H06-0371+耐雨蚀涂料+抗静电涂料防护涂层试验样件信息

序号	基材	底漆	中间漆	面漆	干膜厚度/μm
4-8	玻璃钢	H06-0371底漆	新型耐雨蚀涂料	新型抗静电涂料（深色）	150～230

玻璃钢+H06-0371+耐雨蚀涂料+抗静电涂料防护涂层采用底漆+中间漆+面漆三层体系，底漆为H06-0371底漆，中间漆为新型耐雨蚀涂料，面漆为新型抗静电涂料（深色），涂层总厚度为150～230μm。

3.4.8.2 试验条件

玻璃钢+H06-0371+耐雨蚀涂料+抗静电涂料防护涂层自然环境试验条件见表3-392。

表 3-392 玻璃钢+H06-0371+耐雨蚀涂料+抗静电涂料防护涂层自然环境试验条件

环境类型	试验地点	试验方式
湿热海洋大气环境	西沙	户外暴露
亚湿热工业大气环境	江津	户外暴露
干热沙漠大气环境	敦煌	户外暴露
寒冷乡村大气环境	漠河	户外暴露

3.4.8.3 测试项目及参照标准

玻璃钢+H06-0371+耐雨蚀涂料+抗静电涂料防护涂层测试项目及参照标准见表3-393。

表 3-393 玻璃钢+H06-0371+耐雨蚀涂料+抗静电涂料防护涂层测试项目及参照标准

测试项目	参照标准
外观评级	GB/T 1766—2008《色漆和清漆 涂层老化的评级方法》
光泽度	GB/T 9754—2007《色漆和清漆 不含金属颜料的色漆漆膜的20°、60°和85°镜面光泽的测定》
色差	GB/T 11186.2—1989《涂膜颜色的测量方法 第2部分：颜色测量》
附着力	GB/T 9286—2021《色漆和清漆 划格试验》
	GB/T 5210—2006《色漆和清漆 拉开法附着力试验》

3.4.8.4 环境适应性数据

玻璃钢+H06-0371+耐雨蚀涂料+抗静电涂料防护涂层自然环境试验结果如下。

(1)外观评级结果(见表3-394)

表3-394 玻璃钢+H06-0371+耐雨蚀涂料+抗静电涂料防护涂层自然环境试验外观评级结果

环境类型	试验时间/月	外观评级					综合评级
		粉化	开裂	起泡	生锈	剥落	
湿热海洋大气环境	0	0	0(S0)	0(S0)	0(S0)	0(S0)	0
	6	0	0(S0)	0(S0)	0(S0)	0(S0)	0
	12	0	0(S0)	0(S0)	0(S0)	0(S0)	0
	24	3	0(S0)	0(S0)	0(S0)	0(S0)	3
	36	5	0(S0)	0(S0)	0(S0)	0(S0)	5
亚湿热工业大气环境	0	0	0(S0)	0(S0)	0(S0)	0(S0)	0
	6	2	0(S0)	0(S0)	0(S0)	0(S0)	2
	12	2	0(S0)	0(S0)	0(S0)	0(S0)	2
	24	2	0(S0)	0(S0)	0(S0)	0(S0)	2
	36	2	0(S0)	0(S0)	0(S0)	0(S0)	2
干热沙漠大气环境	0	0	0(S0)	0(S0)	0(S0)	0(S0)	0
	6	0	0(S0)	0(S0)	0(S0)	0(S0)	0
	12	0	0(S0)	0(S0)	0(S0)	0(S0)	0
	24	2	0(S0)	0(S0)	0(S0)	0(S0)	2
	36	2	0(S0)	0(S0)	0(S0)	0(S0)	2
寒冷乡村大气环境	0	0	0(S0)	0(S0)	0(S0)	0(S0)	0
	6	0	0(S0)	0(S0)	0(S0)	0(S0)	0
	12	0	0(S0)	0(S0)	0(S0)	0(S0)	0
	24	0	0(S0)	0(S0)	0(S0)	0(S0)	0
	36	0	0(S0)	0(S0)	0(S0)	0(S0)	0

(2)性能测试结果(见表3-395)

表3-395 玻璃钢+H06-0371+耐雨蚀涂料+抗静电涂料防护涂层自然环境试验性能测试结果

环境类型	试验时间/月	失光率/%	色差	附着力等级
湿热海洋大气环境	0	0	0	0
	6	8.6	0.75	1
	12	14.6	1.83	1
	24	79.3	0.98	2
	36	90.3	1.45	5

续表

环境类型	试验时间/月	失光率/%	色差	附着力等级
亚湿热工业大气环境	0	0	0	0
	6	8.74	1.54	0
	12	17.65	2.51	0
	24	68.61	2.11	0
	36	88.09	1.93	0
干热沙漠大气环境	0	0	0	0
	6	1.86	0.15	0
	12	7.11	0.65	0
	24	8.67	0.62	0
	36	12.53	0.75	0
寒冷乡村大气环境	0	0	0	0
	6	17.03	0.82	0
	12	16.78	0.65	0
	24	23.6	0.44	0
	36	25.6	0.67	0

3.4.9 玻璃钢+H06-0371+新型耐雨蚀+新型抗静电涂料防护涂层

3.4.9.1 试验样件信息

玻璃钢+H06-0371+新型耐雨蚀+新型抗静电涂料防护涂层试验样件信息见表3-396。

表3-396 玻璃钢+H06-0371+新型耐雨蚀+新型抗静电涂料防护涂层试验样件信息

序号	基材	底漆	中间漆	面漆	干膜厚度/μm	涂层颜色
4-9	玻璃钢	H06-0371底漆	新型耐雨蚀涂料	新型抗静电涂料	150～230	灰色

玻璃钢+H06-0371+新型耐雨蚀+新型抗静电涂料防护涂层采用底漆+中间漆+面漆三层体系，底漆为H06-0371底漆，中间漆为新型耐雨蚀涂料，面漆为新型抗静电涂料（灰色），涂层总厚度为150～230μm。

3.4.9.2 试验条件

玻璃钢+H06-0371+新型耐雨蚀+新型抗静电涂料防护涂层自然环境试验条件见表3-397，实验室环境试验条件见表3-398。

表 3-397　玻璃钢+H06-0371+新型耐雨蚀+新型抗静电涂料
防护涂层自然环境试验条件

环境类型	试验地点	试验方式
湿热海洋大气环境	西沙	户外暴露
亚湿热工业大气环境	江津	户外暴露
干热沙漠大气环境	敦煌	户外暴露
寒冷乡村大气环境	漠河	户外暴露

表 3-398　玻璃钢+H06-0371+新型耐雨蚀+新型抗静电涂料
防护涂层实验室环境试验条件

试验项目	试验条件
温冲	低温状态：-55℃，保持 30min。 高温状态：70℃，保持 30min。 温度变化速率：≤1min
酸性大气	试验温度：35℃。 pH 值：4.02。 沉降率：1.0~3.0mL/(80cm^2·h)。 试验循环：喷雾 2h，贮存 7h，为 1 个循环

3.4.9.3　测试项目及参照标准

璃钢+H06-0371+新型耐雨蚀+新型抗静电涂料防护涂层测试项目及参照标准见表 3-399。

表 3-399　玻璃钢+H06-0371+新型耐雨蚀+新型抗静电涂料防护涂层测试项目及参照标准

测试项目	参照标准
外观评级	GB/T 1766—2008《色漆和清漆 涂层老化的评级方法》
光泽度	GB/T 9754—2007《色漆和清漆 不含金属颜料的色漆漆膜的 20°、60°和 85°镜面光泽的测定》
色差	GB/T 11186.2—1989《涂膜颜色的测量方法 第 2 部分：颜色测量》
附着力	GB/T 9286—2021《色漆和清漆 划格试验》 GB/T 5210—2006《色漆和清漆 拉开法附着力试验》

3.4.9.4　环境适应性数据

1. 自然环境试验结果

（1）外观评级结果（见表 3-400）

表 3-400 玻璃钢+H06-0371+新型耐雨蚀+新型抗静电涂料
防护涂层自然环境试验外观评级结果

环境类型	试验时间/月	外观评级					综合评级
		粉化	开裂	起泡	生锈	剥落	
湿热海洋大气环境	0	0	0（S0）	0（S0）	0（S0）	0（S0）	0
	6	0	0（S0）	0（S0）	0（S0）	0（S0）	0
	12	0	0（S0）	0（S0）	0（S0）	0（S0）	0
	24	4	0（S0）	0（S0）	0（S0）	0（S0）	4
	36	4	0（S0）	0（S0）	0（S0）	0（S0）	4
亚湿热工业大气环境	0	0	0（S0）	0（S0）	0（S0）	0（S0）	0
	6	1	0（S0）	0（S0）	0（S0）	0（S0）	1
	12	1	0（S0）	0（S0）	0（S0）	0（S0）	1
	24	1	0（S0）	0（S0）	0（S0）	0（S0）	1
	36	1	0（S0）	0（S0）	0（S0）	0（S0）	1
干热沙漠大气环境	0	0	0（S0）	0（S0）	0（S0）	0（S0）	0
	6	0	0（S0）	0（S0）	0（S0）	0（S0）	0
	12	1	0（S0）	0（S0）	0（S0）	0（S0）	1
	24	1	0（S0）	0（S0）	0（S0）	0（S0）	1
	36	2	0（S0）	0（S0）	0（S0）	0（S0）	2
寒冷乡村大气环境	0	0	0（S0）	0（S0）	0（S0）	0（S0）	0
	6	0	0（S0）	0（S0）	0（S0）	0（S0）	0
	12	0	0（S0）	0（S0）	0（S0）	0（S0）	0
	24	0	0（S0）	0（S0）	0（S0）	0（S0）	0
	36	0	0（S0）	0（S0）	0（S0）	0（S0）	0

（2）性能测试结果（见表 3-401）

表 3-401 玻璃钢+H06-0371+新型耐雨蚀+新型抗静电涂料
防护涂层自然环境试验性能测试结果

环境类型	试验时间/月	色差	附着力等级
湿热海洋大气环境	0	0	0
	6	3.03	1
	12	6.27	1
	24	3.35	5

续表

环境类型	试验时间/月	色差	附着力等级
湿热海洋大气环境	36	3.71	5
亚湿热工业大气环境	0	0	0
	6	10.99	0
	12	24.07	0
	24	22.65	0
	36	17.47	5
干热沙漠大气环境	0	0	0
	6	0.34	0
	12	2.54	0
	24	3.32	1
	36	3.31	5
寒冷乡村大气环境	0	0	0
	6	2.44	0
	12	3.80	0
	24	4.38	1
	36	3.71	0

2．实验室环境试验结果

（1）外观评级结果（见表 3-402）

表 3-402　玻璃钢+H06-0371+新型耐雨蚀+新型抗静电涂料防护涂层实验室环境试验外观评级结果

试验项目	试验时间	外观评级					综合评级
		粉化	开裂	起泡	生锈	剥落	
温冲	0	0	0（S0）	0（S0）	0（S0）	0（S0）	0
	35 个循环	0	0（S0）	0（S0）	0（S0）	0（S0）	0
	70 个循环	0	0（S0）	0（S0）	0（S0）	0（S0）	0
酸性大气	0	0	0（S0）	0（S0）	0（S0）	0（S0）	0
	14d	0	0（S0）	0（S0）	0（S0）	0（S0）	0
	35d	0	0（S0）	0（S0）	0（S0）	0（S0）	0

（2）性能测试结果（见表 3-403）

表 3-403　玻璃钢+H06-0371+新型耐雨蚀+新型抗静电涂料
防护涂层实验室环境试验性能测试结果

试验项目	试验时间	色差	附着力等级
温冲	0	0	0
	35 个循环	0.79	
	70 个循环	1.15	0
酸性大气	0	0	0
	14d	0.29	
	35d	0.52	1

3.4.10　玻璃钢+S04-89+S55-49+S99-49 防护涂层

3.4.10.1　试验样件信息

玻璃钢+S04-89+S55-49+S99-49 防护涂层试验样件信息见表 3-404。

表 3-404　玻璃钢+S04-89+S55-49+S99-49 防护涂层试验样件信息

序号	基材	底漆	中间漆	面漆	干膜厚度/μm
4-10	玻璃钢	S04-89 抗雨蚀底漆	S55-49 抗雨蚀涂料	S99-49 抗静电涂料	50～60

玻璃钢+S04-89+S55-49+S99-49 防护涂层采用底漆+中间漆+面漆三层体系，底漆为 1 道 S04-89 抗雨蚀底漆，中间漆为两道 S55-49 抗雨蚀涂料，面漆为两道 S99-49 抗静电涂料，涂层总厚度为 50～60μm。

3.4.10.2　试验条件

玻璃钢+S04-89+S55-49+S99-49 防护涂层自然环境试验条件见表 3-405。

表 3-405　玻璃钢+S04-89+S55-49+S99-49 防护涂层自然环境试验条件

环境类型	试验地点	试验方式
湿热海洋大气环境	西沙	户外暴露
亚湿热工业大气环境	江津	户外暴露
干热沙漠大气环境	敦煌	户外暴露
寒冷乡村大气环境	漠河	户外暴露

3.4.10.3 测试项目及参照标准

玻璃钢+S04-89+S55-49+S99-49 防护涂层测试项目及参照标准见表 3-406。

表 3-406　玻璃钢+S04-89+S55-49+S99-49 防护涂层测试项目及参照标准

测试项目	参照标准
外观评级	GB/T 1766—2008《色漆和清漆 涂层老化的评级方法》
光泽度	GB/T 9754—2007《色漆和清漆 不含金属颜料的色漆漆膜的 20°、60°和 85°镜面光泽的测定》
色差	GB/T 11186.2—1989《涂膜颜色的测量方法 第 2 部分：颜色测量》
附着力	GB/T 9286—2021《色漆和清漆 划格试验》
	GB/T 5210—2006《色漆和清漆 拉开法附着力试验》

3.4.10.4 环境适应性数据

玻璃钢+S04-89+S55-49+S99-49 防护涂层自然环境试验结果如下。

（1）外观评级结果（见表 3-407）

表 3-407　玻璃钢+S04-89+S55-49+S99-49 防护涂层自然环境试验外观评级结果

环境类型	试验时间/月	外观评级					综合评级
		粉化	开裂	起泡	生锈	剥落	
湿热海洋大气环境	0	0	0（S0）	0（S0）	0（S0）	0（S0）	0
	6	5	0（S0）	0（S0）	0（S0）	0（S0）	5
	12	5	0（S0）	0（S0）	0（S0）	0（S0）	5
	24	5	0（S0）	0（S0）	0（S0）	0（S0）	5
	36	5	0（S0）	0（S0）	0（S0）	0（S0）	5
亚湿热工业大气环境	0	0	0（S0）	0（S0）	0（S0）	0（S0）	0
	6	2	0（S0）	0（S0）	0（S0）	0（S0）	2
	12	4	0（S0）	0（S0）	0（S0）	0（S0）	4
	24	4	0（S0）	0（S0）	0（S0）	0（S0）	4
	36	4	0（S0）	0（S0）	0（S0）	0（S0）	4
干热沙漠大气环境	0	0	0（S0）	0（S0）	0（S0）	0（S0）	0
	6	4	0（S0）	0（S0）	0（S0）	0（S0）	4

续表

环境类型	试验时间/月	外观评级					综合评级
		粉化	开裂	起泡	生锈	剥落	
干热沙漠大气环境	12	4	0（S0）	0（S0）	0（S0）	0（S0）	4
	24	4	0（S0）	0（S0）	0（S0）	0（S0）	4
	36	5	0（S0）	0（S0）	0（S0）	0（S0）	5
寒冷乡村大气环境	0	0	0（S0）	0（S0）	0（S0）	0（S0）	0
	6	3	0（S0）	0（S0）	0（S0）	0（S0）	3
	12	4	0（S0）	0（S0）	0（S0）	0（S0）	4
	24	4	0（S0）	0（S0）	0（S0）	0（S0）	4
	36	5	0（S0）	0（S0）	0（S0）	0（S0）	5

（2）性能测试结果（见表 3-408）

表 3-408　玻璃钢+S04-89+S55-49+S99-49 防护涂层自然环境试验性能测试结果

环境类型	试验时间/月	失光率/%	色差	附着力等级
湿热海洋大气环境	0	0	0	0
	6	95.0	11.19	0
	12	94.9	10.03	0
	24	94.4	13.60	1
	36	95.5	13.28	1
亚湿热工业大气环境	0	0	0	0
	6	92.71	6.37	0
	12	95.80	7.98	0
	24	95.69	12.52	0
	36	94.16	13.19	0
干热沙漠大气环境	0	0	0	0
	6	92.17	7.56	0
	12	92.86	11.47	0
	24	93.88	14.27	0
	36	90.59	14.79	0
寒冷乡村大气环境	0	0	0	0
	6	89.94	3.52	0

续表

环境类型	试验时间/月	失光率/%	色差	附着力等级
寒冷乡村大气环境	12	94.65	8.57	0
	24	94.4	12.21	0
	36	94.1	12.04	0

3.5 电子装备结构件防护涂层环境适应性优选结果

本节基于试验样品自然环境试验 3 年试验结果和实验室环境最终试验结果对电子装备结构件防护涂层进行优选。其中，户外样品优选原则是综合评级小于或等于 2 级，且至少有一个地点综合评级为 0 级；棚下和实验室样品优选依据是综合评级小于（不等于）2 级；性能优选依据是所有最终性能测试结果符合表 3-409 的判据。按照以上原则和表 3-409 筛选出环境试验性优良的防护涂层。

表 3-409 结构件防护涂层优选判据

性能参数		优	良	中	备注
综合评级		0	1	2	—
起泡等级		0	1	2	—
开裂等级		0	1	2	—
腐蚀等级		0	1	2	—
长霉等级		0	1	2	—
粉化等级		0	1	2	—
附着力	附着力等级	≤2			—
	拉开强度/MPa	>2			至少有一个测试点
低频阻抗模值/$\Omega \cdot cm^2$		>10^6			—

3.5.1 铝合金基材防护涂层环境适应性优选结果

从 27 种铝合金基材防护涂层中优选出 14 种环境适应性优良的，优选结果见表 3-410。

表 3-410 铝合金基材防护涂层环境适应性优选结果

序号	防护涂层	自然环境试验（3 年结果）	实验室环境试验（最终结果）
1-1	基材：5A06（铝合金） 表面处理：Al/Ct·Ocd	西沙棚下：优 江津棚下：优	高温：优 湿热：优

续表

序号	防护涂层	自然环境试验（3年结果）	实验室环境试验（最终结果）
1-1	底漆：TB06-9 锌黄丙烯酸聚氨酯底漆 面漆：TS96-71 氟聚氨酯无光磁漆	敦煌棚下：优 漠河棚下：优	中性盐雾：优 中性盐雾+湿热：优
1-3	基材：5A06（铝合金） 表面处理：Al/Ct·Ocd 底漆：TH13-81 水性环氧底漆 面漆：TBS13-62 水性丙烯酸聚氨酯半光漆	西沙棚下：优 江津棚下：优 敦煌棚下：优 漠河棚下：优	高温：优 湿热：优 中性盐雾：优 中性盐雾+湿热：优
1-9	基材：6061（铝合金） 表面处理：Al/Ct·Ocd 底漆：H06-2 环氧锌黄底漆 面漆：S04-60 各色飞机蒙皮半光磁漆	西沙棚下：优 江津棚下：优 敦煌棚下：优 漠河棚下：优	高温：优 湿热：优 中性盐雾：优 中性盐雾+湿热：优
1-10	基材：6061（铝合金） 表面处理：Al/Ct·Ocd 底漆：H06-2 环氧锌黄底漆 面漆：A05-10 氨基烘干磁漆	西沙棚下：优 江津棚下：优 敦煌棚下：优 漠河棚下：优	高温：优 湿热：优 中性盐雾：优 中性盐雾+湿热：优
1-12	基材：6061（铝合金） 表面处理：Al/Ct·Ocd 底漆：TB06-9 锌黄丙烯酸聚氨酯底漆 面漆：TS96-71 氟聚氨酯磁漆	西沙棚下：优 江津棚下：优 敦煌棚下：优 漠河棚下：优	高温：优 湿热：优 中性盐雾：优 中性盐雾+湿热：优
1-13	基材：6061（铝合金） 表面处理：Al/Ct·Ocd 底漆：TB06-9 锌黄丙烯酸聚氨酯底漆 面漆：TS96-71 氟聚氨酯无光磁漆	西沙棚下：优 江津棚下：优 敦煌棚下：优 漠河棚下：优	高温：优 湿热：优 中性盐雾：优 中性盐雾+湿热循环：优
1-15	基材：6061（铝合金） 表面处理：Al/SD 底漆：XF06-1 中间漆：吸波涂料 面漆：TS96-71 氟聚氨酯面漆	西沙棚下：优 江津棚下：优 敦煌棚下：优 漠河棚下：优	高温：优 湿热：优 中性盐雾 50d：差 中性盐雾+湿热循环：优
1-16	基材：6061（铝合金） 表面处理：Al/Ct·Ocd 面漆：中绿灰环氧聚酯粉末（阿克苏诺贝尔）	西沙棚下：优 江津棚下：优 敦煌棚下：优 漠河棚下：优	高温：优 湿热：优 中性盐雾：优 中性盐雾+湿热循环：优
1-17	基材：6061（铝合金） 表面处理：Al/Ct·Ocd 面漆：中绿灰环氧聚酯粉末（阿克苏诺贝尔）	西沙棚下：优 江津棚下：优 敦煌棚下：优 漠河棚下：优	高温：优 湿热：优 中性盐雾：优 中性盐雾+湿热循环：优
1-18	基材：6061（铝合金） 表面处理：Al/Ct·Ocd 面漆：黑色纯聚酯粉末（阿克苏诺贝尔）	西沙棚下：优 江津棚下：优 敦煌棚下：优 漠河棚下：优	高温：优 湿热：优 中性盐雾：优 中性盐雾+湿热循环：优
1-19	基材：2A12（铝合金） 表面处理：Al/Ct·Ocd	西沙棚下：优 江津棚下：优	高温：优 湿热：优

续表

序号	防护涂层	自然环境试验 （3年结果）	实验室环境试验 （最终结果）
1-19	底漆：S06-N-2 环氧聚氨酯底漆 面漆：S04-80 丙烯酸聚氨酯面漆	敦煌棚下：优 漠河棚下：优	中性盐雾：优 中性盐雾+湿热循环：优
1-20	基材：2A12（铝合金） 表面处理：Al/Ct·Ocd 底漆：H06-2 锌黄丙烯酸聚氨酯底漆 面漆：H04-68 各色环氧聚酰胺磁漆	西沙棚下：优 江津棚下：优 敦煌棚下：优 漠河棚下：优	高温：优 湿热：优 中性盐雾：优 中性盐雾+湿热循环：优
1-21	基材：2A12（铝合金） 表面处理：Al/Ep·Zn(12) 底漆：H06-3 环氧锌黄底漆 面漆：F04-80	西沙棚下：优 江津棚下：优 敦煌棚下：优 漠河棚下：优	高温：优 湿热：优 中性盐雾：优 中性盐雾+湿热循环：优
1-23	基材：2A12（铝合金） 表面处理：Al/Ct·Ocd 底漆：H06-1012H 锶黄环氧聚酰胺 面漆：421 丙烯酸聚氨酯半光面漆	西沙棚下：优 江津棚下：优 敦煌棚下：优 漠河棚下：优良	高温：优 湿热：优 中性盐雾：优 中性盐雾+湿热循环：优

3.5.2 碳钢/不锈钢基材防护涂层环境适应性优选结果

从12种碳钢/不锈钢基材防护涂层中优选出4种环境适应性优良的，优选结果见表3-411。

表3-411 碳钢/不锈钢基材防护涂层环境适应性优选结果

序号	防护涂层	自然环境试验 （3年结果）	实验室环境试验 （最终结果）
2-3	基材：10#（碳素钢） 表面处理：DACROMET（达克罗） 底漆：TB06-9 锌黄丙烯酸聚氨酯底漆 面漆：TB04-62 丙烯酸聚氨酯磁漆	西沙户外：中 江津户外：优	高温：优 湿热：优 紫外光老化：优 氙灯光老化：优 温冲：优 酸性大气：优 紫外/冷凝+盐雾/干燥循环：良
2-4	基材：20#（低碳钢） 表面处理：Fe/Ep·Zn-Ni(14)5·c2C 底漆：EP506 铝红丙烯酸聚氨酯底漆 面漆：HFC-901 氟碳聚氨酯磁漆	西沙户外：中 江津户外：良 敦煌户外：中 漠河户外：优	高温：优 湿热：优 紫外光老化：优 氙灯光老化：优 温冲：优 酸性大气：优 紫外/冷凝+盐雾/干燥循环：优
2-5	基材：A3(碳素钢) 表面处理：Fe/Ap·Zn18nc 底漆：H06-2 环氧铁红底漆 面漆：TB04-62 丙烯酸聚氨酯磁漆	西沙户外：中 江津户外：优 敦煌户外：中 漠河户外：优	紫外光老化：优 氙灯光老化：优 紫外/冷凝+盐雾/干燥循环：优

续表

序号	防护涂层	自然环境试验 （3年结果）	实验室环境试验 （最终结果）
2-11	基材：SUS316（不锈钢） 表面处理：Fe/Ct·P 面漆：H52-33 环氧防锈清漆	西沙棚下：优 江津棚下：优	高温：优 湿热：优 中性盐雾：优 中性盐雾+湿热循环：优

3.5.3 其他金属基材防护涂层环境适应性优选结果

从 4 种其他金属基材防护涂层中优选出 3 种环境适应性优良的涂层体系，优选结果见表 3-412。

表 3-412 其他金属基材防护涂层环境适应性优选结果

序号	防护涂层	自然环境试验 （3年结果）	实验室环境试验 （最终结果）
3-1	基材：T2（纯铜） 表面处理：Cu/Ct·P 底漆：TB06-9 锌黄丙烯酸聚氨酯漆 面漆：TS96-71 氟聚氨酯磁漆	西沙棚下：优 江津棚下：优	高温：优 湿热：优 中性盐雾：优 中性盐雾+湿热循环：优
3-2	基材：H96 黄铜 表面处理：Cu/Ct·P 面漆：306	西沙棚下：优 漠河棚下：优	—
3-4	基材：ZK61M 镁合金 表面处理：Cu/Ct·P 底漆：S06-N-2 锌黄底漆 面漆：S04-80 丙烯酸聚氨酯面漆	西沙棚下：优 漠河棚下：优	—

3.5.4 复合材料防护涂层环境适应性优选结果

从 10 种复合材料防护涂层中优选出 2 种环境适应性优良的，优选结果见表 3-413。

表 3-413 复合材料环境适应性优选结果

序号	防护涂层	自然环境试验 （3年结果）	实验室环境试验 （最终结果）
4-1	基材：环氧层玻璃布板 底漆：H01-101 环氧聚酰胺底漆 面漆：TB04-62 丙烯酸聚氨酯磁漆	西沙户外：中 江津户外：优 敦煌户外：中 漠河户外：优	高温：优 湿热：优 温冲：优 酸性大气：优 温冲+氙灯循环：优

续表

序号	防护涂层	自然环境试验 （3 年结果）	实验室环境试验 （最终结果）
4-4	基材：环氧层玻璃布板 底漆：H01-101 环氧聚酰胺底漆 面漆：TS96-71 氟聚氨酯无光磁漆	西沙户外：中 江津户外：中 敦煌户外：良 漠河户外：优	高温：优 湿热：优 温冲：优 酸性大气：优 温冲+氙灯循环：优

参 考 文 献

[1] 吴护林，张伦武，苏艳，等. 轻质材料环境适应性数据手册：铝合金、钛合金及防护工艺[M]. 北京：国防工业出版社，2020.

[2] 电子科学研究院. 电子设备三防技术手册[M]. 北京：兵器工业出版社，2000: 6-22.

[3] 电子工业工艺标准化技术委员会. SJ 20817—2002 电子设备的涂饰[S]. 北京：中国电子技术标准化研究所出版社，2002.

[4] 全国涂料和颜料标准化技术委员会. GB/T 1735—2009 色漆和清漆耐热性的测定[S]. 北京：中国标准出版社，2009.

[5] 中国人民解放军总装备部电子信息基础部. GJB 150.4A—2009 军用装备实施室环境试验方法 第 4 部分：低温试验[S]. 北京：总装备部军标出版发行部，2009.

[6] 全国涂料和颜料标准化技术委员会. GB/T 1740—2007 漆膜耐湿热测定法[S]. 北京：中国标准出版社，2007.

[7] 中国人民解放军总装备部电子信息基础部. GJB 150.10A—2009 军用装备实施室环境试验方法 第 10 部分：霉菌试验[S]. 北京：总装备部军标出版发行部，2009.

[8] 全国涂料和颜料标准化技术委员会. GB/T 1771—2007 色漆和清漆 耐中性盐雾性能的测定[S]. 北京：中国标准出版社，2008.

[9] 全国涂料和颜料标准化技术委员会. GB/T 1766—2008 色漆和清漆 涂层老化的评级方法[S]. 北京：中国标准出版社，2008.

[10] 全国涂料和颜料标准化技术委员会. GB/T 9754—2007 色漆和清漆 不含金属颜料的色漆漆膜的 20°、60°和 85°镜面光泽的测定[S]. 北京：中国标准出版社，2008.

[11] 全国涂料和颜料标准化技术委员会. GB/T 11186.2—1989 涂膜颜色的测量方法 第 2 部分：颜色测量[S]. 北京：中国标准出版社，1990.

[12] 全国涂料和颜料标准化技术委员会. GB/T 9286—1998 色漆和清漆漆膜的划格试验[S]. 北京：中国标准出版社，1999.

[13] 全国涂料和颜料标准化技术委员会. GB/T 5210—2006 色漆和清漆拉开法附着力试验[S]. 北京：中国标准出版社，2007.

[14] ISO 16773-2: 2016 Paints and varnishes-Electrochemical impedance spectroscopy (EIS) on coated and uncoated metallic specimens-Part 2: Collection of data[S]. Switzerland:ISO,2016.

第 4 章

电子装备印制电路板防护涂层环境适应性数据

印制电路板是电子产品的重要组成部件,广泛应用于各种电子装备。长期使用在高温、高湿、高盐雾、霉菌滋生环境条件下的印制电路板组装件,一般要经过表层防护后才能够使用。印制电路板防护涂层及涂覆工艺的防湿热、防霉菌、防盐雾(简称"三防")性能一直是工艺设计人员研究的焦点。基本的研究方法是采用某种涂覆工艺制作工艺样品,应用已有的环境试验方法进行三防性能验证,以某些表征参数判定涂层三防性能的优劣。这种研究方法对防护涂层的性能起到了一定的筛选作用。从以往的研究中发现,在湿热、霉菌、盐雾环境下,表面防护涂层等有机材料普遍容易老化,金属材料容易生锈,部分有机材料容易长霉等,造成涂层起泡、物化性能和电气性能显著变化,严重影响产品性能指标的实现。

印制电路板(印制板)组装件前处理常规采取水清洗再涂覆一层面漆,面漆主要采用丙烯酸漆、聚氨酯漆、美国道康宁有机硅等[1-2]。

本章基于工业和信息化部电子第五研究所长期开展的试验实测数据,按印制板表面常用丙烯酸面漆、聚氨酯面漆、其他面漆分类汇总印制板不同防护涂层在自然环境下和实验室环境下的试验实测数据,以供装备环境适应性设计参考。

4.1 丙烯酸防护涂层环境适应性数据

4.1.1 FR-4+AR 丙烯酸型 Humiseal1A33 防护涂层

4.1.1.1 试验样件信息

FR-4+AR 丙烯酸型 Humiseal1A33 防护涂层试验样件信息见表 4-1。

表 4-1 FR-4+AR 丙烯酸型 Humiseal1A33 防护涂层试验样件信息

序号	基材	面漆	干膜厚度/μm
1-1	FR-4	AR 丙烯酸型 Humiseal1A33	30～75

FR-4+AR 丙烯酸型 Humiseal1A33 防护涂层为单涂层体系，面漆为 AR 丙烯酸型 Humiseal1A33，涂层总厚度为 30～75μm。

4.1.1.2 试验条件

FR-4+AR 丙烯酸型 Humiseal1A33 防护涂层自然环境试验条件见表 4-2，实验室环境试验条件见表 4-3。

表 4-2 FR-4+AR 丙烯酸型 Humiseal1A33 防护涂层自然环境试验条件

环境类型	试验地点	试验方式
湿热海洋大气环境	西沙	棚下箱内暴露
亚湿热工业大气环境	江津	棚下箱内暴露
干热沙漠大气环境	敦煌	棚下箱内暴露
寒冷乡村大气环境	漠河	棚下箱内暴露

表 4-3 FR-4+AR 丙烯酸型 Humiseal1A33 防护涂层实验室环境试验条件

试验项目	试验条件
交变湿热	湿度：95%±2%。 温度变化：从 25℃升温到 65℃，2.5h，保持 3h；从 65℃降温到 25℃，2.5h。 试验时长：8h 为 1 个周期，循环 6 个周期
盐雾+干燥+湿热循环	盐雾试验： 　NaCl 溶液浓度：5%±1%。 　pH 值：6.5～7.2。 　试验温度：35℃±2℃。 　盐雾沉降率：1～3mL/(80cm^2·h)。 干燥试验： 　温度：60℃±2℃。 　相对湿度：20%～30%。 湿热试验： 　温度：35℃±2℃。 　相对湿度：95%～100%。 试验循环：盐雾试验 2h+干燥试验 4h+湿热试验 2h，为 1 个循环

4.1.1.3 测试项目及参照标准

FR-4+AR 丙烯酸型 Humiseal1A33 防护涂层测试项目及参照标准见表 4-4。

表 4-4 FR-4+AR 丙烯酸型 Humiseal1A33 防护涂层测试项目及参照标准

测试项目	参照标准
外观评级	GB/T 1766—2008《色漆和清漆 涂层老化的评级方法》
介质耐电压	GJB 362B—2009《刚性印制板通用规范》
绝缘电阻	GJB 362B—2009《刚性印制板通用规范》
品质因数（Q）	SJ 20671—1998《印制板组装件涂覆用电绝缘化合物》
损耗角正切（D）	SJ 20671—1998《印制板组装件涂覆用电绝缘化合物》

4.1.1.4 环境适应性数据

1. 自然环境试验结果

FR-4+AR 丙烯酸型 Humiseal1A33 防护涂层自然环境试验电性能及外观测试结果见表 4-5。

表 4-5 FR-4+AR 丙烯酸型 Humiseal1A33 防护涂层
自然环境试验电性能及外观测试结果

环境类型	试验时间/月	绝缘电阻/MΩ	品质因数（Q）		损耗角正切（D）		介质耐电压		外观综合评级
			1MHz	50MHz	1MHz	50MHz	最高电压/kV	最大漏电流/mA	
湿热海洋大气环境	0	$2.21×10^7$	62.23	60.05	0.016	0.017	5.88	0.04	0
	6	$1.85×10^7$	60.58	75.36	0.017	0.013	6.10	0.007	0
	12	$9.55×10^6$	54.33	56.81	0.018	0.018	6.03	0.007	0
	24	$1.76×10^7$	58.42	70.81	0.017	0.014	5.89	0.162（电火花）	0
	36	$1.44×10^6$	47.47	56.60	0.021	0.018	5.98	0.010	0
亚湿热工业大气环境	0	$2.21×10^7$	62.23	60.05	0.016	0.017	5.88	0.04	0
	6	$12.71×10^7$	57.74	56.84	0.017	0.018	6.12	0.008	0
	12	$2.56×10^7$	59.73	64.38	0.017	0.016	6.05	0.006	0
	24	$1.17×10^6$	51.79	63.41	0.019	0.016	5.09	0.708（超漏）	0
	36	$1.42×10^7$	51.80	60.50	0.017	0.016	6.03	0.009	0
干热沙漠大气环境	0	$2.21×10^7$	62.23	60.05	0.016	0.017	5.88	0.04	0
	6	$2.03×10^7$	7.51	73.56	0.013	0.014	6.01	0.008	0
	12	$2.84×10^6$	76.84	68.05	0.013	0.015	6.01	0.007	0
	24	$6.78×10^7$	64.23	86.95	0.016	0.011	5.88	0.298（电火花）	0
	36	$2.89×10^7$	53.74	67.38	0.019	0.015	6.08	0.005	0

续表

环境类型	试验时间/月	绝缘电阻/MΩ	品质因数（Q）		损耗角正切（D）		介质耐电压		外观综合评级
			1MHz	50MHz	1MHz	50MHz	最高电压/kV	最大漏电流/mA	
寒冷乡村大气环境	0	2.21×10^7	62.23	60.05	0.016	0.017	5.88	0.04	0
	6	2.46×10^7	59.70	59.33	0.017	0.017	6.00	0.006	0
	12	3.22×10^7	53.24	68.20	0.019	0.015	1.12	0.132（电火花）	0
	24	8.27×10^5	56.90	62.85	0.018	0.016	2.75	0.175（超漏）	0
	36	3.76×10^6	62.54	59.46	0.016	0.017	6.14	0.004	0

2. 实验室环境试验结果

FR-4+AR 丙烯酸型 Humiseal1A33 防护涂层实验室环境试验电性能及外观测试结果见表 4-6。

表 4-6　FR-4+AR 丙烯酸型 Humiseal1A33 防护涂层实验室环境试验电性能及外观测试结果

试验项目	试验时间	绝缘电阻/MΩ	品质因数（Q）		损耗角正切（D）		外观综合评级
			1MHz	50MHz	1MHz	50MHz	
交变湿热	0	2.46×10^8	63.27	77.23	0.016	0.013	0
	4d	1.93×10^5	42.50	55.55	0.024	0.018	0
	8d	1.62×10^5	30.95	45.02	0.032	0.022	0
	12d	1.38×10^5	39.34	57.73	0.025	0.017	0
盐雾+干燥+湿热循环	0	2.46×10^8	63.27	77.23	0.016	0.013	0
	9 周期	1.53×10^7	52.29	61.64	0.019	0.016	0
	15 周期	1.28×10^5	43.76	55.96	0.023	0.018	1
	21 周期	2.28×10^3	58.00	61.16	0.017	0.016	1
	27 周期	4.35×10^5	52.83	57.23	0.019	0.017	1
	33 周期	4.18×10^4	57.66	61.00	0.017	0.016	2

4.1.2　FR-4+AR 丙烯酸型 Humiseal1B31 防护涂层

4.1.2.1　试验样件信息

FR-4+AR 丙烯酸型 Humiseal1B31 防护涂层试验样件信息见表 4-7。

表 4-7　FR-4+AR 丙烯酸型 Humiseal1B31 防护涂层试验样件信息

序号	基材	面漆	干膜厚度/μm
1-2	FR-4	AR 丙烯酸型 Humiseal1B31	30～75

FR-4+AR 丙烯酸型 Humiseal1B31 防护涂层为单涂层体系，面漆为 AR 丙烯酸型 Humiseal1B31，涂层总厚度为 30～75μm。

4.1.2.2　试验条件

FR-4+AR 丙烯酸型 Humiseal1B31 防护涂层自然环境试验条件见表 4-8，实验室环境试验条件见表 4-9。

表 4-8　FR-4+AR 丙烯酸型 Humiseal1B31 防护涂层自然环境试验条件

环境类型	试验地点	试验方式
湿热海洋大气环境	西沙	棚下箱内暴露
亚湿热工业大气环境	江津	棚下箱内暴露
干热沙漠大气环境	敦煌	棚下箱内暴露
寒冷乡村大气环境	漠河	棚下箱内暴露

表 4-9　FR-4+AR 丙烯酸型 Humiseal1B31 防护涂层实验室环境试验条件

试验项目	试验条件
交变湿热	湿度：95%±2%。 温度变化：从 25℃升温到 65℃，2.5h，保持 3h；从 65℃降温到 25℃，2.5h。 试验时长：8h 为 1 个周期，循环 6 个周期
盐雾+干燥+湿热循环	盐雾试验： 　NaCl 溶液浓度：5%±1%。 　pH 值：6.5～7.2。 　试验温度：35℃±2℃。 　盐雾沉降率：1～3mL/(80cm^2·h)。 干燥试验： 　温度：60℃±2℃。 　相对湿度：20%～30%。 湿热试验： 　温度：35℃±2℃。 　相对湿度：95%～100%。 试验循环：盐雾试验 2h+干燥试验 4h+湿热试验 2h，为 1 个循环

4.1.2.3 测试项目及参照标准

FR-4+AR 丙烯酸型 Humiseal1B31 防护涂层测试项目及参照标准见表 4-10。

表 4-10 FR-4+AR 丙烯酸型 Humiseal1B31 防护涂层测试项目及参照标准

测试项目	参照标准
外观评级	GB/T 1766—2008《色漆和清漆 涂层老化的评级方法》
介质耐电压	GJB 362B—2009《刚性印制板通用规范》
绝缘电阻	GJB 362B—2009《刚性印制板通用规范》
品质因数（Q）	SJ 20671—1998《印制板组装件涂覆用电绝缘化合物》
损耗角正切（D）	SJ 20671—1998《印制板组装件涂覆用电绝缘化合物》

4.1.2.4 环境适应性数据

1．自然环境试验结果

FR-4+AR 丙烯酸型 Humiseal1B31 防护涂层自然环境试验电性能及外观测试结果见表 4-11。

表 4-11 FR-4+AR 丙烯酸型 Humiseal1B31 防护涂层自然环境试验电性能及外观测试结果

环境类型	试验时间/月	绝缘电阻/MΩ	品质因数（Q）		损耗角正切（D）		介质耐电压		外观综合评级
			1MHz	50MHz	1MHz	50MHz	最高电压/kV	最大漏电流/mA	
湿热海洋大气环境	0	$2.75×10^7$	63.61	63.91	0.016	0.016	3.41	1.51（电火花）	0
	6	$3.95×10^7$	58.78	80.046	0.017	0.013	2.16	0.186（电火花）	0
	12	$1.74×10^7$	60.00	61.10	0.017	0.016	6.03	1.03（电火花）	0
	24	$2.75×10^6$	61.60	72.50	0.016	0.014	5.89	0.189（电火花）	0
	36	$8.57×10^3$	28.34	56.91	0.035	0.018	2.17	0.408（电火花）	0
亚湿热工业大气环境	0	$2.75×10^7$	63.61	63.91	0.016	0.016	3.41	1.51（电火花）	0
	6	$12.53×10^7$	63.23	58.13	0.086	0.017	6.12	0.008	0
	12	$1.89×10^7$	65.71	70.66	0.015	0.014	6.04	0.006	0
	24	$1.78×10^6$	59.22	66.55	0.017	0.015	5.68	0.401（超漏）	0
	36	$2.90×10^6$	60.41	64.12			6.02	0.037	0
干热沙漠大气环境	0	$2.75×10^7$	63.61	63.91	0.016	0.016	3.41	1.51（电火花）	0
	6	$2.86×10^7$	73.52	74.49	0.014	0..013	3.91	0.182（电火花）	0
	12	$4.97×10^6$	79.30	71.11	0.013	0.014	6.01	0.007	0

续表

环境类型	试验时间/月	绝缘电阻/MΩ	品质因数（Q）		损耗角正切（D）		介质耐电压		外观综合评级
			1MHz	50MHz	1MHz	50MHz	最高电压/kV	最大漏电流/mA	
干热沙漠大气环境	24	7.58×10^7	65.57	91.72	0.015	0.010	0.80	1.031（超漏）	0
	36	6.21×10^7	59.57	68.70	0.017	0.015	6.11	0.005	0
寒冷乡村大气环境	0	2.75×10^7	63.61	63.91	0.016	0.016	3.41	1.51（电火花）	0
	6	3.88×10^7	60.45	59.79	0.017	0.017	6.00	0.177（电火花）	0
	12	2.77×10^7	55.35	67.37	0.018	0.014	5.24	0.169（电火花）	0
	24	2.29×10^6	64.50	69.53	0.015	0.014	3.63	0.552（超漏）	0
	36	3.37×10^6	58.11	66.87	0.017	0.015	6.04	0.004	0

2．实验室环境试验结果

FR-4+AR 丙烯酸型 Humiseal1B31 防护涂层实验室环境试验电性能及外观测试结果见表 4-12。

表 4-12　FR-4+AR 丙烯酸型 Humiseal1B31 防护涂层实验室环境试验电性能及外观测试结果

试验项目	试验时间	绝缘电阻/MΩ	品质因数（Q）		损耗角正切（D）		外观综合评级
			1MHz	50MHz	1MHz	50MHz	
交变湿热	0	6.04×10^8	67.56	85.25	0.015	0.012	0
	4d	2.00×10^5	52.61	62.46	0.019	0.016	0
	8d	1.31×10^5	36.62	58.27	0.030	0.017	0
	12d	2.86×10^5	43.48	62.20	0.023	0.016	0
盐雾+干燥+湿热循环	0	6.04×10^8	67.56	85.25	0.015	0.012	0
	9 周期	5.34×10^7	50.28	65.13	0.020	0.015	1
	21 周期	4.62×10^2	12.19	28.50	0.105	0.035	1
	27 周期	3.39×10^5	49.61	61.12	0.020	0.016	2
	33 周期	9.39×10^2	52.78	13.40	0.019	0.075	2

4.1.3　FR-4+有铅喷锡+丙烯酸三防清漆防护涂层

4.1.3.1　试验样件信息

FR-4+有铅喷锡+丙烯酸三防清漆防护涂层试验样件信息见表 4-13。

表 4-13　FR-4+有铅喷锡+丙烯酸三防清漆防护涂层试验样件信息

序号	基材	表面处理方法	面漆	干膜厚度/μm
1-3	FR-4	有铅喷锡	单组分丙烯酸三防清漆	>100

FR-4+有铅喷锡+丙烯酸三防清漆防护涂层为单涂层体系，面漆为单组分丙烯酸三防漆，涂层总厚度大于100μm。

4.1.3.2　试验条件

FR-4+有铅喷锡+丙烯酸三防清漆防护涂层自然环境试验条件见表 4-14，实验室环境试验条件见表 4-15。

表 4-14　FR-4+有铅喷锡+丙烯酸三防清漆防护涂层自然环境试验条件

环境类型	试验地点	试验方式
湿热海洋大气环境	西沙	棚下箱内暴露
亚湿热工业大气环境	江津	棚下箱内暴露
干热沙漠大气环境	敦煌	棚下箱内暴露
寒冷乡村大气环境	漠河	棚下箱内暴露

表 4-15　FR-4+有铅喷锡+丙烯酸三防清漆防护涂层实验室环境试验条件

试验项目	试验条件
交变湿热	湿度：95%±2%。 温度变化：从25℃升温到65℃，2.5h，保持3h；从65℃降温到25℃，2.5h。 试验时长：8h为1个周期，循环6个周期
盐雾+干燥+湿热循环	盐雾试验： 　NaCl 溶液浓度：5%±1%。 　pH 值：6.5～7.2。 　试验温度：35℃±2℃。 　盐雾沉降率：1～3mL/(80cm^2·h)。 干燥试验： 　温度：60℃±2℃。 　相对湿度：20%～30%。 湿热试验： 　温度：35℃±2℃。 　相对湿度：95%～100%。 试验循环：盐雾试验2h+干燥试验4h+湿热试验2h，为1个循环

4.1.3.3 测试项目及参照标准

FR-4+有铅喷锡+丙烯酸三防清漆防护涂层测试项目及参照标准见表 4-16。

表 4-16　FR-4+有铅喷锡+丙烯酸三防清漆防护涂层测试项目及参照标准

测试项目	参照标准
外观评级	GB/T 1766—2008《色漆和清漆 涂层老化的评级方法》
介质耐电压	GJB 362B—2009《刚性印制板通用规范》
绝缘电阻	GJB 362B—2009《刚性印制板通用规范》
品质因数（Q）	SJ 20671—1998《印制板组装件涂覆用电绝缘化合物》
损耗角正切（D）	SJ 20671—1998《印制板组装件涂覆用电绝缘化合物》

4.1.3.4 环境适应性数据

1. 自然环境试验结果

FR-4+有铅喷锡+丙烯酸三防清漆防护涂层自然环境试验电性能及外观测试结果见表 4-17。

表 4-17　FR-4+有铅喷锡+丙烯酸三防清漆防护涂层自然环境试验电性能及外观测试结果

环境类型	试验时间/月	绝缘电阻/MΩ	品质因数（Q）		损耗角正切（D）		介质耐电压		外观综合评级
			1MHz	50MHz	1MHz	50MHz	最高电压/kV	最大漏电流/mA	
湿热海洋大气环境	0	1.97×10^7	52.50	61.81	0.019	0.016	5.80	0.78（击穿）	0
	6	1.31×10^5	50.67	69.51	0.020	0.014	6.08	0.007	0
	12	2.56×10^4	43.17	52.63	0.023	0.019	6.02	0.007	0
	24	1.86×10^5	51.00	63.43	0.020	0.015	5.90	0.007	0
	36	4.25×10^3	33.15	52.92	0.030	0.019	2.58	0.270（电火花）	0
亚湿热工业大气环境	0	1.97×10^7	52.50	61.81	0.019	0.016	5.80	0.78（击穿）	0
	6	1.66×10^7	49.84	59.25	0.02	0.017	6.11	0.008	0
	12	1.90×10^7	49.72	63.94	0.020	0.016	6.01	0.006	0
	24	4.49×10^5	44.99	62.20	0.022	0.016	5.33	0.578（超漏）	0
	36	3.55×10^5	44.73	58.63	0.022	0.017	6.03	0.011	0
干热沙漠大气环境	0	1.97×10^7	52.50	61.81	0.019	0.016	5.80	0.78（击穿）	0
	6	7.51×10^7	64.38	68.53	0.016	0.015	6.01	0.009	0
	12	2.48×10^6	60.20	61.03	0.017	0.016	6.01	0.006	0

续表

环境类型	试验时间/月	绝缘电阻/MΩ	品质因数（Q）		损耗角正切（D）		介质耐电压		外观综合评级
			1MHz	50MHz	1MHz	50MHz	最高电压/kV	最大漏电流/mA	
干热沙漠大气环境	24	$3.14×10^6$	54.40	80.78	0.018	0.012	5.86	1.418（电火花）	0
	36	$6.69×10^5$	50.42	62.93	0.020	0.016	6.05	0.005	0
寒冷乡村大气环境	0	$1.97×10^7$	52.50	61.81	0.019	0.016	5.80	0.78（击穿）	0
	6	$2.93×10^6$	40.45	54.19	0.025	0.019	6.08	0.138（电火花）	0
	12	$2.13×10^7$	38.38	59.19	0.026	0.017	6.06	0.008	0
	24	$2.56×10^5$	50.76	62.47	0.020	0.016	2.36	1.017（电火花）	0
	36	$3.41×10^6$	41.23	63.33	0.025	0.016	6.08	0.004	0

2．实验室环境试验结果

FR-4+有铅喷锡+丙烯酸三防清漆防护涂层实验室环境试验电性能及外观测试结果见表 4-18。

表 4-18　FR-4+有铅喷锡+丙烯酸三防清漆防护涂层实验室环境试验电性能及外观测试结果

试验项目	试验时间	绝缘电阻/MΩ	品质因数（Q）		损耗角正切（D）		外观综合评级
			1MHz	50MHz	1MHz	50MHz	
交变湿热	0	$5.02×10^7$	55.47	76.67	0.018	0.013	0
	4d	$1.31×10^4$	25.55	48.98	0.042	0.020	0
	8d	$4.24×10^4$	22.31	46.60	0.047	0.021	0
	12d	$3.71×10^4$	21.68	47.11	0.047	0.021	0
盐雾+干燥+湿热循环	0	$5.02×10^7$	55.47	76.67	0.018	0.013	0
	9 周期	$3.15×10^6$	30.13	60.18	0.034	0.016	1
	15 周期	$5.46×10^4$	23.85	57.71	0.045	0.017	1
	21 周期	$2.71×10^3$	33.42	57.46	0.031	0.017	1
	27 周期	$1.54×10^5$	26.18	51.26	0.038	0.020	1
	33 周期	$2.02×10^3$	24.05	59.43	0.042	0.017	1

4.1.4　FR-4+1307 丙烯酸三防清漆防护涂层

4.1.4.1　试验样件信息

FR-4+1307 丙烯酸三防清漆防护涂层试验样件信息见表 4-19。

表 4-19　FR-4+1307 丙烯酸三防清漆防护涂层试验样件信息

序号	基材	面漆	干膜厚度/μm
1-4	FR-4	1307 丙烯酸三防清漆	40～50

FR-4+1307 丙烯酸三防清漆防护涂层为单涂层体系，面漆为 1307 丙烯酸三防清漆，涂层总厚度为 40～50μm。

4.1.4.2　试验条件

FR-4+1307 丙烯酸三防清漆防护涂层自然环境试验条件见表 4-20，实验室环境试验条件见表 4-21。

表 4-20　FR-4+1307 丙烯酸三防清漆自然环境试验条件

环境类型	试验地点	试验方式
湿热海洋大气环境	西沙	棚下箱内暴露
亚湿热工业大气环境	江津	棚下箱内暴露
干热沙漠大气环境	敦煌	棚下箱内暴露
寒冷乡村大气环境	漠河	棚下箱内暴露

表 4-21　FR-4+1307 丙烯酸三防清漆防护涂层实验室环境试验条件

试验项目	试验条件
交变湿热	湿度：95%±2%。 温度变化：从 25℃升温到 65℃，2.5h，保持 3h；从 65℃降温到 25℃，2.5h。 试验时长：8h 为 1 个周期，循环 6 个周期
盐雾+干燥+湿热循环	盐雾试验： 　NaCl 溶液浓度：5%±1%。 　pH 值：6.5～7.2。 　试验温度：35℃±2℃。 　盐雾沉降率：1～3mL/(80cm^2·h)。 干燥试验： 　温度：60℃±2℃。 　相对湿度：20%～30%。 湿热试验： 　温度：35℃±2℃。 　相对湿度：95%～100%。 试验循环：盐雾试验 2h+干燥试验 4h+湿热试验 2h，为 1 个循环

4.1.4.3 测试项目及参照标准

FR-4+1307 丙烯酸三防清漆防护涂层测试项目及参照标准见表 4-22。

表 4-22 FR-4+1307 丙烯酸三防清漆防护涂层测试项目及参照标准

测试项目	参照标准
外观评级	GB/T 1766—2008《色漆和清漆 涂层老化的评级方法》
介质耐电压	GJB 362B—2009《刚性印制板通用规范》
品质因数（Q）	SJ 20671—1998《印制板组装件涂覆用电绝缘化合物》
损耗角正切（D）	SJ 20671—1998《印制板组装件涂覆用电绝缘化合物》
剥离强度	GJB 362B—2009《刚性印制板通用规范》 GB/T 4677—2002《印制板测试方法》
非支撑孔粘合强度	GJB 362B—2009《刚性印制板通用规范》
表面安装盘粘合强度	GJB 362B—2009《刚性印制板通用规范》

4.1.4.4 环境适应性数据

1. 自然环境试验结果

（1）电性能测试结果（见表 4-23）

表 4-23 FR-4+1307 丙烯酸三防清漆防护涂层自然环境试验电性能测试结果

环境类型	试验时间/月	绝缘电阻/MΩ	品质因数（Q）		损耗角正切（D）		介质耐电压	
			1MHz	50MHz	1MHz	50MHz	最高电压/kV	最大漏电流/mA
湿热海洋大气环境	0	4.47×10^6	59.91	58.52	0.017	0.017	5.79	0.026
	6	4.77×10^7	59.56	98.14	0.017	0.010	5.22	0.268
	12	5.32×10^6	57.47	59.53	0.017	0.017	6.05	0.009
	24	1.75×10^7	55.31	67.37	0.018	0.014	2.47	0.313
	36	3.56×10^7	56.95	54.92	0.018	0.018	1.90	0.780
亚湿热工业大气环境	0	4.47×10^6	59.91	58.52	0.017	0.017	5.79	0.026
	6	10.51×10^7	58.55	51.95	0.017	0.019	5.85	0.45（电火花）
	12	4.27×10^7	60.15	63.52	0.017	0.016	6.01	0.006
	24	6.42×10^7	57.63	62.23	0.017	0.017	4.92	0.490（电火花）
	36	8.66×10^6	55.12	60.26	0.018	0.017	3.12	1.289（电火花）

续表

环境类型	试验时间/月	绝缘电阻/MΩ	品质因数（Q）		损耗角正切（D）		介质耐电压	
			1MHz	50MHz	1MHz	50MHz	最高电压/kV	最大漏电流/mA
干热沙漠大气环境	0	$4.47×10^6$	59.91	58.52	0.017	0.017	5.79	0.026
	6	$2.88×10^6$	70.98	63.86	0.014	0.017	6.01	0.136（电火花）
	12	$1.49×10^6$	69.33	61.39	0.014	0.016	6.02	0.192（电火花）
	24	$2.32×10^7$	56.09	62.88	0.018	0.016	4.55	1.065（电火花）
	36	$2.68×10^7$	62.17	65.20	0.016	0.015	5.56	5.54（电火花）
寒冷乡村大气环境	0	$4.47×10^6$	59.91	58.52	0.017	0.017	5.79	0.026
	6	$2.46×10^7$	51.82	61.67	0.019	0.017	5.82	1.652（电火花）
	12	$7.14×10^7$	58.37	58.05	0.017	0.017	5.98	0.056（电火花）
	24	$3.46×10^7$	58.04	57.25	0.018	0.017	5.10	0.848（电火花）
	36	$6.29×10^5$	63.35	65.52	0.016	0.015	5.97	1.452（电火花）

（2）力学性能及外观测试结果（见表4-24）

表4-24　FR-4+1307丙烯酸三防清漆防护涂层自然环境试验力学性能及外观测试结果

环境类型	试验时间/月	剥离强度/（N/mm）	非支撑孔粘合强度/（N/mm²）	表面安装盘粘合强度/（N/mm²）	外观综合评级
湿热海洋大气环境	0	1.09	8.23（7.28～8.86）	7.22（4.12～12.46）	0
	6	1.07	9.18（7.42～10.35）	7.36（6.46～8.27）	0
	12	0.93	9.82（8.11～10.80）	9.38（6.93～13.36）	0
	24	1.39	19.5（15.4～21.99）	8.14（4.66～14.53）	0
	36	1.17	17.89	4.38	0
亚湿热工业大气环境	0	1.09	8.23（7.28～8.86）	7.22（4.12～12.46）	0
	6	1.17	10.21（8.68～11.46）	7.61（6.08～10.56）	0
	12	1.08	8.84（6.67～10.98）	9.60（6.32～13.50）	0
	24	1.17	8.79（7.91～9.86）	10.42（4.67～15.91）	0
	36	3.17	22.11（18.96～23.97）	7.25（6.75～8.13）	0
干热沙漠大气环境	0	1.09	8.23（7.28～8.86）	7.22（4.12～12.46）	0
	6	1.04	8.60（6.98～9.41）	6.99（2.51～11.04）	0
	12	1.13	7.67（6.84～8.39）	8.55（7.16～9.88）	0
	24	0.86	18.79（17.50～20.41）	13.74（12.41～14.69）	0
	36	1.00	18.78（15.62～21.9）	9.60（6.83～14.75）	0

续表

环境类型	试验时间/月	剥离强度/(N/mm)	非支撑孔粘合强度/(N/mm²)	表面安装盘粘合强度/(N/mm²)	外观综合评级
寒冷乡村大气环境	0	1.09	8.23（7.28～8.86）	7.22（4.12～12.46）	0
	6	0.89	9.00（6.20～10.61）	9.71（4.09～11.79）	0
	12	1.09	8.97（6.71～10.71）	11.63（8.02～14.13）	0
	24	1.15	9.40（7.64～11.04）	8.04（4.39～17.40）	0
	36	1.25	19.46（15.96～22.0）	12.02（4.26～16.99）	0

2．实验室环境试验结果

（1）电性能及外观测试结果（见表4-25）

表4-25　FR-4+1307丙烯酸三防清漆防护涂层实验室环境试验电性能及外观测试结果

试验项目	试验时间	绝缘电阻/MΩ	品质因数（Q）		损耗角正切（D）		外观综合评级
			1MHz	50MHz	1MHz	50MHz	
交变湿热	0	3.32×10^8	66.49	79.81	0.015	0.013	0
	4d	7.94×10^4	53.55	56.56	0.019	0.018	0
	8d	2.85×10^4	50.43	50.33	0.022	0.018	0
	10d	1.79×10^3	46.33	53.91	0.022	0.019	0
	12d	1.94×10^6	45.48	54.66	0.022	0.018	0
盐雾+干燥+湿热循环	0	3.32×10^8	66.49	79.81	0.015	0.013	0
	9周期	8.77×10^6	54.15	60.80	0.018	0.016	2
	15周期	1.51×10^5	42.02	57.32	0.025	0.017	2
	21周期		53.07	61.43	0.019	0.015	2
	27周期	3.92×10^5	63.81	56.81	0.015	0.016	3
	33周期	119	44.66	58.77	0.022	0.017	3

（2）力学性能测试结果（见表4-26）

表4-26　FR-4+1307丙烯酸三防清漆防护涂层实验室环境试验力学性能测试结果

试验项目	试验时间	剥离强度/(N/mm)	非支撑孔粘合强度/(N/mm²)	表面安装盘粘合强度/(N/mm²)
盐雾+干燥+湿热循环	0	1.09	8.23（7.28～8.86）	7.22（4.12～12.46）
	9周期	1.17	16.59（8.46～21.61）	9.72（7.35～13.80）
	15周期	0.96	17.70（13.52～21.88）	10.95（9.22～13.39）

续表

试验项目	试验时间	剥离强度/(N/mm)	非支撑孔粘合强度/(N/mm²)	表面安装盘粘合强度/(N/mm²)
盐雾+干燥+湿热循环	21 周期	1.34	16.40（11.58～22.36）	8.49（4.87～15.27）
	27 周期	1.22	16.74（13.96～18.44）	9.78（6.63～13.90）
	33 周期	1.24	17.72（14.01～20.88）	9.66（6.49～16.07）
	39 周期	1.40	18.12（13.47～21.67）	8.95（6.35～12.50）

4.1.5 FR-4+1B73 丙烯酸三防清漆防护涂层

4.1.5.1 试验样件信息

FR-4+1B73 丙烯酸三防清漆防护涂层试验样件信息见表 4-27。

表 4-27 FR-4+1B73 丙烯酸三防清漆防护涂层试验样件信息

序号	基材	面漆	干膜厚度/μm
1-5	FR-4	1B73 丙烯酸三防清漆	30～50

FR-4+1B73 丙烯酸三防清漆防护涂层为单涂层体系，面漆为 1B73 丙烯酸三防清漆，涂层总厚度为 30～50μm。

4.1.5.2 试验条件

FR-4+1B73 丙烯酸三防清漆防护涂层自然环境试验条件见表 4-28，实验室环境试验条件见表 4-29。

表 4-28 FR-4+1B73 丙烯酸三防清漆防护涂层自然环境试验条件

环境类型	试验地点	试验方式
湿热海洋大气环境	西沙	棚下箱内暴露
亚湿热工业大气环境	江津	棚下箱内暴露
干热沙漠大气环境	敦煌	棚下箱内暴露
寒冷乡村大气环境	漠河	棚下箱内暴露

表 4-29 FR-4+1B73 丙烯酸三防清漆防护涂层实验室环境试验条件

试验项目	试验条件
交变湿热	湿度：95%±2%。 温度变化：从 25℃升温到 65℃，2.5h，保持 3h；从 65℃降温到 25℃，2.5h。 试验时长：8h 为 1 个周期，循环 6 个周期

续表

试验项目	试验条件
盐雾+干燥+湿热循环	盐雾试验： 　NaCl 溶液浓度：5%±1%。 　pH 值：6.5～7.2。 　试验温度：35℃±2℃。 　盐雾沉降率：1～3mL/(80cm^2·h)。 干燥试验： 　温度：60℃±2℃。 　相对湿度：20%～30%。 湿热试验： 　温度：35℃±2℃。 　相对湿度：95%～100%。 试验循环：盐雾试验 2h+干燥试验 4h+湿热试验 2h，为 1 个循环

4.1.5.3 测试项目及参照标准

FR-4+1B73 丙烯酸三防清漆防护涂层测试项目及参照标准见表 4-30。

表 4-30 FR-4+1B73 丙烯酸三防清漆防护涂层测试项目及参照标准

测试项目	参照标准
外观评级	GB/T 1766—2008《色漆和清漆 涂层老化的评级方法》
介质耐电压	GJB 362B—2009《刚性印制板通用规范》
绝缘电阻	GJB 362B—2009《刚性印制板通用规范》
品质因数（Q）	SJ 20671—1998《印制板组装件涂覆用电绝缘化合物》
损耗角正切（D）	SJ 20671—1998《印制板组装件涂覆用电绝缘化合物》

4.1.5.4 环境适应性数据

FR-4+1B73 丙烯酸三防清漆防护涂层自然环境试验电性能及外观测试结果见表 4-31。

表 4-31 FR-4+1B73 丙烯酸三防清漆防护涂层自然环境试验电性能及外观测试结果

环境类型	试验时间/月	绝缘电阻/MΩ	品质因数（Q）		损耗角正切（D）		介质耐电压		外观综合评级
			1MHz	50MHz	1MHz	50MHz	最高电压/kV	最大漏电流/mA	
湿热海洋大气环境	0	2.19×10^7	62.59	60.03	0.016	0.017	5.82	1.32（击穿）	0
	6	6.87×10^7	54.16	66.23	0.018	0.015	6.06	0.007	0
	12	4.45×10^7	40.53	56.78	0.025	0.018	2.33	1.027（电火花）	0
	24	4.36×10^6	53.46	69.05	0.019	0.014	5.89	0.007	0
	36	3.24×10^7	47.78	52.00	0.021	0.019	6.01	1.559（电火花）	0

续表

环境类型	试验时间/月	绝缘电阻/MΩ	品质因数（Q）		损耗角正切（D）		介质耐电压		外观综合评级
			1MHz	50MHz	1MHz	50MHz	最高电压/kV	最大漏电流/mA	
亚湿热工业大气环境	0	$2.19×10^7$	62.59	60.03	0.016	0.017	5.82	1.32（击穿）	0
	6	$1.53×10^7$	58.30	54.17	0.017	0.010	6.10	0.008	0
	12	$4.34×10^7$	67.11	65.90	0.015	0.015	6.03	0.006	0
	24	$6.88×10^7$	62.29	66.18	0.016	0.015	5.16	0.916（超漏）	0
	36	$3.26×10^7$	62.03	59.96	0.016	0.017	6.02	0.010	0
干热沙漠大气环境	0	$2.19×10^7$	62.59	60.03	0.016	0.017	5.82	1.32（击穿）	0
	6	$9.55×10^7$	74.33	73.48	0.014	0.014	6.02	0.008	0
	12	$2.64×10^6$	79.09	63.23	0.013	0.016	6.01	0.007	0
	24	$1.16×10^7$	74.95	74.88	0.013	0.013	5.06	1.052（电火花）	0
	36	$3.33×10^6$	61.15	69.51	0.016	0.014	5.78	1.028（电火花）	0
寒冷乡村大气环境	0	$2.19×10^7$	62.59	60.03	0.016	0.017	5.82	1.32（击穿）	0
	6	$2.35×10^6$	62.13	58.48	0.015	0.017	6.00	0.006	0
	12	$3.58×10^6$	55.61	67.16	0.018	0.015	6.08	0.008	0
	24	$7.13×10^7$	64.41	64.38	0.016	0.016	2.79	0.524（超漏）	0
	36	$3.23×10^6$	65.99	60.05	0.015	0.017	6.14	0.004	0

FR-4+1B73 丙烯酸三防清漆防护涂层实验室环境试验电性能及外观测试结果见表 4-32。

表4-32　FR-4+1B73 丙烯酸三防清漆防护涂层实验室环境试验电性能及外观测试结果

试验项目	试验时间	绝缘电阻/MΩ	品质因数（Q）		损耗角正切（D）		外观综合评级
			1MHz	50MHz	1MHz	50MHz	
交变湿热	0	$2.26×10^8$	66.62	81.27	0.015	0.012	0
	4d	$1.11×10^5$	45.47	54.38	0.022	0.018	0
	8d	$2.53×10^5$	45.49	54.26	0.022	0.018	0
	10d	$2.67×10^4$	48.42	55.66	0.021	0.018	0
	12d	$1.47×10^5$	46.31	56.92	0.022	0.018	0
盐雾+干燥+湿热循环	0	$2.26×10^8$	66.62	81.27	0.015	0.012	0
	9周期	$1.78×10^7$	62.08	62.08	0.016	0.016	0
	15周期	$1.72×10^4$	51.41	56.49	0.019	0.018	0

续表

试验项目	试验时间	绝缘电阻/MΩ	品质因数（Q）		损耗角正切（D）		外观综合评级
			1MHz	50MHz	1MHz	50MHz	
盐雾+干燥+湿热循环	21 周期	$1.34×10^2$	62.04	58.29	0.016	0.019	0
	27 周期	$3.14×10^5$	50.21	55.99	0.020	0.018	0
	33 周期	$3.34×10^3$	54.08	60.49	0.018	0.017	0

4.2 聚氨酯防护涂层环境适应性数据

4.2.1 FR-4+TS96-11 氟聚氨酯三防清漆防护涂层

4.2.1.1 试验样件信息

FR-4+TS96-11 氟聚氨酯三防清漆防护涂层试验样件信息见表 4-33。

表 4-33 FR-4+TS96-11 氟聚氨酯三防清漆防护涂层试验样件信息

序号	基材	面漆	干膜厚度/μm
2-1	FR-4	TS96-11 氟聚氨酯三防清漆	40～50

FR-4+TS96-11 氟聚氨酯三防清漆防护涂层为单涂层体系，面漆为 TS96-11 氟聚氨酯三防清漆，涂层总厚度为 40～50μm。

4.2.1.2 试验条件

FR-4+TS96-11 氟聚氨酯三防清漆防护涂层自然环境试验条件见表 4-34，实验室环境试验条件见表 4-35。

表 4-34 FR-4+TS96-11 氟聚氨酯三防清漆防护涂层自然环境试验条件

环境类型	试验地点	试验方式
湿热海洋大气环境	西沙	棚下箱内暴露
亚湿热工业大气环境	江津	棚下箱内暴露
干热沙漠大气环境	敦煌	棚下箱内暴露
寒冷乡村大气环境	漠河	棚下箱内暴露

表 4-35 FR-4+TS96-11 氟聚氨酯三防清漆防护涂层实验室环境试验及条件

试验项目	试验条件
交变湿热	湿度：95%±2%。 温度变化：从 25℃升温到 65℃，2.5h，保持 3h；从 65℃降温到 25℃，2.5h。 试验时长：8h 为 1 个周期，循环 6 个周期
盐雾+干燥+湿热循环	盐雾试验： 　　NaCl 溶液浓度：5%±1%。 　　pH 值：6.5～7.2。 　　试验温度：35℃±2℃。 　　盐雾沉降率：1～3mL/(80cm^2·h)。 干燥试验： 　　温度：60℃±2℃。 　　相对湿度：20%～30%。 湿热试验： 　　温度：35℃±2℃。 　　相对湿度：95%～100%。 试验循环：盐雾试验 2h+干燥试验 4h+湿热试验 2h，为 1 个循环

4.2.1.3 测试项目及参照标准

FR-4+TS96-11 氟聚氨酯三防清漆防护涂层测试项目及参照标准见表 4-36。

表 4-36 FR-4+TS96-11 氟聚氨酯三防清漆防护涂层测试项目及参照标准

测试项目	参照标准
外观评级	GB/T 1766—2008《色漆和清漆 涂层老化的评级方法》
介质耐电压	GJB 362B—2009《刚性印制板通用规范》
品质因数（Q）	SJ 20671—1998《印制板组装件涂覆用电绝缘化合物》
损耗角正切（D）	SJ 20671—1998《印制板组装件涂覆用电绝缘化合物》
剥离强度	GJB 362B—2009《刚性印制板通用规范》 GB/T 4677—2002《印制板测试方法》
非支撑孔粘合强度	GJB 362B—2009《刚性印制板通用规范》
表面安装盘粘合强度	GJB 362B—2009《刚性印制板通用规范》

4.2.1.4 环境适应性数据

1. 自然环境试验结果

（1）电性能测试结果（见表 4-37）

表 4-37 FR-4+TS96-11 氟聚氨酯三防清漆防护涂层自然环境试验电性能测试结果

环境类型	试验时间/月	绝缘电阻/MΩ	品质因数（Q）		损耗角正切（D）		介质耐电压	
			1MHz	50MHz	1MHz	50MHz	最高电压/kV	最大漏电流/mA
湿热海洋大气环境	0	$4.32×10^6$	58.24	58.91	0.017	0.017	5.79	0.037
	6	$2.65×10^7$	58.74	84.91	0.017	0.012	6.11	0.007
	12	$4.35×10^7$	54.75	59.89	0.018	0.017	6.05	0.008
	24	$4.03×10^7$	57.43	64.95	0.017	0.015	5.92	1.102
	36	$2.63×10^6$	58.41	55.71	0.017	0.018	5.34	0.334
亚湿热工业大气环境	0	$4.32×10^6$	58.24	58.91	0.017	0.017	5.79	0.037
	6	$4.65×10^7$	58.18	50.88	0.017	0.020	6.09	0.009
	12	$6.09×10^7$	55.11	57.98	0.018	0.017	6.02	0.006
	24	$4.45×10^7$	54.86	61.70	0.018	0.015	5.82	0.063
	36	$1.19×10^7$	57.08	61.10	0.018	0.016	6.00	0.014
干热沙漠大气环境	0	$4.32×10^6$	58.24	58.91	0.017	0.017	5.79	0.037
	6	$4.07×10^5$	69.19	63.16	0.014	0.017	6.03	0.008
	12	$2.07×10^6$	70.28	66.63	0.014	0.015	6.03	0.007
	24	$1.95×10^7$	56.75	71.15	0.017	0.017	5.90	0.182
	36	$3.36×10^8$	58.88	60.11	0.017	0.017	6.07	0.016
寒冷乡村大气环境	0	$4.32×10^6$	58.24	58.91	0.017	0.017	5.79	0.037
	6	$2.11×10^4$	56.40	57.56	0.018	0.017	6.08	0.007
	12	$2.90×10^7$	51.51	63.83	0.019	0.016	6.07	0.008
	24	$4.96×10^7$	56.64	59.26	0.018	0.017	5.80	0.007
	36	$4.26×10^7$	60.38	59.39	0.017	0.017	6.15	0.005

（2）力学性能及外观测试结果（见表 4-38）

表 4-38 FR-4+TS96-11 氟聚氨酯三防清漆防护涂层自然环境试验力学性能及外观测试结果

环境类型	试验时间/月	剥离强度/（N/mm）	非支撑孔粘合强度/（N/mm²）	表面安装盘粘合强度/（N/mm²）	外观综合评级
湿热海洋大气环境	0	1.09	9.18（8.98～9.45）	16.84（13.56～21.02）	0
	6	1.16	7.31（5.81～7.96）	9.35（5.79～11.98）	0
	12	1.05	7.94（6.09～11.28）	8.75（6.49～11.54）	0
	24	1.00	16.9（14.08～19.54）	7.25（5.31～10.08）	0
	36	1.00	16.86（15.22～18.61）	7.45（7.06～10.66）	0

续表

环境类型	试验时间/月	剥离强度/(N/mm)	非支撑孔粘合强度/(N/mm²)	表面安装盘粘合强度/(N/mm²)	外观综合评级
亚湿热工业大气环境	0	1.09	9.18（8.98~9.45）	16.84（13.56~21.02）	0
	6	1.14	8.50（6.54~10.37）	11.34（7.89~15.83）	0
	12	1.11	8.96（7.22~10.37）	7.56（4.80~11.17）	0
	24	0.91	10.02（8.56~11.55）	11.11（6.95~14.22）	0
	36	1.07	19.28（16.36~22.80）	10.52（1.11~15.22）	0
干热沙漠大气环境	0	1.09	9.18（8.98~9.45）	16.84（13.56~21.02）	0
	6	1.31	8.80（7.15~9.99）	4.90（2.23~6.86）	0
	12	1.13	9.73（8.04~11.52）	7.15（6.25~7.71）	0
	24	/	19.49（13.9~21.77）	8.86（5.20~13.22）	0
	36	1.18	18.95（12.65~22.4）	9.22（6.05~12.81）	0
寒冷乡村大气环境	0	1.09	9.18（8.98~9.45）	16.84（13.56~21.02）	0
	6	2.54	8.98（5.81~11.09）	13.49（9.87~21.58）	0
	12	1.31	12.56（7.54~20.78）	9.29（5.14~15.22）	0
	24	1.15	10.06（7.64~11.44）	12.72（9.33~14.61）	0
	36	1.19	16.65（13.65~21.0）	8.12（4.59~12.00）	0

2. 实验室环境试验结果

（1）电性能及外观测试结果（见表4-39）

表4-39 FR-4+TS96-11氟聚氨酯三防清漆防护涂层实验室环境试验电性能及外观测试结果

试验项目	试验时间	绝缘电阻/MΩ	品质因数（Q）		损耗角正切（D）		外观综合评级
			1MHz	50MHz	1MHz	50MHz	
交变湿热	0	2.29×10^8	64.55	72.85	0.015	0.014	0
	4d	5.60×10^4	44.76	51.82	0.022	0.019	0
	8d	2.92×10^3	31.25	45.14	0.032	0.022	0
	12d	3.43×10^3	42.96	52.39	0.023	0.019	0
盐雾+干燥+湿热循环	0	2.29×10^8	64.55	72.85	0.015	0.014	0
	9周期	1.70×10^7	52.29	61.04	0.019	0.016	1
	15周期	8.55×10^5	43.54	56.66	0.023	0.018	2
	21周期	2.24×10^3	57.12	62.65	0.018	0.016	2
	27周期	2.62×10^5	64.83	52.57	0.015	0.019	3
	33周期	1.75×10^4	59.37	60.14	0.017	0.017	3

（2）力学性能测试结果（见表 4-40）

表 4-40　FR-4+TS96-11 氟聚氨酯三防清漆防护涂层实验室环境试验力学性能测试结果

试验项目	试验时间	剥离强度/ (N/mm)	非支撑孔粘合强度/(N/mm^2)	表面安装盘粘合强度/(N/mm^2)
盐雾+干燥+ 湿热循环	0	1.09	9.18（8.98～9.45）	16.84（13.56～21.02）
	9 周期	1.14	21.11（17.46～23.54）	10.47（5.37～17.30）
	15 周期	0.92	16.18（14.69～16.83）	11.37（7.60～17.49）
	21 周期	1.27	19.04（17.74～21.30）	9.33（6.26～11.38）
	27 周期	1.15	13.95（6.28～23.65）	9.55（8.29～13.13）
	33 周期	1.22	20.12（16.58～23.55）	8.27（5.71～11.56）
	39 周期	1.27	13.06（7.81～20.23）	8.64（3.83～12.15）

4.2.2　FR-4+TS01-3 聚氨酯三防清漆防护涂层

4.2.2.1　试验样件信息

FR-4+TS01-3 聚氨酯三防清漆防护涂层试验样件信息见表 4-41。

表 4-41　FR-4+TS01-3 聚氨酯三防清漆防护涂层试验样件信息

序号	基材	面漆	干膜厚度/μm
2-2	FR-4	TS01-3 聚氨酯三防清漆	40～50

FR-4+TS01-3 聚氨酯三防清漆防护涂层为单涂层体系，面漆为 TS01-3 聚氨酯三防清漆，涂层总厚度为 40～50μm。

4.2.2.2　试验条件

FR-4+TS01-3 聚氨酯三防清漆防护涂层自然环境试验条件见表 4-42，实验室环境试验条件见表 4-43。

表 4-42　FR-4+TS01-3 聚氨酯三防清漆防护涂层自然环境试验条件

环境类型	试验地点	试验方式
湿热海洋大气环境	西沙	棚下箱内暴露
亚湿热工业大气环境	江津	棚下箱内暴露
干热沙漠大气环境	敦煌	棚下箱内暴露
寒冷乡村大气环境	漠河	棚下箱内暴露

表 4-43 FR-4+TS01-3 聚氨酯三防清漆防护涂层实验室环境试验条件

试验项目	试验条件
交变湿热	湿度：95%±2%。 温度变化：从 25℃升温到 65℃，2.5h，保持 3h；从 65℃降温到 25℃，2.5h。 试验时长：8h 为 1 个周期，循环 6 个周期
盐雾+干燥+湿热循环试验	盐雾试验： 　　NaCl 溶液浓度：5%±1%。 　　pH 值：6.5～7.2。 　　试验温度：35℃±2℃。 　　盐雾沉降率：1～3mL/(80cm^2·h)。 干燥试验： 　　温度：60℃±2℃。 　　相对湿度：20%～30%。 湿热试验： 　　温度：35℃±2℃。 　　相对湿度：95%～100%。 试验循环：盐雾试验 2h+干燥试验 4h+湿热试验 2h，为 1 个循环

4.2.2.3 测试项目及参照标准

FR-4+TS01-3 聚氨酯三防清漆防护涂层测试项目及参照标准见表 4-44。

表 4-44 FR-4+TS01-3 聚氨酯三防清漆防护涂层测试项目及参照标准

测试项目	参照标准
外观评级	GB/T 1766—2008《色漆和清漆 涂层老化的评级方法》
介质耐电压	GJB 362B—2009《刚性印制板通用规范》
品质因数（Q）	SJ 20671—1998《印制板组装件涂覆用电绝缘化合物》
损耗角正切（D）	SJ 20671—1998《印制板组装件涂覆用电绝缘化合物》
剥离强度	GJB 362B—2009《刚性印制板通用规范》 GB/T 4677—2002《印制板测试方法》
非支撑孔粘合强度	GJB 362B—2009《刚性印制板通用规范》
表面安装盘粘合强度	GJB 362B—2009《刚性印制板通用规范》

4.2.2.4 环境适应性数据

1. 自然环境试验结果

（1）电性能测试结果（见表 4-45）

表 4-45 FR-4+TS01-3 聚氨酯三防清漆防护涂层自然环境试验电性能测试结果

环境类型	试验时间/月	绝缘电阻/MΩ	品质因数（Q） 1MHz	50MHz	损耗角正切（D） 1MHz	50MHz	介质耐电压 最高电压/kV	最大漏电流/mA
湿热海洋大气环境	0	$4.40×10^6$	60.36	60.57	0.017	0.017	5.78	0.027
	6	$2.17×10^7$	61.06	82.74	0.016	0.012	6.10	0.007
	12	$2.19×10^7$	56.02	62.97	0.018	0.016	6.06	0.008
	24	$5.11×10^6$	58.22	65.67	0.017	0.015	5.31	1.113
	36	$1.99×10^5$	59.05	57.74	0.017	0.017	1.69	0.281
亚湿热工业大气环境	0	$4.40×10^6$	60.36	60.57	0.017	0.017	5.78	0.027
	6	$6.11×10^7$	55.92	50.94	0.018	0.020	5.13	0.12（电火花）
	12	$5.37×10^7$	57.12	61.55	0.018	0.016	6.03	0.006
	24	$3.90×10^7$	58.26	67.36	0.017	0.015	5.25	0.463（电火花）
	36	$5.39×10^6$	55.90	63.18	0.018	0.016	6.02	0.018
干热沙漠大气环境	0	$4.40×10^6$	60.36	60.57	0.017	0.017	5.78	0.027
	6	$6.11×10^6$	69.58	69.16	0.014	0.014	6.01	0.008
	12	$2.05×10^6$	74.34	66.45	0.013	0.015	3.17	1.993（电火花）
	24	$3.46×10^7$	57.74	74.94	0.017	0.013	1.06	1.028（电火花）
	36	$1.19×10^8$	61.31	63.56	0.016	0.016	3.67	3.562（电火花）
寒冷乡村大气环境	0	$4.40×10^6$	60.36	60.57	0.017	0.017	5.78	0.027
	6	$2.76×10^4$	56.34	59.32	0.02	0.02	6.80	0.008
	12	$6.31×10^5$	53.04	66.49	0.02	0.02	6.06	0.124（电火花）
	24	$3.54×10^7$	55.42	60.33	0.018	0.018	4.93	0.968（超漏）
	36	$2.92×10^7$	58.59	60.47	0.017	0.017	6.06	0.01

（2）力学性能及外观测试结果（见表 4-46）

表 4-46 FR-4+TS01-3 聚氨酯三防清漆防护涂层自然环境试验力学性能及外观测试结果

环境类型	试验时间/月	剥离强度/（N/mm）	非支撑孔粘合强度/（N/mm²）	表面安装盘粘合强度/（N/mm²）	外观综合评级
湿热海洋大气环境	0	1.06	8.24（7.61～8.75）	10.12（5.52～15.21）	0
	6	0.99	8.11（6.72～10.16）	11.68（6.06～18.54）	0
	12	1.02	7.67（5.99～9.43）	10.37（8.26～13.68）	0
	24	1.28	19.5（15.21～23.20）	3.42（0.47～6.64）	0
	36	1.11	18.3（16.84～19.21）	8.41（4.30～12.19）	0

续表

环境类型	试验时间/月	剥离强度/（N/mm）	非支撑孔粘合强度/（N/mm²）	表面安装盘粘合强度/（N/mm²）	外观综合评级
亚湿热工业大气环境	0	1.06	8.24（7.61～8.75）	10.12（5.52～15.21）	0
	6	1.14	10.00（7.92～11.98）	8.40（7.51～9.95）	0
	12	1.16	9.40（7.86～11.56）	12.53（9.64～17.50）	0
	24	1.03	8.21（6.24～10.19）	12.02（11.33～13.43）	0
	36	1.24	18.18（15.44～21.23）	11.46（6.13～16.37）	0
干热沙漠大气环境	0	1.06	8.24（7.61～8.75）	10.12（5.52～15.21）	0
	6	1.06	8.86（7.25～10.66）	7.19（4.27～9.21）	0
	12	1.05	7.48（6.41～8.97）	8.09（1.86～15.58）	0
	24	0.95	16.36（15.5～17.55）	5.33（3.88～7.07）	0
	36	0.97	17.49（13.77～20.17）	7.75（5.79～10.45）	0
寒冷乡村大气环境	0	1.06	8.24（7.61～8.75）	10.12（5.52～15.21）	0
	6	1.07	9.50（8.06～10.84）	9.23（7.35～14.36）	0
	12	1.02	9.36（6.97～11.63）	13.22（7.11～17.78）	0
	24	1.15	9.12（6.83～11.10）	12.30（8.40～16.60）	0
	36	0.79	19.12（17.26～20.3）	9.65（5.72～11.45）	0

2．实验室环境试验结果

（1）电性能及外观测试结果（见表4-47）

表4-47　FR-4+TS01-3 聚氨酯三防清漆防护涂层实验室环境试验电性能及外观测试结果

试验项目	试验时间	绝缘电阻/MΩ	品质因数（Q）		损耗角正切（D）		外观综合评级
			1MHz	50MHz	1MHz	50MHz	
交变湿热	0	$1.33×10^8$	66.92	75.02	0.015	0.013	0
	4d	$9.68×10^4$	45.69	56.51	0.022	0.018	0
	8d	$4.15×10^3$	30.84	47.58	0.032	0.021	0
	12d	$5.82×10^3$	42.44	54.42	0.023	0.018	0
盐雾+干燥+湿热循环	0	$1.33×10^8$	66.92	75.02	0.015	0.013	0
	9周期	$1.53×10^7$	54.08	62.06	0.018	0.016	1
	15周期	$4.47×10^5$	43.51	57.10	0.024	0.018	1
	21周期	$1.47×10^3$	45.33	61.51	0.024	0.016	1
	27周期	$6.92×10^3$	56.35	53.98	0.018	0.019	2
	33周期	57.4	40.01	56.61	0.025	0.018	2

(2)力学性能测试结果(见表 4-48)

表 4-48 FR-4+TS01-3 聚氨酯三防清漆防护涂层实验室环境试验力学性能测试结果

试验项目	试验时间	剥离强度/(N/mm)	非支撑孔粘合强度/(N/mm²)	表面安装盘粘合强度/(N/mm²)
盐雾+干燥+湿热循环试验	0	1.06	8.24（7.61～8.75）	10.12（5.52～15.21）
	9 周期	1.05	13.87（9.71～18.33）	6.01（3.76～9.43）
	15 周期	0.74	13.81（10.29～19.64）	5.59（3.84～7.64）
	21 周期	1.16	16.21（8.53～22.63）	8.44（7.79～9.37）
	27 周期	1.07	16.96（12.67～21.49）	11.56（8.29～14.11）
	33 周期	1.14	18.22（13.62～20.86）	7.90（6.01～9.55）
	39 周期	1.24	18.69（16.75～21.03）	6.77（3.80～10.40）

4.2.3 FR-4+S01-20 聚氨酯三防清漆防护涂层

4.2.3.1 试验样件信息

FR-4+S01-20 聚氨酯三防清漆防护涂层试验样件信息见表 4-49。

表 4-49 FR-4+S01-20 聚氨酯三防清漆防护涂层试验样件信息

序号	基材	面漆	干膜厚度/μm
2-3	FR-4	S01-20 聚氨酯三防清漆	90～110

FR-4+S01-20 聚氨酯三防清漆防护涂层为单涂层体系，面漆为 S01-20 聚氨酯三防漆，涂层总厚度为 90～110μm。

4.2.3.2 试验条件

FR-4+S01-20 聚氨酯三防清漆防护涂层自然环境试验条件见表 4-50，实验室环境试验条件见表 4-51。

表 4-50 FR-4+S01-20 聚氨酯三防清漆防护涂层自然环境试验条件

环境类型	试验地点	试验方式
湿热海洋大气环境	西沙	棚下箱内暴露
亚湿热工业大气环境	江津	棚下箱内暴露
干热沙漠大气环境	敦煌	棚下箱内暴露
寒冷乡村大气环境	漠河	棚下箱内暴露

表 4-51　FR-4+S01-20 聚氨酯三防清漆防护涂层实验室环境试验条件

试验项目	试验条件
交变湿热	湿度：95%±2%。 温度变化：从 25℃升温到 65℃，2.5h，保持 3h；从 65℃降温到 25℃，2.5h。 试验时长：8h 为 1 个周期，循环 6 个周期
盐雾+干燥+湿热循环	盐雾试验： 　NaCl 溶液浓度：5%±1%。 　pH 值：6.5～7.2。 　试验温度：35℃±2℃。 　盐雾沉降率：1～3mL/(80cm²·h)。 干燥试验： 　温度：60℃±2℃。 　相对湿度：20%～30%。 湿热试验： 　温度：35℃±2℃。 　相对湿度：95%～100%。 试验循环：盐雾试验 2h+干燥试验 4h+湿热试验 2h，为 1 个循环

4.2.3.3　测试项目及参照标准

FR-4+S01-20 聚氨酯三防清漆防护涂层测试项目及参照标准见表 4-52。

表 4-52　FR-4+S01-20 聚氨酯三防清漆防护涂层测试项目及参照标准

测试项目	参照标准
外观评级	GB/T 1766—2008《色漆和清漆 涂层老化的评级方法》
介质耐电压	GJB 362B—2009《刚性印制板通用规范》
绝缘电阻	GJB 362B—2009《刚性印制板通用规范》
品质因数（Q）	SJ 20671—1998《印制板组装件涂覆用电绝缘化合物》
损耗角正切（D）	SJ 20671—1998《印制板组装件涂覆用电绝缘化合物》

4.2.3.4　环境适应性数据

1．自然环境试验结果

（1）电性能测试结果（见表 4-53）

表 4-53　FR-4+S01-20 聚氨酯三防清漆防护涂层自然环境试验电性能测试结果

环境类型	试验时间/月	绝缘电阻/MΩ	品质因数（Q）		损耗角正切（D）		介质耐电压	
			1MHz	50MHz	1MHz	50MHz	最高电压/kV	最大漏电流/mA
湿热海洋大气环境	0	$5.50×10^5$	55.64	54.31	0.018	0.019	3.79	0.093（电火花）
	6	$2.02×10^7$	53.05	60.41	0.019	0.017	2.58	0.268（电火花）
	12	$2.57×10^7$	51.38	51.47	0.019	0.019	3.58	1.91（电火花）
	24	$2.73×10^5$	50.03	59.09	0.020	0.017	3.62	1.007（电火花）
	36	$1.16×10^7$	51.09	48.63	0.020	0.021	3.47	1.187（电火花）
亚湿热工业大气环境	0	$5.50×10^5$	55.64	54.31	0.018	0.019	3.79	0.093（电火花）
	6	$3.82×10^7$	50.93	44.75	0.020	0.023	3.28	0.34（电火花）
	12	$5.88×10^7$	52.48	55.65	0.019	0.018	4.62	0.637（电火花）
	24	$5.91×10^6$	48.66	53.74	0.020	0.018	2.47	0.467（电火花）
	36	$5.46×10^6$	47.79	51.12	0.021	0.020	2.51	0.293（电火花）
干热沙漠环大气境	0	$5.50×10^5$	55.64	54.31	0.018	0.019	3.79	0.093（电火花）
	6	$1.31×10^6$	63.20	64.96	0.015	0.015	1.37	0.122（电火花）
	12	$1.70×10^5$	63.21	57.41	0.016	0.017	3.15	0.169（电火花）
	24	$3.94×10^7$	53.81	55.55	0.019	0.018	1.76	1.196（电火花）
	36	$5.81×10^7$	59.75	67.94	0.017	0.015	3.26	1.144（电火花）
寒冷乡村大气环境	0	$5.50×10^5$	55.64	54.31	0.018	0.019	3.79	0.093（电火花）
	6	$5.28×10^7$	53.15	54.07	0.019	0.019	2.02	0.124（电火花）
	12	$6.09×10^6$	51.64	58.35	0.019	0.017	0.38	0.066（电火花）
	24	$3.20×10^4$	49.95	55.93	0.020	0.019	3.57	0.158（电火花）
	36	$3.95×10^6$	52.13	53.70	0.019	0.019	2.24	0.24（电火花）

（2）力学性能及外观测试结果（见表 4-54）

表 4-54　FR-4+S01-20 聚氨酯三防清漆防护涂层自然环境试验力学性能及外观测试结果

环境类型	试验时间/月	剥离强度/（N/mm）	非支撑孔粘合强度/（N/mm²）	表面安装盘粘合强度/（N/mm²）	外观综合评级
湿热海洋大气环境	0	2.27	3.02（2.46～3.78）	11.70（8.78～12.72）	0
	6	2.21	4.03（3.19～6.34）	11.08（5.62～15.79）	0
	12	1.34	5.12（3.07～6.54）	10.77（9.07～12.56）	0
	24	2.16	7.51（5.38～8.79）	8.78（6.32～13.17）	0
	36	2.08	6.19（4.12～8.68）	6.33（5.74～7.99）	0

续表

环境类型	试验时间/月	剥离强度/（N/mm）	非支撑孔粘合强度/（N/mm²）	表面安装盘粘合强度/（N/mm²）	外观综合评级
亚湿热工业大气环境	0	2.27	3.02（2.46～3.78）	11.70（8.78～12.72）	0
	6	2.28	3.26（2.97～3.79）	8.82（7.10～10.52）	0
	12	2.20	3.26（2.59～3.73）	10.30（9.06～12.00）	0
	24	2.18	3.10（3.11～3.84）	8.97（8.15～10.99）	0
	36	2.13	6.44（5.58～8.16）	9.16（7.75～11.07）	0
干热沙漠大气环境	0	2.27	3.02（2.46～3.78）	11.70（8.78～12.72）	0
	6	1.98	6.13（3.76～9.07）	10.59（7.76～16.25）	0
	12	2.21	4.95（319～6.87）	11.58（6.22～14.39）	0
	24	1.95	8.33（6.53～10.42）	12.39（11.28～14.84）	0
	36	2.31	9.29（6.67～10.61）	8.90（4.25～12.35）	0

2. 实验室环境试验结果

FR-4+S01-20 聚氨酯三防清漆防护涂层实验室环境试验电性能及外观测试结果见表 4-55。

表 4-55　FR-4+S01-20 聚氨酯三防清漆防护涂层实验室环境试验电性能及外观测试结果

试验项目	试验时间	绝缘电阻/MΩ	品质因数（Q）		损耗角正切（D）		外观综合评级
			1MHz	50MHz	1MHz	50MHz	
交变湿热	0	3.51×10^7	54.32	71.30	0.018	0.014	0
	4d	1.14×10^5	39.47	46.88	0.025	0.021	0
	8d	2.43×10^4	35.78	43.80	0.028	0.023	0
	12d	5.27×10^4	38.28	48.89	0.026	0.020	0
盐雾+干燥+湿热循环	0	3.51×10^7	54.32	71.30	0.018	0.014	0
	9 周期	8.59×10^6	45.71	57.81	0.022	0.017	0
	15 周期	5.80×10^4	45.80	54.17	0.022	0.018	0
	21 周期	1.22×10^3	57.31	49.39	0.018	0.020	0
	27 周期	2.41×10^4	46.00	56.34	0.022	0.019	0
	33 周期	603	43.12	53.44	0.023	0.019	0

4.2.4　FR-4+DQ-20/S01-20 聚氨酯三防清漆防护涂层

4.2.4.1　试验样件信息

FR-4+DQ-20/S01-20 聚氨酯三防清漆防护涂层试验样件信息见表 4-56。

表 4-56　FR-4+DQ-20/S01-20 聚氨酯三防清漆防护涂层试验样件信息

序号	基材	面漆	干膜厚度/μm
2-4	FR-4	DQ-20/S01-20 聚氨酯三防清漆	

FR-4+DQ-20/S01-20 聚氨酯三防漆防护涂层为单涂层体系，面漆为 DQ-20/S01-20 聚氨酯三防清漆。

4.2.4.2　试验条件

FR-4+DQ-20/S01-20 聚氨酯三防清漆防护涂层自然环境试验条件见表 4-57。

表 4-57　FR-4+DQ-20/S01-20 聚氨酯三防清漆防护涂层自然环境试验条件

环境类型	试验地点	试验方式
湿热海洋大气环境	西沙	棚下箱内暴露

4.2.4.3　测试项目及参照标准

FR-4+DQ-20/S01-20 聚氨酯三防清漆防护涂层测试项目及参照标准见表 4-58。

表 4-58　FR-4+DQ-20/S01-20 聚氨酯三防清漆防护涂层测试项目及参照标准

测试项目	参照标准
外观评级	GB/T 1766—2008《色漆和清漆 涂层老化的评级方法》
介质耐电压	GJB 362B—2009《刚性印制板通用规范》
品质因数（Q）	SJ 20671—1998《印制板组装件涂覆用电绝缘化合物》
损耗角正切（D）	SJ 20671—1998《印制板组装件涂覆用电绝缘化合物》
剥离强度	GJB 362B—2009《刚性印制板通用规范》 GB/T 4677—2002《印制板测试方法》
非支撑孔粘合强度	GJB 362B—2009《刚性印制板通用规范》
表面安装盘粘合强度	GJB 362B—2009《刚性印制板通用规范》

4.2.4.4　环境适应性数据

FR-4+DQ-20/S01-20 聚氨酯三防清漆防护涂层的自然环境试验结果如下。

(1)电性能测试结果(见表4-59)

表4-59　FR-4+DQ-20/S01-20聚氨酯三防清漆防护涂层自然环境试验电性能测试结果

环境类型	试验时间/月	绝缘电阻/MΩ	介质耐电压	
			最高电压/kV	最大漏电流/mA
湿热海洋大气环境	0	2.5×10^4	5.89	0.006
	1	2.6×10^4	5.94	0.007
	3	7.3×10^4	5.76	0.006
	6	3.0×10^4	5.32	0.104
	12	2.1×10^5	5.85	0.020
	18	3.1×10^4	6.00	0.004

(2)力学性能及外观测试结果(见表4-60)

表4-60　FR-4+DQ-20/S01-20聚氨酯三防清漆防护涂层自然环境试验力学性能及外观测试结果

环境类型	试验时间/月	剥离强度/(N/mm)	非支撑孔粘合强度/(N/mm^2)	表面安装盘粘合强度/(N/mm^2)	外观综合评级
湿热海洋大气环境	0	0.76	>1.91	13.66	0
	1	0.78	>1.91	13.53	0
	3	0.92	>1.92	10.83	0
	6	0.85	>1.83	8.57	0
	12	0.65	>1.69	12.69	0
	18	0.73		12.16	0

4.2.5　FR-4+DCALOURC聚氨酯三防清漆防护涂层

4.2.5.1　试验样件信息

FR-4+DCALOURC聚氨酯三防清漆防护涂层试验样件信息见表4-61。

表4-61　FR-4+DCALOURC聚氨酯三防清漆防护涂层试验样件信息

序号	基材	面漆	干膜厚度/μm
2-5	FR-4	DCALOURC聚氨酯三防清漆	30~50

FR-4+DCALOURC聚氨酯三防漆防护涂层为单涂层体系,面漆为DCALOURC聚氨酯三防清漆,涂层总厚度为30~50μm。

4.2.5.2 试验条件

FR-4+DCALOURC 聚氨酯三防清漆防护涂层自然环境试验条件见表 4-62，实验室环境试验条件见表 4-63。

表 4-62　FR-4+DCALOURC 聚氨酯三防清漆防护涂层自然环境试验条件

环境类型	试验地点	试验方式
湿热海洋大气环境	西沙	棚下箱内暴露
亚湿热工业大气环境	江津	棚下箱内暴露
干热沙漠大气环境	敦煌	棚下箱内暴露
寒冷乡村大气环境	漠河	棚下箱内暴露

表 4-63　FR-4+DCALOURC 聚氨酯三防清漆防护涂层实验室环境试验条件

试验项目	试验条件
交变湿热	湿度：95%±2%。 温度变化：从 25℃升温到 65℃，2.5h，保持 3h；从 65℃降温到 25℃，2.5h。 试验时长：8h 为 1 个周期，循环 6 个周期
盐雾+干燥+湿热循环	盐雾试验： 　　NaCl 溶液浓度：5%±1%。 　　pH 值：6.5～7.2。 　　试验温度：35℃±2℃。 　　盐雾沉降率：1～3mL/(80cm^2·h)。 干燥试验： 　　温度：60℃±2℃。 　　相对湿度：20%～30%。 湿热试验： 　　温度：35℃±2℃。 　　相对湿度：95%～100%。 试验循环：盐雾试验 2h+干燥试验 4h+湿热试验 2h，为 1 个循环

4.2.5.3　测试项目及参照标准

FR-4+DCALOURC 聚氨酯三防清漆防护涂层测试项目及参照标准见表 4-64。

表 4-64　FR-4+DCALOURC 聚氨酯三防清漆防护涂层测试项目及参照标准

测试项目	参照标准
外观评级	GB/T 1766—2008《色漆和清漆 涂层老化的评级方法》
介质耐电压	GJB 362B—2009《刚性印制板通用规范》

续表

测试项目	参照标准
绝缘电阻	GJB 362B—2009《刚性印制板通用规范》
品质因数（Q）	SJ 20671—1998《印制板组装件涂覆用电绝缘化合物》
损耗角正切（D）	SJ 20671—1998《印制板组装件涂覆用电绝缘化合物》

4.2.5.4 环境适应性数据

1. 自然环境试验结果

FR-4+DCALOURC 聚氨酯三防清漆防护涂层自然环境试验电性能及外观测试结果见表 4-65。

表 4-65 FR-4+DCALOURC 聚氨酯三防清漆防护涂层自然环境试验电性能及外观测试结果

环境类型	试验时间/月	绝缘电阻/MΩ	品质因数（Q）		损耗角正切（D）		介质耐电压		外观综合评级
			1MHz	50MHz	1MHz	50MHz	最高电压/kV	最大漏电流/mA	
湿热海洋大气环境	0	1.70×10^7	61.85	61.79	0.016	0.016	5.88	0.56（超漏）	0
	6	5.95×10^7	60.21	70.95	0.017	0.014	6.01	0.006	0
	12	3.16×10^7	60.84	54.81	0.016	0.018	6.03	0.007	0
	24	2.22×10^7	62.49	67.31	0.016	0.015	5.89	0.007	0
	36	5.31×10^7	58.30	58.38	0.017	0.017	2.38	0.208（电火花）	0
亚湿热工业大气环境	0	1.70×10^7	61.85	61.79	0.016	0.016	5.88	0.56（电火花）	0
	6	3.01×10^7	65.70	52.90	0.016	0.019	6.10	0.008	0
	12	6.51×10^7	64.08	64.61	0.016	0.015	6.04	0.006	0
	24	3.89×10^7	58.84	62.26	0.017	0.016	5.23	0.790（超漏）	0
	36	1.32×10^7	60.32	60.89	0.017	0.016	6.01	0.010	0
干热沙漠大气环境	0	1.70×10^7	61.85	61.79	0.016	0.016	5.88	0.56（超漏）	0
	6	1.34×10^7	71.05	69.79	0.014	0.014	6.00	0.008	0
	12	2.45×10^6	76.05	62.98	0.013	0.016	6.01	0.006	0
	24	1.74×10^7	80.60	77.07	0.012	0.013	5.89	1.418（电火花）	0
	36	2.29×10^7	59.29	63.84	0.017	0.016	6.05	0.005	0
寒冷乡村大气环境	0	1.70×10^7	61.85	61.79	0.016	0.016	5.88	0.56（超漏）	0
	6	7.19×10^7	60.83	56.43	0.017	0.018	6.00	0.006	0
	12	2.89×10^7	53.74	67.53	0.019	0.015	6.07	0.008	0
	24	3.95×10^7	63.41	63.47	0.016	0.016	3.55	0.237（超漏）	0
	36	4.06×10^6	57.78	57.79	0.105	0.017	6.16	0.004	0

2. 实验室环境试验结果

FR-4+DCALOURC 聚氨酯三防清漆防护涂层实验室环境电性能及外观测试结果见表 4-66。

表 4-66 FR-4+DCALOURC 聚氨酯三防清漆防护涂层实验室环境试验电性能及外观测试结果

试验项目	试验时间	绝缘电阻/MΩ	品质因数（Q）		损耗角正切（D）		外观综合评级
			1MHz	50MHz	1MHz	50MHz	
交变湿热	0	2.68×10^8	64.88	76.75	0.015	0.013	0
	4d	2.92×10^5	50.50	53.62	0.020	0.019	0
	8d	4.81×10^5	38.05	46.47	0.026	0.022	0
	10d	5.08×10^3	48.87	50.26	0.020	0.020	0
	12d	5.85×10^3	49.39	55.65	0.020	0.018	0
盐雾+干燥+湿热循环	0	2.68×10^8	64.88	76.75	0.015	0.013	0
	9 周期	1.04×10^8	56.57	58.20	0.018	0.017	1
	15 周期	1.02×10^6	54.77	57.52	0.018	0.017	1
	21 周期	1.84×10^3	45.98	55.83	0.027	0.018	1
	27 周期	3.92×10^6	60.21	54.21	0.017	0.018	2
	33 周期	3.34×10^5	63.44	56.66	0.016	0.018	2

4.2.6 FR-4+CJ-02 丙烯酸聚氨酯绝缘三防清漆防护涂层

4.2.6.1 试验样件信息

FR-4+CJ-02 丙烯酸聚氨酯绝缘清漆防护涂层试验样件信息见表 4-67。

表 4-67 FR-4+CJ-02 丙烯酸聚氨酯绝缘清漆防护涂层试验样件信息

序号	基材	面漆	干膜厚度/μm
2-6	FR-4	CJ-02 丙烯酸聚氨酯绝缘清漆	25～75

FR-4+CJ-02 丙烯酸聚氨酯绝缘清漆防护涂层为单涂层体系，面漆为 CJ-02 丙烯酸聚氨酯绝缘清漆，涂层总厚度为 25～75μm。

4.2.6.2 试验条件

FR-4+CJ-02 丙烯酸聚氨酯绝缘清漆防护涂层自然环境试验条件见表 4-68，实验室环境试验条件见表 4-69。

表 4-68　FR-4+CJ-02 丙烯酸聚氨酯绝缘清漆防护涂层自然环境试验条件

环境类型	试验地点	试验方式
湿热海洋大气环境	西沙	棚下箱内暴露
亚湿热工业大气环境	江津	棚下箱内暴露
干热沙漠大气环境	敦煌	棚下箱内暴露
寒冷乡村大气环境	漠河	棚下箱内暴露

表 4-69　FR-4+CJ-02 丙烯酸聚氨酯绝缘清漆防护涂层实验室环境试验条件

试验项目	试验条件
交变湿热	湿度：95%±2%。 温度变化：从 25℃升温到 65℃，2.5h，保持 3h；从 65℃降温到 25℃，2.5h。 试验时长：8h 为 1 个周期，循环 6 个周期
盐雾+干燥+湿热循环	盐雾试验： 　　NaCl 溶液浓度：5%±1%。 　　pH 值：6.5～7.2。 　　试验温度：35℃±2℃。 　　盐雾沉降率：1～3mL/(80cm^2·h)。 干燥试验： 　　温度：60℃±2℃。 　　相对湿度：20%～30%。 湿热试验： 　　温度：35℃±2℃。 　　相对湿度：95%～100%。 试验循环：盐雾试验 2h+干燥试验 4h+湿热试验 2h，为 1 个循环

4.2.6.3　测试项目及参照标准

FR-4+CJ-02 丙烯酸聚氨酯绝缘清漆防护涂层测试项目及参照标准见表 4-70。

表 4-70　FR-4+CJ-02 丙烯酸聚氨酯绝缘清漆防护涂层测试项目及参照标准

测试项目	参照标准
外观评级	GB/T 1766—2008《色漆和清漆　涂层老化的评级方法》
介质耐电压	GJB 362B—2009《刚性印制板通用规范》
绝缘电阻	GJB 362B—2009《刚性印制板通用规范》
品质因数（Q）	SJ 20671—1998《印制板组装件涂覆用电绝缘化合物》
损耗角正切（D）	SJ 20671—1998《印制板组装件涂覆用电绝缘化合物》

4.2.6.4 环境适应性数据

1. 自然环境试验结果

FR-4+CJ-02 丙烯酸聚氨酯绝缘清漆防护涂层自然环境试验电性能及外观测试结果见表 4-71。

表 4-71　FR-4+CJ-02 丙烯酸聚氨酯绝缘清漆防护涂层
自然环境试验电性能及外观测试结果

环境类型	试验时间/月	绝缘电阻/MΩ	品质因数（Q）		损耗角正切（D）		介质耐电压		外观综合评级
			1MHz	50MHz	1MHz	50MHz	最高电压/kV	最大漏电流/mA	
湿热海洋大气环境	0	3.83×10^6	51.62	52.23	0.019	0.019	5.74	0.019	0
	6	4.83×10^7	50.39	59.92	0.020	0.017	6.05	0.006	0
	12	2.44×10^7	46.58	46.10	0.021	0.022	6.04	0.008	0
	24	3.17×10^7	50.77	54.95	0.019	0.018	5.90	0.007	0
	36	5.03×10^4	46.64	48.28	0.021	0.021	3.32	1.629（电火花）	0
亚湿热工业大气环境	0	3.83×10^6	51.62	52.23	0.019	0.019	5.74	0.019	0
	6	32.90×10^7	51.59	51.32	0.019	0.020	6.10	0.007	0
	12	1.48×10^7	47.74	54.67	0.021	0.018	4.17	0.114（电火花）	0
	24	1.11×10^6	49.01	53.55	0.020	0.019	5.80	0.091	0
	36	6.05×10^6	47.00	51.75	0.021	0.019	6.00	0.010	0
干热沙漠大气环境	0	3.83×10^6	51.62	52.23	0.019	0.019	5.74	0.019	0
	6	1.15×10^6	52.64	52.64	0.019	0.019	6.03	0.008	0
	12	5.98×10^7	61.81	54.33	0.016	0.018	6.03	0.006	0
	24	2.29×10^7	59.45	70.02	0.017	0.014	5.87	0.200	0
	36	3.76×10^7	55.54	61.92	0.018	0.016	6.07	0.005	0
寒冷乡村大气环境	0	3.83×10^6	51.62	52.23	0.019	0.019	5.74	0.019	0
	6	2.57×10^7	52.17	51.63	0.019	0.019	6.00	0.006	0
	12	3.98×10^6	49.82	56.62	0.020	0.018	6.08	0.007	0
	24	4.08×10^7	45.94	53.55	0.022	0.019	3.05	0.704（超漏）	0
	36	3.88×10^6	54.53	52.21	0.018	0.019	6.04	0.004	0

2. 实验室环境试验结果

FR-4+CJ-02 丙烯酸聚氨酯绝缘清漆防护涂层实验室环境试验电性能及外观测试结果见表 4-72。

表 4-72　FR-4+CJ-02 丙烯酸聚氨酯绝缘清漆防护涂层实验室环境试验电性能及外观测试结果

试验项目	试验时间	绝缘电阻/MΩ	品质因数（Q）		损耗角正切（D）		外观综合评级
			1MHz	50MHz	1MHz	50MHz	
交变湿热	0	$5.24×10^7$	48.43	69.83	0.021	0.014	0
	4d	$1.63×10^5$	42.59	47.28	0.023	0.021	0
	8d	$2.67×10^5$	37.89	43.03	0.026	0.023	0
	10d	$4.77×10^5$	37.15	43.27	0.027	0.023	0
	12d	$1.49×10^5$	35.58	47.48	0.028	0.021	0
盐雾+干燥+湿热循环	0	$5.24×10^7$	48.43	69.83	0.021	0.014	0
	9 周期	$5.64×10^7$	47.22	52.09	0.021	0.019	0
	15 周期	$3.69×10^5$	42.28	50.77	0.024	0.020	0
	21 周期	$3.79×10^3$	67.44	53.79	0.016	0.019	0
	27 周期	$4.51×10^8$	60.39	49.20	0.017	0.020	0
	33 周期	$4.26×10^3$	44.88	46.90	0.022	0.021	0

4.3　其他种类防护涂层环境适应性数据

4.3.1　FR-4+道康宁 1-2577 有机硅树脂清漆防护涂层

4.3.1.1　试验样件信息

FR-4+道康宁 1-2577 有机硅树脂清漆防护涂层试验样件信息见表 4-73。

表 4-73　FR-4+道康宁 1-2577 有机硅树脂清漆防护涂层试验样件信息

序号	基材	面漆	干膜厚度/μm
3-1	FR-4	道康宁 1-2577 有机硅树脂清漆	30～50

FR-4+道康宁 1-2577 有机硅树脂清漆防护涂层为单涂层体系，面漆为道康宁 1-2577 有机硅树脂清漆，涂层总厚度为 30～50μm。

4.3.1.2　试验条件

FR-4+道康宁 1-2577 有机硅树脂清漆防护涂层自然环境试验条件见表 4-74，实验室环境试验条件见表 4-75。

表 4-74 FR-4+道康宁 1-2577 有机硅树脂清漆防护涂层自然环境试验条件

环境类型	试验地点	试验方式
湿热海洋大气环境	西沙	棚下箱内暴露
亚湿热工业大气环境	江津	棚下箱内暴露
干热沙漠大气环境	敦煌	棚下箱内暴露
寒冷乡村大气环境	漠河	棚下箱内暴露

表 4-75 FR-4+道康宁 1-2577 有机硅树脂清漆防护涂层实验室环境试验条件

试验项目	试验条件
交变湿热	湿度：95%±2%。 温度变化：从 25℃升温到 65℃，2.5h，保持 3h；从 65℃降温到 25℃，2.5h。 试验时长：8h 为 1 个周期，循环 6 个周期
盐雾+干燥+湿热循环	盐雾试验： 　NaCl 溶液浓度：5%±1%。 　pH 值：6.5~7.2。 　试验温度：35℃±2℃。 　盐雾沉降率：1~3mL/(80cm^2·h)。 干燥试验： 　温度：60℃±2℃。 　相对湿度：20%~30%。 湿热试验： 　温度：35℃±2℃。 　相对湿度：95%~100%。 试验循环：盐雾试验 2h+干燥试验 4h+湿热试验 2h，为 1 个循环

4.3.1.3 测试项目及参照标准

FR-4+道康宁 1-2577 有机硅树脂清漆防护涂层测试项目及参照标准见表 4-76。

表 4-76 FR-4+道康宁 1-2577 有机硅树脂清漆防护涂层测试项目及参照标准

测试项目	参照标准
外观评级	GB/T 1766—2008《色漆和清漆 涂层老化的评级方法》
介质耐电压	GJB 362B—2009《刚性印制板通用规范》
绝缘电阻	GJB 362B—2009《刚性印制板通用规范》
品质因数（Q）	SJ 20671—1998《印制板组装件涂覆用电绝缘化合物》
损耗角正切（D）	SJ 20671—1998《印制板组装件涂覆用电绝缘化合物》

4.3.1.4 环境适应性数据

1. 自然环境试验结果

FR-4+道康宁 1-2577 有机硅树脂清漆防护涂层自然环境试验电性能及外观测试结果见表 4-77。

表 4-77 FR-4+道康宁 1-2577 有机硅树脂清漆防护涂层自然环境试验电性能及外观测试结果

环境类型	试验时间/月	绝缘电阻/MΩ	品质因数（Q）		损耗角正切（D）		介质耐电压		外观综合评级
			1MHz	50MHz	1MHz	50MHz	最高电压/kV	最大漏电流/mA	
湿热海洋大气环境	0	4.43×10^7	65.31	65.66	0.015	0.015	5.96	0.24（击穿）	0
	6	5.69×10^7	58.66	76.28	0.018	0.013	6.08	0.007	0
	12	2.29×10^7	65.74	58.60	0.083	0.017	6.02	0.007	0
	24	3.86×10^6	73.65	70.72	0.014	0.014	5.89	0.007	0
	36	4.2×10^5	69.77	61.96	0.014	0.016	2.89	0.175（电火花）	0
亚湿热工业大气环境	0	4.43×10^7	65.31	65.66	0.015	0.015	5.96	0.24（击穿）	0
	6	6.08×10^7	68.44	60.50	0.015	0.017	6.11	0.008	0
	12	6.89×10^7	69.69	71.77	0.014	0.014	6.04	0.006	0
	24	3.00×10^7	66.15	65.87	0.015	0.015	4.47	0.104（超漏）	0
	36	6.00×10^6	62.06	64.32	0.016	0.016	6.02	0.010	0
干热沙漠大气环境	0	4.43×10^7	65.31	65.66	0.015	0.015	5.96	0.24（击穿）	0
	6	1.09×10^8	75.21	73.61	0.013	0.014	6.01	0.008	0
	12	4.15×10^7	79.54	70.69	0.013	0.014	6.01	0.007	0
	24	1.73×10^7	75.12	90.10	0.013	0.011	3.68	1.047（电火花）	0
	36	4.27×10^7	61.99	72.69	0.014	0.014	6.03	0.005	0
寒冷乡村大气环境	0	4.43×10^7	65.31	65.66	0.015	0.015	5.96	0.24（击穿）	0
	6	2.73×10^7	65.94	59.98	0.015	0.017	6.00	0.006	0
	12	3.93×10^6	57.62	63.75	0.017	0.016	6.06	0.008	0
	24	2.41×10^7	64.83	66.68	0.015	0.015	2.61	0.516（超漏）	0
	36	1.56×10^7	48.66	63.36	0.021	0.016	6.10	0.004	0

2. 实验室环境试验结果

FR-4+道康宁 1-2577 有机硅树脂清漆防护涂层实验室环境试验电性能及外观测试结果见表 4-78。

表 4-78 FR-4+道康宁 1-2577 有机硅树脂清漆防护涂层实验室环境试验电性能及外观测试结果

试验项目	试验时间	绝缘电阻/MΩ	品质因数（Q）		损耗角正切（D）		外观综合评级
			1MHz	50MHz	1MHz	50MHz	
交变湿热	0	$1.02×10^7$	72.99	82.86	0.014	0.012	0
	4d	$1.23×10^5$	62.06	58.27	0.016	0.017	0
	8d	$4.73×10^5$	53.84	58.62	0.019	0.017	0
	10d	$2.60×10^6$	55.37	57.16	0.018	0.017	0
	12d	$2.22×10^5$	53.46	61.57	0.019	0.016	0
盐雾+干燥+湿热循环	0	$1.02×10^7$	72.99	82.86	0.014	0.012	0
	9 周期	$4.82×10^7$	61.45	64.90	0.016	0.015	0
	15 周期	$2.15×10^7$	60.26	63.77	0.017	0.016	0
	21 周期	$6.37×10^4$	46.08	49.87	0.035	0.021	0
	27 周期	$2.54×10^7$	56.80	57.31	0.018	0.017	0
	33 周期	$6.94×10^4$	56.68	62.45	0.018	0.016	0

4.3.2 FR-4+ParyleneN 防护涂层

4.3.2.1 试验样件信息

FR-4+ParyleneN 防护涂层试验样件信息见表 4-79。

表 4-79 FR-4+ParyleneN 防护涂层试验样件信息

序号	基材	面漆	干膜厚度/μm
3-2	FR-4	ParyleneN	40～50

FR-4+ParyleneN 防护涂层为单涂层体系，面漆为 ParyleneN，涂层总厚度为 40～50μm。

4.3.2.2 试验条件

FR-4+ParyleneN 防护涂层自然环境试验条件见表 4-80，实验室环境试验条件见表 4-81。

表 4-80 FR-4+ParyleneN 防护涂层自然环境试验条件

环境类型	试验地点	试验方式
湿热海洋大气环境	西沙	棚下箱内暴露
亚湿热工业大气环境	江津	棚下箱内暴露

续表

环境类型	试验地点	试验方式
干热沙漠大气环境	敦煌	棚下箱内暴露
寒冷乡村大气环境	漠河	棚下箱内暴露

表4-81　FR-4+ParyleneN防护涂层实验室环境试验条件

试验项目	试验条件
交变湿热	湿度：95%±2%。 温度变化：从25℃升温到65℃，2.5h，保持3h；从65℃降温到25℃，2.5h。 试验时长：8h为1个周期，循环6个周期
盐雾+干燥+湿热循环	盐雾试验： 　　NaCl溶液浓度：5%±1%。 　　pH值：6.5～7.2。 　　试验温度：35℃±2℃。 　　盐雾沉降率：1～3mL/(80cm^2·h)。 干燥试验： 　　温度：60℃±2℃。 　　相对湿度：20%～30%。 湿热试验： 　　温度：35℃±2℃。 　　相对湿度：95%～100%。 试验循环：盐雾试验2h+干燥试验4h+湿热试验2h，为1个循环

4.3.2.3　测试项目及参照标准

FR-4+ParyleneN防护涂层测试项目及参照标准见表4-82。

表4-82　FR-4+ParyleneN防护涂层测试项目及参照标准

测试项目	参照标准
外观评级	GB/T 1766—2008《色漆和清漆 涂层老化的评级方法》
介质耐电压	GJB 362B—2009《刚性印制板通用规范》
品质因数（Q）	SJ 20671—1998《印制板组装件涂覆用电绝缘化合物》
损耗角正切（D）	SJ 20671—1998《印制板组装件涂覆用电绝缘化合物》
剥离强度	GJB 362B—2009《刚性印制板通用规范》 GB/T 4677—2002《印制板测试方法》
非支撑孔粘合强度	GJB 362B—2009《刚性印制板通用规范》
表面安装盘粘合强度	GJB 362B—2009《刚性印制板通用规范》

4.3.2.4 环境适应性数据

1. 自然环境试验结果

（1）电性能测试结果（见表 4-83）

表 4-83 FR-4+ParyleneN 防护涂层自然环境试验电性能测试结果

环境类型	试验时间/月	绝缘电阻/MΩ	品质因数（Q）		损耗角正切（D）		介质耐电压	
			1MHz	50MHz	1MHz	50MHz	最高电压/kV	最大漏电流/mA
湿热海洋大气环境	0	$4.50×10^6$	65.67	60.64	0.015	0.017	5.84	0.015
	6	$2.36×10^7$	64.82	73.83	0.015	0.014	6.11	0.007
	12	$8.72×10^6$	61.22	65.10	0.016	0.015	6.06	0.009
	24	$4.65×10^7$	69.27	70.81	0.014	0.014	5.89	0.205
	36	$1.40×10^7$	67.26	56.83	0.015	0.018	2.48	0.778（电火花）
亚湿热工业大气环境	0	$4.50×10^6$	65.67	60.64	0.015	0.017	5.84	0.015
	6	$5.31×10^7$	63.40	65.88	0.016	0.015	5.97	0.009
	12	$2.35×10^7$	65.44	64.59	0.016	0.015	6.02	0.006
	24	$8.29×10^6$	59.74	64.84	0.017	0.015	5.71	0.117（超漏）
	36	$4.57×10^6$	62.70	64.61	0.016	0.015	6.02	0.008
干热沙漠大气环境	0	$4.50×10^6$	65.67	60.64	0.015	0.017	5.84	0.015
	6	$3.69×10^6$	70.26	64.18	0.014	0.016	6.02	0.008
	12	$6.70×10^7$	76.45	68.53	0.013	0.015	6.01	0.007
	24	$4.60×10^7$	60.39	64.90	0.017	0.015	5.89	0.224
	36	$5.63×10^7$	73.27	80.99	0.014	0.012	6.06	0.005
寒冷乡村大气环境	0	$4.50×10^6$	65.67	60.64	0.015	0.017	5.84	0.015
	1	$2.90×10^6$	65.13	61.95	0.015	0.016	6.02	0.03
	3	$1.92×10^7$	62.81	61.51	0.016	0.016	5.81	0.006
	6	$1.91×10^6$	57.70	61.38	0.017	0.016	6.08	0.007
	12	$4.31×10^7$	53.68	66.56	0.019	0.015	6.05	0.008
	24	$3.68×10^7$	47.44	60.53	0.024	0.017	5.71	0.964（电火花）
	36	$1.37×10^8$	58.47	61.58	0.017	0.016	6.16	0.005

（2）力学性能及外观测试结果（见表 4-84）

表 4-84　FR-4+ParyleneN 防护涂层自然环境试验力学性能及外观测试结果

环境类型	试验时间/月	剥离强度/（N/mm）	非支撑孔粘合强度/（N/mm^2）	表面安装盘粘合强度/（N/mm^2）	外观综合评级
湿热海洋大气环境	0	1.45	9.05（6.73～10.25）	7.40（3.25～11.33）	0
	6	1.63	8.21（7.31～9.55）	10.87（4.52～18.50）	0
	12	1.46	8.74（8.06～9.80）	8.95（4.41～15.82）	0
	24	1.80	16.6（11.36～19.7）	7.65（0.80～12.37）	0
	36	1.39	15.55（11.22～19.03）	5.62（3.14～8.68）	0
亚湿热工业大气环境	0	1.45	9.05（6.73～10.25）	7.40（3.25～11.33）	0
	6	1.60	9.91（9.39～10.31）	10.06（5.58～19.65）	0
	12	1.59	8.80（6.98～10.89）	9.84（2.83～14.30）	0
	24	1.52	8.54（7.92～9.96）	7.15（3.94～12.24）	0
	36	1.63	17.71（13.34～25.08）	6.08（4.29～7.37）	0
干热沙漠大气环境	0	1.45	9.05（6.73～10.25）	7.40（3.25～11.33）	0
	6	1.45	9.02（8.68～9.54）	6.90（6.61～7.20）	0
	12	1.94	8.98（7.71～12.08～）	6.64（0.49～14.25）	0
	24	1.73	18.22（12.34～22.7）	9.61（6.54～13.05）	0
	36	1.47	20.65（18.13～22.7）	5.77（2.33～9.38）	0
寒冷乡村大气环境	0	1.45	9.05（6.73～10.25）	7.40（3.25～11.33）	0
	6	1.62	3.81（2.63～5.44）	10.17（7.71～14.34）	0
	12	1.61	7.21（5.94～8.30）	8.19（4.82～11.82）	0
	24	1.73	4.37（1.92～7.29）	7.88（6.31～9.71）	0
	36	1.61	17.45（15.38～21.5）	7.85（0.89～15.17）	0

2．实验室环境试验结果

（1）电性能及外观测试结果（见表 4-85）

表 4-85　FR-4+ParyleneN 防护涂层实验室环境试验电性能及外观测试结果

试验项目	试验时间	绝缘电阻/MΩ	品质因数（Q）		损耗角正切（D）		外观综合评级
			1MHz	50MHz	1MHz	50MHz	
交变湿热	0	1.26×10^8	68.80	77.40	0.015	0.013	0
	4d	8.89×10^4	51.44	55.78	0.019	0.018	0
	8d	2.36×10^4	37.05	51.23	0.027	0.019	0

续表

试验项目	试验时间	绝缘电阻/MΩ	品质因数（Q）		损耗角正切（D）		外观综合评级
			1MHz	50MHz	1MHz	50MHz	
交变湿热	10d	1.20×10^4	43.96	52.53	0.023	0.019	0
	12d	7.72×10^4	41.35	57.15	0.024	0.017	0
盐雾+干燥+湿热循环	0	1.26×10^8	68.80	77.40	0.015	0.013	0
	9 周期	2.93×10^7	47.18	57.11	0.021	0.017	0
	15 周期	3.85×10^5	55.64	63.79	0.018	0.016	0
	21 周期	2.83×10^2	57.19	53.12	0.018	0.019	0
	27 周期	6.45×10^6	56.55	50.32	0.018	0.020	0
	33 周期	2.90×10^3	42.67	47.23	0.023	0.021	0

（2）力学性能测试结果（见表 4-86）

表 4-86　FR-4+ParyleneN 防护涂层实验室环境试验力学性能测试结果

试验项目	试验时间	剥离强度/（N/mm）	非支撑孔粘合强度/（N/mm²）	表面安装盘粘合强度/（N/mm²）
盐雾+干燥+湿热循环	0	1.45	9.05（6.73～10.25）	7.40（3.25～11.33）
	9 周期	1.59	16.53（12.17～21.73）	9.78（6.24～12.74）
	15 周期	1.69	14.86（11.82～18.28）	11.15（8.17～15.60）
	21 周期	1.75	16.24（10.66～21.24）	11.78（7.70～21.31）
	27 周期	1.57	18.79（14.83～22.23）	9.56（6.94～13.80）
	33 周期	1.74	14.19（8.33～17.11）	7.31（5.26～10.22）
	39 周期	1.73	13.77（11.08～16.20）	7.57（5.08～12.85）

4.3.3　FR-4+水清洗+ParyleneC 防护涂层

4.3.3.1　试验样件信息

FR-4+水清洗+ParyleneC 防护涂层试验样件信息见表 4-87。

表 4-87　FR-4+水清洗+ParyleneC 防护涂层试验样件信息

序号	基材	面漆	干膜厚度/μm
3-3	FR-4	ParyleneC	40～50

FR-4+水清洗+ParyleneC 防护涂层为单涂层体系，面漆为 ParyleneC，涂层总厚

度为 40～50μm。

4.3.3.2 试验条件

FR-4+水清洗+ParyleneC 防护涂层自然环境试验条件见表 4-88，实验室环境试验条件见表 4-89。

表 4-88　FR-4+水清洗+ParyleneC 防护涂层自然环境试验条件

环境类型	试验地点	试验方式
湿热海洋大气环境	西沙	棚下箱内暴露
亚湿热工业大气环境	江津	棚下箱内暴露
干热沙漠大气环境	敦煌	棚下箱内暴露
寒冷乡村大气环境	漠河	棚下箱内暴露

表 4-89　FR-4+水清洗+ParyleneC 防护涂层实验室环境试验条件

试验项目	试验条件
交变湿热	湿度：95%±2%。 温度变化：从 25℃升温到 65℃，2.5h，保持 3h；从 65℃降温到 25℃，2.5h。 试验时长：8h 为 1 个周期，循环 6 个周期
盐雾+干燥+湿热循环	盐雾试验： 　NaCl 溶液浓度：5%±1%。 　pH 值：6.5～7.2。 　试验温度：35℃±2℃。 　盐雾沉降率：1～3mL/(80cm²·h)。 干燥试验： 　温度：60℃±2℃。 　相对湿度：20%～30%。 湿热试验： 　温度：35℃±2℃。 　相对湿度：95%～100%。 试验循环：盐雾试验 2h+干燥试验 4h+湿热试验 2h，为 1 个循环

4.3.3.3 测试项目及参照标准

FR-4+水清洗+ParyleneC 防护涂层测试项目及参照标准见表 4-90。

表 4-90　FR-4+水清洗+ParyleneC 防护涂层测试项目及参照标准

测试项目	参照标准
外观评级	GB/T 1766—2008《色漆和清漆 涂层老化的评级方法》
介质耐电压	GJB 362B—2009《刚性印制板通用规范》

续表

测试项目	参照标准
品质因数（Q）	SJ 20671—1998《印制板组装件涂覆用电绝缘化合物》
损耗角正切（D）	SJ 20671—1998《印制板组装件涂覆用电绝缘化合物》
剥离强度	GJB 362B—2009《刚性印制板通用规范》 GB/T 4677—2002《印制板测试方法》
非支撑孔粘合强度	GJB 362B—2009《刚性印制板通用规范》
表面安装盘粘合强度	GJB 362B—2009《刚性印制板通用规范》

4.3.3.4 环境适应性数据

1. 自然环境试验结果

（1）电性能测试结果（见表 4-91）

表 4-91 FR-4+水清洗+ParyleneC 防护涂层自然环境试验电性能测试结果

环境类型	试验时间/月	绝缘电阻/MΩ	品质因数（Q）		损耗角正切（D）		介质耐电压	
			1MHz	50MHz	1MHz	50MHz	最高电压/kV	最大漏电流/mA
湿热海洋大气环境	0	4.47×10^6	59.91	58.52	0.017	0.017	5.79	0.026
	6	4.77×10^7	59.56	98.14	0.017	0.010	5.22	0.268
	12	5.32×10^6	57.47	59.53	0.017	0.017	6.05	0.009
	24	2.07×10^7	51.87	68.24	0.019	0.015	5.90	0.202
	36	3.78×10^7	56.41	56.77	0.018	0.018	5.18	0.332
亚湿热工业大气环境	0	4.42×10^6	61.29	60.77	0.016	0.016	5.82	0.013
	6	1.91×10^7	58.62	66.75	0.017	0.015	6.12	0.008
	12	3.97×10^7	59.53	62.46	0.017	0.016	6.02	0.006
	24	4.43×10^6	57.44	67.07	0.017	0.015	5.80	0.007
	36	3.73×10^6	56.18	61.99	0.018	0.018	6.02	0.012
干热沙漠大气环境	0	4.47×10^6	59.91	58.52	0.017	0.017	5.79	0.026
	6	3.96×10^6	70.78	63.75	0.014	0.015	6.02	0.006
	12	1.32×10^7	76.72	70.33	0.013	0.014	6.02	0.007
	24	1.97×10^7	57.59	63.30	0.017	0.016	5.87	0.189
	36	5.99×10^7	72.98	70.09	0.014	0.014	6.02	0.005

续表

环境类型	试验时间/月	绝缘电阻/MΩ	品质因数（Q）		损耗角正切（D）		介质耐电压	
			1MHz	50MHz	1MHz	50MHz	最高电压/kV	最大漏电流/mA
寒冷乡村大气环境	0	4.47×10^6	59.91	58.52	0.017	0.017	5.79	0.026
	6	2.69×10^7	59.23	60.30	0.017	0.017	6.08	0.007
	12	6.62×10^6	52.95	66.54	0.019	0.015	6.05	0.008
	24	4.41×10^7	53.67	58.42	0.019	0.017	5.90	0.008
	36	1.38×10^8	60.04	59.73	0.017	0.017	6.07	0.004

（2）力学性能及外观测试结果（见表 4-92）

表 4-92　FR-4+水清洗+ParyleneC 防护涂层自然环境试验力学性能及外观测试结果

环境类型	试验时间	剥离强度/(N/mm)	非支撑孔粘合强度/(N/mm^2)	表面安装盘粘合强度/(N/mm^2)	外观综合评级
湿热海洋大气环境	0	1.09	8.23（7.28~8.86）	7.22（4.12~12.46）	0
	6	1.07	9.18（7.42~10.35）	7.36（6.46~8.27）	0
	12	0.93	9.82（8.11~10.80）	9.38（6.93~13.36）	0
	24	2.59	19.99（16.3~22.4）	9.07（2.36~13.53）	0
	36	2.01	16.11（15.21~19.81）	6.02（1.99~11.22）	0
亚湿热工业大气环境	0	2.57	9.23（6.74~11.78）	4.97（2.34~10.65）	0
	6	4.44	8.71（5.60~11.18）	13.57（9.35~18.14）	0
	12	2.61	9.76（8.72~10.72）	10.71（7.08~14.36）	0
	24	2.16	9.13（7.31~10.95）	11.77（8.57~17.31）	0
	36	0.92	19.15（15.49~21.80）	9.22（4.88~11.97）	0
干热沙漠大气环境	0	1.09	8.23（7.28~8.86）	7.22（4.12~12.46）	0
	6	4.36	9.53（7.56~10.86）	9.27（2.12~13.82）	0
	12	3.35	8.86（6.69~10.16）	9.38（7.79~10.98）	0
	24	1.48	19.28（16.37~21.9）	12.54（8.97~13.05）	0
	36		20.37（13.25~22.57）	11.70（8.34~16.92）	0
寒冷乡村大气环境	0	1.09	8.23（7.28~8.86）	7.22（4.12~12.46）	0
	6	5.26	9.00（6.96~11.69）	9.63（6.07~18.17）	0
	12	4.46	8.31（5.76~10.28）	17.52（13.1~22.65）	0
	24	4.45	8.21（6.65~10.76）	9.65（6.96~15.66）	0
	36	3.95	16.16（12.23~19.2）	11.50（9.10~16.79）	0

2. 实验室环境试验结果

（1）电性能及外观测试结果（见表 4-93）

表 4-93　FR-4+水清洗+ParyleneC 防护涂层实验室环境试验电性能及外观测试结果

试验项目	试验时间	绝缘电阻/MΩ	品质因数（Q）		损耗角正切（D）		外观综合评级
			1MHz	50MHz	1MHz	50MHz	
交变湿热	0	$1.27×10^8$	66.09	76.15	0.015	0.013	0
	4d	$8.90×10^4$	50.76	58.26	0.020	0.017	0
	8d	$7.18×10^4$	47.09	57.58	0.021	0.017	0
	10d	$4.88×10^4$	43.50	55.35	0.023	0.018	0
	12d	$4.10×10^4$	35.14	52.92	0.029	0.019	0
盐雾+干燥+湿热循环	0	$1.27×10^8$	66.09	76.15	0.015	0.013	1
	9周期	$3.52×10^7$	56.59	54.78	0.018	0.018	1
	15周期	$8.92×10^5$	51.41	67.17	0.020	0.015	1
	21周期	$2.44×10^3$	59.36	68.19	0.017	0.015	1
	27周期	$4.44×10^6$	68.83	57.36	0.015	0.017	1
	33周期	$1.56×10^3$	64.45	62.70	0.016	0.016	1

（2）力学性能测试结果（见表 4-94）

表 4-94　FR-4+水清洗+ParyleneC 防护涂层实验室环境试验力学性能测试结果

试验项目	试验时间	剥离强度/（N/mm）	非支撑孔粘合强度/（N/mm²）	表面安装盘粘合强度/（N/mm²）
盐雾+干燥+湿热循环	0	1.09	8.23（7.28~8.86）	7.22（4.12~12.46）
	9周期	1.92	20.36（11.60~23.59）	11.00（7.31~16.41）
	15周期	1.24	16.29（12.07~22.77）	7.98（3.83~12.96）
	21周期	1.58	17.86（15.38~19.98）	10.94（5.41~17.66）
	27周期	2.10	18.05（13.78~22.86）	7.38（3.88~10.79）
	33周期	1.30	21.90（19.97~23.30）	7.83（4.29~11.40）
	39周期	1.54	18.57（16.02~23.02）	8.04（3.99~11.35）

4.3.4 FR-4+ParyleneC（SCS）防护涂层

4.3.4.1 试验样件信息

FR-4+ParyleneC（SCS）防护涂层试验样件信息见表 4-95。

表 4-95 FR-4+ParyleneC（SCS）防护涂层试验样件信息

序号	基材	面漆	干膜厚度/μm
3-4	FR-4	ParyleneC（SCS）	7～15

FR-4+ParyleneC（SCS）防护涂层为单涂层体系，面漆为 ParyleneC（SCS），涂层总厚度为 7～15μm。

4.3.4.2 试验条件

FR-4+ParyleneC（SCS）防护涂层自然环境试验条件见表 4-96。

表 4-96 FR-4+ParyleneC（SCS）防护涂层自然环境试验条件

环境类型	试验地点	试验方式
湿热海洋大气环境	西沙	棚下箱内暴露
亚湿热工业大气环境	江津	棚下箱内暴露

4.3.4.3 测试项目及参照标准

FR-4+ParyleneC（SCS）防护涂层测试项目及参照标准见表 4-97。

表 4-97 FR-4+ParyleneC（SCS）防护涂层测试项目及参照标准

测试项目	参照标准
外观评级	GB/T 1766—2008《色漆和清漆 涂层老化的评级方法》
介质耐电压	GJB 362B—2009《刚性印制板通用规范》
绝缘电阻	GJB 362B—2009《刚性印制板通用规范》
品质因数（Q）	SJ 20671—1998《印制板组装件涂覆用电绝缘化合物》
损耗角正切（D）	SJ 20671—1998《印制板组装件涂覆用电绝缘化合物》

4.3.4.4 环境适应性数据

FR-4+ParyleneC（SCS）防护涂层自然环境试验电性能及外观测试结果见表 4-98。

表4-98 FR-4+ParyleneC（SCS）防护涂层自然环境试验电性能及外观测试结果

环境类型	试验时间/月	绝缘电阻/MΩ	品质因数（Q）		损耗角正切（D）		介质耐压		外观综合评级
			1MHz	50MHz	1MHz	50MHz	最高电压/kV	最大漏电流/mA	
湿热海洋大气环境	0	$3.43×10^5$	52.90	74.36	0.019	0.020	3.85	0.073（电火花）	0
	6	$2.59×10^5$	47.67	54.98	0.021	0.018	3.33	0.984（电火花）	0
	12	$3.82×10^6$	35.49	45.46	0.031	0.023	3.48	1.77（电火花）	0
	24	$1.17×10^7$	39.77	85.33	0.025	0.01	2.53	0.513（电火花）	0
	36	$1.55×10^3$	24.38	52.59	0.041	0.019	2.18	0.168（电火花）	0
亚湿热工业大气环境	0	$3.43×10^5$	52.90	74.36	0.019	0.020	3.85	0.073（电火花）	0
	6	$9.20×10^7$	40.32	25.69	0.026	0.050	4.47	0.78（电火花）	0
	12	$3.47×10^7$	57.52	61.63	0.014	0.016	5.03	0.19（电火花）	0
	24	$4.80×10^6$	52.14	118.07	0.019	0.008	2.31	0.358（电火花）	0
	36	$4.55×10^5$	28.32	292.53	0.048	0.003	1.46	1.183（电火花）	0

4.3.5 FR-4+ParyleneC 防护涂层

4.3.5.1 试验样件信息

FR-4+ParyleneC 防护涂层试验样件信息见表4-99。

表4-99 FR-4+ParyleneC 防护涂层试验样件信息

序号	基材	面漆	干膜厚度/μm
3-5	FR-4	ParyleneC	12.5～50

FR-4+ParyleneC 防护涂层为单涂层体系，面漆为 ParyleneC，涂层总厚度为 12.5～50μm。

4.3.5.2 试验条件

FR-4+ParyleneC 防护涂层自然环境试验条件见表4-100，实验室环境试验条件见表4-101。

表4-100 FR-4+ParyleneC 防护涂层自然环境试验条件

环境类型	试验地点	试验方式
湿热海洋大气环境	西沙	棚下箱内暴露
亚湿热工业大气环境	江津	棚下箱内暴露

续表

环境类型	试验地点	试验方式
干热沙漠大气环境	敦煌	棚下箱内暴露
寒冷乡村大气环境	漠河	棚下箱内暴露

表 4-101 FR-4+ParyleneC 防护涂层实验室环境试验条件

试验项目	试验条件
交变湿热	湿度：95%±2%。 温度变化：从 25℃升温到 65℃，2.5h，保持 3h；从 65℃降温到 25℃，2.5h。 试验时长：8h 为 1 个周期，循环 6 个周期
盐雾+干燥+湿热循环	盐雾试验： 　NaCl 溶液浓度：5%±1%。 　pH 值：6.5～7.2。 　试验温度：35℃±2℃。 　盐雾沉降率：1～3mL/(80cm^2·h)。 干燥试验： 　温度：60℃±2℃。 　相对湿度：20%～30%。 湿热试验： 　温度：35℃±2℃。 　相对湿度：95%～100%。 试验循环：盐雾试验 2h+干燥试验 4h+湿热试验 2h，为 1 个循环

4.3.5.3 测试项目及参照标准

FR-4+ParyleneC 防护涂层测试项目及参照标准见表 4-102。

表 4-102 FR-4+ParyleneC 防护涂层测试项目及参照标准

测试项目	参照标准
外观评级	GB/T 1766—2008《色漆和清漆 涂层老化的评级方法》
介质耐电压	GJB 362B—2009《刚性印制板通用规范》
品质因数（Q）	SJ 20671—1998《印制板组装件涂覆用电绝缘化合物》
损耗角正切（D）	SJ 20671—1998《印制板组装件涂覆用电绝缘化合物》
剥离强度	GJB 362B—2009《刚性印制板通用规范》 GB/T 4677—2002《印制板测试方法》
非支撑孔粘合强度	GJB 362B—2009《刚性印制板通用规范》
表面安装盘粘合强度	GJB 362B—2009《刚性印制板通用规范》

4.3.5.4 环境适应性数据

1. 自然环境试验结果

(1) 电性能测试结果 (见表 4-103)

表 4-103 FR-4+ParyleneC 防护涂层自然环境试验电性能测试结果

环境类型	试验时间/月	绝缘电阻/MΩ	品质因数(Q)		损耗角正切(D)		介质耐电压	
			1MHz	50MHz	1MHz	50MHz	最高电压/kV	最大漏电流/mA
湿热海洋大气环境	0	$1.65×10^6$	56.68	60.09	0.018	0.017	5.74	0.015
	6	$5.38×10^7$	59.96	56.30	0.017	0.018	6.05	0.006
	12	$1.55×10^7$	52.02	51.77	0.019	0.019	6.03	0.007
	24	$4.42×10^5$	54.75	58.63	0.019	0.018	5.90	0.007
	36	$3.85×10^6$	45.46	51.82	0.022	0.019	2.47	0.329(电火花)
亚湿热工业大气环境	0	$1.65×10^6$	56.68	60.09	0.018	0.017	5.74	0.015
	6	$5.02×10^7$	55.18	50.92	0.018	0.020	6.10	0.007
	12	$1.44×10^7$	52.79	60.23	0.018	0.017	6.01	0.006
	24	$4.78×10^6$	49.90	58.69	0.020	0.017	5.78	0.089
	36	$3.55×10^7$	48.82	53.51	0.020	0.019	6.02	0.011
干热沙漠大气环境	0	$1.65×10^6$	56.68	60.09	0.018	0.017	5.74	0.015
	6	$3.26×10^6$	68.92	68.95	0.015	0.015	6.02	0.008
	12	$4.05×10^7$	63.39	52.47	0.017	0.019	6.03	0.006
	24	$1.15×10^7$	61.12	80.69	0.016	0.012	5.88	0.214
	36	$5.82×10^7$	61.72	74.24	0.016	0.013	6.02	0.005
寒冷乡村大气环境	0	$1.65×10^6$	56.68	60.09	0.018	0.017	5.74	0.015
	6	$1.80×10^7$	53.21	56.64	0.019	0.019	6.00	0.006
	12	$3.71×10^7$	47.57	54.65	0.030	0.018	6.07	0.007
	24	$4.96×10^7$	54.72	60.98	0.018	0.017	5.77	0.535(电火花)
	36	$1.67×10^7$	54.95	56.60	0.018	0.017	6.08	0.004

(2) 力学性能及外观测试结果 (见表 4-104)

表4-104 FR-4+ParyleneC防护涂层实验室环境试验力学性能及外观测试结果

环境类型	试验时间/月	非支撑孔粘合强度/(N/mm^2)	表面安装盘粘合强度/(N/mm^2)	外观综合评级
湿热海洋大气环境	0	9.76（9.66～9.90）	8.88（7.45～11.57）	0
	6	9.27（8.31～9.96）	9.10（7.47～10.77）	0
	12	9.26（8.37～9.84）	8.80（7.09～9.88）	0
	24	19.3（18.0～20.6）	8.70（6.68～9.76）	0
	36	16.03（15.08～17.55）	8.45（4.06～9.62）	0
亚湿热工业大气环境	0			0
	6	8.94（8.14～9.68）	9.03（7.14～11.03）	0
	12	9.75（9.19～10.09）	9.76（6.70～11.00）	0
	24	9.53（8.72～10.15）	9.36（7.37～11.43）	0
	36	17.58（13.93～20.11）	9.00（8.07～9.83）	0
干热沙漠大气环境	0	9.76（9.66～9.90）	8.88（7.45～11.57）	0
	6	9.85（9.53～10.11）	6.30（5.53～7.10）	0
	12	9.29（7.46～10.05）	8.69（6.20～11.64）	0
	24	20.32（19.53～20.5）	8.71(7.14～9.66)	0
	36	20.08（19.11～20.5）	8.64（7.07～10.49）	0
寒冷乡村大气环境	0	9.76（9.66～9.90）	8.88（7.45～11.57）	0
	30	16.23（10.76～20.43）	9.14（8.37～10.32）	0
	36	20.36（18.85～22.63）	9.27（8.58～10.68）	0

2. 实验室环境试验结果

FR-4+ParyleneC防护涂层实验室环境试验电性能及外观测试结果见表4-105。

表4-105 FR-4+ParyleneC防护涂层实验室环境试验电性能及外观测试结果

试验项目	试验时间	绝缘电阻/MΩ	品质因数（Q）		损耗角正切（D）		外观综合评级
			1MHz	50MHz	1MHz	50MHz	
交变湿热	0	2.36×10^7	56.53	67.02	0.018	0.015	0
	4d	1.19×10^5	41.32	48.55	0.024	0.021	0
	8d	1.29×10^5	34.03	62.31	0.029	0.017	0
	10d	8.63×10^4	37.74	0.03	46.300	0.022	0
	12d	7.85×10^4	33.06	50.43	0.030	0.020	0

续表

试验项目	试验时间	绝缘电阻/MΩ	品质因数（Q）		损耗角正切（D）		外观综合评级
			1MHz	50MHz	1MHz	50MHz	
盐雾+干燥+湿热循环	0	$2.36×10^7$	56.53	67.02	0.018	0.015	0
	9 周期	$9.45×10^7$	50.28	60.75	0.020	0.016	0
	15 周期	$1.52×10^5$	47.95	58.80	0.021	0.017	0
	21 周期	$9.16×10^2$	50.77	58.25	0.020	0.017	0
	27 周期	$4.44×10^6$	54.55	53.83	0.018	0.019	0
	33 周期	$8.45×10^4$	53.34	58.73	0.019	0.017	0

4.4 电子装备印制电路板防护涂层环境适应性优选结果

本节基于试验样品自然环境试验 3 年试验结果和实验室环境最终试验结果对印制电路板防护涂层进行优选。其中，棚下和实验室样品优选依据是综合评级小于（不等于）2 级；性能优选依据是整个试验时间内，性能测试结果符合表 4-106 的判据。

表 4-106　印制电路板防护涂层优选判据

性能参数	优	良	中
综合评级	0	1	2
起泡等级	0	1	2
开裂等级	0	1	2
腐蚀等级	0	1	2
长霉等级	0	1	2
绝缘电阻/Ω	$≥5×10^9$，合格		
介质耐电压	DC1500V，未击穿，合格		

根据表 4-106 从 16 种印制板防护涂层中优选出 11 种环境适应性优良的防护涂层，优选结果见表 4-107。

表 4-107　印制板防护涂层环境适应性优选结果

序号	涂层体系	自然环境试验（3 年试验结果）	实验室试验（最终试验结果）
1-2	基材：FR-4（环氧层玻璃布板） 面漆：AR 丙烯酸型 Humiseal1B31	西沙棚下：优 江津棚下：优 敦煌棚下：优 漠河棚下：优 性能测试：合格	交变湿热：优

续表

序号	涂层体系	自然环境试验 （3 年试验结果）	实验室试验 （最终试验结果）
1-3	基材：FR-4（环氧层玻璃布板） 表面处理：有铅喷锡 面漆：单组分丙烯酸三防清漆	江津棚下：优 敦煌棚下：优 漠河棚下：优 性能测试：合格	交变湿热：优 中性盐雾+湿热：优
1-4	基材：FR-4（环氧层玻璃布板） 面漆：1307 丙烯酸三防清漆	西沙棚下：优 江津棚下：优 敦煌棚下：优 漠河棚下：优 性能测试：合格	交变湿热：优
1-5	基材：FR-4（环氧层玻璃布板） 面漆：1B73 丙烯酸三防清漆	西沙棚下：优 江津棚下：优 敦煌棚下：优 漠河棚下：优 性能测试：合格	交变湿热：优
2-1	基材：FR-4（环氧层玻璃布板） 表面处理：水清洗 面漆：TS96-11 氟聚氨酯三防清漆	西沙棚下：优 江津棚下：优 敦煌棚下：优 漠河棚下：优 性能测试：合格	交变湿热：优
2-5	基材：FR-4（环氧层玻璃布板） 面漆：DCALOURC 聚氨酯三防清漆	西沙棚下：优 江津棚下：优 敦煌棚下：优 漠河棚下：优 性能测试：合格	交变湿热：优
2-6	基材：FR-4（环氧层玻璃布板） 面漆：CJ-02 丙烯酸聚氨酯绝缘清漆	西沙棚下：优 江津棚下：优 敦煌棚下：优 漠河棚下：优 性能测试：合格	交变湿热：优
3-1	基材：FR-4（环氧层玻璃布板） 面漆：道康宁 1-2577 有机硅树脂清漆	西沙棚下：优 江津棚下：优 敦煌棚下：优 漠河棚下：优 性能测试：合格	交变湿热：优 性能测试：合格
3-2	基材：FR-4（环氧层玻璃布板） 面漆：ParyleneN	西沙棚下：优 江津棚下：优 敦煌棚下：优 漠河棚下：优 性能测试：合格	交变湿热：优
3-3	基材：FR-4（环氧层玻璃布板） 表面处理：水清洗 面漆：ParyleneC	西沙棚下：优 江津棚下：优	交变湿热：优 中性盐雾+湿热：优

续表

序号	涂层体系	自然环境试验 （3年试验结果）	实验室试验 （最终试验结果）
3-3	基材：FR-4（环氧层玻璃布板） 表面处理：水清洗 面漆：ParyleneC	敦煌棚下：优 漠河棚下：优 性能测试：合格	交变湿热：优 中性盐雾+湿热：优
3-5	基材：FR-4（环氧层玻璃布板） 面漆：ParyleneC	西沙棚下：优 江津棚下：优 敦煌棚下：优 漠河棚下：优 性能测试：合格	交变湿热：优 中性盐雾+湿热：优

参 考 文 献

[1] 袁敏,郭振华,王忠. 印制电路板工艺涂层防湿热、防霉菌、防盐雾试验标准对比与分析[J]. 环境技术，2012,6:62-63.

[2] 电子科学研究院. 电子设备三防技术手册[M]. 北京：兵器工业出版社，2000: 6-22.

第5章

电子装备防护涂层环境试验失效案例分析

电子装备防护涂层作为金属材料的防护层，其耐候性优劣决定着金属基体被腐蚀的程度，而防护涂层的老化、失效又与环境因素的作用息息相关。电子装备防护涂层的主要应用环境是大气环境。典型气候区的环境类型不同，对防护涂层影响的主要环境因素和作用机理也不同。当前，对涂层失效的评估往往基于表观状况，然而涂层失效通常会在宏观发现缺陷前就已发生，此时，涂层下的金属已经发生较严重的腐蚀。因此，对防护涂层的失效过程进行早期或者快速诊断，在涂层失效前实现预防性维修或者更换，就有可能防止金属基材被严重腐蚀。因此，掌握涂层老化失效过程中宏观表象和微观变化，研究宏观和微观之间的相互关系极其重要[1]。

本章以电子装备典型大气自然环境试验、实验室单项试验和实验室多项循环试验结果为案例，重点阐述电子装备防护涂层环境试验方法、典型大气自然环境下防护涂层失效模式、实验室试验失效模式等内容，从防护涂层的宏观表象、微观形貌变化、分子键或官能团变化、涂层性能变化等多角度分析防护涂层在试验过程的老化行为。

5.1 防护涂层典型大气自然环境失效案例分析

电子装备防护涂层寿命期内普遍经受光、热、氧、水汽、大气污染物和机械应力等部分或全部环境因素同时作用，几乎不存在单一环境因素作用过程。因此，自然环境中防护涂层老化失效是多种环境因素综合作用的复杂过程。当涂层受到大气中氧、光、热等作用时，涂层中主要成膜物质的分子链断裂形成非常活泼的游离基，这些游离基能进一步引起整个主要成膜物质分子链的分解，最后导致涂层老化变质。有机涂层的自然老化机理主要包括热氧老化、光氧老化、化学降解和物理老化等。

由于涂层体系不同，环境条件不同，因此涂层失效特征及失效模式千差万别，归纳起来主要有以下四个方面：

① 外观的变化：失光、变色、粉化、开裂、起泡、生锈、剥落、长霉、泛金、沾污等。

② 物理化学性能的变化：分子量、分子量分布、密度、导热系数、玻璃化温度、熔点、熔融指数、折光率、透光率、溶解度、羰基含量等。

③ 机械性能的变化：拉伸强度、伸长率、冲击强度、弯曲强度、剪切强度、疲劳强度、硬度、弹性、附着力、耐磨强度等。

④ 电性能的变化：绝缘电阻、介电常数、介质损耗、击穿电压等。

每种涂层在其老化过程中，一般都不会也不可能同时具有或同时出现上述所有的变化现象。往往只是其中一些性能指标的变化，并且常常在外观上出现一种或数种变化特征。我国典型大气自然环境类型下防护涂层的主要失效模式见表 5-1[1-2]。

表 5-1 我国典型大气自然环境类型下防护涂层的主要失效模式

序号	环境类型	代表地点	主要失效模式	主要环境因素
1	湿热海洋大气环境	西沙、南沙、海南沿海（万宁、三亚等）	粉化、起泡、脱落、腐蚀	高温、高湿、高盐雾、强辐射
2	暖温海洋大气环境	山东青岛、小麦岛等	起泡、腐蚀	高湿、高盐雾、低温、大风
3	湿热乡村大气环境	海南内陆（万宁、琼海等）	粉化、起泡、脱落、长霉	高温、高湿、强辐射、微生物
4	亚湿热工业大气环境	重庆	粉化、起泡	高温、高湿、工业废气
5	暖温高原大气环境	西藏（拉萨、羊八井、那曲）	粉化、开裂	强腐蚀、大温差
6	湿热雨林大气环境	西双版纳	长霉、起泡	高温、高湿、微生物
7	干热沙漠大气环境	敦煌、吐鲁番	磨损、粉化	高温、强辐射、砂尘
8	寒冷乡村大气环境	漠河	开裂、脱落	低温、温度冲击

5.1.1 湿热海洋大气环境失效案例分析

湿热海洋大气环境具有温度和相对湿度高、太阳辐射强、润湿时间长、盐雾高的环境特点。电子装备防护涂层在高温、高湿、高盐雾和强太阳辐射的环境影响下容易出现起泡、粉化、基材腐蚀等失效现象[3]。

本节基于 3 种不同防护涂层在以西沙户外为代表的湿热海洋大气环境中开展的大气自然环境试验，分析它们在湿热海洋大气环境中的失效模式和机理。

5.1.1.1 丙烯酸聚氨酯防护涂层失效案例分析

1. 试验样件信息

丙烯酸聚氨酯防护涂层试验样件信息见表 5-2。

表 5-2　丙烯酸聚氨酯防护涂层试验样件信息

基层材料	防护涂层	应用环境	试验地点
6061	底漆：TB06-9 锌黄丙烯酸聚氨酯底漆。 面漆：SP-2 丙烯酸聚氨酯海陆迷彩漆	Ⅰ型（暴露）	西沙户外

2. 试验结果

丙烯酸聚氨酯防护涂层在西沙户外试验一年半以后，表面明显失光，失光等级为 3 级左右；轻微变色，变色等级为 2 级左右；部分样件明显粉化，粉化等级达 3 级；但无开裂、起泡、剥落等其他涂层失效现象。丙烯酸聚氨酯防护涂层西沙户外试验结果见表 5-3。

表 5-3　丙烯酸聚氨酯防护涂层西沙户外试验结果

试验时间/月	失光率/%	色差	附着力等级	综合评级	外观检查
0	0	0	0	0	试验样件表面无异常
6	17.8	3.51	1	2	失光等级为 2 级，变色等级为 2 级，粉化等级为 2 级
12	39.5	4.81	1	2	失光等级为 3 级，变色等级为 2 级，粉化等级为 2 级，无开裂、起泡、剥落等现象
24	29.6	4.73	1	3	失光等级为 3 级，变色等级为 2 级，粉化等级为 3 级，无开裂、起泡、剥落等其他现象
36	36.7	6.37	1	3	失光等级为 3 级，变色等级为 2 级，粉化等级为 3 级，无开裂、起泡、剥落等其他现象

丙烯酸聚氨酯防护涂层在西沙户外试验 12 个月后，目测试验样件外观表面轻微变色，如图 5-1 所示。

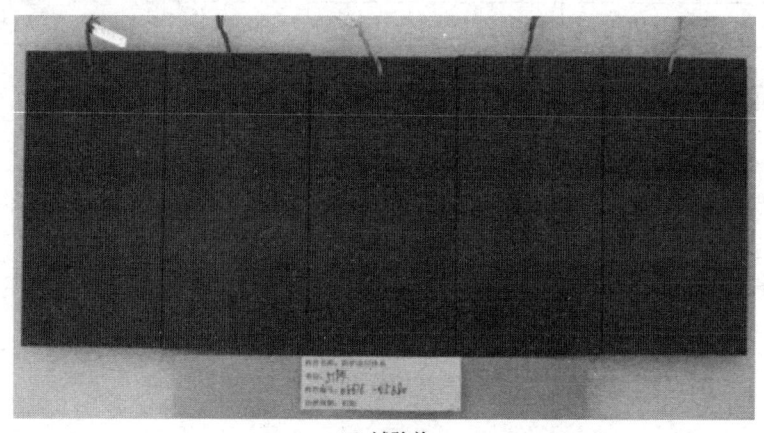

（a）试验前

图 5-1　丙烯酸聚氨酯防护涂层西沙户外试验样件照片

(b) 试验12个月

图 5-1 丙烯酸聚氨酯防护涂层西沙户外试验样件照片（续）

3. 微观形貌分析

图 5-2 是丙烯酸聚氨酯防护涂层西沙户外试验前后微观形貌图。

(a) 试验前　　　　　　　　　　　　　　(b) 试验6个月

(c) 试验12个月

图 5-2 丙烯酸聚氨酯防护涂层西沙户外试验前后微观形貌图

试验前，树脂对颜料的包裹较好，涂层表面平滑连续。

试验 6 个月后，涂层开始有微孔出现。

试验 12 个月后，涂层表面粗糙度明显变大，并出现明显的整体性的微孔增多现象。

4. 傅里叶变换衰减全反射红外光谱分析

经傅里叶变换衰减全反射红外谱分析，发现丙烯酸聚氨酯防护涂层中—CH_2—长链发生部分断裂，涂层固化基团氨基甲酸酯发生断裂形成—NH_2 和羧酸基团，聚氨酯成分较少，树脂降解导致面漆粉化。阻抗模值越来越低，涂层的屏障性逐渐变差，但未完全失效。

图 5-3 是丙烯酸聚氨酯防护涂层西沙户外试验前后红外光谱图。

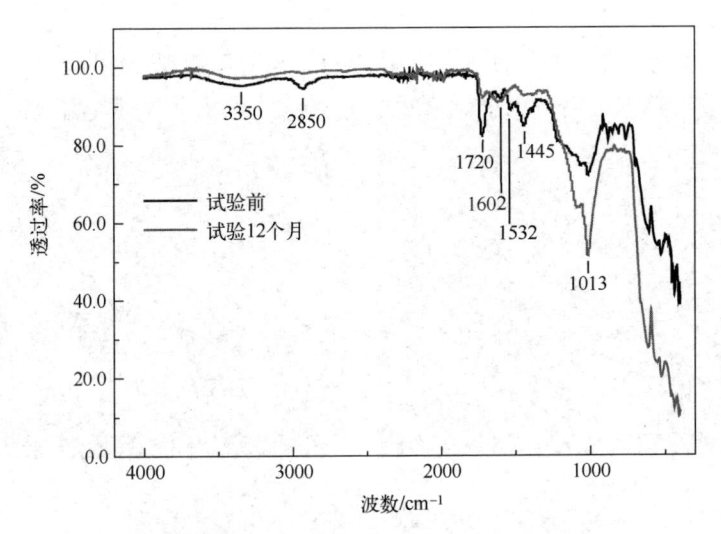

图 5-3　丙烯酸聚氨酯防护涂层西沙户外试验前后红外光谱图

试验 12 个月后，2850cm^{-1} 处吸收峰减弱，表明含有—CH_2—基团的长链发生裂解；1720cm^{-1} 处氨基甲酸酯基团—NHCOO—中的羰基—C=O 吸收振动峰减弱；1445cm^{-1} 处仲胺—NH—吸收振动峰减弱；1602cm^{-1} 处—NH_2 伯胺吸收峰变强；1013cm^{-1} 处特征—C—O 吸收峰增强。以上表明经过 12 个月西沙户外老化后，防护涂层中—CH_2—长链发生部分断裂，涂层固化基团氨基甲酸酯发生断裂形成—NH_2 和羧酸基团。

5. X射线能谱分析

丙烯酸聚氨酯防护涂层西沙户外试验 X 射线能谱分析结果见表 5-4。

表 5-4 丙烯酸聚氨酯防护涂层西沙户外试验 X 射线能谱分析结果

试验时间/月	原子数百分比/%									
	C	O	Cr	Si	Ti	Mg	Ca	Al	Fe	Cl
0	54.95	27.92	8.19	5.08	1.06	1.64	0.48	0.30	0.13	0.26
6	49.18	31.64	9.02	5.97	1.17	1.97	0.56	0.32	0.17	0
12	51.98	30.11	8.06	5.90	1.03	2.22	0.35	—	0.15	0.20

丙烯酸聚氨酯防护涂层成膜树脂的主要元素是 C、O，未发现 N 元素，这和红外光谱分析结果相同，说明该类涂层中聚氨酯成分较少。同时可知，涂层中含有 Cr、Ti、Mg 等金属元素，这些主要是颜填料成分，推断 Ti 元素为涂料中添加的钛白粉（TiO_2）。该成分在一定程度上对涂层的光氧化起到促进作用，这也是该类丙烯酸聚氨酯光老化更加明显的原因。

丙烯酸聚氨酯防护涂层西沙户外试验 C/O 原子数比例变化情况见表 5-5。

表 5-5 丙烯酸聚氨酯防护涂层西沙户外试验 C/O 原子数比例变化情况

试验时间/月	原子数百分比/%		C/O 原子数比例
	C	O	
0	54.95	27.92	1.97
6	49.18	31.64	1.73
12	51.98	30.11	1.55

C/O 原子数比例随着试验时间延长而降低，这说明丙烯酸聚氨酯防护涂层在西沙户外试验中出现光氧老化，形成羟基和羧基，导致氧元素含量增加。这一结论和红外光谱分析结果一致。

6. X射线光电子能谱分析（XPS）

采用 X 射线光电子能谱仪对丙烯酸聚氨酯防护涂层中 C、N、O 原子浓度及 C 价态进行分析。

图 5-4 是丙烯酸聚氨酯防护涂层西沙户外试验 X 射线光电子能谱分析图。

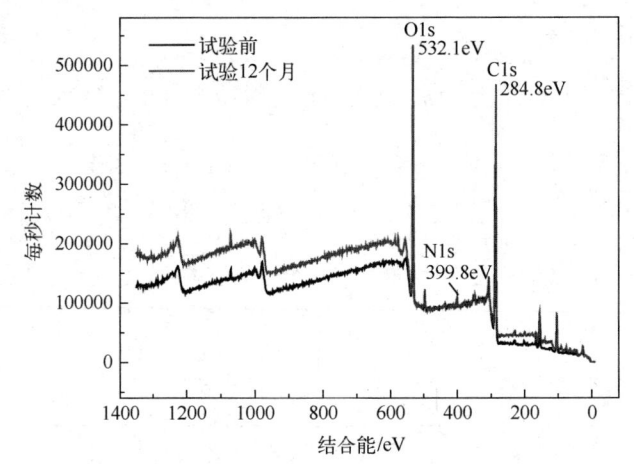

图 5-4　丙烯酸聚氨酯防护涂层西沙户外试验 X 射线光电子能谱分析图

丙烯酸聚氨酯防护涂层西沙户外试验原子浓度对比见表 5-6。

表 5-6　丙烯酸聚氨酯防护涂层西沙户外试验原子浓度对比

试验时间/月	原子数百分比/%			C/O 原子数比例
	C	N	O	
0	72.14	2.60	25.26	2.86
12	64.59	2.49	32.92	1.96

丙烯酸聚氨酯防护涂层在西沙户外试验中发生光氧老化，产生含氧基团，导致 O 原子浓度升高，C/O 原子数比例由试验初始的 2.86 降为 1.96。结合 SEM、FTIR 和 XPS 的测试结果，可以发现丙烯酸聚氨酯防护涂层在湿热海洋大气环境下主要受强光照影响发生降解。

5.1.1.2　氟碳粉末防护涂层失效案例分析

1. 试验样件信息

氟碳粉末防护涂层试验样件信息见表 5-7。

表 5-7　氟碳粉末防护涂层试验样件信息

基层材料	表面处理	防护涂层	应用环境	试验地点
Q235	去油	底漆：BAN9030-720037 面漆：氟碳粉末（SD）	I 型（暴露）	西沙户外

2. 试验结果

氟碳粉末防护涂层在湿热海洋大气环境（西沙户外）下开展试验 3 个月后，目检试验样件外观短时间（3 个月）发生失效，宏观表现为涂层边缘开裂、剥落。在西沙户外试验 6 个月后，涂层表面出现起泡现象；西沙户外试验 12 个月后，试验样件表面明显失光，失光等级为 3 级，很轻微变色，变色等级为 1 级，试验样件边缘涂层剥落，剥落等级为 5（S5）级，基材发生严重生锈，生锈等级为 5（S5）级。

氟碳粉末防护涂层西沙户外试验结果见表 5-8，试验样件照片如图 5-5 所示。

表 5-8　氟碳粉末防护涂层西沙户外试验结果

试验时间/月	失光率/%	色差	附着力等级	综合评级	保护等级
0	0	0	0	0	试验样件表面无异常
1	4.5	0.27	0	0	试验样件表面无明显变化
3	1.5	0.30	0	0	试验样件表面无明显变化
6	4.8	0.36	5	5	失光等级为 1 级，剥落等级为（S5）级，生锈等级为 5（S5）级
12	36.8	2.29	5	5	失光等级为 3 级，变色等级为 1 级，剥落等级为 5（S5）级，生锈等级为 5（S5）级

(a) 试验 3 个月

(b) 试验 12 个月

图 5-5　氟碳粉末防护涂层西沙户外试验样件照片

3. 微观形貌分析

图 5-6 是氟碳粉末防护涂层西沙户外试验前后微观形貌图。

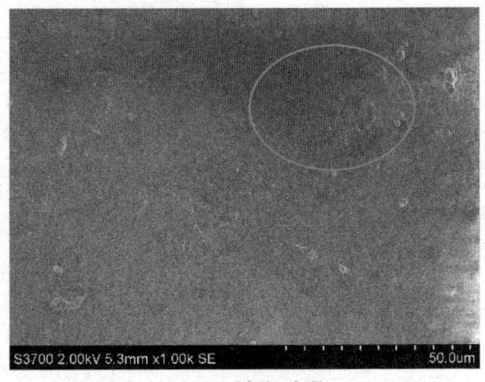

(a) 试验前　　　　　　　　　　　(b) 试验6个月

图 5-6　氟碳粉末防护涂层西沙户外试验前后微观形貌图

试验前，氟碳树脂对颜料的包裹较好，涂层表面平整连续。

试验 6 个月后，虽然出现部分颜料突起，但整体而言氟碳树脂对颜料的包裹作用依然良好，这与光泽度变化结果一致。

4. 傅里叶变换衰减全反射红外光谱分析

经傅里叶变换衰减全反射红外谱分析，推测氟碳粉末防护涂层含有双酚 A 型环氧树脂，属于环氧聚酯氟碳粉末防护涂层。该涂层户外试验 6 个月后，苯环发生降解，C—F 键并未明显受光老化的影响，但 C—O 键在暴露过程中出现降解，形成—C=O。

图 5-7 是氟碳粉末防护涂层西沙户外试验前后红外光谱图。

由图 5-7 中的试验前红外光谱可知，$3036cm^{-1}$、$1607cm^{-1}$、$1580cm^{-1}$、$1504cm^{-1}$、$1460cm^{-1}$、$824cm^{-1}$ 处的吸收峰证明涂层树脂中存在苯环；$1607cm^{-1}$ 处吸收峰较弱，$1504cm^{-1}$ 处为强吸收峰，说明苯环为对位双取代，且取代基均为给电子取代基，推测涂层中含有双酚 A 型环氧树脂；在 $3600\sim3100cm^{-1}$ 处有宽而强的吸收峰，为氢键缔合的 O—H 伸缩振动产生；$1730cm^{-1}$ 处为 C=O 伸缩振动吸收峰，$1227cm^{-1}$、$1035cm^{-1}$ 处分别为 sp^2C—O、sp^3C—O 伸缩振动吸收峰，证明了酯基的存在；$1106cm^{-1}$ 处为 C—F 特征吸收峰；$2963cm^{-1}$、$2870cm^{-1}$ 处分别是甲基不对称伸缩振动吸收峰和对称伸缩振动吸收峰；$2925cm^{-1}$ 处为亚甲基不对称伸缩振动吸收峰；$1460cm^{-1}$ 处为甲基弯曲振动收峰。由以上数据推断该氟碳粉末防护涂层为环氧聚酯氟碳粉末防护涂层。

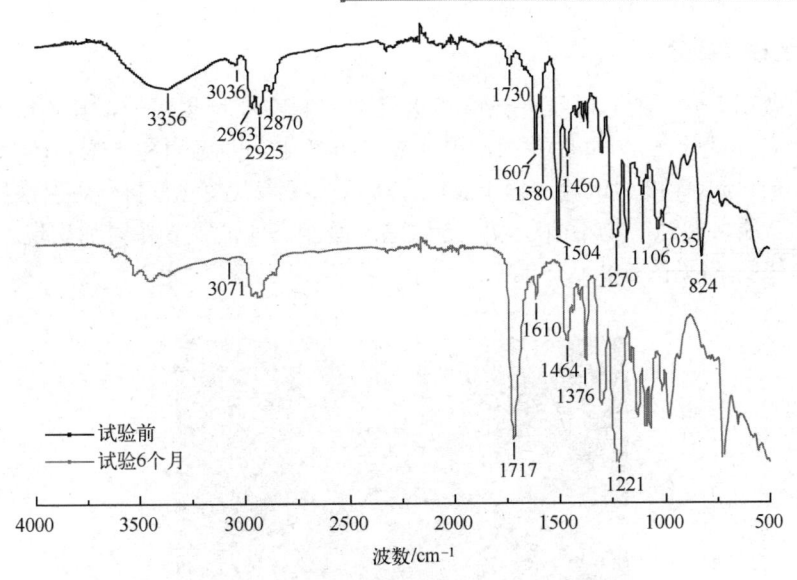

图 5-7　氟碳粉末防护涂层前后红外光谱图

氟碳粉末防护涂层西沙户外试验 6 个月后，3071cm^{-1} 处苯环 C—H 伸缩振动吸收峰和 1610cm^{-1}、1580cm^{-1} 处苯环骨架振动吸收峰减弱，而初始样件 1504cm^{-1} 处苯环骨架振动吸收峰和 824cm^{-1} 处苯环 C—H 弯曲振动吸收峰消失，表明在暴露期间苯环发生降解。户外暴露导致 1717cm^{-1} 处吸收峰增强，说明氟碳粉末树脂中 C=O 含量增加；同时，1221cm^{-1} 处 sp^{2}C—O 伸缩振动吸收峰增强，而 1035cm^{-1} 处 sp^{3}C—O 伸缩振动吸收峰消失，说明 C—O 键在暴露过程中出现降解，形成—C=O。户外试验 6 个月后，C—F 在 1097cm^{-1} 处的吸收峰强度依然很强，说明在试验过程中 C—F 键并未明显受光老化的影响。

5．X 射线能谱分析

氟碳粉末防护涂层西沙户外试验 X 射线能谱分析结果见表 5-9。

表 5-9　氟碳粉末防护涂层西沙户外试验 X 射线能谱分析结果

试验时间/月	原子数百分比/%		C/O 原子数比例
	C	O	
0	73.40	20.98	3.50
6	73.68	23.55	3.12

开展西沙户外试验 6 个月后，氟碳粉末防护涂层中 C/O 原子数比例由 3.50 下降至 3.12，说明在涂层老化过程中带氧基团增多，这与红外测试结果一致。

6. 金相显微分析

综合微观形貌、傅里叶红外光谱和 X 射线能谱分析结果可知，氟碳粉末防护涂层在西沙户外试验 6 个月后并未出现明显光氧老化，但可明显观察到边缘起泡[见图 5-8（b）]。这样推测试验过程中腐蚀介质从边缘渗入并与基材发生腐蚀反应，随着试验的开展，腐蚀产物不断积聚，导致涂层西沙户外试验 6 个月后出现起泡和 12 个月后出现剥落[见图 5-8（c）]。

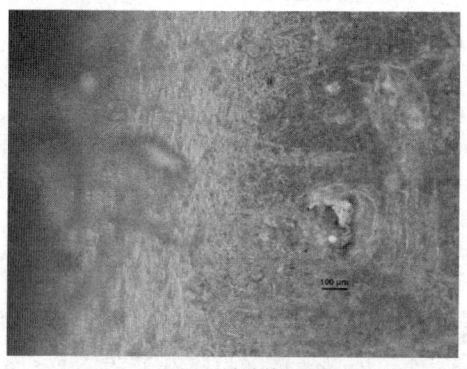

（a）试验前

（b）试验6个月 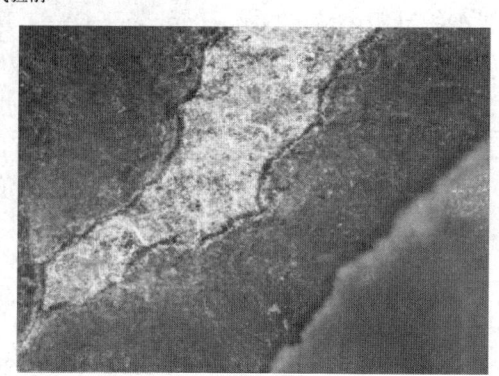　　　　　　　　　　　（c）试验12个月

图 5-8　氟碳粉末防护涂层缺陷及层下金属腐蚀图

5.1.1.3　氟树脂（306）防护涂层失效案例分析

1. 试验样件信息

氟树脂（306）防护涂层试验样件信息见表 5-10。

表5-10 氟树脂（306）防护涂层试验样件信息

基层材料	防护涂层	应用环境	试验地点
H96	面漆：306氟树脂	Ⅱ型（遮蔽）	西沙棚下

2. 试验结果

氟树脂（306）防护涂层西沙棚下试验结果见表5-11，试验样件外观照片如图5-9所示。

表5-11 氟树脂（306）防护涂层西沙棚下试验结果

试验时间/月	失光率/%	色差	附着力等级	综合评级	外观检查
0	0	0	2	0	试验样件表面无异常
1	0	0	2	1	试验样件边缘出现腐蚀
3	8.1	3.38	3	2	失光等级为1级，色差等级为2级，生锈等级为2级
6	26.3	5.77	3	3	失光等级为2级，色差等级为2级，生锈等级为3（S3）级
12	17.0	6.43	3	3	失光等级为2级，色差等级为2级，生锈等级为3（S3）级
24	21.1	7.42	3	3	失光等级为2级，色差等级为3级，生锈等级为3（S4）级
36	24.9	9.60	3	4	失光等级为2级，色差等级为4级，生锈等级为4（S4）级

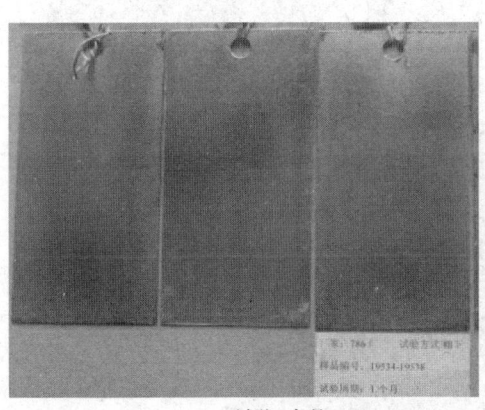

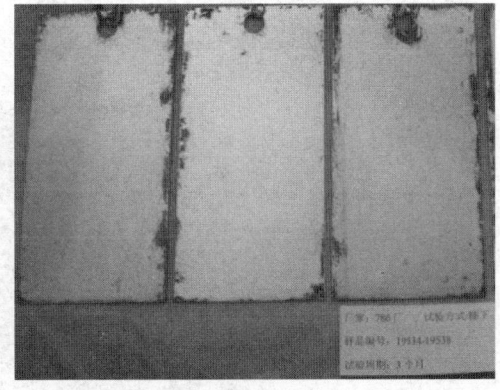

（a）试验1个月　　　　　　　　（b）试验3个月

图5-9 氟树脂（306）防护涂层西沙棚下试验照片

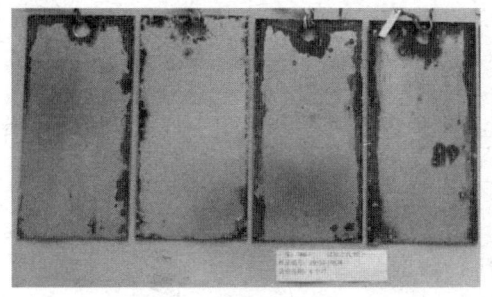

(c) 试验6个月 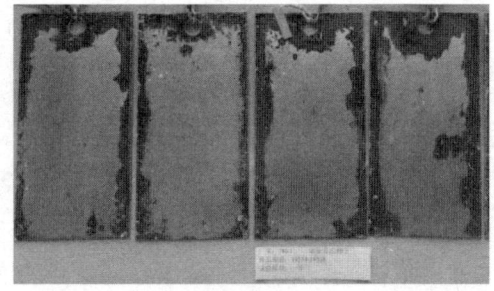　　　　　　　　　　　　(d) 试验12个月

图 5-9　氟树脂（306）防护涂层西沙棚下试验照片（续）

试验 6 个月后，涂层出现生锈，基体金属腐蚀，但无明显剥落现象。

试验 12 个月后，涂层出现剥落，基体金属腐蚀，并随着试验时间延长，腐蚀面积不断增大。

3. 微观形貌分析

图 5-10 是氟树脂（306）防护涂层西沙棚下试验前后微观形貌图。

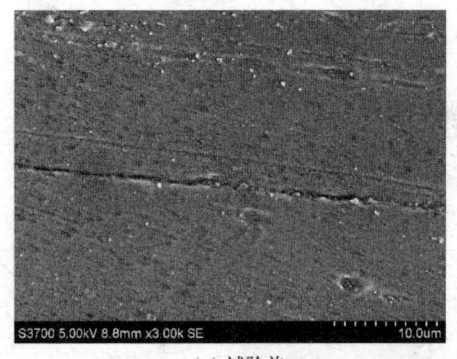

(a) 试验前 　　　　　　　　　　　　(b) 试验6个月

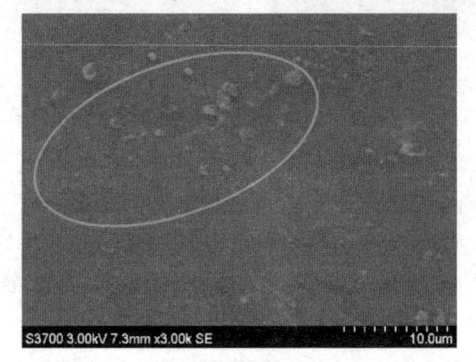

(c) 试验12个月

图 5-10　氟树脂（306）防护涂层西沙棚下试验前后微观形貌图（3000X）

试验前,氟树脂(306)防护涂层除表面划痕部位外,其他部位表面较平整,未出现起泡和剥落现象。

试验 6 个月后,涂层出现起泡,但未见明显剥落现象。

试验 12 个月后,涂层出现剥落,推测由于基体金属发生腐蚀,随着腐蚀产物生成,引起树脂内部应力作用,涂层开裂剥落。

4. 傅里叶变换衰减全反射红外光谱分析

经傅里叶变换衰减全反射红外光谱分析,氟树脂(306)防护涂层西沙棚下试验未出现光氧老化或热氧老化等老化现象,推测涂层起泡、剥落和基材腐蚀主要是由于物理变化。

图 5-11 是氟树脂(306)防护涂层西沙棚下试验前后红外光谱图。

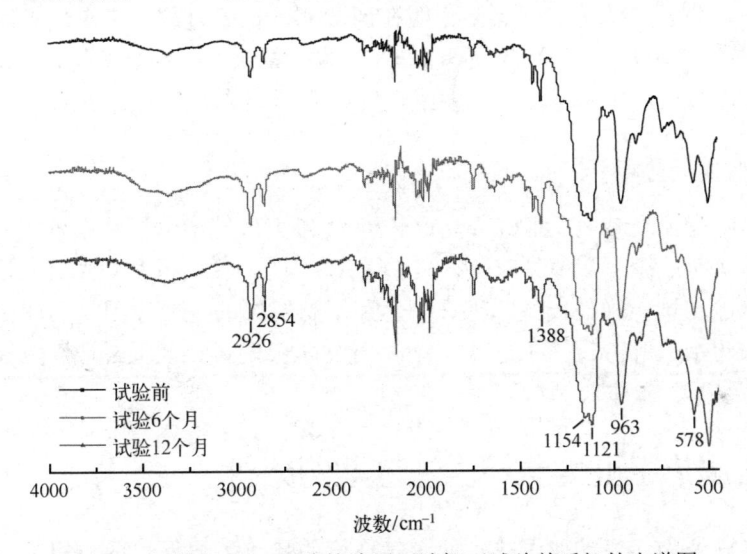

图 5-11 氟树脂(306)防护涂层西沙棚下试验前后红外光谱图

$2926cm^{-1}$ 处为亚甲基不对称伸缩振动吸收峰;$2825cm^{-1}$ 处为亚甲基对称伸缩振动吸收峰;$1388cm^{-1}$ 处为亚甲基 C—H 弯曲振动吸收峰;$1121\sim1154cm^{-1}$ 处出现的两个强吸收峰,为—CF_2 伸缩振动吸收峰;C—Cl 伸缩振动吸收峰一般出现在 $800\sim600cm^{-1}$,受 F 原子的影响,峰的位置向高波数移动;$963cm^{-1}$ 处形成强吸收峰;$578cm^{-1}$ 处为 CCl_2 的伸缩振动吸收峰。这些也证明了该氟树脂主要是由偏二氟乙烯和三氟氯乙烯单体聚合而成的。随着试验的开展,主要红外吸收峰位置及强度均未发现明显变化,说明在西沙棚下试验过程中未出现大量化学结构的降解和改变,可见,涂层并未发生明显老化,推测此试验样件基材腐蚀的主要原因不是树脂老化。

5. X射线能谱分析

氟树脂（306）防护涂层西沙棚下试验X射线能谱分析结果见表5-12。

表5-12 氟树脂（306）防护涂层西沙棚下试验X射线能谱分析结果

试验周期/月	原子数百分比/%					C/F原子数比例	C/Cl原子数比例
	F	C	Cl	Cu	Zn		
0	46.23	40.75	12.06	0.57	0.39	0.88	3.38
6	45.98	40.47	12.56	0.58	0.4	0.88	3.66
12	46.44	37.67	11.61	2.24	2.03	0.81	4

试验前后都未检测出氧元素，说明在西沙棚下试验过程中未出现光氧老化或热氧老化。经过12个月的试验，F元素和Cl元素含量未发生明显变化，C元素含量稍稍下降，推测氟树脂中有机溶剂挥发或流失导致C元素含量有所下降。

6. 失效原因分析

由傅里叶变换衰减全反射红外光谱分析和X射线能谱分析结果可知，在湿热海洋大气环境（西沙棚下）中暴露的氟树脂（306）防护涂层未发生光氧老化或热氧老化，推测该涂层试验样件发生起泡、剥落和基材腐蚀的主要原因是物理变化，具体是氟树脂的初始附着力较差（2级），容易导致水分腐蚀介质通过边缘、标签孔等部位渗透，导致基材发生腐蚀。

5.1.2 亚湿热工业大气环境失效案例分析

以江津户外为代表的亚湿热工业大气环境的特点主要是气温和相对湿度高、空气中化学污染物含量高、酸雨时数长等。在该气候区域下服役的防护涂层在高湿度和酸雨的综合影响下，容易发生变色和金属基材腐蚀的老化。

本节采用5种防护涂层在江津户外开展大气自然环境试验，分析它们在亚湿热工业大气环境下的失效模式和机理。

5.1.2.1 脂肪族聚氨酯防护涂层失效案例分析

1. 试验样件信息

脂肪族聚氨酯防护涂层试验样件信息见表5-13。

表 5-13 脂肪族聚氨酯防护涂层试验样件信息

基层材料	表面处理	防护涂层	应用环境	试验地点
玻璃钢	水清洗	脂肪族聚氨酯防护涂层	Ⅰ型（暴露）	江津户外

2. 试验结果

脂肪族聚氨酯防护涂层江津户外试验结果见表 5-14。

表 5-14 脂肪族聚氨酯防护涂层江津户外试验结果

试验时间/月	失光率/%	色差	附着力等级	综合评级	外观检查
0	0	0	0	0	试验样件表面无异常
1	2.26	1.69	1	0	变色等级为1级，其他无明显变化
3	24.42	4.71	1	0	失光等级为1级，变色等级为2级，其他无明显变化
6	31.72	5.07	1	0	失光等级为3级，变色等级为2级，其他无明显变化
12	36.69	9.83	1	0	失光等级为3级，变色等级4级，其他无明显变化
18	85.17	12.27	1	1	失光等级为5级，变色等级为5级，其他无明显变化

脂肪族聚氨酯防护涂层在亚热带工业大气环境（江津户外）试验 18 个月后，涂层表面容易失光，失光等级达 5 级，严重变色，变色等级达 5 级。

3. 微观形貌分析

图 5-12 是脂肪族丙烯酸聚氨酯防护涂层江津户外试验前后微观形貌图。

(a) 试验前　　　　　　　　　　(b) 试验1个月

图 5-12 脂肪族丙烯酸聚氨酯防护涂层江津户外试验前后微观形貌图

(c) 试验3个月　　　　　　　　　　　　(d) 试验6个月

图 5-12　脂肪族丙烯酸聚氨酯防护涂层江津户外试验前后微观形貌图（续）

试验前，树脂对颜料的包裹较好，脂肪族丙烯酸聚氨酯防护涂层表面较为平整，表面微孔是由涂层涂装工艺缺陷导致的。

试验 1 个月后，涂层表面的局部微孔增大，但多数部位并未发生明显变化。

试验 3 个月后，涂层表面呈现块状凸起，主要原因是树脂降解导致对颜料的包裹性减弱。

试验 6 个月后，涂层表面树脂向内部持续降解，在雨水的冲刷下颜料出现剥离，导致涂层表面出现大量微坑。

4. 傅里叶变换衰减全反射红外光谱分析

经傅里叶变换衰减全反射红外谱分析，显示脂肪族聚氨酯防护涂层试验过程中因老化导致氨基甲酸酯键出现断裂，形成小分子胺，在雨水冲刷下逐渐流失。C/O 原子数比例下降明显，说明涂层失效主要是由光氧老化引起的。

图 5-13 是脂肪族丙烯酸聚氨酯防护涂层江津户外试验前后红外光谱图红外光谱。

$3338cm^{-1}$ 处为—OH 或—NH 吸收峰；$2946cm^{-1}$ 和 $2866cm^{-1}$ 处为涂层树脂中亚甲基伸缩振动吸收峰；$1697cm^{-1}$ 处为 C=O 伸缩振动吸收峰；$1526cm^{-1}$ 处为 O—CH 吸收峰；$1460cm^{-1}$ 处为 O—CH$_3$ 中 C—H 弯曲振动吸收峰；$1238cm^{-1}$ 和 $1016cm^{-1}$ 处分别为 sp^2C—O 和 sp^3C—O 伸缩振动吸收峰，从而证明涂层中存在酯基；$1154cm^{-1}$ 处为 C—N 伸缩振动吸收峰；$774cm^{-1}$ 处为伯胺中 N—H 弯曲振动吸收峰。

随着试验的开展，$3338cm^{-1}$ 处的—OH 吸收峰变宽增强，$1697cm^{-1}$ 处的吸收峰减弱。试验 18 个月后，$1154cm^{-1}$ 和 $774cm^{-1}$ 处的吸收峰减弱至不可见。由此推测在试验过程中，涂层老化导致氨基甲酸酯键出现断裂，生成小分子胺，在雨水冲刷下逐步流失。

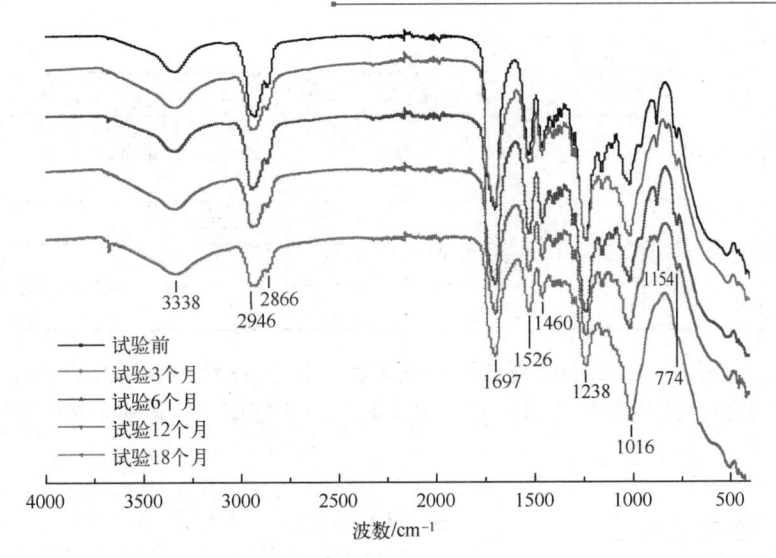

图 5-13 脂肪族丙烯酸聚氨酯防护涂层江津户外试验前后红外光谱图

5. X射线能谱分析

脂肪族聚氨酯防护涂层江津户外试验 X 射线能谱分析结果见图 5-15。

表 5-15 脂肪族聚氨酯防护涂层江津户外试验 X 射线能谱分析结果

试验时间	原子数百分比/%								
	C	O	Ti	Si	Ca	Mg	Sr	Al	S
0	72.07	24.17	1.67	0.77	0.44	0.60	0.07	0.21	
1	70.46	24.80	1.84	1.12	0.45	1.01	0.11	0.21	
3	68.65	27.17	1.86	0.95	0.48	0.66	0.03	0.20	
6	69.86	26.52	1.33	1.02	0.25	0.75	0.07	0.17	0.02
12	64.28	29.05	3.02	1.63	0.67	1.07		0.29	
18	61.13	31.10	3.29	2.17	0.59	1.31	0.06	0.34	

脂肪族聚氨酯防护涂层江津户外试验 C/O 原子数比例变化情况见表 5-16。

表 5-16 脂肪族聚氨酯防护涂层江津户外试验 C/O 原子数比例变化情况

试验时间/月	原子数百分比/%		C/O 原子数比例
	C	O	
0	72.07	24.17	2.98
1	70.46	24.80	2.84

续表

试验时间/月	原子数百分比/%		C/O 原子数比例
	C	O	
3	68.65	27.17	2.52
6	69.86	26.52	2.63
12	64.28	29.05	2.21
18	61.13	31.10	1.97

在试验过程中，O 原子数百分比不断增大；试验 18 个月后，C/O 原子数比例由 2.98 降至 1.97。这与红外光谱分析结果一致，再次证明脂肪族聚氨酯防护涂层失效的主要原因是光氧老化。

5.1.2.2 丙烯酸聚氨酯防护涂层失效案例分析

1. 试验样件信息

丙烯酸聚氨酯防护涂层试验样件信息见表 5-17。

表 5-17 丙烯酸聚氨酯防护涂层试验样件信息

基层材料	防护涂层	应用环境	试验地点
6061	底漆：TB06-9 锌黄丙烯酸聚氨酯底漆。 面漆：SP-2 丙烯酸聚氨酯海陆迷彩漆	I 型（暴露）	江津户外

2. 试验结果

丙烯酸聚氨酯防护涂层江津户外试验结果见表 5-18。

表 5-18 丙烯酸聚氨酯防护涂层江津户外试验结果

试验时间/月	失光率/%	色差	附着力等级	综合评级	外观检查
0	0	0	0	0	试验样件表面无异常
1	−5.14	0.16	1	0	试验样件表面无明显变化
3	−10.61	0.64	1	0	试验样件表面无明显变化
6	2.19	1.62	1	0	失光等级为 1 级，变色等级为 1 级，其他无明显变化
12	27.13	2.3	1	2	失光等级为 2 级，变色等级为 1 级，粉化等级为 2 级，其他无明显变化
18	32.53	2.9	1	2	失光等级为 3 级，变色等级为 1 级，粉化等级为 2 级，其他无明显变化

丙烯酸聚氨酯防护涂层在亚湿热工业大气环境（江津户外）下的失效现象是失光、变色和粉化。

3．微观形貌分析

图 5-14 是丙烯酸聚氨酯防护涂层江津户外试验前后微观形貌图。

（a）试验前　　　　　　　　　　　　（b）试验 6 个月

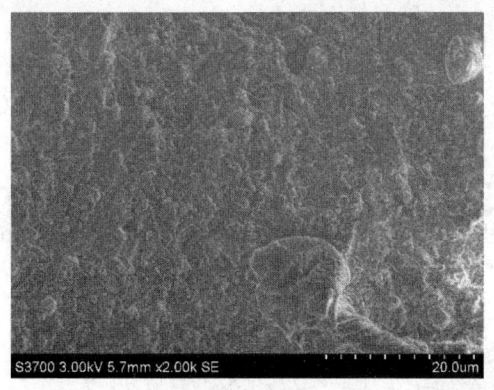

（c）试验 18 个月

图 5-14　丙烯酸聚氨酯防护涂层江津户外试验前后微观形貌图

试验前，树脂对颜料的包裹较好，涂层仅存在少量的微小缺陷。
试验 6 个月后，涂层表面微观形貌无明显变化。
试验 18 个月后，涂层表面发生降解，导致颜料凸起，粗糙度明显增大。

4．傅里叶变换衰减全反射红外光谱分析

图 5-15 是丙烯酸聚氨酯防护涂层江津户外试验前后红外光谱图。

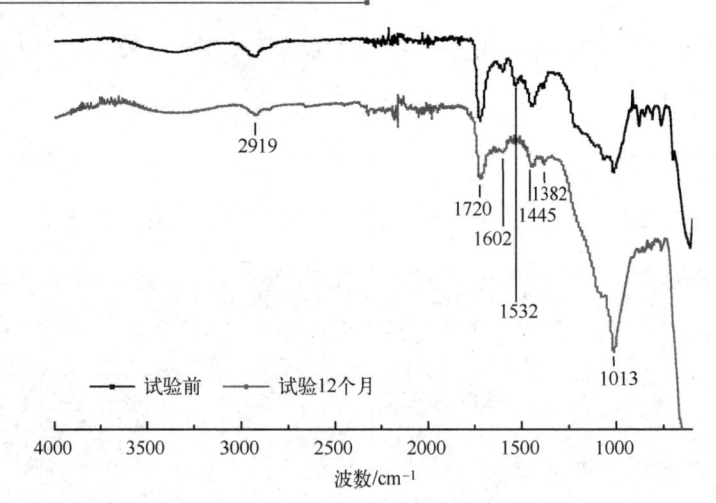

图 5-15 丙烯酸聚氨酯防护涂层江津户外试验前后红外光谱图

$3000 \sim 3500 cm^{-1}$ 为 O—H 和 N—H 伸缩振动形成的宽吸收峰,$2919 cm^{-1}$ 处为亚甲基（—CH_2—）不对称伸缩振动吸收峰。试验 12 个月后,$1602 cm^{-1}$ 处伯胺 N—H 弯曲振动吸收峰变宽,$1532 cm^{-1}$ 处仲胺 N—H 弯曲振动吸收峰减弱至不可见,同时 $1382 cm^{-1}$ 处酰伯胺中 C—N 伸缩振动吸收峰增强。由此推测在江津户外试验 12 个月后,丙烯酸聚氨酯防护涂层发生光降解,分子链中氨基甲酸酯基团（—NHCOO—）中 C—N 键发生断裂,生成酰伯胺。

5. X 射线能谱分析

图 5-16 是丙烯酸聚氨酯防护涂层江津户外试验 X 射线能谱分析图。

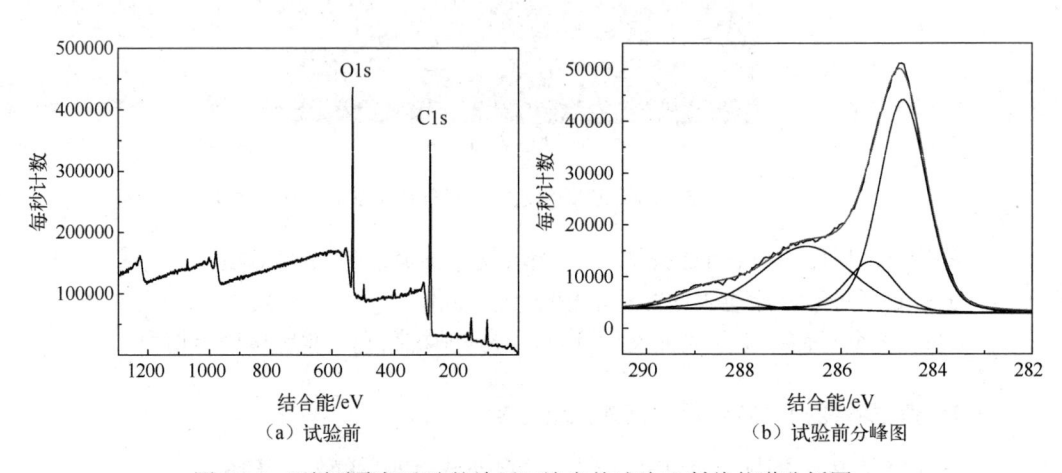

（a）试验前　　　　　　　　（b）试验前分峰图

图 5-16　丙烯酸聚氨酯防护涂层江津户外试验 X 射线能谱分析图

(c) 试验12个月　　　　　　　　　(d) 试验12个月分峰图

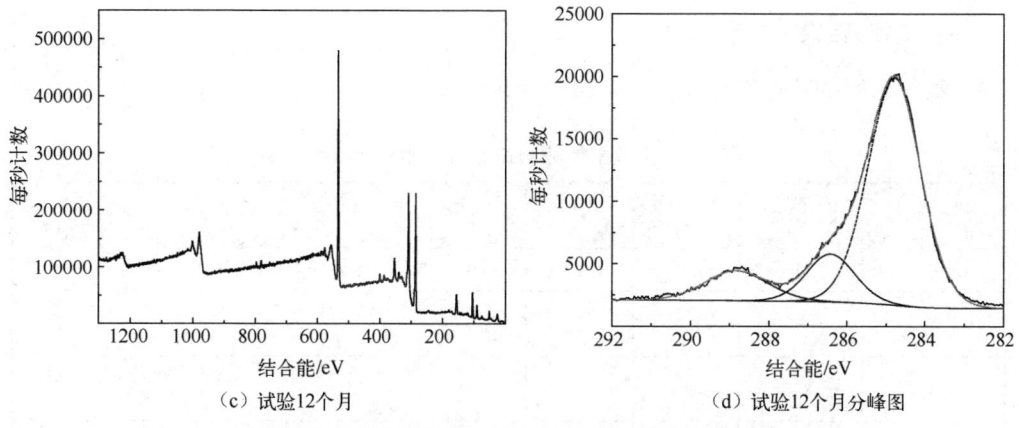

图 5-16　丙烯酸聚氨酯防护涂层江津户外试验 X 射线能谱分析图（续）

图 5-16（a）是试验前 X 射线能谱分析结果；图 5-16（c）是试验 12 个月的 X 射线能谱分析结果。采用 XPSpeak 分峰软件对 C1s 进行分峰，分峰结果如图 5-16(b)、(d) 所示，各峰所占比值见表 5-19。

表 5-19　丙烯酸聚氨酯防护涂层江津户外试验后 X 射线能谱各峰所占比值

试验时间/月	A 峰（C=O）		B 峰（C—O）		C 峰（C—C）		D 峰（C—H）	
	键能/eV	比例/%	键能/eV	比例/%	键能/eV	比例/%	键能/eV	比例/%
0	288.7	5.65	286.7	29.01	285.4	12.46	284.8	52.89
12	288.7	11.56	286.5	14.26			284.8	74.18

由表 5-19 可知，丙烯酸聚氨酯防护涂层试验初始 C1s 谱由 4 个峰组成。其中，288.7eV 对应的是 C=O 键，286.7eV 对应的是 C—O—C 或 C—OH 键，285.4eV 对应的是 C—C，284.8eV 对应的是 C—H 键。可见，经过 12 个月的江津户外试验后，分子链出现老化，C—O 和 C—C 氧化，产生较多 C=O 基团。

5.1.2.3　氟碳聚氨酯防护涂层试验结果分析

1. 试验样件信息

氟碳聚氨酯防护涂层试验样件信息见表 5-20。

表 5-20　氟碳聚氨脂防护涂层试验样件信息

基层材料	防护涂层	应用环境	试验地点
2A12	底漆：EP506 铝红丙烯酸聚氨酯底漆。面漆：HFC-901 氟碳聚氨酯磁漆	I 型（暴露）	江津户外

2. 试验结果

氟碳聚氨酯防护涂层江津户外试验结果见表 5-21。

表 5-21 氟碳聚氨酯防护涂层江津户外试验结果

试验时间/月	失光率/%	色差	附着力等级	综合评级	外观检查
0	0	0	2	0	试验样件表面无异常
1	1.35	1.55	3	0	试验样件表面无失光,无变色,其他无明显变化
3	-8.97	0.56	3	0	试验样件表面无失光,无变色,其他无明显变化
6	-5.00	1.22	3	0	试验样件表面无失光,无变色,其他无明显变化
12	1.92	2.15	3	0	试验样件表面无失光,变色等级为 1 级,其他无明显变化
18	29.10	2.81	3	1	失光等级为 2 级,变色等级为 1 级;粉化等级为 1 级,其他无明显变化

氟碳聚氨酯防护涂层在亚湿热工业大气环境（江津户外）试验 18 个月后,涂层表面轻微失光,失光等级为 2 级左右;很轻微变色;涂层表面轻微粉化,粉化等级为 1 级;无开裂、起泡、剥落等现象。氟碳聚氨酯防护涂层的外观失效行为主要是失光和粉化。

3. 微观形貌分析

图 5-17 是氟碳聚氨酯防护涂层江津户外试验前后微观形貌图。

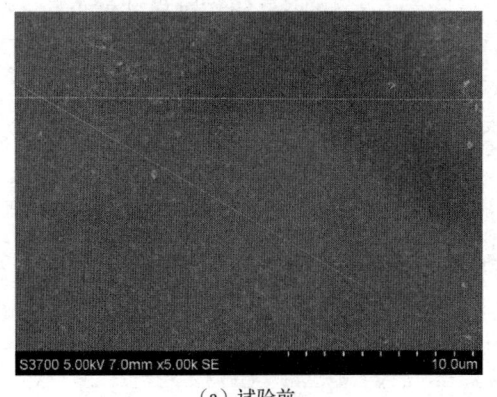

（a）试验前　　　　　　　　　　（b）试验6个月

图 5-17 氟碳聚氨酯防护涂层江津户外试验前后微观形貌图

(c）试验12个月　　　　　　　　　　　　（d）试验18个月

图 5-17　氟碳聚氨酯防护涂层江津户外试验前后微观形貌图（续）

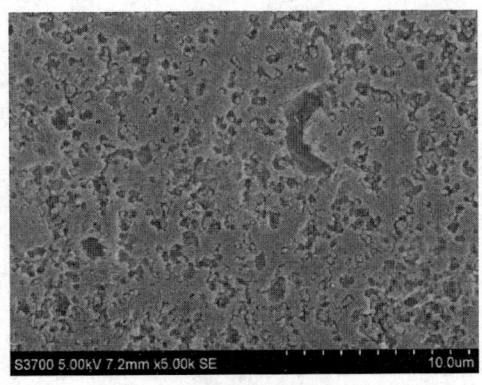

试验前，树脂对颜料的包裹性良好，涂层表面平整。

试验 6 个月后，表面有少量微坑。

试验 12 个月后，涂层表面出现微裂纹，但涂层表面较平整，粗糙度变化较小。

试验 18 个月后，涂层表面布满微坑，颜料粒子大量脱落，推测这是造成涂层表面失光和粉化的主要原因。

4．傅里叶变换衰减全反射红外光谱分析

经傅里叶变换衰减全反射红外光谱分析，发现氟碳聚氨酯防护涂层在江津户外试验过程中 C—O 和 C—N 出现因光氧降解导致的断裂，形成羰基。

图 5-18 是氟碳聚氨酯防护涂层江津户外试验前后红外光谱图。

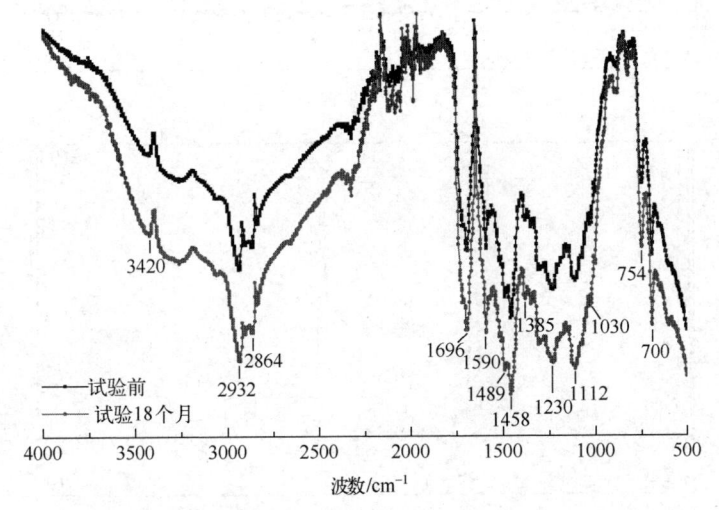

图 5-18　氟碳聚氨酯防护涂层江津户外试验前后红外光谱图

2932cm^{-1} 和 2864cm^{-1} 处为亚甲基 C—H 伸缩振动吸收峰；1458cm^{-1} 和 1385cm^{-1} 处为—CH$_2$、—CH$_3$ 中 C—H 弯曲中振动吸收峰；1696cm^{-1} 处为 C=O 伸缩振动吸收峰，1230cm^{-1} 处为 sp^{2}C—O 伸缩振动吸收峰，1030cm^{-1} 处为 sp^{3}C—O 伸缩振动吸收峰，这些峰的存在证明了酯基的存在；1112cm^{-1} 处为 C—F 伸缩振动吸收峰；3200～3500cm^{-1} 处出现 2 个吸收峰，说明存在多种形式 N—H 或 O—H 键，包括仲胺基、醇羟基等。

随着试验时间延长，3200～3500cm^{-1} 处的 O—H 吸收峰以及 1696cm^{-1} 处的 C=O 吸收峰强度增大，但 1230cm^{-1} 处的 sp^{2}C—O 吸收峰出现减弱，而 C—F 的相对含量增大，推断在试验过程中防护涂层出现光氧降解，C—O 断裂和 C—N 出现断裂，形成较多的羰基。

5．X 射线能谱分析

图 5-19 是氟碳聚氨酯防护涂层 X 射线能谱分析图，各元素在试验前后的变化情况见表 5-22。

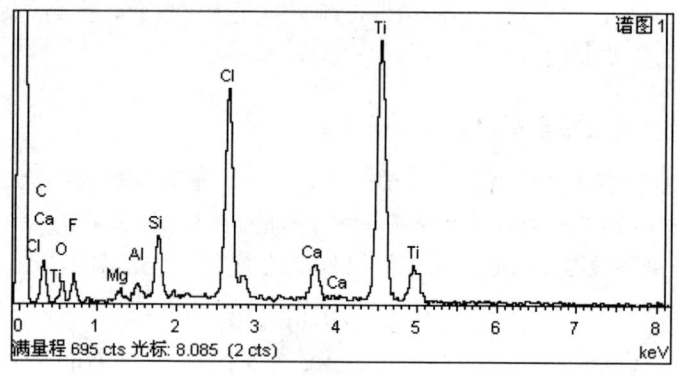

(a) 试验前

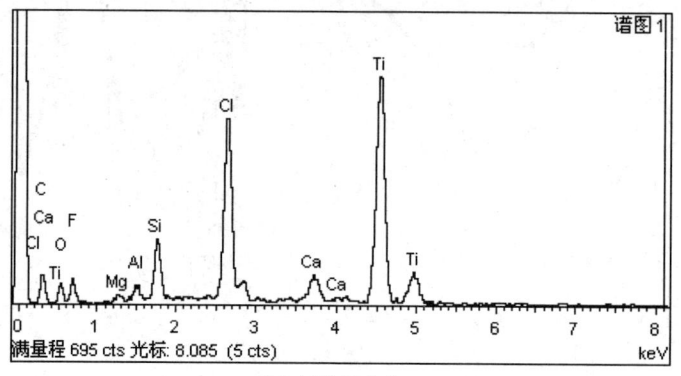

(b) 试验 12 个月

图 5-19　氟碳聚氨酯防护涂层江津户外试验前后 X 射线能谱分析图

表 5-22　氟碳聚氨酯防护涂层江津户外试验 12 个月前后元素含量变化情况

元素	质量分数/%		原子数百分比/%	
	试验前	试验 12 个月	试验前	试验 12 个月
C	23.71	13.61	38.10	23.64
F	19.87	23.19	20.19	25.48
O	19.60	22.25	23.65	29.03
Ti	19.31	21.24	7.78	9.25
Cl	10.30	11.82	5.61	6.96
Si	3.56	4.33	2.45	3.22
Ca	1.95	1.59	0.94	0.83
Al	0.88	1.14	0.63	0.88
Mg	0.82	0.83	0.65	0.71

试验前，C/O 原子数比例为 1.61；试验 12 个月后，C/O 原子数比例为 0.81。这说明涂层发生了光氧老化反应，导致氧元素不断增加。

试验前，C/F 原子数比例为 1.88；试验 12 个月后，C/F 原子数比例为 0.92。这说明涂层中 C—F 键相对稳定，损失较少。

5.1.2.4　聚氨酯透波防护涂层失效案例分析

1．试验样件信息

聚氨酯透波防护涂层试验样件信息见表 5-23。

表 5-23　聚氨酯透波防护涂层试验样件信息

基层材料	涂层材料	应用环境	试验地点
环氧玻璃布板	底漆：H01-101 底漆。 面漆：SBS04-33 无光聚氨酯透波磁漆（海灰）	Ⅰ型（暴露）	江津户外

2．试验结果

聚氨酯透波防护涂层江津户外试验结果见表 5-24。

表 5-24　聚氨酯透波防护涂层江津户外试验结果

试验时间/月	色差	附着力等级	综合评级	外观检查
0	0	0	0	试验样件外观无明显缺陷
1	0.57	0	0	试验样件表面无明显变化

续表

试验时间/月	色差	附着力等级	综合评级	外观检查
3	1.70	0	0	变色等级为1级,其他无明显变化
6	2.82	0	2	变色等级为1级,粉化等级为2级,其他无明显变化
12	2.27	0	3	变色等级为1级,粉化等级为3级,其他无明显变化
18	2.18	0	3	变色等级为1级,粉化等级为3级,其他无明显变化
24	3.67	0	3	变色等级为2级,粉化等级为3级,其他无明显变化

聚氨酯透波防护涂层暴露在亚湿热工业大气环境（江津户外）下的失效行为主要是变色、粉化；附着力破坏形式以 B/C 为主，即底漆和面漆的附着破坏，说明底漆和面漆附着是该防护涂层体系的薄弱环节。

3. 微观形貌分析

图 5-20 是聚氨酯透波防护涂层江津户外试验前后微观形貌图。

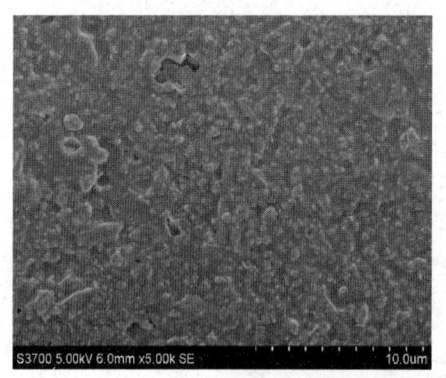

（a）试验前

（b）试验6个月

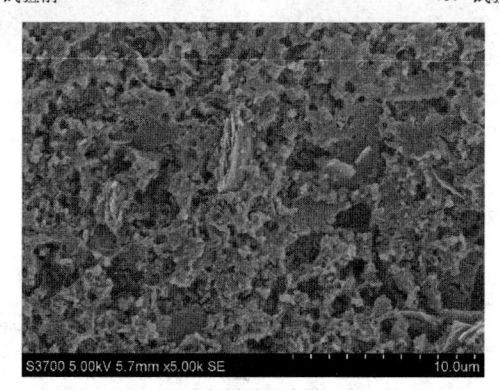

（c）试验12个月

图 5-20　聚氨酯透波防护涂层江津户外试验前后微观形貌图

试验前，树脂对颜料的包裹良好，但涂层表面也存在一些微孔，这也是涂层光泽度较低的原因。

试验6个月后，涂层表面的颜料脱落导致微孔增多，宏观表现为粉化。

试验12个月后，颜料损失增多，涂层表面呈蜂窝状。

4．傅里叶变换衰减全反射红外光谱分析

经傅里叶变换衰减全反射红外光谱分析，显示聚氨酯透波防护涂层江津户外暴露老化过程中主要是C—N发生断裂，形成小分子化合物，在雨水冲刷下随颜填料流失，导致—CH_2—含量减少。

图5-21是聚氨酯透波防护涂层江津户外试验前后红外光谱图。

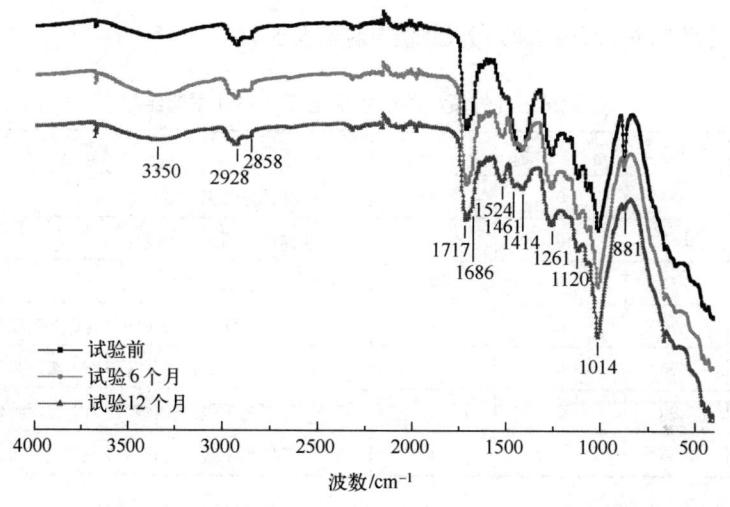

图5-21　聚氨酯透波防护涂层江津户外试验前后红外光谱图

试验前，3200~3550cm^{-1}处宽而强的吸收峰由O—H或N—H伸缩振动形成，2928cm^{-1}处为亚甲基不对称伸缩振动吸收峰，2858cm^{-1}处为亚甲基对称伸缩振动吸收峰，1717cm^{-1}处为酯羰基伸缩振动吸收峰，1686cm^{-1}处为酰羰基伸缩振动吸收峰，1461cm^{-1}处为C—H弯曲振动吸收峰，1524cm^{-1}处为仲酰胺中N—H弯曲振动吸收峰，1261cm^{-1}处为C—N伸缩振动吸收峰，1261cm^{-1}和1014cm^{-1}处为C—O伸缩振动吸收峰。

试验12个月后，2928cm^{-1}、2858cm^{-1}、1461cm^{-1}处的吸收峰减弱，说明—CH_2—的含量减小；1014cm^{-1}处吸收峰增强，说明C—O含量在试验过程中增大；同时1524cm^{-1}和1261cm^{-1}处的吸收峰减弱，说明在试验过程中仲酰胺中C—N出现断裂。可见，该涂层江津户外暴露老化过程中主要是C—N发生断裂，形成小分子化合物，在雨水冲刷下随颜填料流失。

5.1.2.5 弹性聚氨酯防护涂层失效案例分析

1. 试验样件信息

弹性聚氨酯防护涂层试验样件信息见表 5-25。

表 5-25 弹性聚氨酯防护涂层试验样件信息

基层材料	防护涂层	应用环境	试验地点
环氧玻璃布板	底漆：H01-101 底漆。 面漆：S04-13 弹性聚氨酯磁漆	Ⅰ型（暴露）	江津户外

2. 试验结果

弹性聚氨酯防护涂层江津户外试验结果见表 5-26。

表 5-26 弹性聚氨酯防护涂层江津户外试验结果

试验时间/月	色差	附着力等级	综合评级	外观检查
0	0	0	0	试验样件外观无明显缺陷
1	0.62	0	0	试验样件表面无明显变化
3	0.36	0	0	试验样件表面无明显变化
6	0.76	0	1	无变色，粉化等级为 1 级，其他无明显变化
12	1.90	0	1	变色等级为 1 级，粉化等级为 1 级，其他无明显变化
18	1.90	0	1	变色等级为 1 级，粉化等级为 1 级，其他无明显变化
24	2.06	0	1	变色等级为 1 级，粉化等级为 1 级，其他无明显变化

弹性聚氨酯防护涂层在江津亚湿热工业大气环境（江津户外）试验过程中，在太阳光、高湿度环境的影响下，表面轻微变色，变色等级为 1 级，轻微粉化，粉化等级为 1 级，无失光、起泡、开裂、剥落等失效现象；附着力等级保持在 0 级，破坏形式多是 B/C，即底漆和面漆附着破坏。

3. 微观形貌分析

图 5-22 是弹性聚氨酯防护涂层江津户外试验前后微观形貌图。

试验前，涂层表面存在直径约 0.5μm 的微孔，这是固化过程中由于溶剂蒸发形成的；树脂对颜料的包裹性能好，但平整度不佳，所以测试的光泽度数据较低。

试验 6 个月后，涂层表面微孔增大，同时表层少量颜料脱落，形成凹坑。

试验 12 个月后，涂层表面凹坑面积增大，占整个面积的 50%左右。

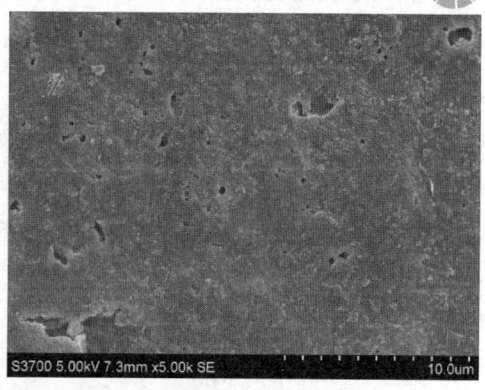

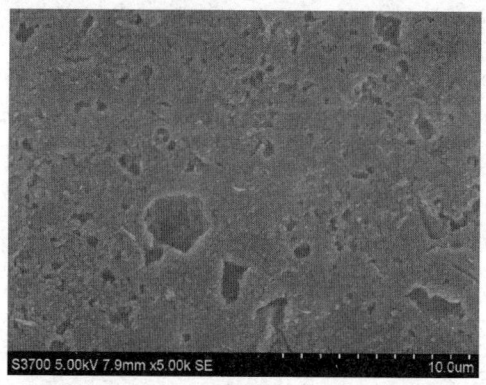

（a）试验前　　　　　　　　　　　　（b）试验6个月

（c）试验18个月

图 5-22　弹性聚氨酯防护涂层江津户外试验前后微观形貌图

4. 傅里叶变换衰减全反射红外光谱分析

经傅里叶变换衰减全反射红外谱分析，显示大气自然环境试验过程中主要是 C—N 发生断裂，产生 C=O 和 C—O 基团。

图 5-23 是弹性聚氨酯防护涂层江津户外试验前后红外光谱图。

试验前，3200～3550cm^{-1} 处宽而强的吸收峰由 O—H 或 N—H 伸缩振动形成，2924cm^{-1} 处为亚甲基不对称伸缩振动吸收峰，2854cm^{-1} 处为亚甲基对称伸缩振动吸收峰，1746cm^{-1} 处为酯羰基伸缩振动吸收峰，1684cm^{-1} 处为酰羰基伸缩振动吸收峰，1461cm^{-1} 和 1375cm^{-1} 处为 C—H 弯曲振动吸收峰，1523cm^{-1} 处为仲酰胺中 N—H 弯曲振动吸收峰，1212cm^{-1} 和 1012cm^{-1} 处为 C—O 伸缩振动吸收峰。

试验 12 个月后，1523cm^{-1} 处的 N—H 吸收峰减弱，1746cm^{-1} 处的酯羰基吸收峰增强，1684cm^{-1} 处的酰羰基吸收峰无明显变化，同时 C—O 吸收峰增强，推断江津户外试验过程中主要是 C—N 发生断裂，产生 C=O 和 C—O 基团。

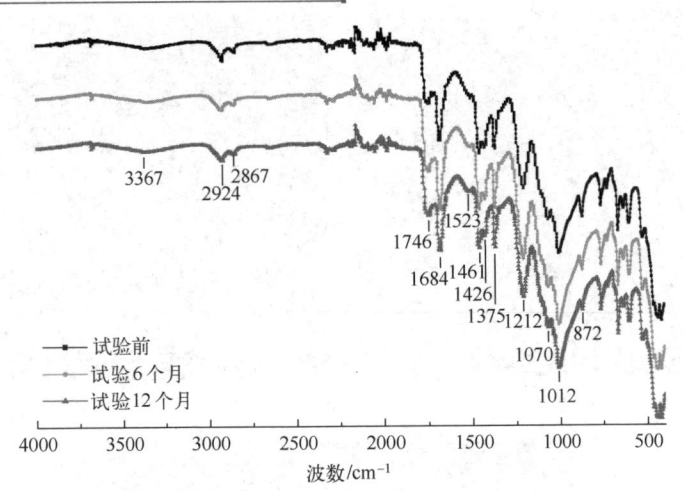

图 5-23 弹性聚氨酯防护涂层江津户外试验前后红外光谱图

5.1.3 干热沙漠大气环境失效案例分析

干热沙漠大气环境的主要特点是昼夜温差大、相对湿度小、降雨少和日照时间长，容易引起防护涂层粉化。硬度较小的防护涂层在自然风沙的影响下容易出现磨损现象。

在敦煌户外开展干热沙漠大气环境试验，结果分析显示，丙烯酸聚氨酯防护涂层在干热沙漠大气环境中的主要失效模式是失光、变色和粉化，失效原因是涂层表面树脂老化降解。但是，由于干热沙漠地区的湿度较低，不利于涂层内部渗透通道的形成，所以抗渗透性能未出现明显下降。

本节采用丙烯酸聚氨酯防护涂层在敦煌户外开展大气自然环境试验，分析其在干热沙漠大气环境下的失效模式及机理。

1. 试验样件信息

丙烯酸聚氨酯防护涂层试验样件信息见表 5-27。

表 5-27 丙烯酸聚氨酯防护涂层试验样件信息

基层材料	涂层材料	应用环境	试验地点
6061	底漆：TB06-9 锌黄丙烯酸聚氨酯底漆。 面漆：SP-2 丙烯酸聚氨酯海陆迷彩漆	Ⅰ型（暴露）	敦煌户外

2. 试验结果

丙烯酸聚氨酯防护涂层敦煌户外试验结果见表 5-28。

表 5-28 丙烯酸聚氨酯防护涂层敦煌户外试验结果

试验时间/月	失光率/%	色差	附着力等级	综合评级	外观检查
0	0	0	0	0	试验样件表面无异常
1	-3.48	0.14	1	0	试验样件表面无明显变化
3	-3.65	0.59	1	0	失光等级为1级，其他无明显变化
6	-5.56	0.93	1	2	失光等级为2级，变色等级为2级，粉化等级为2级，其他无明显变化
12	22.39	2.21	1	3	失光等级为2级，变色等级为1级，粉化等级为3级，其他无明显变化
18	32.28	4.21	1	3	失光等级为3级，变色等级为2级，粉化等级为3级，其他无明显变化

丙烯酸聚氨酯防护涂层在干热沙漠大气环境（敦煌户外）暴露一年半，主要失效模式是失光、变色和粉化，失光等级为3级，变色等级为2级，粉化等级为3级，无开裂、起泡、剥落等现象。

3. 微观形貌分析

图 5-24 是丙烯酸聚氨酯防护涂层敦煌户外试验前后微观形貌图。

（a）试验前　　　　　　　　　　（b）试验6个月

（c）试验18个月

图 5-24 丙烯酸聚氨酯防护涂层敦煌户外试验前后微观形貌图

试验前，颜料基本被树脂包裹，涂层表面有少量微孔。

试验 6 个月后，涂层表面微孔变少，涂层树脂对颜料的包裹性更优，表面更加平整，宏观表现光泽度升高，失光率为负数。

试验 18 个月后，涂层表面粗糙度明显增加，且出现较大孔洞。这是由于涂层树脂出现老化，对颜料的包裹性减弱，在雨水冲刷下，颜料不断流失，导致粗糙度和孔洞变大。

4．傅里叶变换衰减全反射红外光谱分析

经傅里叶变换衰减全反射红外光谱分析，显示丙烯酸聚氨酯防护涂层敦煌户外试验 12 个月后，分子链中氨基甲酸酯基团（—NHCOO—）中 C—N 键发生断裂，生成酰伯胺；同时，分子链出现老化，C—O 和 C—C 氧化产生较多 C=O 基团，推测涂层发生光降解。

图 5-25 是丙烯酸聚氨酯防护涂层敦煌户外试验前后红外光谱图。

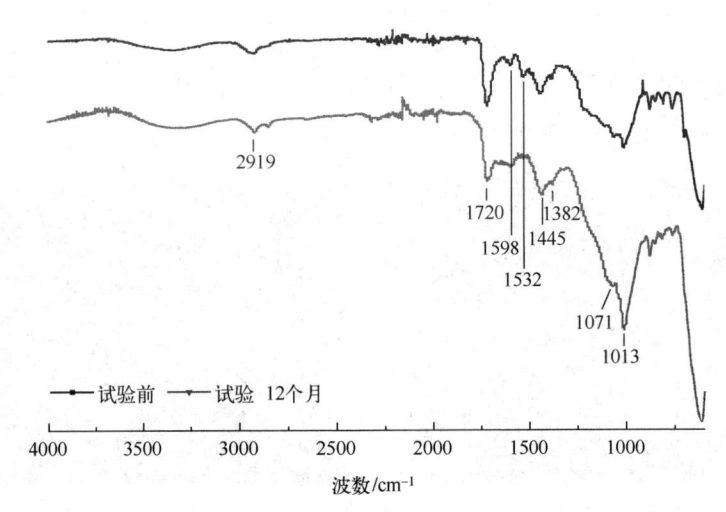

图 5-25　丙烯酸聚氨酯防护涂层敦煌户外试验前后红外光谱图

试验前，3000～3500cm^{-1} 处为 O—H 和 N—H 伸缩振动形成的宽吸收峰；2919cm^{-1} 处为亚甲基（—CH_2—）不对称伸缩振动吸收峰。

试验 12 个月后，亚甲基吸收峰减弱，推测涂层中含有亚甲基的分子长链发生裂解；1598cm^{-1} 处伯胺 N—H 弯曲振动吸收峰变宽，1532cm^{-1} 处仲胺 N—H 弯曲振动吸收峰减弱至不可见，同时 1382cm^{-1} 处酰伯胺中 C—N 伸缩振动吸收峰增强。由此推测涂层发生了光降解，分子链中氨基甲酸酯基团（—NHCOO—）中 C—N 键发生断裂，生成酰伯胺。

5. X射线能谱分析

图 5-26 是丙烯酸聚氨酯防护涂层敦煌户外试验 X 射线能谱分析图。

（a）试验前

（b）试验前分峰图

（c）试验12个月

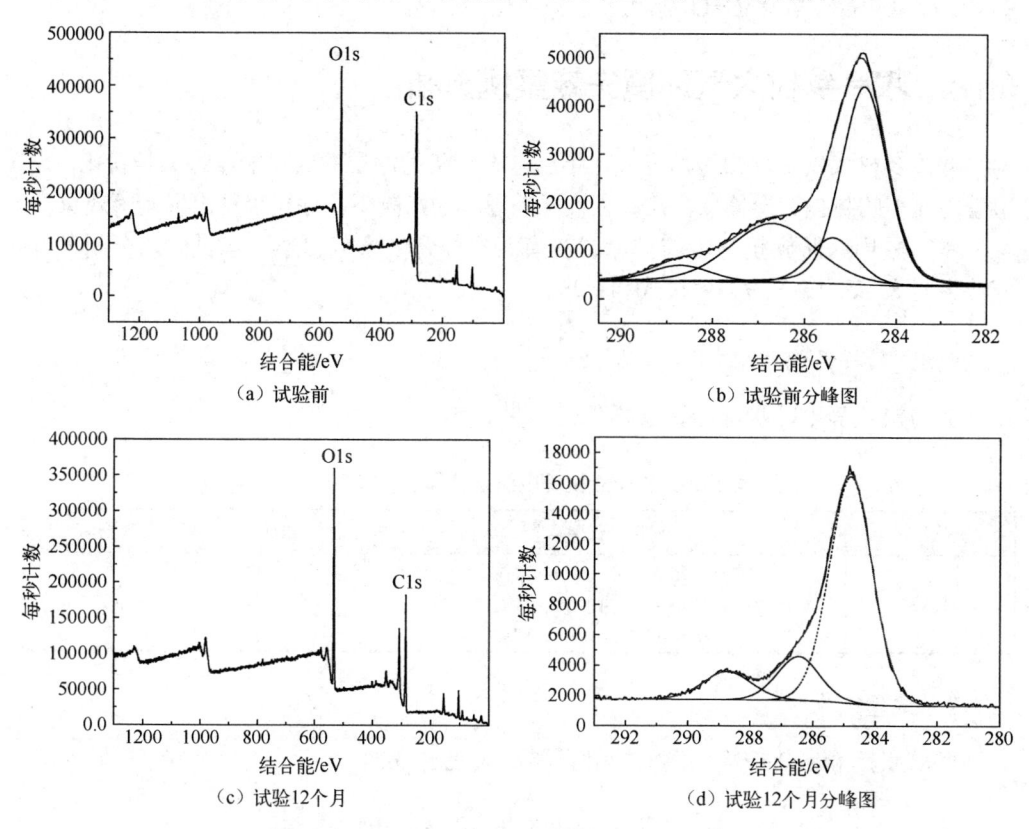

（d）试验12个月分峰图

图 5-26　丙烯酸聚氨酯防护涂层敦煌户外试验 X 射线能谱分析图

图 5-26（a）是试验前 X 射线能谱分析结果，图 5-26（c）是试验 12 个月的 X 射线能谱分析结果。采用 XPSpeak 分峰软件对 C1s 进行分峰，分峰结果如图 5-26（b）、（d）所示，各峰所占比值见表 5-29。

表 5-29　丙烯酸聚氨酯防护涂层敦煌户外试验 X 射线能谱各峰所占比值

试验时间/月	A 峰		B 峰		C 峰		D 峰	
	键能/eV	比例/%	键能/eV	比例/%	键能/eV	比例/%	键能/eV	比例/%
0	288.7	5.65	286.7	29.01	285.4	12.46	284.8	52.89
12	288.7	10.67	286.5	14.45			284.8	74.89

丙烯酸聚氨酯防护涂层试验初始 C1s 谱由 4 个峰组成，其中 288.7eV 对应的是

C=O 键；286.7eV 对应的是 C—O—C 或 C—OH 键；285.4eV 对应的是 C—C 键；284.8eV 对应的是 C—H 键。可见，经过 12 个月的敦煌户外试验后，分子链出现老化，C—O 和 C—C 氧化产生较多 C=O 基团。

5.1.4 寒冷乡村大气环境失效案例分析

寒冷乡村大气环境由于温度低、年温差大，防护涂层的老化宏观特点是粉化。对附着力较小的防护涂层体系，在高昼夜温差环境的影响下，涂层容易出现剥落现象。

本节采用脂肪族抗静电防护涂层在漠河户外开展大气自然环境试验，分析其在寒冷乡村大气环境下的失效模式和机理。

1．试验样件信息

脂肪族抗静电防护涂层试验样件信息见表 5-30。

表 5-30　脂肪族抗静电防护涂层试验样件信息

基层材料	防护涂层	应用环境	试验地点
玻璃钢	底漆：H01-89 底漆。 中间漆：SF55-49 脂肪族耐雨蚀涂料。 面漆：SDT99-49 脂肪族抗静电涂料	I 型（暴露）	漠河户外

2．试验结果

脂肪族抗静电防护涂层漠河户外试验结果见表 5-31。

表 5-31　脂肪族抗静电防护涂层漠河户外试验结果

试验时间/月	失光率/%	色差	附着力等级	综合评级	外观检查
0	0	0	0	0	目检试验样件表面无异常
1	98.09	1.52	0	3	失光等级为 5 级，变色等级为 1 级，粉化等级为 3 级，其他无明显变化
3	90.49	4.61	0	4	失光等级为 5 级，变色等级为 2 级，粉化等级为 4 级，其他无明显变化
6	89.94	3.52	0	5	失光等级为 5 级，变色等级为 2 级，粉化等级为 5 级，其他无明显变化
12	94.65	8.57	0	5	失光等级为 5 级，变色等级为 3 级，粉化等级为 5 级，其他无明显变化
18	92.33	10.89	0	5	失光等级为 5 级，变色等级为 4 级，粉化等级为 5 级，其他无明显变化
24	94.40	12.21	0	5	失光等级为 5 级，变色等级为 5 级，粉化等级为 5 级，其他无明显变化

脂肪族抗静电防护涂层寒冷乡村大气环境（漠河户外）试验 1 个月后，防护涂层完全失光并出现明显粉化，粉化等级为 3 级；随着试验的开展，变色和粉化等级不断增大，24 个月后变色等级为 5 级，粉化等级为 5 级；附着力未发生较大变化，基本为 2～3MPa，拉开法破坏形式主要为 A/B 和 C，即底漆和中间漆附着破坏、中间漆内聚破坏。

3. 微观形貌分析

图 5-27 是脂肪族抗静电防护涂层漠河户外试验前后微观形貌图。

（a）试验前　　　　　　　　　　　　（b）试验12个月

图 5-27　脂肪族抗静电防护涂层漠河户外试验前后微观形貌图

试验前，虽然涂层表面粗糙度较大，但树脂对颜料的包裹较好。

试验 12 个月后，由于树脂老化颜料出现脱落，表面粗糙度增大，且表面微孔数量增加。

4. 傅里叶变换衰减全反射红外光谱分析

经傅里叶变换衰减全反射红外光谱分析，显示漠河户外试验 12 个月后，脂肪族抗静电防护涂层的亚甲基发生断裂，产生含氧基团，同时 C—O 出现断裂，即酯键出现断裂，形成羧酸和小分子醇。C/O 原子数比例降低，含氧基团增多，涂层在试验过程出现氧化。

图 5-28 是脂肪族抗静电防护涂层漠河户外试验前后红外光谱图。

试验前，3315cm^{-1} 处为—OH 吸收峰，2924cm^{-1} 处为亚甲基不对称伸缩振动吸收峰，2862cm^{-1} 处为亚甲基对称伸缩振动吸收峰，1697cm^{-1} 处为 C=O 吸收峰，1524cm^{-1} 处为 O—CH_3 吸收峰，1460cm^{-1} 处为 O—CH_3 中 C—H 弯曲振动吸收峰，1235cm^{-1} 处为 sp^2C—O 伸缩振动吸收峰，1030cm^{-1} 处为 sp^3C—O 伸缩振动吸收峰，证明涂层中存在酯基。

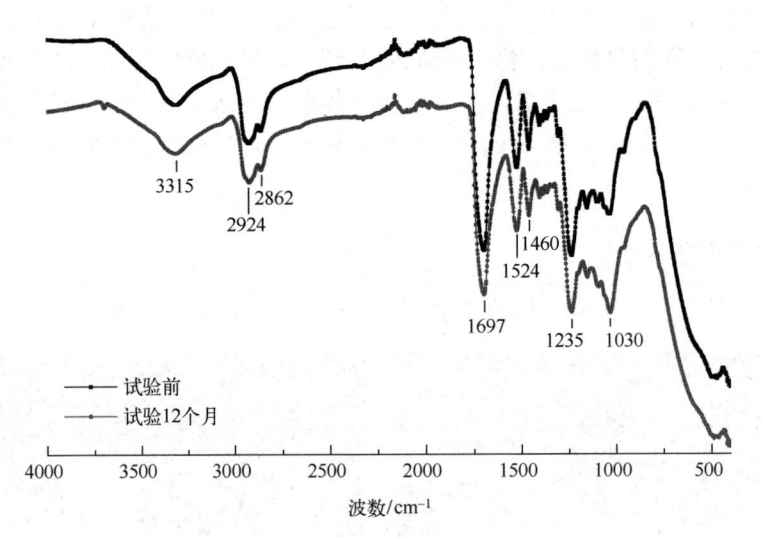

图 5-28 脂肪族抗静电防护涂层漠河户外试验前后红外光谱图

试验12个月后，亚甲基的吸收峰强度稍稍下降，1030cm^{-1}处的sp^{3}C—O伸缩振动吸收峰增强，推断涂层中亚甲基出现断裂，产生含氧基团；1235cm^{-1}处的吸收峰减弱，说明在试验过程中sp^{2}C—O出现断裂，即酯键出现断裂，形成羧酸和小分子醇。

5. X射线光电子能谱分析

图 5-29 是脂肪族抗静电防护涂层漠河户外试验X射线光电子能谱分析图。

（a）试验前

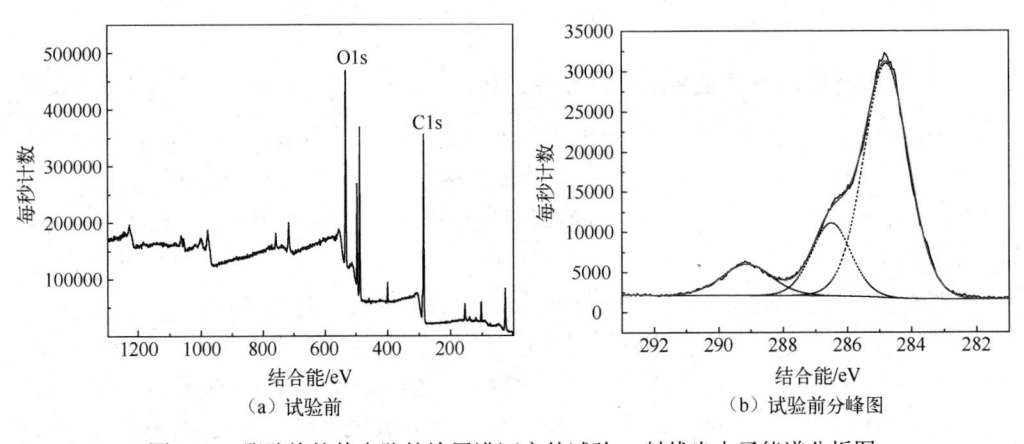

（b）试验前分峰图

图 5-29 脂肪族抗静电防护涂层漠河户外试验X射线光电子能谱分析图

(c) 试验12个月　　　　　　　　　　(d) 试验12个月分峰图

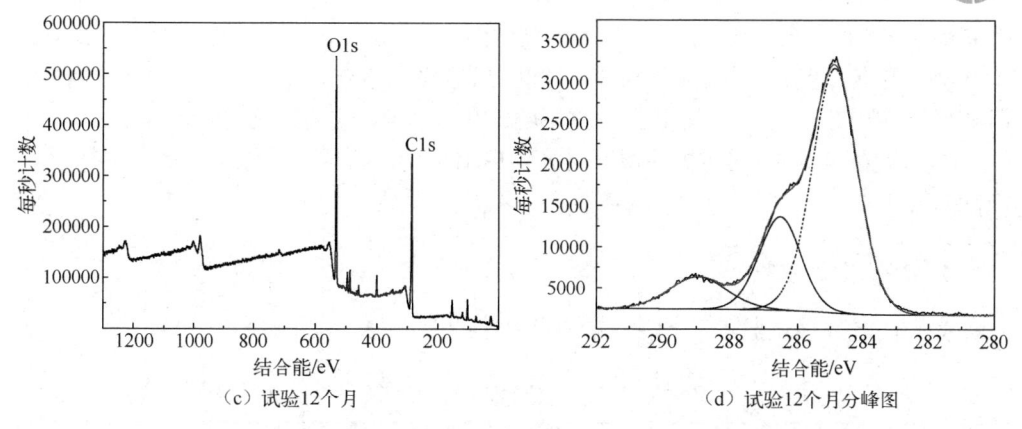

图 5-29　脂肪族抗静电防护涂层漠河户外试验 X 射线光电子能谱分析图（续）

为掌握脂肪族抗静电防护涂层树脂主链的断裂情况，进一步分析涂层的失效机理，采用 XPSpeak 软件对 C1s 进行分峰分析，结果见表 5-32。

表 5-32　脂肪族抗静电防护涂层漠河户外试验 XPSpeak 分峰结果

试验时间/月	A 峰			B 峰			C 峰		
	键能/eV	比例/%	结构	键能/eV	比例/%	结构	键能/eV	比例/%	结构
0	289.1	10.34	C=O	286.5	18.97	C—O	284.8	70.68	C—H 或 C—C
12	288.9	10.99	C=O	286.5	22.91	C—O	284.8	66.10	C—H 或 C—C

在漠河户外试验 12 个月后，C—H 或 C—C 的比例由 70.68%降至 66.10%，而 C—O 键所占比例由 18.97%升至 22.91%，C=O 双键由 10.34%升至 10.99%，这与红外光谱测试结果一致，红外光谱图中 C—O 吸收峰面积明显增大，而 C=O 吸收峰面积无明显变化。可见，脂肪族抗静电防护涂层在光老化过程中主要生成 C—O。

5.2　防护涂层实验室试验失效案例分析

电子装备结构件防护涂层的失效与试验样件涂层种类、环境试验类型密切相关，所以在分析失效过程中需结合以上两类因素进行。本节重点分析电子装备防护涂层在开展单项环境试验和实验室循环试验过程中的失效特征。

5.2.1　高温环境失效案例分析

户外使用的电子装备防护涂层在太阳光热效应的作用下会经历高温环境。例如，在热带地区服役的装备,其防护涂层表面温度达到60℃以上,高温长时间作用造成装备表面涂层出现热氧老化。高温环境对防护涂层的太阳辐射老化、水介质渗透、电化学腐蚀等过程均有加速效应,多数情况下这些影响比高温本身造成的热氧老化更为明显。

本节针对4种不同防护涂层开展高温单项试验,总结不同涂层在高温环境下的老化特点。

1. 试验样件信息

参与高温环境试验的防护涂层试验样件信息见表5-33。

表5-33 高温环境试验的防护涂层试验样件信息

序号	基材	底漆	面漆	厚度/μm	应用环境
S1	3A21	S06-N-2 锌黄环氧聚氨酯漆	S04-80 丙烯酸聚氨酯黑无光漆	40~50	Ⅱ型（遮蔽）
S2	2A12	H06-2 锌黄环氧底漆	A05-9 氨基烘漆	40~50	Ⅱ型（遮蔽）
S3	玻璃钢	环氧锌黄底漆	丙烯酸漆	80~200	Ⅱ型（遮蔽）
S4	5A05	环氧锌黄底漆	A04-60 氨基磁漆	80~200	Ⅱ型（遮蔽）

2. 试验条件

为分析湿热海洋大气环境中各环境因素对电子装备防护涂层的影响,针对几种典型防护涂层,在75℃下开展高温试验,旨在了解高温因素对防护涂层的影响。实验室高温环境试验条件见表5-34。

表5-34 实验室高温环境试验条件

试验项目	参照标准	试验条件
高温	GB/T 1735—2009	温度：70℃。 升温速率：≤10℃/min

3. 试验结果

电子装备防护涂层高温试验结果见表5-35。

表5-35 电子装备防护涂层高温试验结果

序号	试验时间/d	色差	失光率/%	附着力等级	综合评级	外观检查
S1	0	0	0	1	0	目测试验样件表面无异常
	5	0.11	0	1	0	外观无明显变化

续表

序号	试验时间/d	色差	失光率/%	附着力等级	综合评级	外观检查
S1	15	0.13	−1.5	1	0	外观无明显变化
	25	0.18	−5.1	1	0	外观无明显变化
	35	0.10	−4.8	1	0	外观无明显变化
	45	0.08	2.7	1	0	外观无明显变化
S2	0	0	0	2	0	目测试验样件表面无异常
	5	0.29	6.4	2	0	失光等级为1级，其他无明显变化
	15	0.29	6.0	2	0	失光等级为1级，其他无明显变化
	25	0.31	5.2	2	0	失光等级为1级，其他无明显变化
	35	0.30	5.8	2	0	失光等级为1级，其他无明显变化
	45	0.39	8.2	2	0	失光等级为1级，其他无明显变化
S3	0	0	0	1	0	目测试验样件表面无异常
	5	0.08	−0.2	1	0	外观无明显变化
	15	0.11	−0.9	1	0	外观无明显变化
	25	0.12	0.3	1	0	外观无明显变化
	35	0.14	0.3	2	1	外观无明显变化
	45	0.28	1.4	2	1	外观无明显变化
S4	0	0	0	2	0	目测试验样件表面无异常
	5	0.14	10.2	2	0	失光等级为1级，其他无明显变化
	15	0.15	9.9	2	0	失光等级为1级，其他无明显变化
	25	0.12	15.2	2	0	失光等级为1级，其他无明显变化
	35	0.14	15.4	2	0	失光等级为1级，其他无明显变化

防护涂层在高温环境中的主要老化特征是失光，如氨基漆防护涂层（S2试验样件、S4试验样件）在试验过程中均有失光现象。这是由于在高温环境下，涂层中未交联树脂发生聚合导致树脂链重排，涂层表面平整度发生变化。表面处理不佳的防护涂层在高温试验中也容易附着力变差（S2、S3、S4试验样件）。

5.2.2 湿热环境失效案例分析

湿度表征空气中的水汽含量,是对有机防护涂层劣化过程具有显著影响的一类环境因素。Lindquist 等人对环氧树脂、醇酸树脂等涂层的吸水特性进行研究,发现涂层中普遍存在着一定量的水汽。即使在 25℃、相对湿度 20%的低湿环境中,涂层含水量仍占涂膜总质量的 0.04%。随着环境湿度变化,涂层会不断吸收或释放水汽,以保持与外界环境中水汽的动态平衡。此外,水汽对盐雾、SO_2、沙尘等环境因素具有重要影响,这些因素彼此间对涂层老化过程具有显著的协同效应[4]。

水汽对有机防护涂层的破坏机理复杂,大致可分为四种形式:

(1)与大气污染物、太阳辐射、氧、热等因素协同作用

水汽对 SO_2、H_2S 等大气污染物的存在形式和侵蚀作用具有重要影响,还与太阳辐射、氧、热等因素具有显著的协同效应。水是许多大气污染物的优良溶剂,且绝大多数大气污染物都需要溶于水,转化为离子态后才能对涂层起到破坏作用。Perera 等人研究发现,热对涂层的老化作用离不开水。在涂层紫外老化试验中,水汽的存在也会加速紫外老化过程[5]。

(2)化学降解

涂层中的水溶性物质和含亲水基团的物质长时间与水接触,会被水溶解、抽取或吸收,逐步改变高聚物的物料组成和比例,加速涂层老化。酯基、缩醛基和酰胺基都是常见的易水解基团。水还能在高聚物网络结构中起到增塑剂作用,使涂膜软化、机械性能降低。

(3)吸湿应力

吸湿应力是指涂层在不断吸收、释放水汽的交替过程引发的涂膜内应力增大现象。在涂层湿/干转变过程中,自身体积也同时增大或缩小。在界面黏附力作用下,涂层几乎很难发生横向移动,只能在厚度方向不断进行收缩运动,造成内应力累积,最终导致涂膜内聚力和界面结合力损失。Sato 和 Inoue 研究发现,固化过程导致干膜涂层本身存在一定大小的拉应力,一旦涂层吸湿体积膨胀致使原有拉应力消失,继续吸湿将会在涂层内部形成压应力;当涂膜重新恢复干燥状态,拉应力的量值要比初始拉应力更小。此外,研究人员还发现,涂层的吸湿应力大小还与涂层成膜物的玻璃化转变温度有关。玻璃化转变温度越低,越容易发生应力松弛,吸湿过程引发的内部压应力也就更小[6]。

(4)起泡

起泡是水汽穿透涂层,在涂层与基材的界面处大量积聚,造成局部涂层解黏、丧失附着力,最终从基材表面脱离并形成圆鼓状突起的一种老化现象。起泡是涂层对膜下基材的防护效果被严重削弱的一个重要标志。涂层起泡是一个复杂过程,主要有渗透压起泡、阳极起泡、阴极起泡等多种失效机理,但大量水汽侵入和积聚是

导致涂层起泡的最重要外因[7-8]。

1. 试验样件信息

湿热试验环境试验的防护涂层试验样件信息见表 5-36。

表 5-36 湿热试验环境的防护涂层试验样件信息

序号	基材	底漆	面漆	厚度/μm	应用环境
S1	3A21	S06-N-2 锌黄环氧聚氨酯漆	S04-80 丙烯酸聚氨酯黑无光漆	40～50	Ⅱ型（遮蔽）
S2	2A12	H06-2 锌黄环氧底漆	A05-9 氨基烘漆	40～50	Ⅱ型（遮蔽）
S3	玻璃钢	环氧锌黄底漆	丙烯酸漆	80～200	Ⅱ型（遮蔽）
S4	5A05	环氧锌黄底漆	A04-60 氨基磁漆	80～200	Ⅱ型（遮蔽）

2. 试验条件

实验室湿热环境试验条件见表 5-37。

表 5-37 实验室湿热环境试验条件

试验项目	参照标准	试验条件
湿热	GJB 150.9A—2009	温度：47℃±1℃。 湿度：96%±2%。 单个试验周期持续时间：10d。 试验周期：6 个

3. 试验结果

电子装备防护涂层湿热试验结果见表 5-38。

表 5-38 电子装备防护涂层湿热试验结果

序号	试验时间/d	色差	失光率/%	附着力等级	综合评级	外观检查
S1	0	0	0	1	0	试验样件表面无异常
	10	0.12	3.3	1	0	外观无明显变化
	20	0.19	2.8	1	0	外观无明显变化
	30	0.23	5.6	1		失光等级为 1 级，其他无明显变化
	40	0.10	2.6	1	0	失光等级为 1 级，其他无明显变化

续表

序号	试验时间/d	色差	失光率/%	附着力等级	综合评级	外观检查
S1	60	0.80	9.9	1	0	失光等级为1级，其他无明显变化
S2	0	0	0	2	0	试验样件表面无异常
	10	0.50	0.8	2	0	失光等级为1级，其他无明显变化
	20	0.65	4.5	2	0	失光等级为1级，其他无明显变化
	30	0.77	9.6	2	0	失光等级为1级，其他无明显变化
	40	0.73	11.2	2	0	失光等级为1级，其他无明显变化
	60	0.86	24.3	2	0	失光等级为2级，其他无明显变化
S3	0	0	0	1	0	试验样件表面无异常
	10	0.04	1.7	1	0	外观无明显变化
	20	0.15	1.5	2	0	外观无明显变化
	30	0.14	0.8	2	0	外观无明显变化
	40	0.19	0.5	2	0	外观无明显变化
	60	0.19	3.1	2	0	外观无明显变化
S4	0	0	0	2	0	试验样件表面无异常
	10	1.26	3.4	2	0	失光等级为1级，其他无明显变化
	20	1.65	13.1	2	0	变色等级为1级，失光等级为1级，其他无明显变化
	30	1.99	13.2	2	0	失光等级为1级，其他无明显变化
	40	2.25	16.3	3	0	变色等级为1级，失光等级为2级，其他无明显变化
	60	2.41	30.8	3	0	变色等级为1级，失光等级为2级，其他无明显变化

电子装备防护涂层在湿热试验过程中容易出现失光、变色、附着力下降、起泡、生锈等失效现象。湿热试验中防护涂层的失光现象更加显著，附着力下降也更加明显，这是由水分的吸收和扩散导致的。

5.2.3 盐雾环境失效案例分析

盐雾试验是评价有机涂层防腐性能的最常用方法。盐雾试验包括恒定盐雾试验和干湿交替盐雾试验。干湿交替盐雾模拟了因昼夜变化引起的涂层表面干湿交替状态，该过程容易导致涂层膨胀和收缩，从而增加其吸水能力，加速水渗透到金属表面的过程。有机聚合物涂层的吸水过程是从涂层/溶液界面开始的。表面涂层吸水后促使临近表面的聚合物离子膨胀，孔通道变小，阻碍表层水进一步向聚合物内部扩散。相反，涂层失水过程虽然也是从聚合物表面开始的，但是表面失水后，临近表面的聚合物离子收缩，孔通道变大，从而有利于水从内到外的输送，加快防护涂层劣化。因此，干湿交替盐雾试验更符合实际作用，加速性往往比恒定盐雾试验更大。

1. 试验样件信息

参与盐雾环境试验的防护涂层试验样件信息见表 5-39。

表 5-39 盐雾环境试验的防护涂层试验样件信息

序号	基材	底漆	面漆	厚度/μm	应用环境
S1	3A21	S06-N-2 锌黄环氧聚氨酯漆	S04-80 丙烯酸聚氨酯黑无光漆	40～50	Ⅱ型（遮蔽）
S2	2A12	H06-2 锌黄环氧底漆	A05-9 氨基烘漆	40～50	Ⅱ型（遮蔽）
S3	玻璃钢	环氧锌黄底漆	丙烯酸漆	80～200	Ⅱ型（遮蔽）
S4	5A05	环氧锌黄底漆	A04-60 氨基磁漆	80～200	Ⅱ型（遮蔽）

2. 试验条件

为了解中性盐雾试验对电子装备防护涂层性能的影响，模拟电子装备在湿热海洋大气Ⅱ型环境下的服役特点，设计并开展中性盐雾试验。实验室中性盐雾环境试验条件见表 5-40。

表 5-40 实验室中性盐雾环境试验条件

试验项目	参照标准	试验条件
中性盐雾	GJB 150.11A—2009	温度：35℃±2℃。 NaCl 溶液浓度：50g/L±10g/L。 pH 值：6.0～7.0。 盐雾沉降率：1.0～2.0mL/(80cm^2·h)。 试验循环：盐雾 2h 后干燥 22h，为 1 个循环

3. 试验结果

电子装备防护涂层盐雾试验结果见表 5-41。

表 5-41 电子装备防护涂层盐雾试验结果

序号	试验时间/d	色差	失光率/%	附着力等级	综合评级	外观检查
S1	0	0	0		0	试验样件表面无异常
	8	0.21	-1.2		0	外观无明显变化
	16	0.25	-5.7		0	外观无明显变化
	20	0.26	-5.1		0	外观无明显变化
	32	0.66	2.2		0	外观无明显变化
	40	0.52	2.1		0	外观无明显变化
	50	0.60	-0.2		0	外观无明显变化
	60	0.66	-3.4		0	外观无明显变化
S2	0	0	0		0	外观无明显变化
	8	0.65	-7.4		0	外观无明显变化
	16	1.21	-11.2		0	外观无明显变化
	20	1.25	-11.9		0	外观无明显变化
	32	1.45	-16.1		0	外观无明显变化
	40	1.38	-14.7		0	外观无明显变化
	50	1.62	-17.7		0	失光等级为1级,其他无明显变化
	60	1.58	-11.2		0	失光等级为1级,其他无明显变化
S3	0	0	0	1	0	试验样件表面无异常
	5	0.13	-2.8	1	0	外观无明显变化
	10	0.15	-3.8	1	0	外观无明显变化
	20	0.31	0	1	0	外观无明显变化
	30	0.46	4.1	1	0	外观无明显变化
	35	0.48	4.8	1	0	目测试验样件外观无明显变化,保护性综合老化等级为0级
	40	0.49	5.3	1	0	外观无明显变化
	50	0.72	5.0	1	1	起泡等级为1S2,失光等级为1级,其他无明显变化
	60	0.96	4.8	2	1	起泡等级为1S2,失光等级为1级,其他无明显变化
S4	0	0	0	2	0	试验样件表面无异常
	5	2.72	18.8	2	0	变色等级为1级,失光等级为2级,其他无明显变化
	10	2.91	32.2	2	0	变色等级为1级,失光等级为3级,其他无明显变化

续表

序号	试验时间/d	色差	失光率/%	附着力等级	综合评级	外观检查
S4	20	2.26	38.7	2	0	变色等级为1级，失光等级为3级，其他无明显变化
	30	2.28	45.0	2	0	变色等级为1级，失光等级为3级，其他无明显变化
	40	2.43	66.2	3	0	变色等级为1级，失光等级为4级，其他无明显变化
	50	2.20	73.9	3	0	变色等级为1级，失光等级为4级，其他无明显变化
	60	2.16	81.3	3	0	变色等级为1级，失光等级为5级，其他无明显变化

在失光和变色方面，部分试验样件明显失光，失光等级为2～3级。多数防护涂层体系试验样件色差无明显变化。大多数试验样件表面无明显起泡、开裂、脱落、长霉等破坏现象，部分试验样件划格处出现起泡，起泡等级为4（S5）级。

5.2.4 光老化环境失效案例分析

高分子材料在户外使用，受到日光照射和氧的双重作用，发生光氧老化，这种老化是"大气老化"的主要形式。太阳辐射是对有机防护涂层老化影响最为显著的自然环境因素之一。广义地说，太阳辐射是指太阳向周期空间放射的全部电磁辐射能量。到达地球的太阳辐射，根据波长不同，通常被划分为紫外光、可见光和红外线三部分。它们的波长范围分别为100～400nm、400～760nm、>760nm，占太阳辐射总能量的比例分别为7%、50%和43%。其中，紫外光的波长最短，能量占比最低，但被认为是导致有机涂层损伤的最主要因素。

自然环境中，易受太阳光中紫外光影响的基团包括羰基、双键、烯丙基、叔氢等。表5-42列出常见聚合物的敏感波长。聚合物类型不同，其最敏感的波长也不同。

表5-42 常见聚合物的敏感波长

聚合物	敏感波长/nm	聚合物	敏感波长/nm
聚酯	325	聚乙烯	300
聚苯乙烯	318.5	聚丙烯	310
聚氯乙烯	320	聚碳酸酯	285～305、330～360

涂层与太阳光之间的相互作用主要包括反射、透射和吸收三种。吸收作用对涂层的影响最为显著，反射和透射作用几乎不会对涂层性能造成影响。太阳光可以被

涂层中的颜料、成膜物或添加剂吸收。当太阳光被涂膜中的颜料吸收，其能量被转换为热能，导致涂层温度升高；当太阳光被涂层中的成膜物吸收，将会产生光化学效应，引发部分基团进一步交联或降解。经固化作用后，涂层中的高分子链段已经相互交联、锚链为一个整体，这种由外部能量引发的二次交联将会导致高分子链段进一步紧绷，内应力增大，最终导致涂膜硬化，致使弹性降低、脆性增大。若内应力超过涂膜的内聚强度，将会造成涂层破裂等严重缺陷；反之，也将造成涂层和基材的界面结合力降低，引发解黏、起泡等缺陷。

总体来说，太阳辐射对防护涂层的损伤可划分为热效应和光化学效应两个方面。由于不同波长太阳光的穿透能力和损伤能力不同，这两种效应均存在一定程度的梯度现象。太阳辐射对防护涂层的热效应主要由红外线部分引发。红外线的波长较长，穿透能力更强，能够进入材料深处，因此红外辐射热效应在涂层厚度方向形成了由内向外的温度梯度，导致涂层和基材以不同速率膨胀或收缩，产生较大的内应力加速涂层老化。太阳辐射对防护涂层的光化学效应主要由紫外光部分引发，但不同波长的紫外光对涂层的侵入深度和损伤能力不同。中短波紫外辐射对聚合物的老化影响最为显著，但其穿透能力有限，主要作用于表层涂膜；长波紫外辐射的穿透能力更强，在涂膜中的侵入深度更大，但其造成的涂层损伤相对轻微。太阳光辐射后产生的这种不同深度劣化程度不均匀现象，将使涂膜内部应力增大，最终导致表层涂膜快速粉化、破裂。

本节模拟电子装备在各大气Ⅰ型环境下的服役特点，开展氙灯光老化试验，阐述涂层体系光老化试验中的失效特点。

1. 试验样件信息

参与氙灯光试验的防护涂层试验样件信息见表5-43。

表5-43 氙灯光试验的防护涂层试验样件信息

序号	基材	底漆	面漆	厚度/μm	应用环境
S1	3A21	S06-N-2 锌黄环氧聚氨酯漆	S04-80 丙烯酸聚氨酯黑无光漆	40～50	Ⅱ型（遮蔽）
S2	2A12	H06-2 锌黄环氧底漆	A05-9 氨基烘漆	40～50	Ⅱ型（遮蔽）
S3	玻璃钢	环氧锌黄底漆	丙烯酸漆	80～200	Ⅱ型（遮蔽）
S4	5A05	环氧锌黄底漆	A04-60 氨基磁漆	80～200	Ⅱ型（遮蔽）

2. 试验条件

实验室氙灯光老化试验条件见表5-44。

表 5-44　实验室氙灯光老化试验条件

试验项目	参照标准	试验条件
氙灯光老化	GB/T 1865—2009	灯源：UVA 300～400nm。 辐照度：0.53W/m^2@300～400nm。 BST（黑标温度）：65℃±2℃。 相对湿度：50%±5%。 试验循环：光照 108min，润湿 18min，为 1 个循环

3．试验结果

电子装备防护涂层氙灯光老化试验结果见表 5-45。

表 5-45　电子装备防护涂层氙灯光老化试验结果

试验样件序号	试验时间/d	色差	失光率/%	附着力等级	综合评级	外观检查
S1	0	0	0	1	0	试验样件表面无异常
	5	0.18	-3	1	0	外观无明显变化
	10	0.21	-0.2	1	0	外观无明显变化
	20	0.19	4.0	1	0	失光等级为 1 级，其他无明显变化
	30	0.37	12.4	1	0	失光等级为 1 级，其他无明显变化
	40	0.28	11.9	1	0	失光等级为 1 级，其他无明显变化
	50	0.27	13.7	1	0	失光等级为 1 级，其他无明显变化
	60	0.39	12.3	1	0	失光等级为 1 级，其他无明显变化
S2	0	0	0	2	0	试验样件表面无异常
	5	0.46	-2.0	2	0	外观无明显变化
	10	0.57	-0.1	2	0	外观无明显变化
	20	0.38	5.3	2	0	失光等级为 1 级，其他无明显变化
	30	0.65	13.2	2	0	失光等级为 1 级，其他无明显变化
	40	0.91	13.4	2	0	失光等级为 1 级，其他无明显变化
	50	0.75	14.4	2	0	失光等级为 1 级，其他无明显变化
	60	1.09	16.7	2	0	失光等级为 2 级，其他无明显变化

续表

试验样件序号	试验时间/d	色差	失光率/%	附着力等级	综合评级	外观检查
S3	0	0	0	1	0	试验样件表面无异常
	5	0.13	−2.8	1	0	外观无明显变化
	10	0.15	−3.8	1	0	外观无明显变化
	20	0.31	0	1	0	外观无明显变化
	30	0.46	4.1	1	0	外观无明显变化
	35	0.48	4.8	1	0	外观无明显变化
	40	0.49	5.3	1	0	外观无明显变化
	50	0.72	5.0	1	1	起泡等级为1S2级，失光等级为1级，其他无明显变化
	60	0.96	4.8	2	1	起泡等级为1S2级，失光等级为1级，其他无明显变化
S4	0	0	0	2	0	试验样件表面无异常
	5	2.72	18.8	2	0	变色等级为1级，失光等级为2级，其他无明显变化
	10	2.91	32.2	2	0	变色等级为1级，失光等级为3级，其他无明显变化
	20	2.26	38.7	2	0	变色等级为1级，失光等级为3级，其他无明显变化
	30	2.28	45.0	2	0	变色等级为1级，失光等级为3级，其他无明显变化
	40	2.43	66.2	3	0	变色等级为1级，失光等级为4级，其他无明显变化
	50	2.20	73.9	3	0	变色等级为1级，失光等级为4级，其他无明显变化
	60	2.16	81.3	3	0	变色等级为1级，失光等级为5级，其他无明显变化

与高温、湿热相比，氙灯光老化作用下防护涂层光泽度下降明显，特别是氨基树脂漆（S4试验样件）在试验10d后防护涂层就出现明显失光，试验40后严重失光。对比4类防护涂层，丙烯酸树脂漆（S3试验样件）的保光性最好。

5.2.5 实验室循环试验失效案例分析

5.2.5.1 紫外/冷凝+中性盐雾/干燥循环试验失效案例分析

1. 试验样件信息

丙烯酸聚氨酯防护涂层试验样件信息见表5-46。

表 5-46 丙烯酸聚氨酯防护涂层试验样件信息

基材	防护涂层	应用装备类型	应用环境
6061	底漆：TB06-9 锌黄丙烯酸聚氨酯底漆。 面漆：SP-2 丙烯酸聚氨酯海陆迷彩漆	电子装备结构件	Ⅰ型（暴露）

2. 试验条件

紫外/冷凝+中性盐雾/干燥循环试验主要模拟湿热海洋大气Ⅰ型环境条件。丙烯酸聚氨酯防护涂层紫外/冷凝+中性盐雾/干燥循环试验条件见表 5-47。

表 5-47 丙烯酸聚氨酯防护涂层紫外/冷凝+中性盐雾/干燥循环试验条件

试验项目	试验条件
紫外/冷凝+盐雾/干燥循环	紫外/冷凝试验： 灯源：UVA 340nm。 光照阶段黑板温度：60℃±3℃。 辐照度：0.89W/m^2@340nm，光照持续 8h。 冷凝阶段黑板温度：50℃±3℃，冷凝 4h。 试验时长：12h 为一个周期，循环 6 个周期后进入盐雾/干燥试验。 盐雾/干燥试验： 喷雾阶段温度：35℃±2℃。 盐溶液浓度：5%±1%。 pH 值：6.5～7.2。 沉降量：1.0～3.0mL/(80cm^2·h)，喷雾 12h。 干燥阶段温度：50℃±2℃，干燥 12h。 升温、降温速率：3℃/min； 试验时长：24h 为一个周期，循环 3 个周期。 试验循环：紫外/冷凝试验 72h+盐雾/干燥试验 72h，为 1 个循环

3. 试验结果

丙烯酸聚氨酯防护涂层紫外/冷凝+中性盐雾/干燥循环试验结果见表 5-48。

表 5-48 丙烯酸聚氨酯防护涂层紫外/冷凝+中性盐雾/干燥循环试验结果

试验时间/d	失光率/%	色差	附着力等级	综合评级	外观检查
0	0	0	0	0	试验样件表面无异常
6	1.95	0.36	1	0	目测试验样件表面无明显变化
12	1.74	0.27	1	0	目测试验样件表面无明显变化
18	1.61	0.36	1	0	目测试验样件表面无明显变化
24	7.11	0.43	1	0	目测试验样件表面无明显变化

续表

试验时间/d	失光率/%	色差	附着力等级	综合评级	外观检查
30	11.30	0.57	1	0	失光等级为1级，其他无明显变化
36	16.05	0.77	1	0	失光等级为2级，其他无明显变化
42	16.85	1.08	1	0	失光等级为2级，其他无明显变化

试验过程中初始至18d，失光率基本无变化。

从24d，失光率不断增大；试验至42d，失光率达到16.85%，失光等级为2级。试验42d后，色差为1.08，变色等级为0级。

丙烯酸聚氨酯防护涂层经紫外/冷凝+中性盐雾/干燥循环试验42d后，无变色、粉化、开裂、起泡等老化现象。

4．微观形貌分析

图5-30是丙烯酸聚氨酯防护涂层紫外/冷凝+中性盐雾/干燥循环试验前后微观形貌图。

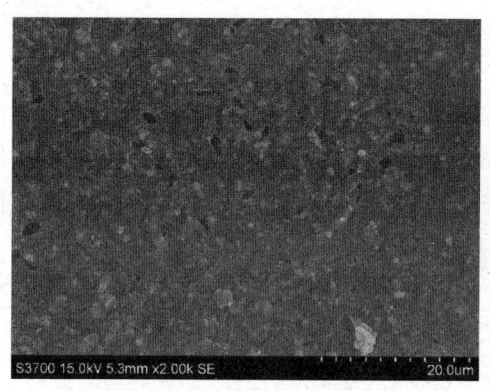

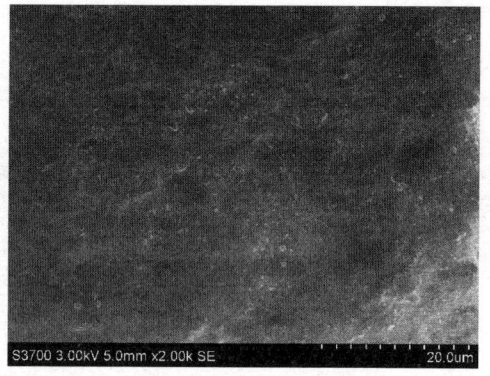

（a）试验前　　　　　　　　　　（b）试验36d

图5-30　丙烯酸聚氨酯防护涂层紫外/冷凝+中性盐雾/干燥循环试验前后微观形貌图

试验前，涂层表面基本平整，有部分微孔是由于涂装过程中涂层表面大颗粒颜料脱落引起的，但树脂对颜料的包裹较优，涂层表面较连续。

试验36d后，涂层表面连续性并无明显变化，说明涂层并未出现粉化和流失现象。

5．傅里叶变换衰减全反射红外光谱分析

图5-31是丙烯酸聚氨酯防护涂层紫外/冷凝+中性盐雾/干燥循环试验前后红外光谱图。

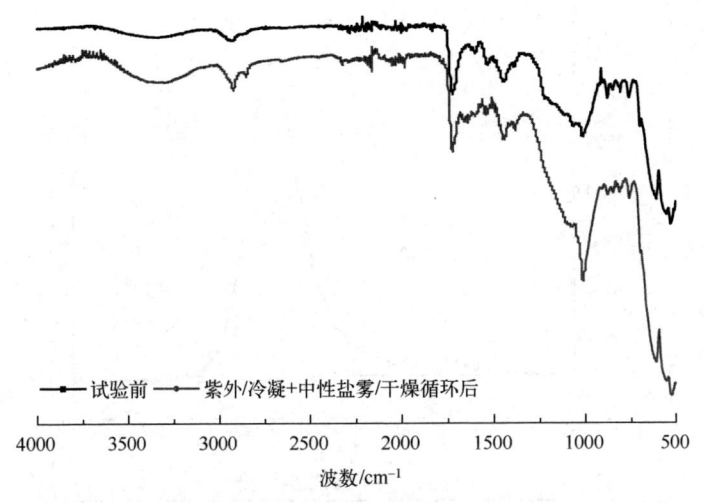

图 5-31 丙烯酸聚氨酯防护涂层紫外/冷凝+中性盐雾/干燥循环试验前后红外光谱图

对比试验前和试验 36d 后的红外光谱分析结果，3300cm^{-1} 处的—NH 和—OH 振动吸收峰增强，同时 1020cm^{-1} 和 1710cm^{-1} 处的 C—O 和 C=O 振动吸收峰增强，说明涂层在试验过程中出现光氧老化或高温氧化，导致含氧基团增多。可见，丙烯酸聚氨酯防护涂层紫外/冷凝+中性盐雾/干燥循环试验过程中，容易出现光氧老化或高温氧化，导致 C—O 和 C=O 含氧基团增多。根据能谱分析结果推测，试验后聚氨酯固化基团—NHCOO—中 C—O 基团发生断裂后形成 C=O。由于涂层中高分子化学键的键能与紫外光辐照能量相当，而且紫外光辐照能量振动频率与共价键振动频率接近，因此丙烯酸聚氨酯防护涂层共价键发断裂主要是受紫外辐照的影响，说明该涂层在湿热海洋大气环境下主要受紫外光照发生降解。

6．X射线光电子能谱分析

为进一步了解丙烯酸聚氨酯防护涂层的老化过程，采用 XPSpeak 分峰软件对 C1s 进行分峰拟合分析，结果见表 5-49 和图 5-32。

表 5-49 丙烯酸聚氨酯防护涂层紫外/冷凝+中性盐雾/干燥循环试验 C1s 分峰分析结果

试验时间/d	A 峰（C=O）		B 峰（C—O）		C 峰（C—H 和 C—C）	
	结合能/eV	比例/%	结合能/eV	比例/%	结合能/eV	比例/%
0	288.9	4.61	286.3	11.76	284.8	83.64
36	288.6	8.87	286.4	10.45	284.8	80.67

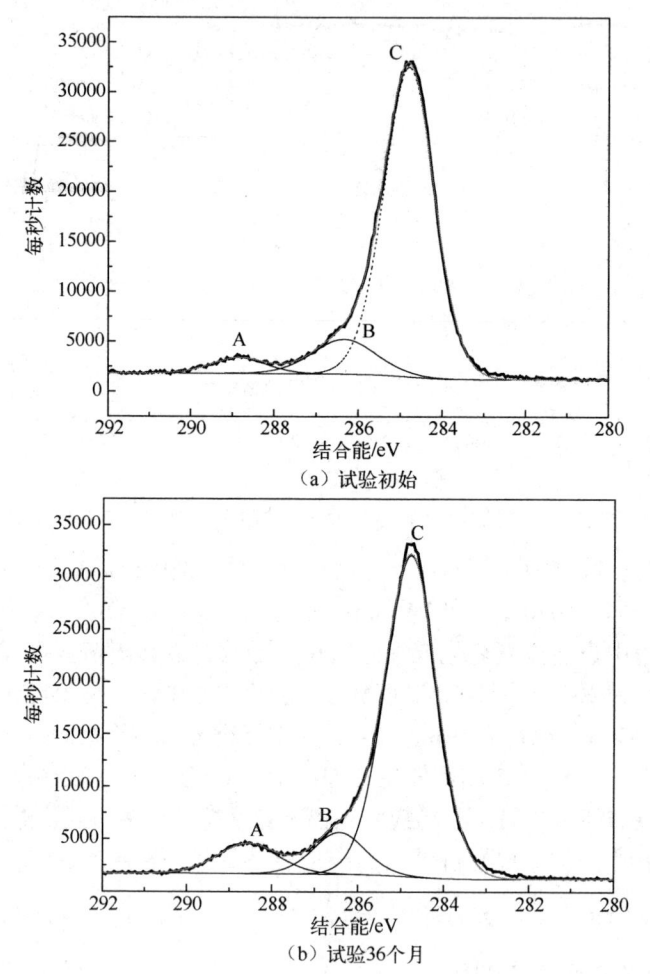

图 5-32 丙烯酸聚氨酯防护涂层紫外/冷凝+中性盐雾/干燥循环试验 X 射线光电子能谱分析图

未老化的丙烯酸聚氨酯防护涂层 C1s 谱由 3 个特征峰组成，分别是 288.9eV 处的 C=O 特征峰、286.3eV 处的 C—O 特征峰和 284.8eV 处的 C—H 和 C—C 特征峰。开展紫外/冷凝+中性盐雾/干燥循环试验 36d，丙烯酸聚氨酯防护涂层 C1s 谱依旧由 3 个峰组成，分别是 288.6eV（C=O）、286.4eV（C—N、C—H）和 284.8eV（C—H、C—C）。实验室环境试验致使防护涂层中 C=O 所占百分比由 4.61%升高至 8.87%，C—O 所占百分比由 11.76%下降至 10.45%，推测聚氨酯固化基团—NHCOO—中 C—O 基团发生断裂后形成 C=O。

5.2.5.2 紫外/冷凝+中性盐雾循环试验失效案例分析

1. 试验样件信息

丙烯酸聚氨酯防护涂层试验样件信息见表 5-50。

表 5-50　丙烯酸聚氨酯防护涂层试验样件信息

基材	表面处理	防护涂层	应用环境
6061	Al/Et.A(S).S	底漆：TB06-9 锌黄丙烯酸聚氨酯底漆。 面漆：SP-2 丙烯酸聚氨酯海陆迷彩漆	Ⅰ型（暴露）

2. 试验条件

丙烯酸聚氨酯防护涂层紫外/冷凝+中性盐雾循环试验条件见表 5-51。

表 5-51　丙烯酸聚氨酯防护涂层紫外/冷凝+中性盐雾循环试验条件

实验室环境类型	试验条件
紫外/冷凝+中性盐雾循环试验	紫外/冷凝试验： 紫外暴露阶段： 紫外辐照度：0.98W/m^2@340nm。 紫外阶段黑板温度：60℃，暴露 20h。 凝露阶段黑板温度：50℃，暴露 4h。 试验时长：紫外/冷凝试验 3 个循环（72h）后进入盐雾试验。 中性盐雾试验： 温度：35℃±2℃。 NaCl 溶液浓度：50g/L±10g/L。 pH 值：6.0～7.0。 盐雾沉降率：1.0～2.0mL/(80cm^2·h)。 试验时长：72h。 试验循环：紫外/冷凝试验 72h+中性盐雾试验 72h，为 1 个循环

3. 试验结果

丙烯酸聚氨酯防护涂层紫外/冷凝+中性盐雾循环试验结果见表 5-52。

表 5-52　丙烯酸聚氨酯防护涂层紫外/冷凝+中性盐雾循环试验结果

试验时间/d	失光率/%	色差	附着力等级	综合评级	外观检查
0	0	0	0	0	试验样件表面无异常
6	-0.52	0.40	1	0	目测试验样件表面无明显变化
12	-4.55	0.51	1	0	目测试验样件表面无明显变化
18	-4.48	0.62	1	0	目测试验样件表面无明显变化
24	4.48	1.02	1	0	目测试验样件表面无明显变化
30	7.06	0.72	1	0	失光等级为 1 级，其他无明显变化
36	8.95	1.56	1	0	失光等级为 2 级，变色等级为 1 级，其他无明显变化
42	13.67	1.91	1	0	失光等级为 2 级，变色等级为 1 级，其他无明显变化

4. 微观形貌分析

图 5-33 是丙烯酸聚氨酯防护涂层紫外/冷凝+中性盐雾循环试验前后微观形貌图。

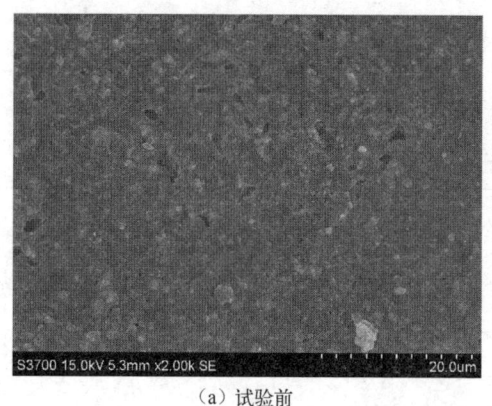

(a) 试验前　　　　　　　　　　　　(b) 试验 36d

图 5-33　丙烯酸聚氨酯防护涂层紫外/冷凝+中性盐雾循环试验前后微观形貌图

试验前，涂层表面基本平整，有部分微孔是由于涂装过程中涂层表面大颗粒颜料脱落引起的，但树脂对颜料的包裹较优，涂层表面较连续；试验 36d 后，涂层表面出现裂纹，这是由长时间的紫外光老化和盐雾交替影响而引起的。

5. 傅里叶变换衰减全反射红外光谱分析

图 5-34 是丙烯酸聚氨酯防护涂层紫外/冷凝+中性盐雾循环试验前后红外光谱图。

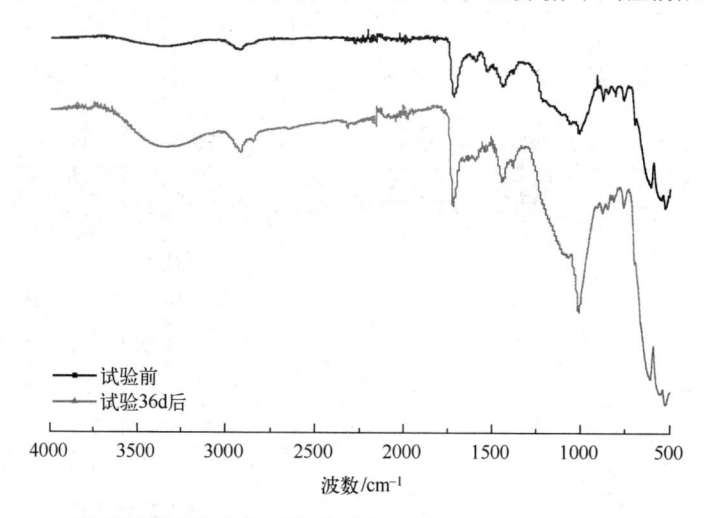

图 5-34　丙烯酸聚氨酯防护涂层紫外/冷凝+中性盐雾循环试验前后红外光谱图

对比试验前和试验 36d 后的红外光谱分析结果，3300cm^{-1} 处的—NH 和—OH 振动吸收峰增强，同时 1020cm^{-1} 和 1710cm^{-1} 处的 C—O 和 C=O 振动吸收峰增强，说明涂层在试验过程中出现光氧老化或高温氧化，导致含氧基团增多。

5.2.5.3 中性盐雾+恒定湿热循环试验失效案例分析

1. 试验样件信息

氨基树脂防护涂层试验样件信息见表 5-53。

表 5-53 氨基树脂涂层试验样件信息

基材	表面处理	防护涂层	应用对象	应用环境
6061	Al/Ct.Ocd	底漆：H06-2 环氧锌黄底漆。 面漆：A05-10 氨基烘干磁漆	电子装备结构件	Ⅱ型（遮蔽）

2. 试验条件

氨基树脂防护涂层中性盐雾+恒定湿热循环试验条件见表 5-54。

表 5-54 氨基树脂防护涂层中性盐雾+恒定湿热循环试验条件

试验项目	试验条件
中性盐雾+恒定湿热循环	中性盐雾试验： 温度：35℃±2℃。 NaCl 溶液浓度：50g/L±10g/L。 pH 值：6.0~7.0。 盐雾沉降率：1.0~2.0mL/(80cm^2·h)。 试验时长：2h。 恒定湿热试验： 温度：60℃±2℃。 相对湿度：91%~96%。 试验时长：22h。 试验循环：中性盐雾 2h+恒定湿热试验 22h，为 1 个循环

3. 试验结果

氨基树脂涂层中性盐雾+恒定湿热循环试验结果见表 5-55。

表 5-55 氨基树脂涂层中性盐雾+恒定湿热循环试验结果

试验时间/h	色差	附着力等级	综合评级	外观检查
0	0	1	0	目测试验样件外观无异常
24	0.83		0	目测试验样件外观无明显变化
48	0.30		0	目测试验样件外观无明显变化

续表

试验时间/h	色差	附着力等级	综合评级	外观检查
72	0.41		0	目测试验样件外观无明显变化
120	0.49		0	目测试验样件外观无明显变化
168	0.54	1	0	目测试验样件外观无明显变化
216	0.56		0	目测试验样件外观无明显变化
264	0.72	1	0	目测试验样件外观无明显变化

4．微观形貌分析

图 5-35 是氨基树脂防护涂层中性盐雾+恒定湿热循环试验前后微观形貌图。

(a) 试验前 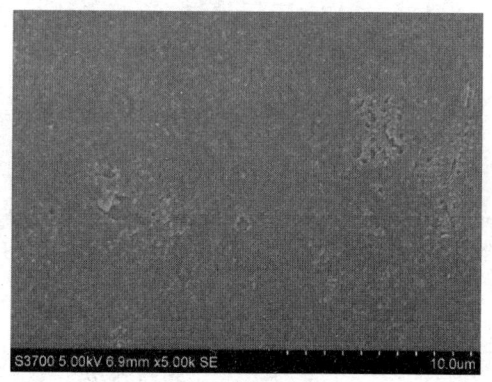　　　　　　　　　　　(b) 试验264h

图 5-35　氨基树脂防护涂层中性盐雾+恒定湿热循环试验前后微观形貌图

试验前，树脂基料连续且对颜料的包裹良好，涂层表面平整；试验 264h 后，由于颜料流失导致涂层表面出现少量微孔和凹坑。

5．傅里叶变换衰减全反射红外光谱分析

图 5-36 是氨基树脂防护涂层中性盐雾+恒定湿热循环试验前后红外光谱图。

$2920cm^{-1}$ 处为亚甲基不对称伸缩振动吸收峰，$2851cm^{-1}$ 处为亚甲基对称伸缩振动吸收峰，$1449cm^{-1}$ 处为甲基和亚甲基的 C—H 弯曲振动吸收峰，$1719cm^{-1}$ 处为 C=O 伸缩振动吸收峰，$1254cm^{-1}$ 处为 sp^2C—O 伸缩振动吸收峰，$1011cm^{-1}$ 处为 sp^3C—O 伸缩振动吸收峰，而 C=O 伸缩振动吸收峰和 C—O 伸缩振动吸收峰是酯基的主要特征，所以红外光谱分析表明，该防护涂层存在酯键，$1121cm^{-1}$ 处为 C—N 伸缩振动吸收峰，是氨基树脂特征吸收峰。

开展中性盐雾+恒定湿热循环试验264h后，3307cm^{-1}处—OH吸收峰明显增强，说明在试验过程中发生反应导致—OH含量增大；同时，1541cm^{-1}处的N—H弯曲振动吸收峰增大，判断在试验过程中，主要是出现水解反应，导致C—O和C—N键发生断裂，产生羟基和伯胺基团。

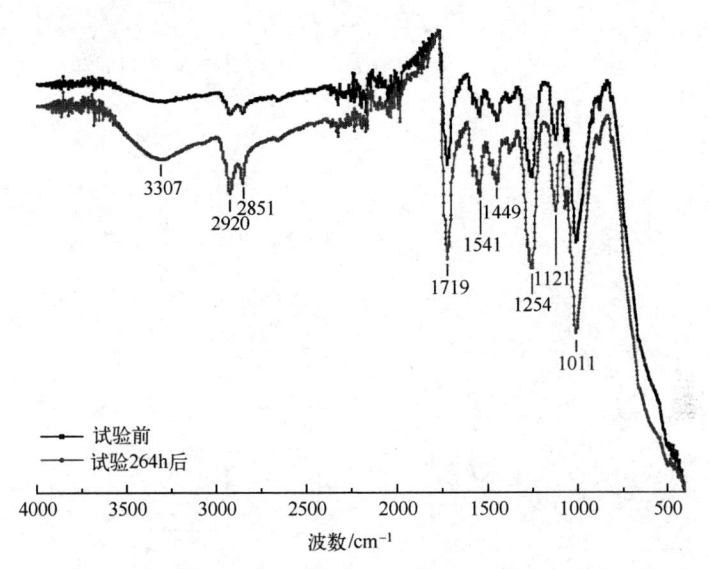

图5-36　氨基树脂防护涂层中性盐雾+恒定湿热循环试验前后红外光谱图

参 考 文 献

[1] 蔡光义. 聚氨酯涂层的老化机制及改性与失效评价方法研究[D]. 武汉：华中科技大学. 2018.

[2] 钱昂，王鹏，谭晓明，等. 有机涂层老化失效研究及关键技术问题[J]. 机械科学与技术，2017,9(36): 85-88.

[3] 李亮，曹京宜，李旭，等. 海洋环境设备涂层老化和失效的影响因素研究[J]. 装备环境工程，2020,17(2):98-102.

[4] LINDQUIST S A. Theory of dielectric properties of heterogeneous substances applied to water in a paint film[J]. Corrosion, 1985，41(2):69-75.

[5] PERERA D Y, VANDEN EYNDE D. Use of internal stress measurements for characterization of organic coatings[C]//16th FATIPEC Congress. Paris: Fédérationd' Associations de Techniciensdes Industriesdes Peintures, Vernis, Emauxet Encresd' Imprimeriedel' Europe Continentale(FATIPEC), 1982.

[6] SATO K, INOUE M. Shikizai Kyosaish32, 394, 1959[J]. Summarized in Hare C H, J. Prot. Coat.

Linings 13, 59, 1996.

[7] 中央军委装备发展部电子信息基础部. GJB 6117—2007 装备环境工程术语[S]. 北京：总装备部军标出版发行部，2007.

[8] 付东兴，徐滨士，张伟，等. 有机涂层起泡微观机制研究进展[J]. 材料保护，2007,40(2):42-45.